舰船装备保障工程丛书

装备备件配置优化技术

阮旻智　李庆民　肖剑波　王俊龙　著

科学出版社

北　京

内 容 简 介

　　本书针对备件需求预测、配置优化、保障方案分析与评估等方面进行深入研究，主要包括：不可修备件(消耗品)及可修备件配置优化模型；基于需求等效法的系统级备件配置优化模型；维修能力约束和基于维修优先权策略的备件优化模型；应急保障模式下的备件协调转运模型；串件拼修对策下备件库存分配及送修调度模型；库存动态管理模型；面向任务的备件配置优化模型；备件保障能力评估指标体系构建及保障方案评估模型；备件优化模型软件的设计与实现。

　　本书可为装备供应保障规划管理人员、型号研制中开展装备保障性设计工作的相关人员、装备保障领域的教学科研及工程技术人员提供参考，也可作为高等院校从事装备综合保障、备件供应规划等相关专业研究生的学习资料。

图书在版编目(CIP)数据

装备备件配置优化技术 / 阮旻智等著. —北京：科学出版社，2023.5
(舰船装备保障工程丛书)
ISBN 978-7-03-074359-6

Ⅰ. ①装⋯　Ⅱ. ①阮⋯　Ⅲ. ①军用船-装备保障-资源配置-研究
Ⅳ. ①E925.6

中国版本图书馆CIP数据核字(2022)第249730号

责任编辑：张艳芬　赵晓廷 / 责任校对：杨　赛
责任印制：吴兆东 / 封面设计：蓝正设计

科学出版社 出版
北京东黄城根北街 16 号
邮政编码：100717
http://www.sciencep.com

北京中科印刷有限公司 印刷
科学出版社发行　各地新华书店经销
*
2023 年 5 月第　一　版　开本：720×1000 1/16
2023 年 5 月第一次印刷　印张：29
字数：563 000

定价：230.00 元
(如有印装质量问题，我社负责调换)

"舰船装备保障工程丛书"编委会

"舰船装备保障工程丛书"序

　　舰船装备是现代海军装备的重要组成部分，是海军战斗力建设的重要物质基础。随着科学技术的飞速发展及其在舰船装备中的广泛应用，舰船装备呈现出结构复杂、技术密集、系统功能集成的发展趋势。为使舰船装备能够尽快形成并长久保持战斗力，必须为其配套建设快速、高效和低耗的保障系统，形成全系统、全寿命保障能力。

　　20世纪80年代，随着各国对海军战略的调整以适应海军装备发展需求，舰船装备保障技术得到迅速发展。它涉及管理学、运筹学、系统工程方法论、决策优化等诸多学科专业，现已成为世界军事强国在海军装备建设发展中关注的重点，该技术领域研究具有前瞻性、战略性、实践性和推动性。

　　舰船装备保障的研究内容主要包括：研制阶段的"六性"设计，使研制出的舰船装备具备"高可靠、好保障、有条件保障"的良好特性；保障顶层规划、保障系统建设，并在实践中科学运用保障资源开展保障工作，确保装备列装后尽快形成保障能力并保持良好的技术状态；研究突破舰船装备维修与再制造保障技术瓶颈，促进装备战斗力再生。舰船装备保障能力不仅依赖于装备管理水平的提升，而且取决于维修工程关键技术的突破。

　　当前，在舰船装备保障管理方面，正逐步从以定性、经验为主的传统管理向综合运用现代管理学理论及系统工程方法的精细化、全寿命周期管理转变；在舰船装备保障系统设计上，由过去的"序贯设计"向"综合同步设计"的模式转变；在舰船装备故障处理方式上，由过去的"故障后修理"向基于维修保障信息挖掘与融合技术的"状态修理"转变；在保障资源规划方面，由过去的"过度采购、事先储备"向"精确化保障"转变；在维修保障技术方面，由过去的"换件修理"向"装备应急抢修和备件现场快速再制造"转变。

　　因此，迫切需要一套全面反映海军舰船装备保障工程技术领域进展的丛书，系统开展舰船装备保障顶层设计、保障工程管理、保障性分析，以及维修保障决策与优化等方面的理论与技术研究。本套丛书凝聚了撰写人员在长期从事舰船装备保障理论研究与实践中积累的成果，代表了我国舰船装备保障领域的先进水平。

中国工程院院士　　　　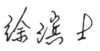
波兰科学院外籍院士

2016 年 5 月 31 日

前　言

备品备件是装备日常维护和战时抢修的物质基础，对装备保障能力的及时形成和长久保持发挥重要作用。当前，武器装备体系庞大、结构复杂、技术密集，所涉及的备品备件种类多、规模大、备件保障需求剧增，装备全寿命保障费用中，备件相关费用所占比例高达 60%，"经费紧张、备件短缺"的矛盾日益突出。在影响装备可用度三种主要停机时间因素中，等待备件所造成的停机时间已经超过修复性维修和预防性维修停机的总时间，成为制约装备可用度提高的瓶颈。可以看出，在装备保障工程关于"提高保障能力、降低保障费用"两大主题中，备件都发挥着举足轻重的作用。

在装备综合保障领域，备件保障规划被视为最困难和具有挑战性的工作，一直以来都是世界范围内的研究热点。备件保障规划涉及管理学、运筹学、可靠性与系统工程、决策优化等诸多学科，主要内容包括：统筹装备交付列装后的备件保障顶层规划，科学预测备件需求，确定初始备件品种和数量，优化备件存储结构及布局，合理制定后续备件供应规划方案及年度采购计划；准确测算备件全寿命保障经费需求，进一步细化备件配置标准、任务携行标准、周转限额标准；通过装备使用阶段的保障能力分析与评估，不断修订和完善备件保障方案，从而形成备件保障规划整体解决方案，实现备件资源的优化再生。

全书共 13 章，第 1 章和第 2 章介绍备件保障规划的军事需求、背景以及备件配置优化建模基础理论；第 3～5 章针对不可修备件(消耗品)、可修备件、部分可修备件，研究初始备件配置模型及后续备件采购模型，在此基础上，研究基于备件需求等效法的系统级备件配置优化模型；第 6～10 章对传统建模假设条件做进一步拓展，构建维修能力约束和基于维修优先权策略的备件优化模型、应急保障模式下的备件协调转运模型、串件拼修对策下备件动态分配及送修调度模型和库存动态管理模型，分析故障检测设备、维修工装、维修人员等保障资源对备件方案的影响，以保证模型算法具有更强的鲁棒性和适应性；第 11 章和第 12 章研究面向任务的备件配置优化、备件保障过程建模、备件保障能力评估指标体系构建、备件保障方案评估等；第 13 章介绍自主研发的备件优化模型软件的体系架构、数据结构、主要功能及性能。

本书的主要特色是针对装备备件保障规划需求，构建较为完善的备件优化模型体系，针对不同的保障体系、储供模式、维修策略、任务剖面等场景，开展备件方案集成优化分析与评估，书中提供大量算例，并通过理论计算、仿真验证和案例分析相结合的方式对模型进行验证,使读者能够更好地理解和掌握相关方法。

　　在撰写本书过程中,得到了海军舰船装备技术支援中心(原海军舰艇装备及雷弹保障总师办)的大力支持。朱石坚教授、楼京俊教授对书稿内容进行了审阅,并给出宝贵意见。本书还得到了李华、毛德军、王睿、张光宇、王慎、徐立、刘任洋、周亮等同门师兄弟的指导与帮助。在此一并表示衷心感谢!

　　限于作者水平,书中难免存在不足之处,恳请读者批评指正。

目　　录

"舰船装备保障工程丛书"序

前言

第1章　备件管理与保障规划概述 ··· 1

1.1　背景与需求 ·· 1

1.2　备件使用管理现状 ·· 3

1.3　备件优化建模方法的发展 ·· 6

1.3.1　单项法 ·· 6

1.3.2　基于需求的方法 ··· 6

1.3.3　系统分析法 ··· 7

1.3.4　以可用度为中心的配置方法 ··· 8

1.3.5　基于战备完好性的配置方法 ··· 9

1.4　备件优化理论与工程技术的发展 ·· 10

1.4.1　理论研究概况 ··· 10

1.4.2　备件模型的开发设计及应用 ··· 12

1.4.3　发展趋势 ··· 16

参考文献 ··· 16

第2章　备件配置优化建模基础理论 ·· 20

2.1　概念及定义 ·· 20

2.1.1　备件保障相关概念 ·· 20

2.1.2　备件需求及其影响因素 ·· 22

2.2　概率论基础 ·· 23

2.2.1　分布函数与概率密度函数 ··· 23

2.2.2　可靠性工程中常用的概率分布 ··· 24

2.3　随机过程 ··· 35

2.3.1　计数过程 ··· 35

2.3.2　泊松过程 ··· 36

2.3.3　马尔可夫过程 ··· 39

2.3.4　更新过程 ··· 41

2.4　排队论 ··· 44

2.4.1　排队系统的基本组成 ··· 45

2.4.2　排队系统的描述符号与分类 ··· 47

　　　2.4.3　排队系统的主要数量指标 ································· 48
　　　2.4.4　Palm 定理 ··· 49
　2.5　备件库存论 ··· 51
　　　2.5.1　基本概念 ·· 51
　　　2.5.2　库存策略 ·· 51
　　　2.5.3　库存优化问题 ·· 54
　2.6　系统 RMS 指标参数及可靠性模型 ·································· 58
　　　2.6.1　系统指标 ·· 58
　　　2.6.2　装备 RMS 参数体系 ·· 62
　　　2.6.3　系统可靠性模型 ·· 63
　2.7　备件保障效能度量指标 ··· 74
　　　2.7.1　备件库存相关的效能度量指标 ······························ 74
　　　2.7.2　系统相关的效能度量指标 ·································· 75
　参考文献 ··· 77
第3章　不可修备件配置优化方法研究 ······························· 79
　3.1　不可修备件初始配置量的确定 ····································· 79
　　　3.1.1　单部件保障概率模型 ······································ 79
　　　3.1.2　系统保障概率模型 ·· 80
　3.2　固定供货周期下的单站点备件订购模型 ····························· 83
　　　3.2.1　不可修备件库存状态分析 ·································· 83
　　　3.2.2　采购优化模型的建立 ······································ 83
　　　3.2.3　模型求解算法 ·· 85
　3.3　考虑短缺及供应延误下的备件多级订购模型 ························· 87
　　　3.3.1　备件消耗及库存状态分析 ·································· 88
　　　3.3.2　备件多级订购优化模型的建立 ······························ 88
　　　3.3.3　模型分解计算方法 ·· 91
　　　3.3.4　模型求解的启发式算法流程 ································ 93
　3.4　常规补给和紧急供应下的备件协同订购模型 ························· 95
　　　3.4.1　问题描述及假设 ·· 95
　　　3.4.2　成本及满足率模型 ·· 97
　　　3.4.3　协同订购策略优化算法 ···································· 100
　　　3.4.4　基于 ExtendSim 的协同订购仿真模型 ······················· 105
　　　3.4.5　仿真验证 ··· 107
　3.5　随机需求下备件库存状态分析与费效计算 ··························· 108
　　　3.5.1　周期需求下的备件补给及库存分析 ·························· 110
　　　3.5.2　随机需求下的备件补给及库存分析 ·························· 111

3.5.3 $(1, R)$补给策略下的安全库存量计算 ···················· 117
3.6 基于费效曲线合成的多备件补给策略 ···························· 120
3.6.1 多备件补给费效模型 ···································· 120
3.6.2 费效曲线合成方法 ···································· 121
参考文献 ·· 127

第 4 章　可修备件配置优化方法 ·································· 129
4.1 可修备件维修任务规划与决策 ································ 129
4.1.1 问题描述 ·· 129
4.1.2 修理级别的划分及维修任务规划准则 ···················· 130
4.1.3 考虑经济/非经济性因素的维修任务规划模型 ·············· 131
4.1.4 维修任务规划的多指标决策方法 ························ 134
4.1.5 基于自适应粒子群优化的模型求解 ···················· 136
4.2 基于单站点保障的可修件配置模型 ···························· 140
4.2.1 库存对策及状态分析 ·································· 140
4.2.2 备件保障效能指标 ···································· 141
4.2.3 待收备件的概率分布函数 ······························ 142
4.2.4 边际优化算法求解 ···································· 143
4.3 多级保障模式下的可修件配置模型 ···························· 145
4.3.1 多等级保障理论基础 ·································· 145
4.3.2 多级保障系统描述 ···································· 147
4.3.3 模型数据结构及参数定义 ······························ 148
4.3.4 备件维修更换率 ······································ 150
4.3.5 多级保障模式下的备件配置模型构建 ···················· 152
4.4 不完全修复件的补充及采购策略 ······························ 162
4.4.1 近似拉普拉斯需求分布的备件短缺函数 ·················· 163
4.4.2 最优订购方案的求解方法 ······························ 164
4.5 备件方案利用率分析及寿命保障费用预测 ······················ 167
4.5.1 备件利用率 ·· 167
4.5.2 以事件为驱动的备件寿命保障费用预测 ·················· 170
4.6 模型算法的改进设计 ·· 173
4.6.1 边际优化算法性能分析 ································ 173
4.6.2 一种改进的分层边际优化算法 ·························· 175
4.6.3 人工免疫算法 ·· 177
4.6.4 算法应用分析 ·· 179
参考文献 ·· 181

第 5 章　基于多寿命分布产品单元的系统备件配置优化 ············· 184
 5.1　典型寿命分布下的备件保障概率 ····························· 184
  5.1.1　指数型寿命分布 ······································· 184
  5.1.2　韦布尔型寿命分布 ····································· 185
  5.1.3　正态型寿命分布 ······································· 186
 5.2　备件需求等效法概述 ······································· 187
  5.2.1　寿命等效法 ··· 187
  5.2.2　故障率等效法 ··· 188
  5.2.3　可靠度等效法 ··· 189
  5.2.4　更新函数近似等效法 ··································· 190
 5.3　系统保障概率模型及求解算法 ······························· 193
  5.3.1　系统保障概率模型 ····································· 193
  5.3.2　系统保障概率求解算法 ································· 194
  5.3.3　算法应用分析 ··· 197
 5.4　基于需求等效法的多寿命分布系统备件配置模型 ··············· 198
  5.4.1　保障概率约束下的备件配置模型 ························· 198
  5.4.2　保障资源约束下的备件配置模型 ························· 201
  5.4.3　一般结构系统的备件配置模型 ··························· 204
 参考文献 ··· 204
第 6 章　维修能力约束下的备件配置优化 ························· 206
 6.1　维修能力对备件方案的影响分析 ····························· 206
 6.2　维修能力约束下基于 $M/M/c$ 排队论的维修状态模型 ··········· 207
  6.2.1　专属维修渠道下的维修周转时间 ························· 207
  6.2.2　通用维修渠道下的维修周转时间 ························· 208
  6.2.3　备件维修供应周转量模型的修正 ························· 210
 6.3　考虑装备钝化的备件维修状态模型 ··························· 213
  6.3.1　备件动态需求分析 ····································· 213
  6.3.2　维修排队模型 ··· 214
  6.3.3　备件维修周转量概率分布 ······························· 216
 6.4　维修能力约束下的维修渠道及备件联合配置优化 ··············· 217
  6.4.1　备件维修周转量计算方法 ······························· 217
  6.4.2　装备时变可用度评估 ··································· 218
  6.4.3　维修渠道及备件的联合配置优化模型 ····················· 219
 6.5　模型算法的仿真验证及应用分析 ····························· 221
  6.5.1　基于 ExtendSim 的仿真模型构建 ························· 221
  6.5.2　仿真结果分析 ··· 221

　　　6.5.3　模型算法应用 ·· 222
　参考文献 ·· 228
第7章　基于维修优先权策略的备件配置优化 ···················· 230
　7.1　维修优先权类型的划分 ··· 230
　7.2　维修优先权对故障件排队的影响 ······································ 231
　　　7.2.1　$M/M/1$ 排队系统中抢占维修优先权的影响 ······················ 232
　　　7.2.2　$M/M/1$ 排队系统中非抢占维修优先权的影响 ···················· 233
　7.3　维修优先权优化方法 ··· 235
　　　7.3.1　维修优先权优化方法对比分析 ································· 235
　　　7.3.2　维修优先权优化步骤 ··· 237
　　　7.3.3　维修优先权目标函数验证 ····································· 238
　7.4　考虑维修优先权的备件优化模型及求解方法 ························ 239
　　　7.4.1　考虑维修优先权的备件配置模型 ······························· 239
　　　7.4.2　模型优化方法 ··· 239
　　　7.4.3　模型优化分析 ··· 240
　7.5　多维修渠道下故障件维修排队模型 ······························· 244
　　　7.5.1　多维修渠道下的维修优先权 ··································· 244
　　　7.5.2　抢占维修优先权下 $M/M/c$ 排队模型的近似求解 ················· 245
　　　7.5.3　非抢占维修优先权下 $M/M/c$ 排队模型的近似求解 ··············· 249
　7.6　考虑维修优先权的备件及维修渠道联合优化模型 ·················· 251
　　　7.6.1　联合优化配置模型 ··· 251
　　　7.6.2　维修优先权优化目标函数 ····································· 252
　　　7.6.3　模型求解方法 ··· 252
　　　7.6.4　仿真模型设计与结果分析 ····································· 253
　参考文献 ·· 257
第8章　维修保障资源对备件方案的影响分析 ···················· 258
　8.1　维修保障资源需求确定过程与常用方法 ··························· 258
　　　8.1.1　基于利用率法的维修保障资源需求计算 ······················· 259
　　　8.1.2　基于排队论法的维修保障资源需求计算 ······················· 260
　8.2　维修设备与备件的协同配置方法 ································· 260
　　　8.2.1　故障件维修周转时间的计算 ··································· 261
　　　8.2.2　基于费效分析的维修设备与备件协同配置模型 ················· 262
　　　8.2.3　模型算法应用 ··· 264
　8.3　重测完好率与检测设备影响分析 ································· 267
　　　8.3.1　重测完好率对备件需求的影响分析 ··························· 267
　　　8.3.2　检测设备配置方案费效分析 ··································· 269

　　　8.3.3　检测设备与备件的协同配置模型 ················· 270
　　8.4　维修保障人员技术等级的影响分析 ···················· 274
　　　8.4.1　相关概念及定义 ······························ 274
　　　8.4.2　维修保障人员技术等级费效模型 ··················· 275
　　　8.4.3　考虑维修保障人员技术等级影响的备件配置模型 ········· 277
　　参考文献 ·· 280
第 9 章　应急保障模式下的备件协调转运模型 ················· 281
　　9.1　备件库存稳态概率模型 ·························· 281
　　9.2　基于完全共享库存策略的备件双向转运模型 ·········· 282
　　　9.2.1　基层级备件需求率模型 ······················· 283
　　　9.2.2　备件库存稳态概率模型 ······················· 285
　　　9.2.3　模型求解方法 ···························· 286
　　9.3　基于完全共享库存策略的备件单向转运模型 ·········· 288
　　　9.3.1　备件需求率模型 ························· 289
　　　9.3.2　备件库存稳态概率模型 ······················· 290
　　　9.3.3　模型求解方法 ····························· 291
　　9.4　基于不完全共享库存策略的备件双向转运模型 ········· 291
　　　9.4.1　备件需求率模型 ··························· 292
　　　9.4.2　备件库存稳态概率模型 ······················· 292
　　　9.4.3　模型求解方法 ···························· 293
　　9.5　基于备件库存转运策略的仿真模型及应用 ············ 294
　　　9.5.1　仿真模型设计 ····························· 294
　　　9.5.2　模型算法应用 ···························· 296
　　参考文献 ·· 304
第 10 章　串件拼修对策下的备件配置优化 ··················· 305
　　10.1　串件拼修问题描述及其特点分析 ················· 305
　　10.2　串件拼修对策下装备可用度评估及备件优化分析 ······ 307
　　　10.2.1　非串件系统 ···························· 307
　　　10.2.2　串件系统 ······························ 307
　　　10.2.3　不完全串件系统 ··························· 308
　　　10.2.4　多层级串件系统 ·························· 309
　　　10.2.5　串件拼修对策下备件优化分析流程 ··············· 310
　　10.3　串件拼修对策下备件动态分配及送修调度模型 ········ 314
　　　10.3.1　问题描述及模型相关概念 ··················· 314
　　　10.3.2　备件库存分配模型 ························ 316
　　　10.3.3　故障件送修调度模型 ······················· 320

　　　10.3.4 备件库存分配及送修调度仿真模型 ·················· 321
　10.4 串件拼修对策下备件库存动态管理模型 ·················· 325
　　　10.4.1 保障效能评估模型 ·································· 326
　　　10.4.2 不完全串件拼修对策下备件配置优化模型 ·········· 332
　　　10.4.3 使用现场之间的备件横向调度模型 ················ 334
　　　10.4.4 备件库存预分配 ·································· 335
　　　10.4.5 库存动态管理仿真模型 ·························· 336
　参考文献 ·· 341

第 11 章　面向任务的装备携行备件配置优化 ·················· 342
　11.1 装备任务描述及任务建模 ···························· 342
　　　11.1.1 装备任务概述 ·································· 343
　　　11.1.2 任务描述 ······································ 344
　　　11.1.3 基于扩展 IDEF3 的任务描述方法 ·················· 349
　11.2 多约束下装备携行备件配置优化方法 ················ 351
　　　11.2.1 多约束下携行备件配置优化模型 ················ 351
　　　11.2.2 模型求解方法 ·································· 352
　　　11.2.3 初始约束因子的确定及动态更新策略 ·············· 352
　11.3 自主保障模式下作战单元携行备件动态配置模型 ········ 356
　　　11.3.1 考虑需求相关的备件维修状态模型 ················ 356
　　　11.3.2 非稳态条件下的装备可用度评估 ················ 358
　11.4 伴随保障模式下面向多阶段任务的携行备件配置模型 ······ 361
　　　11.4.1 基于等效寿命的冗余系统备件需求率 ·············· 361
　　　11.4.2 基于任务的携行备件动态配置模型 ················ 363
　　　11.4.3 优化目标函数设计 ······························ 366
　11.5 定期保障模式下的装备携行备件配置模型 ·············· 373
　　　11.5.1 多层级备件的单层级等效建模 ·················· 373
　　　11.5.2 定期补给下的装备可用度评估模型 ················ 376
　11.6 面向区域化保障下的装备携行备件配置模型 ············ 381
　　　11.6.1 区域化保障概述 ································ 381
　　　11.6.2 区域化保障模式下的备件供应模型 ················ 382
　　　11.6.3 跨区域后的剩余备件计算模型 ·················· 384
　　　11.6.4 模型优化算法设计 ······························ 385
　　　11.6.5 算例分析 ······································ 387
　参考文献 ·· 395

第 12 章　面向任务的备件保障过程建模与方案评估 ············ 397
　12.1 备件保障过程建模 ·································· 397

12.1.1 层次赋时着色 Petri 网概述 ·· 398
12.1.2 基于 HTCPN 的建模思路 ·· 399
12.1.3 基于 HTCPN 的保障系统模型 ·· 401
12.2 装备保障能力评估指标体系 ·· 405
12.2.1 指标选取原则 ·· 405
12.2.2 评价指标体系构建 ·· 407
12.2.3 底层指标计算方法 ·· 408
12.3 基于任务成功性的备件保障方案评估 ·· 411
12.3.1 备件保障方案评估实施步骤及流程 ·· 411
12.3.2 基于 TOPSIS 的方案评估模型 ·· 412
12.3.3 基于任务成功性仿真的备件保障方案调整 ·································· 413
参考文献 ·· 414
第 13 章　备件优化模型软件设计与实现 ·· 416
13.1 国外备件一体化保障决策平台概况 ·· 416
13.1.1 美国 TFD 一体化保障决策平台 ·· 416
13.1.2 瑞典 SYSTECON 一体化保障决策平台 ···································· 417
13.2 备件优化模型软件概述 ·· 418
13.2.1 主要功能用途 ·· 418
13.2.2 模型软件建设总体思路 ·· 419
13.2.3 模型软件体系架构及功能 ·· 420
13.2.4 运行环境 ·· 421
13.3 模型软件数据结构设计 ·· 422
13.3.1 备件保障模式数据关系及结构 ·· 422
13.3.2 装备构型数据关系及结构 ·· 423
13.3.3 装备构型与零部件清单之间的数据关系 ···································· 424
13.3.4 数据关系及流程设计 ·· 426
13.4 备件优化模型软件功能设计与实现 ·· 427
13.4.1 备件基础数据管理 ·· 427
13.4.2 装备配置及构型管理 ·· 431
13.4.3 保障点及保障模式管理 ·· 433
13.4.4 任务想定管理 ·· 436
13.4.5 优化运行管理 ·· 443
13.4.6 运行结果展示 ·· 446
13.5 备件模型软件优势及特点分析 ·· 446
参考文献 ·· 447

第1章　备件管理与保障规划概述

根据装备备件保障规划的军事需求背景，分析备件使用管理与保障规划的特点及要求；由"单项法→基于需求的方法→系统分析法→以可用度为中心的方法→基于战备完好性的方法"，构建备件优化建模理论的发展体系，通过分析对比，给出各种方法的特点及适用条件；从备件配置优化理论研究、备件模型软件开发设计及应用、备件保障规划的发展趋势等方面，对备件保障规划理论及工程技术发展进行总结。

1.1　背景与需求

随着以信息技术为核心的新军事变革和军队转型建设的深入推进，各种新型号武器装备相继列装并交付部队使用，装备总体水平逐渐提高，呈现出"结构复杂、技术密集、集成度高"的技术特征[1]；在新的作战样式和任务模式牵引下，为满足复杂战场环境下的作战训练任务，在使用过程中充分发挥装备技术或战术性能，军方对装备维修保障能力提出了新的要求。装备保障工作成为武器装备战斗力生成的重要组成[2]，与装备的作战性能居于同等重要地位。

备品备件是装备计划修理和战时抢修的保障性物资，是开展装备维修供应的物质基础和重要保证，对装备保障能力的及时形成和长久保持发挥重要作用，不仅影响着装备寿命周期的保障费用，还直接影响装备的战备完好性及其作战能力。

采用科学合理的方法对备件保障方案进行规划，能够进一步优化备件的品种、数量、存储结构及布局，缩短备件供应周期，达到对备件保障方案控制的"优生"目标，提高备件资源利用率和保障效益。长期以来，备件保障规划与管理主要依靠经验和类比的方法，科学定量依据少，"经费紧张、备件短缺"的供需矛盾日益突出。

备件保障规划是装备保障工程的重难点[3]，即使在欧美发达国家和地区，也最具有挑战性。例如，20 世纪 60 年代，美军国防预算的三分之一消耗在装备的使用和维修上，装备保障费用在寿命周期费用中所占的比例高达 60%，有的甚至达到 70%～80%。美国海军海上系统司令部的分析报告结果显示，装备在三年的使用期间内，所需要的备件有近 60%不能得到满足，只有 8%满足了装备故障修理的要求，有近 80%的备件从未用到，在存储过程中损坏而不得不进行报废处理。相关资料显示[4]，在装备寿命周期费用的分解结构中，备件费用占据了装备寿命费用的 30%~35%，"不需要的备件大量积压，需要的备件严重短缺"的现象较为普遍，在影响装备停机时间的主要因素中，等待备件所造成的停机时间已经超过修复性维修和预防性维修停机的总时间，成为制约装备可用度提高的瓶颈。对此，需充分借鉴西方发达国家在备件保障工作中的经验，转变传统的"粗放式"管理模式，依托信息化手段，加强备件精细化管理体系建设，提高备件保障效益。

当前，世界各国都非常重视装备作战能力和保障能力的同步配套建设，在以往传统模式下，装备保障系统采用序贯式的设计模式(图 1-1(a))，从装备设计到保障系统设计，装备系统列装后再确定装备初始保障资源，该模式下，缺乏在装备系统与保障系统之间的综合权衡分析，装备技术指标与保障性要求难以协调发展。图 1-1(b)采用一种综合同步式的设计模式，在装备设计与保障系统设计同步的基础上，通过保障性分析，形成装备系统，在装备列装的初期，确定同步配套的初始保障资源(备件)方案。

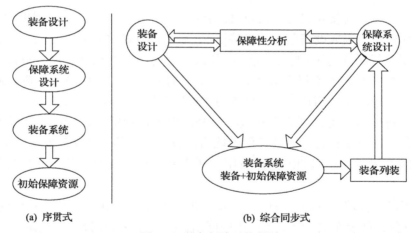

(a) 序贯式   (b) 综合同步式

图 1-1 装备保障系统设计

对此，备件保障规划需要前伸至装备设计阶段，在装备研制过程中，需要综合考虑保障性要求对初始备件的影响，在与承制方开展的研制工作同步的基础上，军方能够有针对性地提出与装备使用任务相适应的备件保障需求，以便合理确定初始备件品种和数量。对此，军方必须借助科学有效的手段，以装备可靠性、维修性、保障性为输入，对承制方所提出的初始保障方案进行评价和验证。在装备服役使用阶段，按照初始备件方案建立的保障系统需要 3~5 年的运行完善，以训练和作战任务为输入，对装备保障能力进行综合评价，在初始化备件的基础上，对其进行补充与调整，针对不同的保障模式，对各个修理级别所需的备件进行分类和集成优化，以满足部队使用要求。

当前，装备体系结构复杂、技术密集、集成度高，所涉及的备品备件种类多、数量规模庞大、备件保障经费需求剧增，再加上任务期间所处战场环境的特殊性，备件保障管理具有以下特点。

（1）装备结构复杂、备件资源规模庞大，备件保障信息量呈几何级剧增。例如，对于一艘现代化的大型水面舰船，装配了数千台（套）设备，仅机电专业所涉及的备件品种和数量就达到了数十万件，备件管理中所产生的实时状态数据及分析处理后得到的衍生数据，其数据量呈几何级剧增。对此，需要对备件保障数据进行深度挖掘，制定数据规范和标准，摸清备件消耗规律，为备件保障规划提供准确的输入。

（2）装备任务期间的自主保障要求高，受存储空间和携行能力的限制，任务携行备件必须具有较高的利用率。对此，备件保障规划必须紧密结合装备任务的特点，进一步提高备件保障精确化的水平。

（3）装备保障体系庞大，备件存储结构复杂，保障模式灵活多样。装备保障工作责任主体涉及军内外多家单位，保障层次涉及基层级、中继级、基地级等多个保障等级，保障体系庞大；备件保障模式灵活多样，例如，平时采用三级储供体系，装备任务期间，一般随装备进行自主保障，也可临时成立伴随保障队伍，或由保障基地实施定期保障或远程支援保障，形成了复杂的备件存储供应网络。因此，需要构建"备件统管统用、保障集成优化"的新模式，用系统保障的理念集约整合保障资源，改变传统的按照单装设备、按照专业划分模块的保障模式，通过综合集成、功能融合，实现资源共享，达到"1+1＞2"的效果。

（4）装备寿命周期保障经费需求剧增，备件保障方案规划必须将经费作为一项重要的约束指标，强调经费的合理管控。例如，完成舰船船体及各舱室的一次涂装所需经费达数千万元，部分专用大型军用器件及贵重部件使用强度大、更换频繁，备件全寿命保障经费需求剧增。对此，必须将保障经费作为一项重要的约束指标，合理预测备件全寿命保障费用，统筹经费的投入使用，加强经费的调节和管控，提高保障效益。

1.2　备件使用管理现状

在 20 世纪 80 年代，各国军方在备件管理工作中都面临被动的局面，基本上依靠过量采购和储备来满足保障需求，极大地增加了备件储存和管理成本，造成大量的浪费。英国海军的 21 型护卫舰在全部退役时，尚有价值近两亿英镑的专用备件因得不到再利用而报废，有价值上千万英镑的专用修理设施和工装因建设时没有考虑到通用性、不能再利用而不得不拆除；在海湾战争中，美军为了保证部队的后勤供应，不计成本地向前线输送了大量的保障物资，直到战争结束，还有八千多个集装箱没有打开，有价值超过 20 亿美元的保障物资还没有开启封条，又原封不动地运回了本土。

海湾战争之后，美军认真总结了经验教训，充分认识到科学制定备件保障方案对降低装备保障成本、提高保障效益，以及掌握战时主动权的重要性。以美国为首的西方发达国家为装备保障管理制定了一套完整的规章制度，形成了严密的组织体系和详尽的军用标准与规范，给出了一套从计划、筹措、储备到供应的政策和方法。一是加强了备件消耗和需求相关的历史数据的搜集、整理和分析，从重视装备的购置费用开始向重视装备寿命周期费用(life cycle cost, LCC)转变，从单纯重视装备的战术性能向性能和可靠性、维修性、保障性(reliability、maintainability & supportability，RMS)指标并重转变，逐步形成了装备"持续采办和寿命周期保障"战略；二是根据全球军事战略和新研装备的使命任务，准确对装备任务剖面进行分析，建立备件规划模型，能够较好地指导保障体系建设和备件筹措工作；三是加强了对备件供应商研发、生产、配送能力的分析，为了适应全球部署战略的需要，美军建立了结构合理、分布科学、管理高效、机制灵活的备件供应商网络体系，努力实现备件采购本地化，降低配送和库存成本；四是为应对在全球范围内的需要，美军加强了对热点地区执行任务的装备保障资源消耗规律预测，并根据预测结果在相应的地区和基地进行了一定程度上的预置和储备，以提高应对突发事件的能力；五是加强全球配送体系的信息化建设，美军建立了"以军为主、军民一体"的备件配送体系，保证所需备件能够在最短的时间内以最少的配送成本得到满足。

通过加强备件保障体系建设及改善备件管理模式，美军在战争中取得了较好的效果。例如，伊拉克战争中，美军所消耗的保障物资比在海湾战争增加了 20%以上，但在作战地区的资源储备比在海湾战争中减少了 30%以上，战场保障资源闲置率降低了超过 80%，平均保障延误时间缩短了 60%，减轻了保障部门的负担。

国内在装备保障工作中历经几十年的探索和经验积累，基本形成了与装备发展适应的备件保障体系，通过备件保障法规制度的不断完善，逐步形成了高效顺畅的管理体制；通过加强备件保障力量建设，提高了备件筹措能力；通过采用灵活多样的保障模式，提高了备件供应能力；通过开展保障信息化建设，在一定程度上提高了保障效率。但与精确保障目标相比，还具有一定的差距，主要体现在装备全寿命保障过程中缺乏对保障资源消耗规律预测和全面的掌握，使得装备故障维修所急需的备件不能及时供应到位，同时又存在部分备件闲置不能充分发挥作用；备件保障信息集成度低，难以实时、准确地掌握备件动态信息，没有形成共享的集成数据环境和有效的信息反馈机制；备件筹措机构缺乏与备件供应商之间的有效合作，尚未形成无缝链接的供需网络，部分专用器件生产周期长，供货状态不稳定。从技术层面来看，主要有以下原因。

(1)备件配置规划的经验成分多，科学定量分析的依据少。为了满足备件使用需求，往往过量采购和储备，造成了极大的浪费，同时降低了装备的任务持续能力和保障效益。在多次训练任务中，曾一度携带了相当规模的备件，而真正用到的却很少，装备故障修理所急需的部分器材没有携带。

(2)过分依赖初始备件，缺乏后续备件的科学定量配置标准。初始备件由装备承制方提供，为了自身的效益，企业对初始备件方案选择的随意性较大，往往缺乏相应的依据。装备服役使用阶段的后续备件补充修订工作需要由军方来主导，由于受备件采购经费的限制，后续备件方案的制定主要是在初始方案基础上，通过类比分析以及经验判断，缺乏科学性和准确性。

某型装备备件年度使用及消耗情况统计如表 1-1 所示。由表可以看出，为了满足装备备件使用需求，配备的备件品种及数量都具备一定规模，而在实际中，真正用到的备件数量较少，利用率只有 2%左右，满足率不足 15%，某些备件严重短缺，影响了装备维修工作的正常开展，同时又有相当规模的备件积压，在存储过程中损坏、失效，造成大量浪费。(注：在该型装备使用管理规定中，某些备件在平时不允许使用，只有在执行任务时才能使用，因此，统计得到的数据不一定完全符合实际情况，但从一定程度上反映了备件配置及使用的不合理现象。)

表 1-1　某型装备备件年度使用及消耗情况统计

使用部门	备件种类	备件数量/件	使用数量/件	备件利用率/%	备件满足率/%
部门 1	660	1206	37	3	13.5
部门 2	199	331	8	2.27	<5
部门 3	399	786	21	2.32	16.3
部门 4	403	1082	24	2.15	9.2
部门 5	266	572	8	1.82	<5

注：表中数据为粗略分析得出的。

(3)备件规划缺乏从系统性、整体性和全寿命保障费用的角度进行考虑。备件保障体系是一个复杂的供应链系统网络，具有系统性和整体性的特征，而备件筹措、供应和储备等各个环节的工作独立开展；装备研制阶段缺乏装备全寿命保障费用分析。例如，某型武器系统在退役时，有价值超过一千万(按照采购时价格)

的备件库存因不能再利用而同步报废。装备使用阶段，备件保障方案难以与作战任务要求相匹配，使得装备可用度及战备完好性难以达到规定的指标要求。

1.3 备件优化建模方法的发展

20世纪70年代以来，欧美发达国家非常重视备件配置优化建模方法及其相关的理论研究，根据装备建设的发展和实际保障需求不断对其进行更新和完善。例如，美军采用的备件建模方法经历了以下典型的发展阶段：单项法/传统法(20世纪70年代以前)、基于需求的方法(20世纪70年代)、系统分析法(20世纪80年代)、以可用度为中心的配置方法(20世纪80年代~90年代初)、基于战备完好性的配置方法(20世纪90年代中期~21世纪初)。目前，在基于战备完好性的配置方法基础上进一步延伸发展为基于战备完好性工程的方法。

1.3.1 单项法

单项法又称传统法，普遍使用于20世纪70年代之前，该方法通过在某个单项备件的库存管理费、订货费和短缺费之间进行分析，利用一个简单的公式来确定该项备件的配置量及采购方案。这里涉及库存论的基本公式，即20世纪初由威尔逊提出的经济订货量(economic order quantity，EOQ)公式：

$$\begin{cases} Q^* = \sqrt{2\lambda H/tc} \\ R^* = \lambda \cdot T_d + k\sqrt{\lambda \cdot T_d} \end{cases} \tag{1-1}$$

式中，Q^* 为经济订货量；R^* 为最优订购点；λ 为备件的年平均需求量；H 为备件的订货费用；t 为备件年库存管理费率；c 为备件单价；T_d 为采购延误时间(供货周期)；k 为安全系数。

单项法已沿用多年，由于只需要对采购的备件库存量进行决策，而无须考虑其他备件的影响，所以操作起来简单易行。该方法的缺点是：在决策过程中无法控制系统所属所有备件项目的总费用投资以及形成的备件需求满足程度，因此采用单项法分析得到的方案有可能存在经费投资不合理的现象。

1.3.2 基于需求的方法

备件管理人员需要重点关注的问题是现有的备件库存量是否能够满足需求，因此，在20世纪70年代，备件配置优化建模方法由单项法发展为基于需求的方法。该方法通过记录产品单元在观测周期内的故障次数和备件消耗量，根据历史数据预测备件消耗规律，从而计算备件的需求率；根据设定的备件需求满足指标，即备件期望满足率（expected fill rate，EFR）来确定备件的配置量。

$$EFR(s) = p_r(x=0) + p_r(x=1) + \cdots + p_r(x=s)$$
$$= \sum_{x=0}^{s} p_r(x) \tag{1-2}$$

式中，s 为备件配置量；$p_r(x)$ 为备件需求量概率分布，一般情况下按照泊松分布计算；$EFR(s)$ 为在配置量为 s 的情况下，能够满足备件需求的概率。

该方法的关键是对备件消耗规律和需求量进行准确的预测，如果得到了准确的预测结果，就能够根据式（1-2）计算备件配置量。该方法的缺点是：在决策过程中无法控制备件方案所形成的装备可用度，因此计算得到的备件方案可能会出现满足率高而装备可用度低的现象。一般而言，备件满足率是仓库管理人员关注的问题，而装备可用度是装备使用者关注的问题。

一种具体的备件方案对三种设备形成的装备可用度和备件满足率的对比如图1-2 所示。对于设备 1，备件满足率达到了 85.8%，而装备可用度只有 36.4%，这说明少量的关键备件在使用中不能得到满足，并且备件供货周期长，从而严重影响了装备的可用度；对于设备 2，装备可用度达到了 91%，而备件满足率只有 41%，这说明设备 2 的可靠性更高，故障率低，即使在备件满足率较低的情况下，设备仍然保持较高的使用可用度。

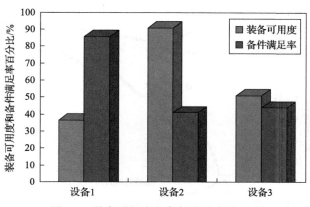

图 1-2　装备可用度和备件满足率的对比

1.3.3　系统分析法

装备管理人员在制定备件方案时经常会遇到这样的问题：如何确保装备修理工作不会因备件短缺而延误，需要追加多少经费才能使备件保障效能从现有的水平提升到更高的百分比；装备供应可用度与费用之间有着怎样的变化关系；当前的备件保障体系结构是否合理，若不合理，需要从哪些方面进行改善。针对上述问题，本书在传统的单项法和基于需求的方法基础上，提出了系统分析法。

系统分析法中引入了一个与装备供应可用度密切相关的效能指标——备件短缺数[5]，也称为期望后订货数。备件短缺将会导致故障设备不能得到及时修理而造成长时间停机，满足率仅仅是衡量备件发生需求时所能满足的程度，而短缺数是衡量缺少备件的持续时间。对于单项备件，期望短缺数（expected backorders，EBO）对装备供应可用度 A 的影响可表示为

$$A = 1 - \frac{\mathrm{EBO}(s)}{N} \tag{1-3}$$

式中，$\mathrm{EBO}(s)$ 表示备件库存量为 s 时的期望短缺数；N 为装备的部署数量。若考虑到装备系统中所属不同备件项目的影响，则装备供应可用度可表示为

$$A = \prod_{i=1}^{n} A_i = \prod_{i=1}^{n}\left(1 - \frac{\mathrm{EBO}_i}{N \cdot Z_i}\right)^{Z_i} \tag{1-4}$$

式中，i 为系统所属的备件项目编号；Z_i 为第 i 项部件在装备中的单机安装数。采用系统分析法能够考虑到装备中不同备件项目对系统效能的影响，通过在备件保障效能和费用之间进行权衡，对备件方案进行集成优化，与此同时，还能够生成系统最优费效曲线，如图 1-3 所示。由图可见，曲线上的每个点都代表满足当前指标约束下的最优备件方案，通过费效曲线，能够为决策者制定备件方案提供依据。

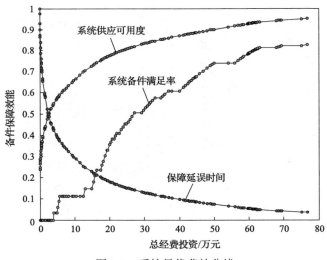

图 1-3　系统最优费效曲线

1.3.4　以可用度为中心的配置方法

以可用度为中心的配置方法是在系统分析法的基础上发展而来的，可用度是

衡量装备效能的重要指标[6]，对于集群装备，可用度表示某一随机时间内可工作装备数占总数量的百分比；对于单台设备，可用度表示该设备处于可用状态的时间占运行总时间的百分比。装备可用度可进一步分为使用可用度、供应可用度和维修可用度。其中，使用可用度的计算公式为

$$A_o = \frac{MTBM}{MTBM + MDT} \times 100\% \tag{1-5}$$

式中，MTBM（mean time between maintenance）为平均维修间隔时间；MDT（mean down time）为维修活动中因备件供应、维修及其他因素延误而造成的平均停机时间。供应可用度 A_s 和维修可用度 A_r 的计算公式分别为

$$A_s = \frac{MTBM}{MTBM + MSD} \times 100\% \tag{1-6}$$

$$A_r = \frac{MTBM}{MTBM + MCMT + MPMT} \times 100\% \tag{1-7}$$

式中，MSD（mean supply delay）为备件的平均供应延误时间；MCMT（mean corrective maintenance time）为修复性维修平均时间；MPMT（mean preventive maintenance time）为预防性维修平均时间。根据 A_s 和 A_r 可以得到使用可用度 A_o，根据式（1-6），可得

$$A_s^{-1} = \frac{MSD}{MTBM} + 1 \tag{1-8}$$

同理，可根据式（1-7），可得

$$A_r^{-1} = \frac{MCMT + MPMT}{MTBM} + 1 \tag{1-9}$$

由于 MDT=MSD+MCMT+MPMT，所以使用可用度 A_o 可表示为

$$A_o = \frac{A_s A_r}{A_s + A_r - A_s A_r} \times 100\% \tag{1-10}$$

根据式（1-10），可以得到 A_s、A_r 和 A_o 之间的转换方式，以可用度为中心的配置方法是在系统分析法的基础上，计算最优备件配置方案使装备可用度最高。

1.3.5　基于战备完好性的配置方法

除了使用可用度，装备的战备完好性还与装备任务强度密切相关，例如，装

备任务间隙时间充分长时，一般的维修和更换活动不会影响装备执行下一阶段的任务，若间隙时间非常短，则下一阶段的任务计划会受到影响。因此，在以可用度为中心的配置方法基础上，结合装备的任务剖面，美军提出了基于战备完好性的配置方法。目前，美国海军将基于战备完好性的配置方法作为舰船备件储备的指导原则，显著提高了舰船武器系统的作战能力。

按照传统的基于需求的方法，系统所需的备件量是根据历史故障数据确定的。基于战备完好性的配置方法是根据关键子系统的战备完好性要求来确定备件量，并充分考虑了可能影响系统正常工作、随机出现的器件故障。基于需求的备件模型适用于机械类器件，其主要由磨损而导致故障。然而，电子产品的故障通常是随机的，因此在确定电子类器件的备件量时，必须考虑武器系统的战备水平，这就是基于战备完好性的配置方法的出发点。当前，将基于战备完好性的配置方法进一步延伸发展为基于战备完好性工程的方法。相关资料显示，在使用基于需求的方法时，舰船"密集阵"近程系统的可用度只有 45%，"宙斯盾"系统的可用度只能达到 24%；利用基于战备完好性的配置方法时，"密集阵"近程系统的可用度达到 87%，"宙斯盾"系统达到 91%。

1.4　备件优化理论与工程技术的发展

1.4.1　理论研究概况

备件优化是装备综合保障工程领域的重难点。Hadley 提出了协同供应链备件库存系统分析方法，Sherbrooke 提出了装备备件最优控制的多等级理论，从最初的单项法、基于需求的方法，到系统分析法、基于战备完好性的配置方法，再到全资可视化及精确战备理论[7]，主要研究内容包括装备初始备件优化、装备使用阶段后续备件配置及采购方案优化、基于任务的备件配置优化、备件优化算法设计及应用等。

装备列装初期，需要建立初始备件库存。自 Sherbrooke 提出可修复备件多级控制技术(multi-echelon technique for recoverable item control，METRIC)后，该理论得到了进一步的拓展和完善，如改进的 METRIC 模型(improved approximations for multi-indenture, multi-echelon availability models，VARI-METRIC)、动态需求 METRIC(Dyna-METRIC)模型、航空部附件分配及送修动态管理(distribution and repair in variable environments，DRIVE)模型等。20 世纪 90 年代以来，这些理论被广泛应用于装备保障性分析、备件优化，以及备件库存管理。例如，Yoon 等[8]、Loo 等[9]、王乃超等[10]研究了航空备件的初始配置优化问题；Sleptchenko 等[11]将

METRIC 理论应用于海军舰船装备维修保障，建立了舰船装备备件优化配置模型；孙江生等[12]研究并建立了需求率低、价格高的贵重备件三级库存优化模型。考虑到备件需求的动态特性及时效性，Balkhi 等[13]、刘勇等[14]研究了备件需求率随时间变化的动态配置方法，并建立了装备的时变可用度评估模型；张涛等[15,16]、de Smidt-Destombes 等[17]建立了冗余系统的保障能力分析模型，研究了维修资源配置方案、维修策略等对系统任务成功概率的影响。

　　装备使用阶段，需要在初始备件方案的基础上，根据消耗使用情况，对后续备件保障方案进行修订和完善，对此必须制定合理的采购策略。该领域的理论基础源于供应链库存控制论，在研究对象上，主要针对故障率高、价格低的消耗品（不可修产品），计算出合理的订购点 R 和订购量 Q，该理论被广泛运用于备件采购。例如，Axsäter 等[18]对需求量低的不可修产品的备件订购策略进行了研究，采用枚举法列出备件库存状态概率；Al-Rifai 等[19]研究了需求率高、数量规模大的备件采购模型；Herer 等[20]建立了备件采购优化的启发式模型，用于求解大规模采购问题的准近似解；Topan 等[21]、Darwish 等[22]对中心仓库和各销售点所组成的两级供应链系统进行了研究，建立了两级供应链系统采购模型；毛德军等[23]以装备可用度为中心，根据费效优化原则，研究了具有多层次结构系统的备件优化方案；包兴等[24]、霍佳震等[25]分别对核心备件和零备件的批量订货与库存转运问题进行了研究。

　　装备初始备件优化理论中，对模型约束条件做了一些假设，例如，装备故障修理是基于换件的方式，没有考虑串件拼修、预防性维修的影响；维修资源无限，故障件不会因维修资源被占满而造成排队等待现象；备件方案是以保障效能为约束，以费用为目标进行优化的。在装备任务阶段，需要根据装备的使用条件及任务剖面，对模型进行修正和完善，对初始保障方案进行调整。在维修资源有限的情况下，会增加故障设备的维修周转时间，利用 METRIC 理论会对装备可用度评估结果造成偏差。针对该问题，Kim 等[26]对维修资源约束下的可修贵重备件库存系统进行了分析；在维修人员保障水平及维修资源有限的条件下，Angel 等[27]针对单层次结构系统，Juan 等[28]和 de Smidt-Destombes 等[29]针对 k/N 冗余系统，对备件优化方法进行了研究；Rappold 等[30]考虑了维修人员、维修设施、维修站点数量等因素的影响，建立了备件联合优化模型。对于同型装备并具有通用性的备件项目，采用串件拼修对策能够使装备的战备完好性达到上限。Fisher[31]研究了串件系统的马尔可夫过程模型；李羚玮等[32]研究了面向任务的拼修问题并提出了基于遗传算法的模型求解方法。装备任务携行备件以非经济性因素为主，需要综合考虑携行备件的质量、体积、数量规模等。因此，多指标约束下的备件优化问题在装备任务期间经常被提出，王乃超等[33]建立了多约束条件下备件库存优化模型，并采用更新拉格朗日乘子法对模型进行求解；Bachman 等[34]在备件质量、体积、短缺数等多指标约束下，对航空备件的配置优化问题进行了研究；卫忠等[35]建立了协同供应链多级库存控制的多目标优化模型，并采用遗传算法对模型进行了求解。

对于复杂装备系统，备件优化模型的求解是大规模、非线性的 NP 难问题，因此设计合理的优化算法是关键。例如，回归技术、拉格朗日乘数法理论、分支定界法等都曾被用于模型的求解。目前，边际优化算法是最为常见的一种方法[36]，随着计算机技术及人工智能的发展，仿真优化算法[37-40]、启发式算法[41,42]、BP（back propagation）神经网络[43]、遗传算法[44]等也相继应用于备件模型的求解。相比而言，启发式算法能够在较短时间内得到模型的准最优结果，通常被广泛应用于备件采购；利用仿真优化算法时，可以在算法设计上考虑各项随机因素，得到的结果可信度较高，但优化效率问题很突出；对于求解多目标配置优化问题，遗传算法、粒子群算法能够在较短的时间内得到准近似结果；边际优化算法操作简单、运算速度快、结果精度高，其最大优势是能够得到系统的最优费效曲线，便于对结果进行分析和调整，边际优化算法的缺点是运算效率低、优化时间长，计算多目标优化问题时，算法迭代过程中需要不断调整各项指标之间的权重系数。

国外在备件优化理论技术领域起步较早，针对装备设计论证、装备采办、保障性分析、初始备件配置及后续备件保障方案优化等方面开展了大量的研究，并广泛应用于各军兵种，用于指导装备保障工程实践。国内在该领域起步相对较晚，没有形成一套完善的理论体系，技术成熟度相对较低，备件模型体系的集成性、通用性及可扩展性方面需要在实践中进一步迭代和完善。

1.4.2　备件模型的开发设计及应用

在备件保障理论研究的基础上，西方发达国家致力于理论与实践的结合，并相继开发了先进的保障规划模型软件，表 1-2 给出了部分模型软件的功能介绍，经过长期的数据积累和对核心模型的改进，这些模型的操作性能和输出结果的可信度不断提高，被广泛应用于军事、航空航天及商业各个领域。大量的实践证明，备件模型的开发及应用为用户节约高达 50%的保障费用，同时还能够显著提高装备的可用性（20%～30%）。

下面对较为成熟且运用广泛的备件规划与仿真模型体系进行介绍。

1. LCOM

LCOM 是一个基于蒙特卡罗、资源排队论、系统工程的仿真工具，创建于 20 世纪 60 年代末，是由美国空军后勤司令部航空系统中心发起的，美国兰德（RAND）公司与空军后勤司令部共同合作开发的装备评估与分析仿真系统。

LCOM 最早主要用于空军维修人力资源与飞机出勤率的研究，目前它作为一

个策略分析工具使用。它的特点在于，能够将基地级的维修保障资源相互联系起

表 1-2　备件保障与规划模型体系

模型简称	全称	开发设计单位	主要功能介绍
LCOM[2]	综合后勤模型 (logistics composite model)	美国 RAND	用于分析基地级的维修保障资源对飞机出勤率的影响，以及对与装备可靠性、维修性、保障性密切相关的性能参数的影响，普遍应用于陆、海、空各领域
OPUS10[7]	后勤保障仿真与备件优化 (logistics support and spares optimization tool)	瑞典 SYSTECON	具有强大的费用或性能建模和优化能力，能够优化备件分配并设计后勤保障解决方案，以最低的保障费用达到装备可用性要求，具有优化的修理地点分析和维修级别分析，输出结果直观
VMETRIC[6]	多等级多层次备件库存优化 (vari multi-echelon technique for recoverable item control)	美国 TFD	以保障费用为约束，以装备使用可用度为优化目标，求解并优化多个维修等级、多约定层次的备件配置方案，能够模拟装备系统使用、故障维修过程，评估装备任务持续能力
SIMLOX[7]	系统运行和保障体系仿真 (simulation of logistics and operations)	瑞典 SYSTECON	通过模拟装备系统的运行、故障维修活动来分析保障方案与装备战备完好性之间的关系，可进行保障资源配置的可持续评估，分析有限的维修保障资源对系统任务成功性的影响
MAAP[8]	基于寿命周期事件的费效分析 (monterey activity-based analytical platform)	美国 TFD	可用于总成本或寿命周期费用计算和保障效能分析，以及多种类型的保障资源优化，实现对装备系统保障方案的权衡分析与评价
TEMPO[8]	面向多时期的备件动态优化 (TFD engine for multi-period optimization)	美国 TFD	用于在"特定关键阶段且采购期长的昂贵产品"与可以提供"即时性能且采购期短的非昂贵产品"之间的预算权衡分析
SCO[8]	供应链优化 (supply chain optimization)	美国 TFD	用于后勤保障链优化及全资产可视化管理，在资产管理数据库的基础上，实现对备件库存、装备维修、资产及维修设施的动态管理

来，并分析它们对飞机出勤率等与装备的可靠性、维修性、保障性关系很密切的性能参数的影响。LCOM 的用途主要包括：确定最优的后勤资源组合，这些资源主要包括人力、备件、保障设备和保障设施；评估维修需求、工作负荷、维修策略、保障方案等因素的变化对装备使用效能带来的影响；评估备选设计方案的保障性；实施灵敏度分析，分析的因素可以包括飞机固有性能、零件或子系统可靠性、维修策略或规程、基地管线时间、备件数量、保障设备、设施、人力和其他资源、涂层或密封修复时间、飞机周转时间、出勤率、出动时间、已部署飞机的数量、分散的工作位置、磨损、改良诊断或可达性、任务综合、关键与非关键维修等；LCOM 的输出结果可以通过费用模型来进行寿命周期费用分析。

LCOM 模型目前被广泛用于装备可靠性、维修性、保障性的权衡与分析，曾

主要用于飞机，但也适用于各种武器系统。目前美国国防部将其广泛用于各项武器系统的采办，如 F-16、F-22、C-17、CV-22、JSF 等项目。20 世纪 90 年代中期，LCOM 曾经历了用 F-15E 在"沙漠风暴行动"中的数据进行的检验，结果证明 LCOM 是一个非常准确且有效的模型。目前，LCOM 正在被改造性开发，改造的最终目标是将 LCOM 改造为基于最新技术、能够在 PC 上运行且运行效率高、易于使用与维护、集成、便携式的桌面分析软件包；同时在保留其原有功能的基础上，使 LCOM 支持对具有多个使用基地、具有多种武器装备的复合型系统的保障分析。改造计划还通过向高级体系结构（high level architecture，HLA）规范地过渡，使 LCOM 具有更好的系统兼容性、可互操作性、可重用性以及软件可移植性和便携性。

2. OPUS10

OPUS10 是由英国 SYSTECON 公司开发的一个多功能备件保障规划分析模型，它可以用来解决与保障相关的各种问题，如保障方案、保障费用、系统可用度等。它是能够在备选的后勤保障机构、系统设计参数、维修策略、库存策略、商业利益等问题之间进行权衡的研究与决策工具。

与其他模型相比，OPUS10 具有更通用、更强大的建模能力，主要体现在：不受保障级别、备件数量以及装备结构层次深度等方面的限制；能够处理保障机构和装备分解结构中的跳跃和不对称情况；具有分析通用备件和多系统通用子系统的能力；支持对可修产品单元与不可修产品单元的寿命周期保障费用的建模；支持对不同维修策略（换件维修、修理与更换）的建模；可以同时考虑来往于各保障站点的运输时间；允许对多个保障站点进行建模，允许对相同备件修理时间片段或者按备件类型对需求流进行建模，这是在现实应用中越来越普遍的情况，而其他模型通常不支持这种建模；在保障方案的优化过程中考虑横向或变通保障问题，以及延期交货优先性的问题，能够显著降低费用；对不可修单元和部分可修单元采用不同的算法，这样可以得到更精确的结果；在对保障方案的优化过程中，该模型还对系统级单元考虑最佳的修理位置（级别），而其他模型通常是通过与专用的修理级别模型接口来获取相关信息；考虑并模拟错误的更换、非故障报废因素。

OPUS10 经历了 30 年的发展，它在确定备件需求方面与其他方法相比，达到了前所未有的精度。用户的使用评价显示该模型具有以下优势：能够降低维修费用（超过 50%）；能够降低备件费用（通常可达到 20%～30%）；能够在给定预算的条件下实现更高的系统可用度；能够降低与大量备件库存有关的其他费用（储存、登记、员工工资等）；能够最小化参数（价格、故障率、周转时间等）变化带来的风险，其确定的最优结果具有较强的鲁棒性；能够模拟非常灵活的供应保障活动；

能够比较不同的备选方案；能够确定优化的备件配置或分类；能够确定最优的维修位置；能够选择最具效费比的解决方案。

OPUS10 适用于装备寿命周期的所有阶段，特别是在早期设计阶段，效益更加显著。OPUS10 已经成功应用在多个不同的、积极寻求降低保障费用(备件、维修等)同时保持或提高设备可用度的领域，如飞机、铁路、雷达、电信、国防和钻井平台等。

3. VMETRIC

VMETRIC 是美国 TFD 公司研制的一款多等级、多层次、多系统的备件库存优化工具，主要面向装备设计部门、装备供货及使用部门，在功能、性能及灵活性上处于世界领先水平，运行速度快、结果准确、所需数据少、便于使用。VMETRIC 在备件库存优化计算过程中能够在同时满足装备使用可用度及备件费用指标约束条件下进行，主要目标是将装备故障所造成的损失减小至最低限度，将装备备件库存成本压缩至合理范围内的最低水平。

VMETRIC 的发明者 Sherbrooke 博士在研制了 VARI-METRIC 模型后，一直致力于该模型的优化改进与完善。TFD 公司借助 Sherbrooke 博士的最新研究成果，对软件模型进行改进。目前，VMETRIC 软件已经发布了 4.0 版本。

VMETRIC 主要包括零件管理、系统构型建模管理、保障点管理、保障结构建模、想定建模、备件优化、结果分析与报表等功能模块，能够在给定的维修作业体系、备件存储供应模式、保障环境及任务想定下，预测备件品种及数量，优化备件存储结构及布局，生成备件配置方案、备件采购方案。多年来，VMETRIC 广泛应用于重大项目中(如 F-35、B-2 等)，并取得了明显效果，例如为 F-35Ⅱ型战机节约了 50%的备件费用。

4. SALOMO

SALOMO 是荷兰皇家空军开发的一个后勤保障模型。该模型目前主要用于飞机在和平时期的使用与维修分析。开发该模型主要为了满足军方需求：在和平时期，荷兰皇家空军要求每个飞行员必须完成年度性的飞行训练科目以保持其足够的专业技术水平；荷兰皇家空军中的 F-16 战机按规定必须保持一定的执行任务能力，F-16 战机的使用必须满足飞行员年度飞行训练任务，同时也会导致使用故障以及可执行任务能力的持续降低，因此这两项要求往往是冲突的。

为了解决以上问题，必须使飞机在使用过程中，尤其在飞行准备前做好充分的预防性维修及备件保障工作。由于使用与保障活动之间具有很强的交互性，因此，荷兰皇家空军设计了 SALOMO 保障模型，它能够预计一个空军基地的多个重要指标，如飞行员的飞行小时数和 F-16 战机执行任务率等。为了研究使用过程与保障过程之间的关系，或对可能的维修与使用策略进行比较，用户可以通过改变 SALOMO 的输入参数对不同的备选方案进行评估。因此，SALOMO 为用户提供了一个很好的决策支持平台，能够对 F-16 部署水平和飞行员技术水平进行辅助分析，从而支持对空军基地的管理。

SALOMO 目前主要服务于荷兰皇家空军司令部和空军基地，作为 F-16 战机维修与使用的一个决策支持系统。此外，荷兰国防大学将 SALOMO 用于教学，使学生能够计算和分析出多个备选方案的效果。

1.4.3　发展趋势

根据当前国内技术发展现状，结合我军开展装备综合保障工作的迫切需求，将备件配置优化技术领域的未来发展趋势总结如下。

(1)在备件规划的信息要素上，向综合集成的方向发展。保障信息要素不进行综合集成就难以提供完整和正确的保障方案，需打破传统意义上各自为政、信息孤岛的现象，信息要素之间协调一致，相互关联，资源同步更新，相互匹配。

(2)在备件规划的研究时域上，向装备全寿命周期拓展。备件规划技术领域需要延伸到装备研制阶段，由过去的"装备使用任务保障"向"装备全寿命保障"转变，不仅要与装备使用阶段的保障方案相匹配，还要与装备设计阶段保障方案的权衡和优化挂钩。

(3)在备件规划的研究目标上，向精确化保障理念转变。备件保障规划要由过去的"单纯重视效果"向"质量效益型并重"转变，由"粗放式、概略式、模糊式保障"向"集约化、科学化、精细化管理"方向发展。

(4)在备件规划的应用对象上，向装备一体化保障发展。随着装备一体化建设的深入推进，已经打破为单一型号装备进行保障的模式，备件保障规划要满足"装备一体化建设、保障力量统一使用"的客观要求，还要满足"军民融合与平战结合、专业组合与资源整合"的新模式要求。

参 考 文 献

[1] 朱石坚, 辜键, 楼京俊, 等. 舰船装备综合保障工程[M]. 北京: 国防工业出版社, 2010.

[2] 马麟. 保障性设计分析与评价[M]. 北京: 国防工业出版社, 2012.

[3] 李晓宇, 王新阁, 方子立, 等. 面向任务的装备维修保障资源优化配置[J]. 国防科技, 2011, 32(3): 48-52.

[4] 黎放, 费奇, 王威. 武器装备可靠性费用研究[J]. 系统工程与电子技术, 2005, 27(7): 1253-1255.

[5] Levner E, Perlman Y, Cheng T C E, et al. A network approach to modeling the multi-echelon

spare-part inventory system with backorders and interval-valued demand[J]. International Journal of Production Economics, 2011, 132(1): 43-51.

[6] Neil M, Marquez D. Availability modelling of repairable systems using bayesian networks[J]. Engineering Applications of Artificial Intelligence, 2012, 25(4): 698-704.

[7] Sherbrooke C C. Optimal Inventory Modeling of Systems: Multi-Echelon Techniques[M]. 2nd ed. Boston: Artech House, 2004.

[8] Yoon K B, Sohn S Y. Finding the optimal CSP inventory level for multi-echelon system in air force using random effects regression model[J]. European Journal of Operational Research, 2007, 180(3): 1076-1085.

[9] Loo H L, Ek P C, Suyan T, et al. Multi-objective simulation-based evolutionary algorithm for an aircraft spare parts allocation problem[J]. European Journal of Operational Research, 2008, 189(2): 476-491.

[10] 王乃超, 康锐. 基于备件保障概率的多级库存优化模型[J]. 航空学报, 2009, 30(6): 1043-1047.

[11] Sleptchenko A, van der Heijden M C, van Harten A. Effects of finite repair capacity in multi-echelon multi-indenture service part supply systems[J]. International Journal of Production Economics, 2002, 79(3): 209-230.

[12] 孙江生, 李苏剑, 吕艳梅, 等. 武器贵重备件三级库存模型仿真研究[J]. 兵工学报, 2008, 29(7): 854-858.

[13] Balkhi Z T, Benkherouf L. On an inventory model for deteriorating items with stock dependent and time-varying demand rates[J]. Computers and Operations Research, 2004, 31(2): 223-240.

[14] 刘勇, 武昌, 李阳, 等. 两级备件保障系统的装备时变可用度评估模型[J]. 兵工学报, 2010, 31(2): 253-256.

[15] 张涛, 武小悦, 郭波, 等. (m, N_G) 维修策略下可修系统的使用可用度模型[J]. 系统工程学报, 2007, 22(6): 627-633.

[16] 张涛, 郭波, 武小悦, 等. k 阶段变化条件下 k/N:G 系统的备件保障度模型[J]. 兵工学报, 2006, 27(3): 485-488.

[17] de Smidt-Destombes K S, van der Heijden M C, van Harten A. On the availability of a k-out-of-N system given limited spares and repair capacity under a condition based maintenance strategy[J]. Reliability Engineering and System Safety, 2004, 83(3): 287-300.

[18] Axsäter S, Zhang W F. A joint replenishment policy for multi-echelon inventory control[J]. International Journal of Production Economics, 1999, 59(1-3): 243-250.

[19] Al-Rifai M H, Rossetti M D. An efficient heuristic optimization algorithm for a two-echelon(R, Q)inventory system[J]. International Journal of Production Economics, 2007, 109(1/2): 195-213.

[20] Herer Y T, Tzur M. Optimal and heuristic algorithms for the multi-location dynamic transshipment

problem with fixed transshipment costs[J]. IIE Transactions, 2003, 35(5): 419-432.

[21] Topan E, Bayindir Z P, Tan T. An exact solution procedure for multi-item two-echelon spare parts inventory control problem with batch ordering in the central warehouse[J]. Operations Research Letters, 2010, 38(5): 454-461.

[22] Darwish M A, Odah O M. Vendor managed inventory model for single-vendor multi-retailer supply chains[J]. European Journal of Operational Research, 2010, 204(3): 473-484.

[23] 毛德军, 李庆民, 张志华. 以装备可用度为中心的保障方案优化方法[J]. 兵工学报, 2011, 32(5): 636-640.

[24] 包兴, 季建华, 连海佳. 核心备件的订货策略与模型[J]. 上海交通大学学报, 2007, 41(7): 1097-1101.

[25] 霍佳震, 李虎. 零备件库存多点转运的批量订货模型与算法[J]. 系统工程理论与实践, 2007, 27(12): 62-67.

[26] Kim J S, Shin K C, Yu H K. Optimal algorithm to determine the spare inventory level for a repairable-item inventory system[J]. Computers Operations Research, 1996, 23(3): 289-297.

[27] Angel D, Michael C F. Models for multi-echelon repairable item inventory systems with limited repair capacity[J]. European Journal of Operational Research, 2010, 97(3): 480-492.

[28] Juan E R, Li Q L. Algorithm for a general discrete k-out-of-N:g system subject to several types of failure with an indefinite number of repairpersons[J]. European Journal of Operational Research, 2011, 211(1): 97-111.

[29] de Smidt-Destombes K S, van der Heijden M C, van Harten A. On the interaction between maintenance, spare part inventories and repair capacity for a k-out-of-N system with wear-out[J]. European Journal of Operational Research, 2006, 174(1): 182-200.

[30] Rappold J A, van Roo B D. Designing multi-echelon service parts networks with finite repair capacity[J]. European Journal of Operational Research, 2009, 199(3): 781-792.

[31] Fisher W W. Markov process modelling of a maintenance system with spares, repair, cannibalization and manpower constraints[J]. Mathematical and Computer Modelling, 1990, 13(7): 119-125.

[32] 李羚玮, 张建军, 张涛, 等. 面向任务的拼修策略问题及求解算法[J]. 系统工程理论与实践, 2009, 29(7): 97-104.

[33] 王乃超, 康锐. 多约束条件下备件库存优化模型及分解算法[J]. 兵工学报, 2009, 30(2): 247-251.

[34] Bachman T, Kline R. Model for estimating spare parts requirements for future missions[C]// Space 2004 Conference and Exhibit, Sam Diego, 2004.

[35] 卫忠, 徐晓飞, 战德臣, 等. 协同供应链多级库存控制的多目标优化模型及其求解方法[J]. 自动化学报, 2007, 33(2): 181-187.

[36] 聂涛, 盛文. K:N 系统可修复备件两级供应保障优化研究[J]. 系统工程与电子技术, 2010,

32（7）：1452-1455.

[37] Kilpi J, Töyli J, Vepsäläinen A. Cooperative strategies for the availability service of repairable aircraft components[J]. International Journal of Production Economics, 2009, 117（2）：360-370.

[38] 陈少将, 邱静, 刘冠军, 等. 一种备件多级库存系统的仿真模型[J]. 系统仿真学报, 2010, 22（11）：2664-2666.

[39] 司书宾, 贾大鹏, 孙树栋, 等. 服务水平约束下的多-单维修备件协同库存控制模型及其仿真研究[J]. 中国机械工程, 2007, 18（23）：2844-2847.

[40] 王正元, 宋建社, 何志德, 等. 一种备件多级库存系统的仿真优化模型[J]. 系统仿真学报, 2007, 19（5）：1003-1006, 1010.

[41] Archibald T W, Black D, Glazebrook K D. An index heuristic for transshipment decisions in multi-location inventory systems based on a pairwise decomposition[J]. European Journal of Operational Research, 2009, 192（1）：69-78.

[42] Quariguasi F N J, Walther G, Bloemhof J, et al. A methodology for assessing eco-efficiency in logistics networks[J]. European Journal of Operational Research, 2009, 193（3）：670-682.

[43] Wu M C, Hsu Y K. Design of BOM configuration for reducing spare parts logistic costs[J]. Expert Systems with Applications, 2008, 34（4）：2417-2423.

[44] 范浩, 贾希胜, 贾云献, 等. 基于遗传算法的备件两级优化建模与仿真研究[J]. 系统工程与电子技术, 2006, 28（1）：150-152.

第 2 章 备件配置优化建模基础理论

本章主要介绍备件保障相关基本概念，对备件配置优化建模过程中涉及的概率论、数理统计学、随机过程、排队论、备件库存论等基本理论和方法进行分析，给出系统 RMS 指标参数、典型组成结构下的系统可靠性模型及备件保障效能指标计算方法。

2.1 概念及定义

2.1.1 备件保障相关概念

备件是维修装备及其主要成品所需的元器件、零件、组件或部件等的统称。备件保障是对装备使用和维修所需备件的采办、分类、编码、编目、接收、存储、转运、配发、维修及报废处置等的全部活动、规程和技术，是装备维修器材供应链管理和装备综合保障的一个重要因素。备件保障系统为指定用户提供备件保障组织机构、设施、方法和技术，包括需求计算、采购、分配、库存、维修、配送和处理等。备件配置优化是从备件保障中分支出来的一门专业技术，研究如何开展备件品种及数量需求分析、优化备件存储结构及布局，达到装备战备完好性(可用度)要求，将备件保障费用降至最低；或考虑寿命周期备件保障费用约束条件，以可承受的备件保障费用使装备战备完好性(可用度)最高。与备件保障相关的概念定义如下[1,2]。

(1)备件：维修装备及其主要成品所需的元器件、零件、组件或部件等的统称，包括可修复备件与不可修复备件。

(2)可修复备件：故障或损坏后，采用经济可行的技术手段修理，能恢复其原有功能的备件，也称为备用件。

(3)不可修复备件：故障或损坏后，不能用经济可行的技术手段加以修复的备件，也称为修理件。

(4)现场可更换单元(line replaceable unit，LRU)：可以将一个系统看作由可维修的组件构成，为使该系统恢复到正常状态可以更换这些组件。更换工作通常在基层级或一级维修设施内进行，也就是说，在该系统使用的场所进行。这种更换工作的主要目的是：在恢复该系统正常状态的过程中最大限度地减少停机时间。

(5)车间可更换单元(shop replaceable unit，SRU)：每一个 LRU 通常由分组件

或模件构成，为了易于修复该 LRU，可以在第二级(中继级)或第三级(基地级)维修单位(或车间)内更换该分组件或模件。

(6)消耗品(件)：装备在使用与维修中消耗掉的未定义为备件的物品(件)，是指那些不可修复的物品，而这些物品可以用来复原一个系统、LRU 或模件。将一个物品归类为消耗品，并不意味着该物品一定没有修复的可能性。

(7)周转时间：将一个可修复件从系统上拆下，到再将该件作为完全可以使用的备件返回为止所经历的时间。周转时间也称为修理周转期，指某个故障件从使用装备上撤离开始，通过基地级(或中继级)维修，返回使用现场作为备件所经历的时间。

(8)备件保障概率：也称满足率(fill rate，FR)，即在规定的时间周期内，现有备件量可以满足需求的百分比。例如，要求95%的满足率，表示该库存水平可在95%的时间内满足需求，或者库存不缺货的概率为95%。有时，备件保障概率也称为不缺货的概率或备件充足度。最为理想的满足率为100%，但实现100%，必须大量投资。大多数商业航线，宁可采用85%的满足率。100%满足率与所达到的满足率之差称为供应缺口。

(9)期望后订货数(expected backorders，EBO)：给定的任务周期和给定的库存水平预期的短缺数，有时也称其为损失的销售或延期交货量。

(10)供应线：一个场地或阵地的供应线意味着一个随机变量，代表正在修理中或正在从更高维修级往该场地再供应的产品数。一个场地的平均供应线是维修中或再供应中的单元平均数。

(11)多约定维修层次：约定层次是指工程零件的层次配置。系统可以具有两个或更多的层次，多约定维修层次可简称为多层级。通常，第一层级是指第一级约定层次产品中的模件。以飞机为例，LRU 是指直接装配到飞机中的产品，SRU则是指在维修车间从 LRU 上拆卸的产品。

(12)多维修级别：作战地点与保障基地的梯次配置，又称为多梯队、为多等级。例如，基层级、中继级、基地级，其中，基层级维修一般由装备使用现场组成的维修分队组成，如飞行现场、舰员级等；中继级维修一般由专设的维修技术保障大队组成，如保障基地、军内修理厂等；基地级维修一般由总装厂或合同商实施。

(13)平均保障延误时间(mean logistics delay time，MLDT)：在规定的时间内，保障资源延误时间的平均值。

(14)装备可用度：在某一规定时间，为完成一项指定任务，能够投入作战使用的装备系统占列编系统总数量的百分数，它取决于系统的状态。装备可用度等于投入使用的系统数与拥有的系统总数之比，还表示执行一项指定任务的系统能工作时间的百分数，而且可用能工作时间除以能工作时间与不能工作时间之和来表示。

2.1.2　备件需求及其影响因素

备件需求定义为失效率加上误诊断造成的误更换率、故障修复中的损坏率、接收的零件的缺陷率和满足供应的必须数。按此定义研究影响备件需求因素，除功能故障外，还应考虑维修与错误拆卸。为此，在建模过程中最好采用更换率而不使用故障率或更新率。

对于许多零件，故障占拆卸的大多数。由故障而产生的需求可用泊松过程(故障前时间为指数分布)或更新过程(故障前时间为非指数分布)建模。在大多数情况下，人们预期一种非指数的故障前时间分布。然而，在稳态情况下，可以利用恒定故障率模型预计较高层次(LRU)的备件需求。

影响一个产品拆卸的重要因素是维修。通常，在计划维修和翻修期间，大多数系统将被拆卸，而在恢复时，系统中的一些零件可能用新零件加以替换。对于安全关键产品，只要它们达到了规定寿命(基于更换策略)，通常要被更换的，因此需要备件。对于已接近其寿命晚期或已超过它们寿命期零件也必须进行替换，以便最大限度地减少系统拆卸的次数。此外，还要检验那些正常情况下看不到的零件，因此自然地将导致更多零件被更换。

未发现故障(no fault found，NFF)也是导致产品拆卸的一个重要因素。根据报告的故障或失效，产品将被拆卸并加以检验，但有时在实际检验时并未发现故障。在电子设备中，这种情况更为常见。例如，潮湿有可能引起暂时的短路，印制电路板的应力就有可能使干燥的焊点开路；或者不稳定的供电电源有可能引起灵敏元件的暂时异常。同样，机内测试设备(build-in test equipment，BITE)可产生由软件错误引起的错误报警信息，该软件错误只在特定的条件下，如输入的特定组合情况下发生。需要注意的是，这是在可维修备件情况下的一种假想需求，而不是真实需求。然而，若周转时间过长，则会影响系统参数，如可用性、期望后订货数、满足率等。此外，当出现一个未发现故障时，将会产生某些管理与维护费用。这样，在计算与备件有关的费用时，必须考虑未发现故障的影响。

与软件有关的需求，有可能是由软件失效或软件升级产生的。因为软件升级通常会提出对新硬件结构的需求。

引起备件需求的另一个因素是工艺技术的陈旧过时，这又进一步使建模问题复杂化，因为必须要了解一个特定的工艺、技术到底能持续多长时间。

对备件需求率或拆卸率进行建模时，需考虑失效、维护以及与软件有关的拆卸等影响。其他因素，如未发现故障、维修人员的错误拆卸、BITE虚警指示等均会给可维修件制造出一种假想的需求，其结果会影响备件的可用性、期望后订货数、库存费用等。当预计备件需求时，应注意备件故障数和更换数之间的区别。针对任一部件，下面不等式成立：

$$\mathrm{NF}(t) \leqslant \mathrm{ND}(t) \leqslant \mathrm{NR}(t) \tag{2-1}$$

式中，$\mathrm{NF}(t)$、$\mathrm{ND}(t)$、$\mathrm{NR}(t)$ 分别为到时间 t 为止的故障数、需求数以及更换数。

2.2　概率论基础

在系统可靠性、备件供应保障等相关工程领域中，设备故障、维修数据通常从部件、子系统、整机系统的设计制造试验、现场试用和维修过程中产生并收集而来。为了对这些数据进行描述和分析，掌握其规律并将其充分运用于备件优化决策，通常需要用到数学中的概率统计学基础，如分布函数、概率等[3]。

2.2.1　分布函数与概率密度函数

设 X 为随机变量，对任意实数 x，令 $F(x) = P\{X \leqslant x\}$ $(-\infty < x < \infty)$，则称函数 $F(x)$ 为随机变量 X 的分布函数。对于任意实数 x_1，$x_2(x_1 < x_2)$，有

$$P\{x_1 < X \leqslant x_2\} = P\{X \leqslant x_2\} - P\{X \leqslant x_1\} = F(x_2) - F(x_1) \tag{2-2}$$

若已知 X 的分布函数，则可知 X 落在任意区间 $(x_1, x_2]$ 上的概率，从这个意义上说，分布函数完整地描述了随机变量的统计规律性。分布函数具有如下性质：

(1) $F(x)$ 是单调非递减的，即对任意 $x_1 < x_2$，有 $F(x_1) \leqslant F(x_2)$；

(2) $0 \leqslant F(x) \leqslant 1$，$F(-\infty) = 0$，$F(\infty) = 1$；

(3) F 是右连续的，即对任意 x，有 $F(x^+) = F(x)$；

(4) 对任意实数 $x_1, x_2(x_1 < x_2)$，$P\{x_1 < X \leqslant x_2\} = F(x_2) - F(x_1)$；

(5) 对任意实数 x，有 $P\{X = x\} = F(x) - F(x^-)$；其中 $F(x^-) = \lim\limits_{\Delta x \to 0} F(x + \Delta x)$，即随机变量 X 在任何区间上取值的概率可由分布函数 $F(x)$ 确定。

对于随机变量 X 的分布函数 $F(x)$，若存在非负可积函数 $f(x)$，使对于任意实数 x 有

$$F(x) = \int_{-\infty}^{0} f(t)\mathrm{d}t$$

则称 X 为连续型随机变量，$f(x)$ 称为 X 的概率密度函数（简称概率密度）。概率密度函数 $f(x)$ 具有以下性质：

(1) $f(x) \geqslant 0$；

(2) $\displaystyle\int_{-\infty}^{\infty} f(x)\mathrm{d}x = 1$；

（3）对于任意实数 $x_1, x_2 (x_1 < x_2)$，有

$$P\{x_1 < X \leqslant x_2\} = F(x_2) - F(x_1) = \int_{x_1}^{x_2} f(x)\mathrm{d}x$$

（4）若 $f(x)$ 在点 x 处连续，则有 $F'(x) = f(x)$。

反之，若 $f(x)$ 具备性质（1）、（2），则可引入

$$F(x) = \int_{-\infty}^{x} f(t)\mathrm{d}t$$

它是某一随机变量 X 的分布函数，$f(x)$ 即为变量 X 的概率密度。

2.2.2　可靠性工程中常用的概率分布

系统可靠性工程中常用的概率分布主要包括二项分布、泊松分布、几何分布、负二项分布、超几何分布等离散型分布，以及韦布尔分布、指数分布、正态分布、对数正态分布等连续型分布。通常都是实际问题中样品的某些指标值在一定条件下所遵从的分布，都是有具体背景的。此外，从样本出发，对统计量进行描述分析，用到一些由总体分布在某些条件下派生而来的分布，如 χ^2 分布、t 分布和 F 分布[4]。

1. 二项分布

如果 n 次独立重复试验都具有以下特点，那么称这 n 次独立重复试验为 n 重伯努利试验：

（1）每次试验只有"成功"或"失败"两种可能结果；

（2）每次"成功"的概率为 $p (0 < p < 1)$，"失败"的概率为 $q = 1 - p$；

（3）n 次试验是相互独立的，即每次试验结果不受其他各次试验结果的影响。

在 n 重伯努利试验中，"成功"（事件 A 发生）的次数 X 是一个随机变量，其概率分布为

$$P\{X = k\} = C_n^k p^k q^{n-k}, \quad k = 0,1,2,\cdots,n \tag{2-3}$$

此概率分布是二项式 $(p + q)^n$ 展开式的第 $(k+1)$ 项，故称 X 服从二项分布（又称伯努利分布），记为 $X \sim B(n, p)$，n、p 为参数。

二项分布下，X 的均值为 $E(X) = np$，方差为 $D(X) = npq$，在可靠性工程中，二项分布常用来计算成败型系统的成功概率。

2. 泊松分布

泊松分布作为二项分布的近似，由法国数学家泊松提出。在二项分布 $B(n, p)$

中，当事件发生的概率 p 非常低、试验样品数(或试验的次数)n 足够大，而乘积 $np \overset{\text{def}}{=\!=} \lambda$ 大小适中时，二项分布中概率的计算有一个很好的近似公式，这就是著名的泊松定理。

泊松定理：在 n 重伯努利试验中，以 p_n 表示在一次试验中随机事件 A 发生的概率，且随着 n 的增大，p_n 减小。当 $n \to \infty$ 时，若有 $np_n \overset{\text{def}}{=\!=} \lambda_n \to \lambda$ (常数 $\lambda > 0$)，则随机事件 A 发生 k 次的概率满足

$$\lim_{n \to \infty} C_n^k p_n^k (1 - p_n)^{n-k} = \frac{\lambda^k}{k!} \mathrm{e}^{-\lambda}, \quad k = 0, 1, 2, \cdots \tag{2-4}$$

泊松定理中的概率 $\lambda^k \cdot \mathrm{e}^{-\lambda}/k!$ 对一切 k 非负，且 $\sum\limits_{k=0}^{\infty} \lambda^k \mathrm{e}^{-\lambda}/k! = 1$，它们全体组成一个分布，称为泊松分布，记为 $P(\lambda)$。

若随机变量 X 服从参数为 λ 的泊松分布，则 X 取值为 0, 1, 2, $\cdots$ 且取这些值的概率为

$$P\{X = k\} = \frac{\lambda^k}{k!} \mathrm{e}^{-\lambda}, \quad \lambda > 0 \tag{2-5}$$

当随机变量 X 服从参数为 λ 的泊松分布时，其均值 $E(X) = np = \lambda$，方差 $D(X) = np = \lambda$。

3. 几何分布

在二项分布中，在相同条件下做 n 次独立的试验，每次试验或者成功或者失败，这里 n 是事先给定的。若约定伯努利试验持续进行，直到第一次成功时停止，则试验的总次数就不能事先确定。

同样，记伯努利试验中每次"成功"的概率为 $p(0 < p < 1)$，"失败"的概率为 $q = 1 - p$，令 X 为试验的总次数，它是一个随机变量，其分布列为

$$P\{X = k\} = pq^{k-1}, \quad k = 1, 2, \cdots \tag{2-6}$$

此时，称 X 服从几何分布。

几何分布存在"记忆障碍"的特性，这意味着可以从任何一次试验开始统计试验次数，并不影响任何潜在的分布。在这一点上，几何分布与后面介绍的连续指数分布相似。

4. 负二项分布

负二项分布又称帕斯卡(Pascal)分布，是几何分布的推广形式，将每次试验成

功概率为 p 的伯努利试验持续进行，直到成功 r 次，记试验总次数为 X，则有

$$P\{X=k\}=C_{k+r-1}^{r-1}p^{r}(1-p)^{k}, \quad k=1,2,\cdots \tag{2-7}$$

称 X 服从负二项分布。负二项分布与二项分布的不同之处在于，负二项分布下成功的次数是既定的，而试验的次数是随机的。

5. 超几何分布

若离散型随机变量 X 的概率分布为

$$P\{X=k\}=\frac{C_{D}^{k}C_{N-D}^{n-k}}{C_{N}^{n}}, \quad k=0,1,2,\cdots,\min\{n,D\}, \quad 0\leqslant n\leqslant N, 0\leqslant D\leqslant N \tag{2-8}$$

则称变量 X 服从超几何分布。例如，一批总量为 N 件的产品，内含次品 D 件（$D\leqslant N$），若从该批产品中随机抽取 n 件，则其中所含次品的数量 X 即服从超几何分布，其均值和方差分别为

$$E(X)=n\cdot\frac{D}{N} \tag{2-9}$$

$$D(X)=\frac{N-n}{N-1}\cdot n\cdot\frac{D}{N}\cdot\frac{N-D}{N} \tag{2-10}$$

在工程实际中，如果产品总数 N 很大，相应的抽样数 n 较小，那么超几何分布就近似于二项分布，即二项分布是超几何分布的极限分布：

$$P\{X=k\}=\frac{C_{D}^{k}C_{N-D}^{n-k}}{C_{N}^{n}}\approx C_{n}^{k}\left(\frac{D}{N}\right)^{k}\left(1-\frac{D}{N}\right)^{n-k} \tag{2-11}$$

在超几何分布中，试验抽样方式为不放回抽样，样本母体包含一种以上的产品或缺陷。超几何分布与二项分布的不同在于，抽样母体是有限的，并且不放回抽样。

6. 韦布尔分布

若非负随机变量 T 有密度函数：

$$f(t)=\begin{cases}\dfrac{m}{t_0}(t-\gamma)^{m-1}\exp\left[-\dfrac{(t-\gamma)^m}{t_0}\right], & t\geqslant\gamma; m,t_0>0\\ 0, & t<\gamma\end{cases} \tag{2-12}$$

则称 T 服从参数为 m、t_0 和 γ 的韦布尔分布，记为 $T\sim W(m, t_0, \gamma, t)$，其中，$m$ 为形状参数，t_0 为尺度参数，γ 为位置参数。

当产品失效服从参数为 m、t_0 和 γ 的韦布尔分布时，其失效分布函数为

$$F(t) = 1 - \exp\left[-\frac{(t-\gamma)^m}{t_0}\right] \tag{2-13}$$

失效率函数为

$$\lambda(t) = \frac{m}{t_0}(t-\gamma)^{m-1} \tag{2-14}$$

若令 $t_0 = \eta^m$，则式(2-12)～式(2-14)可改写为

$$f(t) = \begin{cases} \dfrac{m}{\eta}\left(\dfrac{t-\gamma}{\eta}\right)^{m-1} \exp\left[-\dfrac{(t-\gamma)^m}{\eta}\right], & t \geqslant \gamma; m, \eta > 0 \\ 0, & t < \gamma \end{cases} \tag{2-15}$$

$$F(t) = 1 - \exp\left[-\left(\frac{t-\gamma}{\eta}\right)^m\right] \tag{2-16}$$

$$\lambda(t) = \frac{m}{\eta^m}(t-\gamma)^{m-1} \tag{2-17}$$

此时，称 η 为特征寿命或真尺度参数。根据形状参数 m 的数值可以区分产品不同的故障类型：当 $m>1$ 时，失效率随时间递增；当 $m=1$ 时，失效率恒定；当 $m<1$ 时，失效率随时间递减。尺度参数 t_0(或 η)起到放大或缩小坐标尺度的作用，在可靠性工作中，它的取值往往体现了产品工作条件和负载的情况，负载越大，尺度参数越小。位置参数 $\gamma(\gamma>0)$ 是一个平移参数，有时也称为最小保证寿命，即产品在时间 $t=\gamma$ 之前不发生失效。

当产品的故障服从韦布尔分布时，其寿命(ξ)的均值和方差为

$$E(\xi) = \gamma + \eta \cdot \Gamma\left(1+\frac{1}{m}\right) \tag{2-18}$$

$$D(\xi) = \eta^2\left[\Gamma(1+2/m) - \Gamma^2(1+1/m)\right] \tag{2-19}$$

式中，$\Gamma(\cdot)$ 表示伽马函数。

韦布尔分布与其他连续分布之间存在一定的关系：当形状参数 m 取 1 时，产

品失效率恒定，此时韦布尔分布即变为指数分布，因此可以认为指数分布是韦布尔分布的一个特例；当 m 取 3~4 时，其与正态分布的形状很相似。由于韦布尔分布与其他分布关系比较密切，且其形状参数取值范围反映了产品失效特性，所以它对各种类型试验数据的适应能力较强，应用比较广泛。

7. 指数分布

指数分布是故障率 λ 为常数、与 t 无关的分布，这种分布在可靠性工程中应用最为广泛，例如电子产品的寿命分布一般服从指数分布。指数分布的概率密度函数为

$$f(t) = \begin{cases} \lambda e^{-\lambda t}, & t \geqslant 0 \\ 0, & t < 0 \end{cases} \tag{2-20}$$

产品故障服从参数为 λ 的指数分布时，其可靠度函数为

$$R(t) = e^{-\lambda t} \tag{2-21}$$

产品故障服从参数为 λ 的指数分布时，其平均寿命为

$$E(\xi) = 1/\lambda \tag{2-22}$$

例2.1 设某类日光灯管的使用寿命 X 服从参数 $\theta = 2000$ 的指数分布(单位：h)，求：

(1)任取一根灯管，能够正常使用 1000h 以上的概率；

(2)某一灯管已经正常使用了 1000h，还能继续使用 1000h 以上的概率。

解：X 的累积分布函数为

$$F(x) = \begin{cases} \lambda e^{-x/2000}, & x \geqslant 0 \\ 0, & x < 0 \end{cases}$$

$$P(X > 1000) = 1 - P(X \leqslant 1000) = 1 - F(1000) = e^{-1000/2000} \approx 0.607$$

$$P(X > 2000 \mid X > 1000) = \frac{P\{X > 2000, X > 1000\}}{P\{X > 1000\}}$$

$$= \frac{P\{X > 2000\}}{P\{X > 1000\}} = e^{1/2} \approx 0.607$$

可以看出，任取一根这种灯管能正常使用 1000h 以上的概率为 0.607；已经正常使用 1000h 以后，还能正常使用 1000h 以上的概率仍为 0.607。这是指数分布的

一个有趣的特性，即只要 X 服从指数分布，便有 $P\{X > t_1 + t_2 \mid X > t_1\} = P\{X > t_2\}$，表明，若已知寿命大于 t_1 年，则再正常工作 t_2 年的概率与 t_1 无关，故常称指数分布是"永远年轻"的分布，这是指数分布的重要性质——"无记忆性"，也称无后效性。

在可靠性工程中应用指数分布时，还有一个重要的德瑞尼克(Drenick)定理[5]：一般情况下，机器由很多零件组成，这些零件的故障率有的随时间递增、有的随时间递减、有的保持不变，形式繁多，但将这些零部件组合成系统时，在某种条件下整个系统的寿命将服从指数分布。

8. 伽马分布

当系统的故障间隔时间服从参数为 λ 的指数分布时，从起始至第 k 次故障发生的累积故障时间的分布可以用形状参数为 k、尺度参数为 λ 的伽马分布(Γ分布)来描述。伽马分布可认为是指数分布的一种扩展，其概率密度函数为

$$f(t) = \frac{\lambda^k}{\Gamma(k)} t^{k-1} e^{-\lambda t}, \quad t > 0; \lambda > 0; k > 0 \tag{2-23}$$

式中，k 为形状参数；λ 为尺度参数，简记为 $X \sim \Gamma(k, \lambda; t)$。当随机变量服从伽马分布时，$E(X) = k/\lambda$，$D(X) = k/\lambda^2$，易知，当 $k = 1$ 时伽马分布即为指数分布。

式(2-23)中，$\Gamma(k)$ 称为伽马函数，其表达式为

$$\Gamma(k) = \int_0^\infty t^{k-1} e^{-t} dt, \quad k > 0 \tag{2-24}$$

现在固定 t，求产品故障的次数。假定其故障服从泊松分布，产品故障 r 次的概率为

$$P_r = e^{-\lambda t} \frac{(\lambda t)^r}{r!} \tag{2-25}$$

因此，故障 k 次以上(含 k 次)的累计概率函数为

$$F(t) = 1 - \sum_{r=0}^{k-1} e^{-\lambda t} \frac{(\lambda t)^r}{r!} \tag{2-26}$$

对 t 求导数，得故障概率密度函数为

$$f(t) = \frac{dF(t)}{dt} = \sum_{r=0}^{k-1} \frac{\lambda^{r+1} t^r e^{-\lambda t}}{r!} - \sum_{r=1}^{k-1} \frac{\lambda^r t^{r-1} e^{-\lambda t}}{(r-1)!} = \frac{\lambda^k t^{k-1}}{(k-1)!} e^{-\lambda t} \tag{2-27}$$

这与式(2-23)是一致的。伽马分布与指数分布的关系在式(2-26)中令 $k=1$ 可得到，即

$$F(t) = 1 - e^{-\lambda t} \tag{2-28}$$

9. 反伽马分布

在可靠性工程领域，反伽马分布(或称逆伽马分布)常在贝叶斯分析方法估计产品平均故障间隔时间(mean time between failure，MTBF)等过程中用作先验分布。反伽马分布的概率密度函数为

$$g(\theta) = \frac{\alpha^{\beta} e^{-\alpha/\theta}}{\Gamma(\beta) \theta^{\beta+1}} \tag{2-29}$$

式中，$\theta = \mathrm{MTBF}$ 为非负随机变量$(\theta \geqslant 0)$；α、β 为参数$(\alpha > 0$、$\beta > 0)$。若变量 X 服从反伽马分布，则其均值 $E(X) = \alpha/(\beta - 1)$，方差 $D(X) = \alpha^2 \big/ \big[(\beta-1)^2 (\beta-2) \big]$，众数为 $\alpha/(\beta+1)$。

10. 拉普拉斯分布

拉普拉斯分布是以西蒙-拉普拉斯名字命名的一种连续分布。如果随机变量 X 的概率密度函数分布为

$$f(x \mid \mu, b) = \frac{1}{2b} \exp(-|x - \mu|/b) \tag{2-30}$$

那么就称变量 X 服从拉普拉斯分布。式中，μ 为位置参数；$b > 0$ 为尺度参数。若 $\mu = 0$，则其正半部分恰好是尺度为 1/2 的指数分布。拉普拉斯分布的累积分布函数为

$$F(x) = \int_{-\infty}^{x} f(\mu) \, \mathrm{d}\mu = 0.5 \big[1 + \mathrm{sgn}(x - \mu)(1 - \exp(-|x - \mu|/b)) \big] \tag{2-31}$$

由于拉普拉斯分布可看作由两个不同位置的指数分布背靠背拼接在一起，所以也称其为双指数分布。

11. 正态分布

统计学中应用最广的分布是正态分布(也称高斯分布)。当随机变量受一系列随机作用影响，而没有占主导作用的单个影响因素时，随机变量也会表现为正态分布。在可靠性工程领域，标准正态分布常用于描述产品存在预期磨损时间(通常定义为退化等级达到临界值的时间)的失效分布。若随机变量 X 的概率密度分布为

$$f(x) = \frac{1}{\sqrt{2\pi}\sigma} e^{-\frac{(x-\mu)^2}{2\sigma^2}}, \quad -\infty < x < \infty; \sigma > 0 \tag{2-32}$$

则称 X 服从参数为 μ、σ 的正态分布，记为 $X \sim N(\mu, \sigma^2)$。正态密度函数曲线有以下特征：

(1) 关于直线 $x = \mu$ 对称，即 $f(\mu + x) = f(\mu - x)$；

(2) 当 $x = \mu$ 时，$f(x)$ 达到最大值 $1/\sqrt{2\pi}\sigma$；

(3) 当 $x \to \pm\infty$ 时，$f(x) \to 0$；

(4) 曲线与 x 轴之间所夹面积为 1。

当 $\mu = 0$、$\sigma^2 = 1$ 时，概率密度函数为

$$\varphi(x) = \frac{1}{\sqrt{2\pi}} e^{-x^2/2} \tag{2-33}$$

此时，称 X 服从标准正态分布，记为 $X \sim N(0, 1)$。

正态分布具有广泛适用性的一个重要原因是：当某一数值受到很多附加的变异源的影响时，不管这些变异如何分布，其最终合成分布会逼近正态分布，这称为中心极限定理。它证明了在许多实用场合应用正态分布是合理的。

在可靠性工程中，正态分布有两种基本用途：一是用于分析因磨损（如机械装置）、老化、腐蚀而发生故障的产品；二是用于对制造的产品及其性能进行分析和质量控制。因此，与指数分布一样，正态分布也是应用很广的一种分布。

12. 对数正态分布

当一个连续型随机变量（以寿命时间 T 为例）T 本身不服从正态分布时，对其取对数之后，若 $\ln T$ 服从正态分布，则称该变量服从对数正态分布。对数正态分布概率密度函数为

$$f(t) = \begin{cases} \dfrac{1}{\sigma t \sqrt{2\pi}} \exp\left[-(\ln t - \mu)^2 / (2\sigma^2)\right], & t \geq 0, \sigma > 0 \\ 0, & t < 0 \end{cases} \tag{2-34}$$

式中，μ、σ 分别为对数均值和对数标准偏差。当 $\mu \gg \sigma$ 时，对数正态分布也接近于正态分布。

对于故障率服从对数正态分布的总体，其平均寿命和方差为

$$\begin{cases} E(T) = e^{\mu + \sigma^2/2} \\ D(T) = e^{2\mu + \sigma^2} (e^{\sigma^2} - 1) \end{cases} \tag{2-35}$$

注：二项分布、泊松分布和指数分布都可用来对产品的故障概率进行描述。不同的分布形式，将用不同的数学公式对产品的可靠性特征量进行描述。但它们之间也有一定的联系，相互间也可在一定条件下转化：泊松分布函数是二项式分布函数的近似表达式(试验总次数足够大，事件发生概率足够小)；泊松分布函数在一定条件下又可转化为指数分布函数。因此，在运用这些分布函数时，应特别注意具体的条件。

指数分布函数是韦布尔函数的特例；韦布尔函数在形状参数 $m>3$ 时，就可近似于正态分布。

需要说明的是，以上提供的有关产品故障(或失效)随时间分布的数学函数式，不一定适用于现实中的每个产品，应根据每个产品的失效物理过程或器材的耗损特性和老化性质正确选择数学模型，并选用合理的分布来解释故障数据，以支持后期的决策。

13. χ^2 分布

χ^2 分布是在寿命试验中经常用到的一类分布。设 $X_1, X_2, \cdots, X_k$ 是来自服从标准正态分布 $N(0, 1)$ 的总体 X 的样本，则称统计量

$$\chi^2 = X_1^2 + X_2^2 + \cdots + X_k^2 = \sum_{i=1}^{k} X_i^2 \tag{2-36}$$

为服从自由度为 k 的 χ^2 分布，记为 $\chi^2 \sim \chi^2(k)$ 分布。此处自由度 k 是指式(2-36)右端包含的独立随机变量的个数。

因此，可以导出自由度为 k 的 χ^2 分布的概率密度函数为

$$f(x) = \begin{cases} \dfrac{x^{k/2-1}\mathrm{e}^{-x/2}}{2^{k/2}\Gamma(k/2)}, & x > 0 \\ 0, & x \leqslant 0 \end{cases} \tag{2-37}$$

式中，$\Gamma(k/2)$ 为伽马函数。若 $\chi^2 \sim \chi^2(k)$，则有 $E(\chi^2) = k$，$D(\chi^2) = 2k$。对于给定的正数 $\alpha(0<\alpha<1)$，称满足条件

$$P\left\{\chi^2 > \chi^2_\alpha(k)\right\} = \int_{\chi^2_\alpha(k)}^{\infty} f(x)\mathrm{d}x = \alpha \tag{2-38}$$

的点 $\chi^2_\alpha(k)$ 为 $\chi^2(k)$ 分布的上 α 分位点。Fisher 曾证明，当 k 充分大时，近似有

$$\chi^2_\alpha(k) \approx \frac{1}{2}(z_\alpha + \sqrt{2k-1})^2 \tag{2-39}$$

式中，z_α 为标准正态分布的上 α 分位点。

14. t 分布

设随机变量 X 服从标准正态分布 $N(0,1)$，Y 服从自由度为 n 的 χ^2 分布，且 X、Y 相互独立，则称随机变量 $T=X\big/\sqrt{Y/n}$ 服从自由度为 n 的 t 分布（又称学生氏分布），记为 $T\sim t(n)$。

t 分布的概率密度函数为

$$h(t)=\frac{\Gamma[(n+1)/2]}{\sqrt{\pi n}\,\Gamma(n/2)}\left(1+\frac{t^2}{n}\right)^{-(n+1)/2} \tag{2-40}$$

利用函数的斯特林（Stirling）公式

$$n!\approx\sqrt{2\pi}\,n^{n+1/2}\mathrm{e}^{-n} \tag{2-41}$$

可得

$$\lim h(t,n)\approx\frac{1}{\sqrt{2\pi}}\mathrm{e}^{-t^2/2} \tag{2-42}$$

故当 n 足够大时，t 分布近似于标准正态分布 $N(0,1)$；但对于较小的 n，t 分布与 $N(0,1)$ 差异较大。

对于给定的正数 $\alpha(0<\alpha<1)$，称满足条件

$$P\{t>t_\alpha(n)\}=\int_{t_\alpha(n)}^{\infty}h(t)\,\mathrm{d}t=\alpha \tag{2-43}$$

的点 $t_\alpha(n)$ 为 $t(n)$ 分布的上 α 分位点。由 t 分布的上 α 分位点的定义及其概率密度函数 $h(t)$ 的对称性可知，$t_{1-\alpha}(n)=-t_\alpha(n)$。

15. F 分布

设随机变量 U、V 分别服从自由度为 n_1、n_2 的 χ^2 分布，且 U、V 相互独立，则称随机变量 $F=Un_2/Vn_1$ 服从自由度为 (n_1,n_2) 的 F 分布，记为 $F\sim F(n_1,n_2)$。F 分布的概率密度函数为

$$\varphi(y)=\frac{\Gamma\big((n_1+n_2)/2\big)(n_1/n_2)^{n_1/2}\,y^{n_1/2-1}}{\Gamma(n_1/2)\Gamma(n_2/2)(1+n_1y/n_2)^{(n_1+n_2)/2}} \tag{2-44}$$

由定义可知，若 $F\sim F(n_1,n_2)$，则 $1/F\sim F(n_2,n_1)$。

对于给定的正数 $\alpha(0<\alpha<1)$，称满足条件

$$P\{F>F_\alpha(n_1,n_2)\}=\int_{F_\alpha(n_1,n_2)}^{\infty}\varphi(y)=\alpha \tag{2-45}$$

的点 $F_\alpha(n_1, n_2)$ 为 $F(n_1, n_2)$ 分布的上 α 分位点，其具有如下重要性质：

$$F_{1-\alpha}(n_1, n_2) = \frac{1}{F_\alpha(n_2, n_1)} \tag{2-46}$$

这一性质常用来求 F 分布表中未列出的、常用的上 α 分位点的数值。

16. 卷积

以上主要结合单一随机变量介绍了一些常用的分布，未涉及随机变量之间的运算。寻求独立随机变量和的分布运算称为卷积运算，常用"*"表示，相应的公式称为卷积公式。在离散随机变量场合，两个相应独立随机变量 X 与 Y 之和 $Z = X + Y$ 的分布按如下卷积公式算得（以泊松分布为例）：

$$P(Z = k) = \sum_{i=0}^{k} P(x = i)P(y = k - i), \quad k = 0, 1, 2, \cdots \tag{2-47}$$

在连续随机变量场合，两个相互独立随机变量 X 与 Y 之和 $Z = X + Y$ 的密度函数有如下卷积公式：

$$f_Z(z) = \int_{-\infty}^{\infty} f_X(z - y) f_Y(y) \mathrm{d}y \tag{2-48}$$

式中，$f_X(\cdot)$、$f_Y(\cdot)$ 分别为 X、Y 的密度函数。

卷积公式具有以下一些重要结论：

(1) $P(\lambda_1) * P(\lambda_2) = P(\lambda_1 + \lambda_2)$；

(2) $b(n, p) * b(m, p) = b(n + m, p)$；

(3) $N(\mu_1, \sigma_1^2) * N(\mu_2, \sigma_2^2) = N(\mu_1 + \mu_2, \sigma_1^2 + \sigma_2^2)$；

(4) $\Gamma(\alpha_1, \lambda) * \Gamma(\alpha_2, \lambda) = \Gamma(\alpha_1 + \alpha_2, \lambda)$；

(5) $\chi^2(n_1) * \chi^2(n_2) = \chi^2(n_1 + n_2)$。

以上结论都可推广到有限个独立随机变量和的场合。此外，还有两个在统计中应用广泛的重要结论，它们都是由正态分布生成的。

(6) 设 $X_1, X_2, \cdots, X_n$ 为相互独立同为正态分布 $N(\mu, \sigma^2)$ 的正态变量，则其算术平均数也服从正态分布

$$\bar{X} = \frac{1}{n}(X_1 + X_2 + \cdots + X_n) \sim N(\mu, \sigma^2/n) \tag{2-49}$$

(7) 设 $X_1, X_2, \cdots, X_n$ 为相互独立同为标准正态分布 $N(0, 1)$ 的正态变量，则其平方和服从自由度为 n 的 χ^2 分布，即

$$\chi^2 = X_1^2 + X_2^2 + \cdots + X_n^2 \sim \chi^2(n) = \Gamma(n/2, 1/2) \tag{2-50}$$

2.3　随　机　过　程

通常将一组按照某种特定的关系联系起来的随机变量称为随机过程。随机过程被认为是概率论的"动力学"部分，即它的研究对象是随时间演变的随机现象。用数学语言来阐述，就是事物变化的过程不能用一个(或几个)时间 t 的确定函数来描述。从另一角度来看，对事物变化的全过程进行一次观察得到的结果是时间 t 的函数，但对同一事物的变化过程独立地进行多次观察所得到的结果是不同的，而且每次观察之前不能预知试验结果。对随机过程可给出数学定义如下：

设对每一个参数 $t \in T$，$X(t, w)$ 是一随机变量，称随机变量族 $X_T = \{X(t, w), t \in T\}$ 为一随机过程或随机函数。在该定义中，参数 $t \in T$ 一般表示时间或空间，T 是一实数集，称为指标集。如果 T 是可计数的，那么此过程为离散随机过程；如果 T 是连续的，那么此过程为连续随机过程。$X(t, w)$ 为对应参数 t 时该随机过程所处的状态，$X(t, w)$ 可能取值的全体集合称为状态空间。定义中 $X(t, w)$ 有时也写为 $X_t(w)$。

随机过程的常用基本概念还包括以下方面。

(1) 独立增量过程：如果对任意 $t_1, t_2, \cdots, t_n \in T(t_1 < t_2 < \cdots < t_n)$，随机变量 $X(t_2) - X(t_1)$，$\cdots$，$X(t_n) - X(t_{n-1})$ 是相互独立的，那么称 $(X(t), t \in T)$ 包含独立增量，是独立增量过程。这表明，即使该过程在某一段时间内出现了异常高或低的值，也不会影响将来变量的分布。

(2) 平稳增量过程：如果对任意相邻时间 $t_2 > t_1 > 0$ 和任意常数 $h > 0$，随机变量 $X(t_2) - X(t_1)$ 和 $X(t_2 + h) - X(t_1 + h)$ 为同分布，那么称过程 $(X(t), t \in T)$ 含有平稳增量。含有平稳增量的过程是平稳增量过程，表明该过程中事件发生次数的分布在时间区间内仅与时间区间的长短有关，与时间区间的起始时刻无关(无后效性)。也就是说，稳态过程中在第一个 100h 事件数与发生在 500~600h 的事件数或任意其他 100h 区间的事件相同。当增量具有平稳性时，称相应的独立增量过程是齐次的。

兼有独立增量和平稳增量的过程称为平稳独立增量过程，如泊松过程。

2.3.1　计数过程

若以 $N(t)$ 表示到时间 t 为止某一特定事件 A 发生的次数，则称随机过程 $\{N(t), t \geqslant 0\}$ 为计数过程。它具备以下两个特点：

(1) $N(t) \geqslant 0$ 且取值为整数；

(2)当 $s < t$ 时，$N(s) \leqslant N(t)$ 且 $N(t) - N(s)$ 表示 $(s, t]$ 时间内事件 A 发生的次数。

例如，用 $N(t)$ 记录时间 t 之前某机器故障的次数，或某单位某类备件累计消耗的数量，则 $\{N(t), t \geqslant 0\}$ 就是一个计数过程。如果发生在不相交的时间区间中的事件个数是彼此独立的，那么该计算过程具有独立增量。

2.3.2 泊松过程

1. 齐次泊松过程

通常讲的泊松过程即指齐次泊松过程（homogeneous Poisson process，HPP），它是被最早研究和最重要的一类随机过程，且在随机过程的理论和应用中都占有重要的地位。在齐次泊松过程中，所有的事件出现间隔时间彼此独立且服从同一参数的指数分布。

齐次泊松过程 $\{N(t), t \geqslant 0\}$ 是一个满足下列条件的计数过程：

(1) $N(t) = 0$；

(2) 该过程具有独立增量；

(3) 在长度为 t 的任意时间内，事件发生数量服从均值为 λt 的泊松分布，即对于所有的 $h(t \geqslant 0)$，有

$$P\{N(t+h) - N(h) = n\} = \frac{\exp(-\lambda t)(\lambda t)^n}{n!}, \quad n = 0, 1, 2, \cdots \qquad (2\text{-}51)$$

检查一个任意过程是否是齐次泊松过程，应该证明它是否满足条件 $(1) \sim (3)$。条件 (1) 指出，计数从时间 $t = 0$ 开始。条件 (2) 说明，泊松过程中任意两个不连贯的区间内发生的事件数量相互独立。由条件 (3) 可推出，齐次泊松过程具有平稳增量，即在持续时间 t 内事件发生的期望数为

$$E[N(t)] = \lambda t \qquad (2\text{-}52)$$

下面结合假设平均需求（拆卸）间隔时间服从参数为 $1/\lambda$ 的指数分布，介绍齐次泊松过程在备件保障等领域的应用。

1）利用 HPP 模型表示库存满足率

对于某种产品，假设其初始库存备件数为 N；假设时间 t 内库存没有补充过，也未对失效零件进行修理。在此条件下，只有在规定时间 t 内、需求数超过初始库存水平 N 时，库存备件才会被用完。利用 HPP 模型表示任务持续时间为 t 的库存满足率为

$$\text{EFR} = \sum_{k=0}^{N} \frac{\exp(-\lambda t)(\lambda t)^k}{k!} \qquad (2\text{-}53)$$

　　该表达式易于求解：令 $k=0, 1, 2, \cdots, N$，把需求的概率相加即可。由于 $\lambda=1/\mathrm{MTBR}$，MTBR 表示平均维修间隔时间（mean time between repairs），所以式 (2-53) 可写成

$$\mathrm{EFR} = \sum_{k=0}^{N} \frac{\exp(-t/\mathrm{MTBR})(t/\mathrm{MTBR})^{k}}{k!} \tag{2-54}$$

　　需要注意的是，式 (2-54) 只对那些不修复备件（不更新）成立。在大多数情况下，MTBR 可用 MTBF 替换。事实上，MTBR 用于式 (2-54)，是因为维修需求有可能是由故障以外的原因引起的。

　　2）利用 HPP 模型表示期望后订货数

　　假设初始状态是库存有 N 个备件，而且存货既未修复过，也未加以补充。在任务持续时间 t 期间，只有当需求数超过 N 时，后订货才会发生。对于任务持续时间 t，利用 HPP 模型表示期望后订货数为

$$\mathrm{EBO}(N) = \sum_{k=N+1}^{\infty} (k-N) \frac{\exp(-\lambda t)(\lambda t)^{k}}{k!} \tag{2-55}$$

　　上述表达式主要基于以下推理：当需求数为 $N+1$ 时，将有一个备件需要后订货；当需求数为 $N+2$ 时，将有两个备件需要后订货；以此类推。因为 $\lambda = 1/\mathrm{MTBR}$，所以式 (2-55) 可写成

$$\mathrm{EBO}(N) = \sum_{k=N+1}^{\infty} (k-N) \frac{\exp(-t/\mathrm{MTBR})(t/\mathrm{MTBR})^{k}}{k!} \tag{2-56}$$

　　3）齐次泊松过程模型的应用和限制

　　通常，泊松过程模型只适用于需求（如产品失效或拆卸导致的维修）间隔时间遵循指数分布时，也就是说，需求率为常数时，意味着具有年龄相关失效机制的产品不能利用泊松过程加以建模。例如，维修的低效率由偶然损坏和错误的拆卸所引起时，才可以应用泊松过程模型。

　　依据德瑞尼克定理（该定理的介绍参见指数分布部分），在一个具有大量元件的 LRU 中，如果每个元件均可利用独立的更新过程加以建模，那么在稳态情况下，LRU 层的拆卸间隔时间将服从指数分布，也就是说，需求遵守泊松过程。根据这一结论，泊松过程可用于为较高约定维修层备件建模，如稳态下的 LRU 需求建模。德瑞尼克定理的证明建立在中心极限定理之上，该定理为洞察与理解复杂系统的性能提供了很好的帮助。毫无疑问，此定理在预计备件需求方面有重要的应用价

值。但是，人们在应用这一定理时也应注意其局限性。容易证明，具有相对少许零件和消耗性备件的系统，在有限的时间范围内不遵守恒定的失效率。通过对失效率函数的简单分析就足以证明这个结论。例如，考虑一个具有 N 个元件的复杂部件(LRU)。假设除一个元件外，所有其他元件均具有恒定的失效率函数。在不失一般性的原则下，再假设元件 N 具有递增的失效率函数。此时，系统的失效率函数可写成

$$h_{\mathrm{S}}(t) = \sum_{i=1}^{N-1} h_i(t) + h_N(t) \tag{2-57}$$

$$h_{\mathrm{S}}(t) = K + h_N(t) \tag{2-58}$$

式中，K 为常数项，它等于全部恒定失效率函数值的总和。式(2-58)在元件 N 的任意两个失效之间为一递增函数。这就是德瑞尼克定理的疏忽之处。事实上，利用德瑞尼克定理，在一个适当的时间框架内(系统达到稳态之后)，对一个具有少许几个元件的零部件加以建模几乎是不可能的。例如，考虑一个具有元件数 $N = 100$ 的系统。令元件 N 的失效前时间可利用具有尺度参数 $\eta = 100$，$\beta = 3$ 的韦布尔分布加以建模。假设式(2-58)中的 $K = 0.01$，则系统的失效率函数为

$$h_{\mathrm{S}}(t) = 0.01 + \frac{\beta}{\eta}(t/\eta)^{\beta-1} \tag{2-59}$$

$$h_{\mathrm{S}}(t) = 0.01 + \frac{3}{100}(t/100)^2 \tag{2-60}$$

2. 非齐次泊松过程

非齐次泊松过程是对齐次泊松过程的扩展，与齐次泊松过程的不同之处在于，事件出现率是随时间而变化的，不是一个恒量。这表明，对于一个非齐次泊松过程，事件出现间隔时间既不独立也不是等分布的。其数学定义如下。

如果一个计数过程 $\{N(t), t \geqslant 0\}$ 满足以下条件，那么对于 $t \geqslant 0$，这个过程是概率函数为 $\omega(t)$ 的非齐次泊松过程：

(1) $N(0) = 0$；

(2) $\{N(t), t \geqslant 0\}$ 具有独立增量；

(3) $P\{N(t + \Delta t) - N(t) \geqslant 2\} = o(\Delta t)$，即在同一时刻不会发生一个以上的事件；

(4) $P\{N(t + \Delta t) - N(t) = 1\} = \omega(t)\Delta t + o(\Delta t)$。

非齐次泊松过程的重要性在于不再需要平稳增量这个条件，认为事件在某些时间可以比在其他时间段内更可能发生。

2.3.3　马尔可夫过程

在物理学中常发现很多现象具有以下特性：当过程（或系统）在时刻 t_0 所处的状态为已知的条件下，时刻 $t(t>t_0)$ 过程所处状态与其在时刻 t_0 之前所处的状态无关；通俗地讲，就是在已知过程"现在"的条件下，其"将来"将不依赖于"过去"。这一特性，在随机现象问题研究中称为马尔可夫性（或称无后效性）。马尔可夫性利用分布函数可描述如下：

设 $\{X(t), t \in T\}$ 是取值在状态空间 I 上的一个随机过程。如果对时间 t 的任意 n 个数值 $t_1 < t_2 < \cdots < t_n (n \geqslant 3, t_i \in T)$，在条件 $X(t_i) = x_i, x_i \in I (I = 1, 2, \cdots, n-1)$ 下，$X(t_n)$ 的条件分布函数恰好等于在条件 $X(t_{n-1}) = x_{n-1}$ 下 $X(t_n)$ 的条件分布函数，即

$$
\begin{aligned}
& P\{X(t_n) = x_n \mid X(t_1) = x_1, X(t_2) = x_2, \cdots, X(t_{n-1}) = x_{n-1}\} \\
& = P\{X(t_n) = x_n \mid X(t_{n-1}) = x_{n-1}\}, \quad x_1, x_2, \cdots, x_n \in I
\end{aligned}
\tag{2-61}
$$

则称过程 $\{X(t), t \in T\}$ 具有马尔可夫性，并称此过程为马尔可夫过程。马尔可夫过程中的时间和状态既可以是连续的，也可以是离散的。例如，泊松过程就是时间连续、状态离散的马尔可夫过程，而维纳过程则是时间、状态均连续的马尔可夫过程。

研究中通常称时间离散、状态离散的马尔可夫过程为马尔可夫链，记为 $\{X_n = X(n), n = 1, 2, \cdots\}$，它可看作在时间集 $T = \{0, 1, 2, \cdots\}$ 上离散状态的马尔可夫过程 X 得到的结果。记链的状态空间 $I = \{a_1, a_2, \cdots\}$，在链的情形下，马尔可夫性常用条件分布律来表示，即对任意的正整数 n、r 和 $0 \leqslant t_1 < t_2 < \cdots < t_r < m (t_i, m, n + m \in T)$，有

$$
\begin{aligned}
& P\{X_{m+n} = a_j \mid X_{t_1} = a_{i_1}, X_{t_2} = a_{i_2}, \cdots, X_{t_r} = a_{i_r}, X_m = a_i\} \\
& = P\{X_{m+n} = a_j \mid X_m = a_i\}
\end{aligned}
\tag{2-62}
$$

记式（2-62）右端为 $P_{ij}(m, m+n)$，常称条件概率

$$
P_{ij}(m, m+n) = P\{X_{m+n} = a_j \mid X_m = a_i\}
\tag{2-63}
$$

为马尔可夫链在时刻 m 处于状态 a_i 条件下，在时刻 $m+n$ 转移到状态 a_j 的转移概率。

由于链在时刻 m 从任何一个状态 a_i 出发，到另一时刻 $m+n$ 必然转移到状态空间 I 诸状态中的某一个，所以有

$$
\sum_{j \in I} P_{ij}(m, m+n) = 1, \quad i = 1, 2, \cdots
\tag{2-64}
$$

由转移概率组成的矩阵 $P(m, m+n) = [P_{ij}(m, m+n)]$ 称为马尔可夫链的转移概率矩阵。由式 (2-64) 可知，转移概率矩阵中每一行元之和等于 1。

如果对任意 $m, n \geqslant 0$，均有

$$P_{ij}(m, m+n) = P\{X(m+n) = a_j \mid X(m) = a_i\} = P_{ij}(n), \quad a_i, a_j \in I \qquad (2\text{-}65)$$

即马尔可夫过程的转移概率仅与 i、j 和时间间距 n 有关，而与起始时刻的位置 m 无关，那么称该马尔可夫过程是齐次的或时齐的，同时也称此转移概率具有平稳性。马尔可夫链的齐次性反映了一个事实：无论从什么时候开始，系统未来的状态变化过程的统计规律总是一致的。本章讨论的马尔可夫过程均假定是齐次的。

对于齐次马尔可夫链，由式 (2-66) 定义的转移概率

$$P_{ij}(n) = P\{X_{m+n} = a_j \mid X(m) = a_i\} \qquad (2\text{-}66)$$

称为该马尔可夫链的 n 步转移概率。对应的 $P(n) = (P_{ij}(n))$ 为 n 步转移概率矩阵。由此可定义其一步（或称单步）转移概率 $p_{ij} = P_{ij}(1) = P\{X_{m+1} = a_j \mid X_m = a_i\}$。

设 $\{X_n = X(n), n = 0, 1, 2, \cdots\}$ 是一齐次马尔可夫链，则对任意 $u, v \in T$ 有

$$P_{ij}(u+v) = \sum_{k=1}^{\infty} P_{ik}(u) P_{kj}(v), \quad i, j = 1, 2, \cdots \qquad (2\text{-}67)$$

这就是著名的切普曼-柯尔莫哥洛夫 (Chapman-Kolmogorov) 方程，简称 C-K 方程。C-K 方程基于下述事实："从时刻 s 所处的状态 a_i，即 $X(s) = a_i$ 出发，经时段 $(u+v)$ 转移到状态 a_j，即 $X(s+u+v) = a_j$" 这一事件可分解为 "从 $X(s) = a_i$ 出发，先经时段 u 转移到状态 a_k，即 $X(s+u) = a_k$ $(k = 1, 2, \cdots)$，再从 a_k 经时段 v 转移到状态 a_j" 这样一些事件的和事件。C-K 方程也可写成如下矩阵形式：

$$P(u+v) = P(u)P(v) \qquad (2\text{-}68)$$

利用 C-K 方程，可容易地确定 n 步转移概率。事实上，在式 (2-68) 中，令 $u = 1$，$v = n-1$，得到如下递推关系：

$$P(n) = P(1)P(n-1) = PP(n-1) \qquad (2\text{-}69)$$

从而可得 $P(n) = P^n$。也就是说，对齐次马尔可夫链而言，n 步转移概率矩阵是其一步转移概率矩阵的 n 次方。进而可知，齐次马尔可夫链的有限维分布可由初始分布与一步转移概率完全确定。

对于马尔可夫链 $\{X(t), t \geqslant 0\}$，令 $P_j(t) = P\{X(t) = a_j\}$，$a_j \in I$，表示时刻 t 系统处于状态 a_j 的概率，则有

$$P_j(t) = \sum_{a_k \in I} P_k(0) P_{kj}(t) \tag{2-70}$$

通常称 $P_j(0) = P\{X(0) = a_j\}$ 和 $P_j(n) = P\{X(n) = a_j\}$ 分别为 $\{X(t), t \geqslant 0\}$ 的初始概率和绝对概率，并分别称 $\{P_j(0), a_j \in I\}$ 和 $\{P_j(n), a_j \in I\}$ 为 $\{X(t), t \geqslant 0\}$ 的初始分布和绝对分布。

对于状态空间为 I、一步转移概率为 p_{ij} 的齐次马尔可夫链，若概率分布满足

$$\begin{cases} \pi_j = \sum_{i \in I} \pi_i p_{ij} \\ \sum_{j \in I} \pi_j = 1, \quad \pi_j \geqslant 0 \end{cases} \tag{2-71}$$

则称 $\{\pi_j, j \in I\}$ 必须满足

$$[\pi_1 \quad \pi_2 \quad \cdots \quad \pi_r] \begin{bmatrix} p_{11} & p_{12} & \cdots & p_{1r} \\ p_{21} & p_{22} & \cdots & p_{2r} \\ \vdots & \vdots & & \vdots \\ p_{r1} & p_{r2} & \cdots & p_{rr} \end{bmatrix} = [0 \quad 0 \quad \cdots \quad 0] \tag{2-72}$$

平稳分布的定义与求解通常依赖于对马尔可夫链状态空间的遍历性、状态的周期性等。

柯尔莫哥洛夫向后方程：对于一切状态 i、j 和时间 $t \geqslant 0$，记 v_i 为过程处于状态 i 时的转移速率，q_{ik} 为过程处于状态 i 时转移到状态 k 的速率，有

$$P_{ij}'(t) = \sum_{k \neq i} q_{ik} P_{kj}(t) - v_i P_{ij}(t) \tag{2-73}$$

式 (2-73) 称为向后方程，是因为系统在一段时间间隔 Δt 后才开始转换。

柯尔莫哥洛夫向前方程：对于一切状态 i、j 和时间 $t \geqslant 0$，在合适的正则条件下，有

$$P_{ij}'(t) = \sum_{k \neq j} q_{kj} P_{ik}(t) - v_j P_{ij}(t) \tag{2-74}$$

2.3.4　更新过程

更新过程理论起源于对故障装备的维修更换分析：一个单元在零时刻开始工作，在 X_1 时刻失效，马上用一备件单元更换，使用 X_2 时间后失效而用下一备件更换使用……这样处理主要是为了找到备件更换数量的分布和特定时间段内更换

数量的均值。在备件供应规划问题中，它是用来预测消耗性单元使用需求的最有用的工具。

1. 更新过程定义

考虑一个计数过程，其相继事件之间的时间是独立同分布的随机变量，这样的计数过程称为更新过程。更新过程的理论化定义如下。

定义 2.1　设 $\{N(t), t > 0\}$ 是一个计数过程，$x_n(x \geqslant 1)$ 表示第 $n-1$ 次事件和第 n 次事件的时间间隔，再设 $\{x_1, x_2, \cdots\}$ 为非负、独立、同分布的随机变量序列，则称计数过程 $\{N(t), t > 0\}$ 为更新过程。

定义 2.2　设 $\{x_k, k \geqslant 0\}$ 是独立同分布、取值非负的随机变量，分布函数为 $F(x)$ $(x \geqslant 0)$ 且 $F(0) < 1$，令 $S_0 = 0$，$S_n = \sum\limits_{k=1}^{n} X_k$，对 $\forall t \geqslant 0$，记 $N(t) = \max\{n; S \leqslant t\}$，$\{N(t), t \geqslant 0\}$ 称为更新过程。

泊松过程是一个计数过程，其相继事件之间的时间是服从相同指数分布的独立随机变量。根据定义可以发现，更新过程是对泊松过程的推广。定义 2.2 虽未明确说出来，但可以推理出更新过程是一个计数过程，并有

$$P\{N(t) \geqslant n\} = P\{S_n \leqslant t\} \tag{2-75}$$

$$P\{N(t) = n\} = P\{S_n \leqslant t < S_{n+1}\} = P\{S_n \leqslant t\} - P\{S_{n+1} \leqslant t\} \tag{2-76}$$

因此，称 S_n 为第 n 次更新的时间。记 $F_n(x)$ 为 S_n 的分布函数，由

$$S_n = \sum_{k=1}^{n} X_k$$

可得

$$F_1(x) = F(x) \tag{2-77}$$

$$F_n(x) = \int_0^x F_{n-1}(x - u)\mathrm{d}F(u), \quad n \geqslant 2 \tag{2-78}$$

即 $F_n(x)$ 是 $F(x)$ 的 n 重卷积（简记为 $F_n = F_{n-1} + F$）。记 $m(t) = E\{N(t)\}$，称 $m(t)$ 为更新函数。更新函数唯一地确定了一个更新过程。特别地，在到达间隔分布 F 与更新函数 $m(t)$ 之间存在一一对应关系。

2. 更新过程的基本参数及其关系

记更新过程的基本参数如下：$N(t)$ 为 $[0, t)$ 内发生的事件数（更新次数）；x_n 为

第 n 次事件的更新间隔；S_n 为第 n 次事件的更新时刻。

参数 x_n 与 S_n 的关系为：$S_n = \sum_{i=1}^{n} x_i$，$S_0 = 0$ 表示过程的起始时刻；若给定时间间隔 $x_n (n \geqslant 1)$ 的概率分布函数 $F(t)$、概率密度函数 $f(t)$，设更新时刻 S_n 的分布函数为 $F_n(t)$、概率密度函数为 $f_n(t)$，$S_n = \sum_{i=1}^{n} x_i$，$\{x_1, x_2, \cdots\}$ 为非负、独立、同分布的随机变量序列，则 $F_n(t)$ 为 $F(t)$ 的 n 次卷积，$f_n(t)$ 为 $f(t)$ 的 n 次卷积。

$N(t)$ 与 S_n 的关系为：若 $S_n \leqslant t$，则在时间 t 内至少发生了 n 次更新，即

$$P\{S_n \leqslant t\} = P\{N(t) \geqslant n\} \tag{2-79}$$

若在时间 t 内发生了 n 次更新，则 $S_n \leqslant t$，$S_{n+1} > t$，即

$$
\begin{aligned}
P\{N(t) = n\} &= P\{S_n \leqslant t, S_{n+1} > t\} \\
&= P\{N(t) \geqslant n\} - P\{N(t) \geqslant n+1\} \\
&= P\{S_n \leqslant t\} - P\{S_{n+1} \leqslant t\} \\
&= F_n(t) - F_{n+1}(t)
\end{aligned} \tag{2-80}
$$

对很多理论分布而言，式 (2-80) 的计算非常困难，但可以采用人们更熟悉的数值方法来实现。

3. 生灭过程及可修复备件的生灭过程模型

生灭过程是更新过程的一种特例，其特征是：在很短的时间内，处于状态 i 的系统只能转移到状态 $i-1$ 或 $i+1$ 或保持不变。其中，系统从状态 i 转移到状态 $i-1$ 的概率称为死亡率，记为 μ_i；系统从状态 i 转移到状态 $i+1$ 的概率称为出生率，记为 λ_i。生灭过程的状态转移图如图 2-1 所示。状态 i 与状态 $i-1$、$i+1$ 之间的转移速率记为 $P_{i-1,i}$、$P_{i,i+1}$，则生灭率之间以及状态转移速度的关系式为

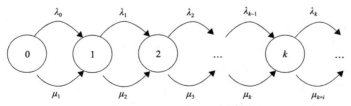

图 2-1 生灭过程的状态转移图

$$P_{i,i+1} = \frac{\lambda_i}{\lambda_i + \mu_i}, \quad i \geqslant 0 \tag{2-81}$$

$$P_{i,i-1} = \frac{\mu_i}{\lambda_i + \mu_i}, \quad i > 0 \tag{2-82}$$

令 $P_i(t)$ 表示系统在时间 t 时处于状态 i 的概率，描述生灭过程的微分方程为

$$\frac{\mathrm{d}\,P_0(t)}{\mathrm{d}t} = -\lambda_0 P_0(t) + \mu_1 P_1(t) \tag{2-83}$$

$$\frac{\mathrm{d}\,P_i(t)}{\mathrm{d}t} = -(\lambda_i + \mu_i)P_i(t) + \lambda_{i-1}P_{i-1}(t) + \mu_{i+1}P_{i+1}(t) \tag{2-84}$$

$$\frac{\mathrm{d}\,P_n(t)}{\mathrm{d}t} = \lambda_{n-1}P_{n-1}(t) - \mu_n P_n(t) \tag{2-85}$$

当 $\lambda_i > 0$ 且 $\mu_i > 0$ 时，存在极限概率 $\lim\limits_{t \to \infty} P_i(t) = P_i$，此时称 P_i 为系统处于状态 i 的稳态概率。结合 $\sum\limits_{i=0}^{\infty} P_i = 1$ 以及上述方程，很容易解得[6]

$$P_i = \frac{\lambda_0 \lambda_1 \cdots \lambda_{i-1}}{\mu_1 \mu_2 \cdots \mu_i} P_0, \quad i = 1, 2, \cdots, n \tag{2-86}$$

$$P_0 = \frac{1}{1 + \sum\limits_{k=1}^{n} \prod\limits_{j=0}^{k-1} \dfrac{\lambda_j}{\mu_j + 1}} \tag{2-87}$$

对于故障间隔时间与故障修复时间均服从指数分布的产品，可以用生灭过程对其建模，如可直接应用 P_i 表示系统中有 i 件产品在修理或在等待修理的稳态概率。上述方程可用于求解不同类型问题的备件满足率。

2.4 排　队　论

排队论又称随机服务系统理论，是一门研究拥挤现象（如排队、等待）的科学。具体来讲，它是在研究各种排队系统概率规律性的基础上，解决相应排队系统的最优设计和最优控制问题。排队论起源于 20 世纪初丹麦数学家埃尔朗（Erlang）用概率论方法对电话通话问题的研究；30 年代中期费勒（Feller）引进生灭过程后，排队论被数学界承认是一门重要学科，并在第二次世界大战期间成为运筹学这一新领域中的一个重要理论；50 年代肯德尔（Kendall）对排队论做了系统研究，规范了排队系统的描述方式和分类，使该理论得到了进一步发展；从 60 年代起，人们对排队论的研究日趋复杂，为了便于求解问题以及应用结果，人们广泛研究了排队

论的近似方法。

顾客到商店购买物品，患者到医院看病，旅客到售票处购买车票，学生去食堂就餐，因故障停止运转的机器等待工人修理，码头的船只等待装卸货物等，以上情形都会出现排队和等待现象。这些实际的排队系统虽然千差万别，但是它们具有以下共同特征：

(1)有请求服务的人或物，即顾客。

(2)有为顾客服务的人或物，即服务员或服务台。

(3)顾客到达系统的时刻是随机的，为每一位顾客提供服务的时间是随机的，因此整个排队系统的状态也是随机的。排队系统的这种随机性造成某个时段顾客排队较长，而其他一些时段服务员(台)又空闲无事。

任何一个排队问题的基本排队过程都可以用图 2-2 表示，每个顾客由顾客源按一定方式到达服务系统，加入队列排队等待接受服务，服务台按一定规则从队列中选择顾客进行服务，得到服务的顾客立即离开。在允许顾客损失的系统中，顾客到达时如果所有的服务台都在工作，或者到达后等待时间超过其可以忍受的时间，那么顾客可以选择离去。

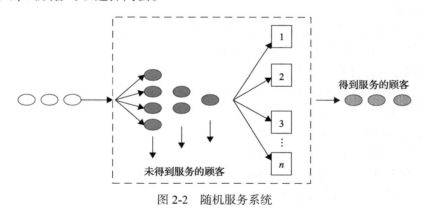

图 2-2　随机服务系统

2.4.1　排队系统的基本组成

通常，排队系统都有输入过程、服务规则和服务台三个组成部分。

1. 输入过程

输入过程是指要求服务的顾客是按怎样的规律到达排队系统的过程，有时也将它称为顾客流。一般从三个方面来描述一个输入过程。

(1)顾客总体数：又称顾客源、输入源，指顾客的来源。顾客源可以是有限的，也可以是无限的。例如，到售票处购票的顾客总数可以认为是无限的，而某个工厂因故障待修的机床则是有限的。

（2）顾客到达方式：描述顾客是怎样来到系统的，是单个到达，还是成批到达。患者到医院看病通常是顾客单个到达的例子；在库存问题中，若将生产器材进货或产品入库看作顾客，则这种顾客是成批到达的。

（3）顾客流的概率分布：又称相继顾客到达时间间隔的分布，这是求解排队系统有关运行指标问题时首先需要确定的指标。这也可以理解为在一定的时间间隔内 K 名顾客到达（$K = 1, 2, \cdots$）的概率是多少。顾客流的概率分布一般有定长分布、二项分布、泊松分布（最简单分布）、埃尔朗分布等。

2. 服务规则

服务规则是指服务台从队列中选取顾客进行服务的顺序，一般可以分为损失制、等待制和混合制三大类。

（1）损失制：是指如果顾客到达排队系统时，所有服务台都已被先来的顾客占用，那么他们就自动离开系统永不再来。典型的例子是，电话拨号后出现忙音，顾客不愿等待而自动挂断电话，若要再打，则需重新拨号，这种服务规则即为损失制。

（2）等待制：是指当顾客来到系统时，所有服务台都不空，顾客加入排队行列等待服务，如排队等待售票、故障设备等待维修等。等待制中，服务台在选择顾客进行服务时，常有如下四种规则。

① 先到先服务（first-come first service，FCFS）：按顾客到达的先后顺序对顾客进行服务，这是最普遍的情形。

② 后到先服务（last-come first service，LCFS）：仓库中堆放的钢材，后堆放上去的都先被领走，就属于这种情况。

③ 随机服务：当服务台空闲时，不按照排队序列而是随意指定某个顾客去接受服务，如电话交换台接通呼叫电话。

④ 优先权服务（priority records，PR）：如危重患者先就诊、装备维修中关重件先修理等。

（3）混合制：是指等待制与损失制相结合的一种服务规则，一般是指允许排队，但又不允许队列无限长下去。具体来说，大致有以下三种。

① 队长有限：当排队等待服务的顾客人数超过规定数量时，后来的顾客就自动离去另求服务，即系统的等待空间是有限的。例如，最多只能容纳 K 名顾客在系统中，当新顾客到达时，若系统中的顾客数（又称队长）小于 K，则可进入系统排队或接受服务；否则，便离开系统并不再回来，如水库的库容是有限的、旅馆的床位是有限的。

② 等待时间有限：顾客在系统中的等待时间不超过某一给定的长度 T，当等

待时间超过 T 时，顾客将自动离去并不再回来。例如，库存中易损坏的电子元器件，超过一定存储时间被自动认为失效；又如，顾客到饭馆就餐，等了一定时间后不愿再等而自动离去另找其他饭馆用餐。

③逗留时间（等待时间与服务时间之和）有限：例如，用高射炮射击敌机，当敌机飞越高射炮射击有效区域的时间为 t 时，若在这个时间内未被击落，就不可能再被击落了。

不难注意到，损失制和等待制可看成混合制的特殊情形，例如，记 s 为系统中服务台的个数，当 $K=s$ 时，混合制即为损失制；当 $K=\infty$ 时，混合制即为等待制。

3. 服务台情况

服务台可以从以下三个方面进行描述。

(1)服务台数量及构成形式。从数量上说，服务台可分为单服务台和多服务台；从构成形式上看，服务台有：单队-单服务台式；单队-多服务台并联式；多队-多服务台并联式；单队-多服务台串联式；单队-多服务台并串联混合式；多队-多服务台并串联混合式等。

(2)服务方式。这是指在某一时刻接受服务的顾客数，有单个服务和成批服务两种。例如，公共汽车一次可装载一批乘客就属于成批服务。

(3)服务时间的分布。一般来说，在多数情况下，对每一个顾客的服务时间是一随机变量，其概率分布有定长分布、负指数分布、K 阶埃尔朗分布、一般分布（所有顾客的服务时间都是独立同分布的）等。

2.4.2　排队系统的描述符号与分类

为了区别各种排队系统，根据输入过程、排队规则和服务机制的变化对排队模型进行描述或分类，可给出很多排队模型。为了方便对众多模型的描述，肯道尔(Kendall)提出了一种目前在排队论中被广泛采用的 Kendall 记号，其完整的表达方式通常用到 6 个符号并取如下固定格式：$A/B/C/D/E/F$ 或 $X/Y/Z/A/B/C$。

6 个符号的意义如下。

(1)$A(X)$：顾客相继到达间隔时间分布，常用下列符号表示。

M：到达过程为泊松分布或负指数分布；

D：确定型，表示定长输入；

Ek：k 阶埃尔朗分布；

G：一般相互独立的随机分布；

GI：一般相互独立的时间间隔分布。

(2)$B(Y)$：服务时间分布，所用符号与表示顾客到达间隔时间分布相同。

(3)C：服务台(员)个数：1 表示单个服务台，$s(s>1)$ 表示多个服务台。

(4)$D(A)$：系统中顾客容量限额，或称等待空间容量；若系统有 K 个等待位子，则 $0 < K < \infty$，当 $K = 0$ 时，说明系统不允许等待，为损失制系统；当 $K = \infty$ 时，为等待制系统，此时 ∞ 一般省略不写；当 K 为有限整数时，为混合制系统。

(5)$E(B)$：顾客源限额，分有限与无限两种，∞ 表示顾客源无限，一般 ∞ 也可省略不写。

(6)F：服务规则，常用下列符号表示。

FCFS：先到先服务的排队规则；

LCFS：后到先服务的排队规则；

PR：优先权服务的排队规则。

例如，某排队问题为 $M/M/s/\infty/\infty/\text{FCFS}$，则表示顾客到达间隔时间服从负指数分布（泊松流）；服务时间服从负指数分布；有 $s(s>1)$ 个服务台；系统等待空间容量无限（等待制）；顾客源无限，采用先到先服务规则。

某些情况下，排队问题仅用上述表达形式中的前 3 个、4 个、5 个符号。若不特别说明，则均理解为系统等待空间容量无限；顾客源无限，先到先服务，单个服务的等待制系统。

2.4.3 排队系统的主要数量指标

研究排队系统的目的是通过了解系统的运行状况和效果，对系统进行调整和控制，使系统处于最优运行状态。因此，首先需要弄清系统的运行状况，描述一个排队系统的运行状况主要有如下数量指标。

1)队长和排队长(队列长)

队长是指系统中的平均顾客数(排队等待的顾客数与正在接受服务的顾客数之和)。

排队长是指系统中正在排队等待服务的平均顾客数。

队长和排队长一般都是随机变量。人们希望能确定它们的分布，或至少能确定它们的平均值(即平均队长和平均排队长)及有关的矩(如方差等)。队长的分布是顾客和服务员都关心的，特别是对系统设计人员来说，如果能知道队长的分布，就能确定队长超过某个数的概率，从而确定合理的等待空间。

2)等待时间和逗留时间

从顾客到达时刻起到其开始接受服务这段时间称为等待时间。它是随机变量，也是顾客最关心的指标，因为顾客通常希望等待时间越短越好。从顾客到达时刻起到其接受服务完成这段时间称为逗留时间。它也是随机变量，顾客同样非常关心。研究这两个指标是希望能确定它们的分布，或至少能知道顾客的平均等待时间和平均逗留时间。

3)利用率(系统繁忙概率)

利用率即所有的服务台都在工作的概率。

以上三类主要指标中，第 1 类和第 2 类指标的值越小，说明系统排队越少，等待时间越少，因此系统性能越好，显然，它们是顾客与服务系统的管理者都很关注的。与此同时，作为服务系统的设计者和管理者，设备利用率也是必须考虑的指标。

为了便于开展排队系统的相关研究，学术界规范了如下数量指标。

① $N(t)$：时刻 t 系统中的顾客数（又称系统的状态），即队长；

② $N_q(t)$：时刻 t 系统中排队的顾客数，即排队长；

③ $T(t)$：时刻 t 到达系统的顾客在系统中的逗留时间；

④ $T_q(t)$：时刻 t 到达系统的顾客在系统中的等待时间。

上面给出的这些数量指标一般都是和系统运行时间有关的随机变量，求这些随机变量的瞬时分布一般是很困难的。不难发现，相当一部分排队系统在运行了一定时间后，都会趋于一个平衡状态（或称平稳状态）。在平衡状态下，队长分布、等待时间分布和忙期分布都和系统所处时刻无关，而且系统初始状态的影响也会消失。因此，研究中主要讨论与系统所处时刻无关的性质，即统计平衡性质，此时这些指标的描述如下。

① L 或 L_s：平均队长，即稳态系统任一时刻所有顾客数的期望值；

② L_q：平均等待队长或队列长，即稳态系统任一时刻等待服务的顾客数的期望值；

③ W 或 W_s：平均逗留时间，即在任一时刻进入稳态系统的顾客逗留时间的期望值；

④ W_q：平均等待时间，即在任一时刻进入稳态系统的顾客等待时间的期望值。

2.4.4　Palm 定理

Palm 定理在可修件库存管理中具有重要意义，它能够通过需求概率分布和修理时间分布的均值，估计备件在修件数的稳态概率分布。

Palm 定理：若一项备件的需求服从均值为 λ 的泊松过程，且每一故障件的修复时间相互独立、服从均值为 T 的任意类型的同一分布，则在修故障件件数量的概率分布服从均值为 T 的泊松分布。此即 Palm 定理的标准形式，由于该定理不必收集修理时间分布形态的数据和测量修理时间分布的具体形态，所以受到了人们的普遍关注。在备件保障人员看来，这是极其重要的结论。

1966 年，Feeney 和 Sherbrooke 指出，若需求服从均值为 m 的复合泊松过程，各项故障件的在修时间相互独立且概率分布完全相同，并服从平均修理时间为 T 的任一分布，则在修件数稳态概率分布服从均值为 mT 的同一复合泊松过程，取自该修理时间分布的时间和复合分布组中所有需求对应的时间相同即可。这就表明，Palm 定理也可以扩展到滞销的情况，其中在修件数达到最大值 s 时滞销的概率定义为 0。这些概率与复合泊松概率分布相同，按照 $0 \sim s$ 的累计概率求出。

在 Palm 定理的标准形式下，由于只有几件备件时在修时间实际上不存在排队或相互影响的现象，所以该定理有时也称无限通道排队假设。1966 年，Sherbrooke 将 Palm 定理进一步扩展到了有限总体的情形，提出了有限总体时的 Palm 定理：对于有 s 件备件的总体，其中每一件的需求服从均值为 m 的泊松过程，同时每一件的修理时间相互独立，且都服从平均修理时间为 T 的任一分布，那么在修件数 y 的稳态概率分布为

$$h(y) = \begin{bmatrix} N \\ y \end{bmatrix} (mT)^y \big/ D \tag{2-88}$$

式中，D 为常数；N 为部件数量及其备件数之和。

1981 年，克劳福德(Crawford)进一步提出了动态形式的 Palm 定理：设需求服从均值函数为 $\lambda(\tau)$（自变量 $\tau > 0$）的泊松过程，设时间 τ 时发生一次需求，并且 $t > \tau$ 之前未能修理的概率用 $\overline{H}(\tau, t)$ 表示，且该概率与其他所有需求发生的时间相互独立，此时 $t > \tau$ 时在修件数就是一个泊松随机变量，其均值为 $m(t)$，由式(2-89)给出：

$$m(t) = \int_0^t \overline{H}(\tau, t) \lambda(t) \mathrm{d}\tau \tag{2-89}$$

需要注意的是，在某些场合，Palm 定理可能是不适用的：只有当故障间隔时间为指数分布，恢复/修复时间独立且具有相同的分布时，Palm 定理才适用。但在 LRU 水平上，根据德瑞尼克定理，前面假设中提及的故障间隔时间将随着 LRU 复杂程度的增加和使用时间的增加有服从指数分布的倾向。当系统运行的数目相对较少，而且 LRU 故障主要与年龄老化有关(在飞机发动机中常见)时，无论在其寿命期内还是已经超过寿命期，德瑞尼克定理都已不适用。这个结论对于主要采取定时预防性维修策略的系统(即零部件维修主要是因其超过了预定工作时间)特别适用。对于由若干元件构成的系统，元件的平均故障前时间为 $1/\lambda_i$，德瑞尼克定理的陈述是系统的平均故障前时间为 $1 \big/ \sum_{i=1}^N \lambda_i$（当然，只有当这些故障相互独立时，该表达式才能成立）。

此外，还有一个因素可能导致 Palm 定理无效，即在大多数情况下备件的数目不是无限的。这意味着，若有需要时不能及时提供备件，则有可能显著增加恢复时间。因此，缺货会影响满足率。

2.5　备件库存论

2.5.1　基本概念

存储是解决供应与需求时间不一致性的基本措施。在供应与需求这两个环节之间加入存储这一环节，就能起到缓解供应与需求之间的不协调。但是，过多的库存会积压资金，并因存储失效和产品更新升级等造成浪费；反之，若提供的库存量太小，就可能产生库存短缺以致系统无法使用，同样会造成损失。一般而言，最理想的情况是：在任何给定时刻的备件库存量、提出订货的频数以及每次订货的数量之间取得经济平衡，并满足系统的使用要求。因此，专门研究这类有关存储问题的科学构成了运筹学的一个分支，即库存论，也称存储论。

对库存问题来说，由于需求，从库存中取出一定的数量，使库存量减少，这就是库存的输出。有的需求是间断式的，有的需求是连续均匀的，有的需求是确定性的，有的需求是随机性的，经过大量统计，可能会发现需求量的统计规律，称为有一定的随机分布的需求。

库存因需求而不断减少，必须加以补充，补充就是库存的输入。从订货到货物进入库存往往需要一段时间，这段时间称为备货时间。从另一个角度看，为了在某一时刻能补充库存，必须提前订货，这段时间可称为提前时间。

如前所述，库存的作用是避免缺货并降低缺货带来的损失。因此，与库存控制有关的服务水平通常用缺货率和平均每次缺货延续时间来表示。缺货率是指发生缺货的概率，在统计上可用发生缺货的次数和总的订货次数的比率来计算。平均每次缺货延续时间是各次缺货延续时间的平均数。

备货时间可能很长也可能很短，可能是随机性的也可能是确定性的。库存论要解决的问题是：多长时间补充一次，每次补充的数量是多少。决定多长时间补充一次以及每次补充数量的策略称为库存策略。

2.5.2　库存策略

库存策略可以基于时间线，也可以基于库存量变更检查，还可能是两者的结合。常见的库存策略有 (t_0, S) 库存策略、(Q, s) 库存策略、(s, S) 库存策略、$(s-1, s)$ 库存策略和 (t, s, S) 库存策略。

1. (t_0, S) 库存策略

(t_0, S) 库存策略也称循环库存策略，该策略的基本思想是：每隔一定时间周期检查一次库存，并发出一次订货，将现有库存补充到最大库存水平 S。若检查时库存量

为 I，则其订货量 $Q = S - I$。如此周期性检查库存，不断补给。

该策略是一种周期性检查策略，不设订货点，只设固定检查周期和最大库存量，适用于一些不太重要或使用量不很大的物资。

2. (Q, s) 库存策略

(Q, s) 库存策略也称连续性检查的固定订货量、固定订货点策略。该策略的基本思想是：对库存进行连续性检查，当库存降低至订货点水平 s 时，即发起一次订货，每次的订货量保持不变，都为固定值 Q。该策略适用于需求量大、缺货费用较高、需求波动性很大的情况。

3. (s, S) 库存策略

(s, S) 库存策略本质上是一种连续检查、定点订货的方法。它与 (Q, s) 库存策略一样，都是连续性检查类型的策略，也就是需要随时检查库存状态，当发现库存量降低到订货点水平 s，即开始订货，订货后使最大库存保持不变，为常量 S。若发出订单时库存量为 I，则其订货量 $Q = S - I$。该策略与 (Q, s) 库存策略的不同之处在于，其订货按实际库存而定，因此订货量是可变的。

图 2-3 是 (s, S) 库存策略示意图。假设订货提前时间是常数，备件的需求率也是常数。库存的消耗由倾斜的消耗线表示。当库存消耗到规定的水平时，就应该提前补充订购(由订货时刻点表示)，使备件能在库存消耗完之前得到补充。图 2-3 中的术语定义如下。

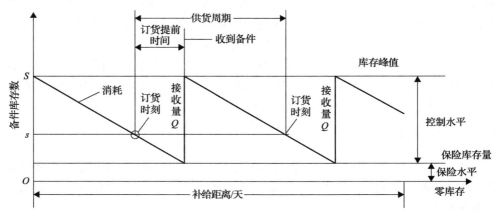

图 2-3　(s, S) 库存策略示意图

(1)控制水平：库存峰值与保险库存量之差。

(2)保险库存量：为补偿意外的需求以及周转时间、订货提前时间、其他不可预见的延滞而需要的附加库存量。

(3) 供货周期：两次连续订货之间的时间间隔。

(4) 订货提前时间：从订货之日到该批货收入库存的时间，包括：

① 从制定订货决策之日到供货者收到订货单的行政管理时间；

② 从供货者收到订货单到生产完毕的生产时间；

③ 从生产完成到收入库存的交付时间，其中包括以时间计算的补给距离。

(5) 补给距离：供应者至使用者的距离，以天数或小时计算。假设有一恒定的供应流程，其输送时间为 30 天，而消耗率为每天 1 件，则每次补给线上的需求量为 30 件。消耗量增加时，补给线上的需求量也增加。

(6) 订货时刻：补充一定数量的备件发出订货单的时刻。这一时刻经常是与某一给定的库存水平相联系的。

在诸多订货模型中，常用的 EOQ 模型与 (s, S) 库存策略的关系十分紧密。该订货模型主要基于如下基本假设：需求速率连续、已知且稳定；补货瞬时完成，提前期稳定并已知；产品购买价格与购买数量无关；不允许缺货；供货者在考虑的保障期内无限延续；没有资金限制。当用户按照经济订货批量来组织订货时，可实现订货成本和储存成本之和最小化，适用于整批间隔进货、不允许缺货的存储问题。

记年度总成本为 C，每次订货发生的费用为 C_0，年度存货成本占存货价值的百分比为 C_i，年度消耗量为 D，每次订货批量为 Q，单位运输成本为 K，单位采购价格为 U。根据年总成本 = 年订货成本 + 年运输成本 + 年采购成本 + 年存储成本，有

$$C(Q) = \frac{C_0 D}{Q} + KD + UD + \frac{1}{2} C_i U Q \tag{2-90}$$

为使总成本最低，可将式 (2-90) 对 Q 求导，得

$$\frac{\partial C(Q)}{\partial Q} = -\frac{C_0 D}{Q^2} + \frac{1}{2} C_i U \tag{2-91}$$

令式 (2-91) 等于 0，可求得此条件下的经济订货批量，即

$$\mathrm{EOQ} = \sqrt{\frac{2 C_0 D}{C_i U}} \tag{2-92}$$

4. $(s{-}1, s)$ 库存策略

$(s{-}1, s)$ 库存策略也称 one-for-one 订购策略，即装备上某个部件出现故障后，立即将故障件送修。如果该部件尚存有备件，那么立即予以更换，更换时间忽略

不计；如果没有备件，那么装备因供应延误导致停机，等待故障件修复返回后装备重新开始运行。在这种策略下，存在一个经典的库存量守恒函数，即

$$s = S_{OH} + S_{DI} + S_{BO} \tag{2-93}$$

式中，s 为初始库存量；S_{OH} 为现有库存量；S_{DI} 为在修或再供应的备件数量；S_{BO} 为备件短缺量。

如图 2-4 所示，假定只考虑第 j 项备件，其初始库存为 s，该部件一旦出现故障，从送修至修复后返回的周期时间为 TPR_j。设其在时间 τ 出现故障，故障件立即送修，经 TPR_j 时间后，该故障件修复返回；$\tau+x$ 时再次出现故障，若 $x \geqslant \mathrm{TPR}_j$，则当前库存量保持不变，若 $x < \mathrm{TPR}_j$，则当前库存量将变为 $s-2$ 件，依此类推。

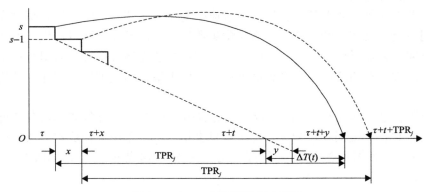

图 2-4　$(s-1,s)$ 库存策略示意图

图 2-4 中用以描述备件库存数下降趋势的斜虚线与时间轴的交点 $\tau+t$ 表示：若在这段时间内，库存未能得以补充，备件库存将被用完。在此之前若出现第 $s+1$ 次备件需求，则将导致保障延误。$(s-1, s)$ 库存策略适用于一些关键件、贵重件的库存管理。

5. (t, s, S) 库存策略

(t, s, S) 库存策略是将定期订货与定点订货综合起来的方法：该策略设置一个固定的检查周期 t、最大库存量 S、固定订货点水平 s。每隔一定时间 t 检查一次存储，若存储数量高于订货点 s，则不订货；若小于 s，则发起订货，使存储量达到 S。如此周期进行，实现周期性库存补给。

2.5.3　库存优化问题

在备件保障规划中经常面临一些优化问题：对装备维修周期的优化；库存量

与订货周期的优化；在备件供应过程中基于有限的经费、运送与存储资源（如运输车辆总数、任务时段内的总运输能力、库存空间等），对备件品种和数量的优化。

在对这些优化问题建模求解过程中，如果能够充分证明目标函数对决策变量具有一定的变化特性（如函数凸性），那么可以采用解析方法对问题进行求解，或者依据该特性设计算法，获得问题的最优解。但在很多情况下，决策变量较多，问题的解往往是这些决策变量的离散组合（这在多类备件优化配置问题中体现尤其明显），而且很难分析目标函数的变化特性，因此问题的求解常需要借助一些现代优化方法。

1. 凸函数

函数的凸性是保证其在指定区间具有唯一的最大值或最小值的性质。上凸函数和下凸函数统称为凸函数，这里主要结合下凸函数进行介绍。

定义 2.3　凸函数是一个定义在某个向量空间的凸子集 C 上的实际函数 f，对于凸子集 C 中任意两个向量 x_1、x_2，有

$$f\big((x_1 + x_2)/2\big) \leqslant \big(f(x_1) + f(x_2)\big)/2 \tag{2-94}$$

成立。容易得出，对于区间 $(0, 1)$ 中的任意有理数 λ，有

$$f\big(\lambda x_1 + (1 - \lambda)x_2\big) \leqslant \lambda f(x_1) + (1 - \lambda)f(x_2) \tag{2-95}$$

如果 f 连续，那么 λ 可以改成区间 $(0, 1)$ 中的任意实数。

若将定义中凸子集 C 变为某个区间 I，则该定义可改为：设 f 为定义在区间 I 上的函数，若对 I 上的任意两点 x_1、x_2 和任意的实数 $\lambda \in (0, 1)$，总有

$$f\big(\lambda x_1 + (1 - \lambda)x_2\big) \leqslant \lambda f(x_1) + (1 - \lambda)f(x_2) \tag{2-96}$$

则 f 称为区间 I 上的凸函数。当式 (2-96) 中的 "$\leqslant$" 换成 "$<$" 也成立时，可称函数 f 为对应子集或区间上的严格凸函数。

Sherbrooke 对凸函数做了另一种定义（定义 2.4），并用该定义判断了期望后订货数对库存量函数的凸性。

定义 2.4　令 $f(x)$ 是离散非负变量 x 的函数，当 $f(x)$ 的一阶差分

$$\Delta f(x) = f(x + 1) - f(x) \leqslant 0 \tag{2-97}$$

且其二阶差分

$$\Delta^2 f(x) = f(x + 2) - 2f(x + 1) + f(x) \geqslant 0 \tag{2-98}$$

时函数 $f(x)$ 是凸函数，从 x 轴看，其形状是凸起的。

凸函数具有如下性质：

(1) 如果 f 和 g 均是区间 I 上的凸函数，那么 $m(x) = \max\{f(x), g(x)\}$ 也是区间 I 上的凸函数；

(2) 如果 f 和 g 均是区间 I 上的凸函数，且 k_1、k_2 为非负实数，那么 $h(x) = k_1 f(x) + k_2 g(x)$ 也是凸函数；

(3) 如果 f 是区间 I 上的凸函数，g 是区间 J 上的凸函数且 g 递增，$f(I) \subset J$，那么 $h(x) = g(f(x))$ 是凸函数；

(4) 如果 $f(x)$ 是凸函数，那么 $g(y) = f(Ay + b)$ 也是凸函数。

判定凸函数可利用定义法、已知结论法以及函数的二阶导数。对于实数集上的凸函数，一般的判别方法是求它的二阶导数。由凸函数定义可知，如果其二阶导数在区间上恒大于或等于 0，那么称其为凸函数（向下凸）；如果其二阶导数在区间上恒大于 0，就称其为严格凸函数。

函数的凸性保证了该函数在指定区间具有极值（极大或极小），因此在最优化问题求解过程中应用非常广泛。当研究者通过不同的手段确定了函数为凸函数之后，就可以借助各种优化算法求解其最优值。

当函数在其整个取值空间不具有凸性，但若将其取值空间分段后，在各区间段具有凸性时，可以对函数进行分段求解，进而求解函数在整个取值空间上的最大（最小）值。例如，函数 $f(x) = 1/x^2$，$f(0) = \infty$，在区间 $(0, \infty)$ 内是凸函数，在区间 $(-\infty, 0)$ 内也是凸函数，但是在区间 $(-\infty, \infty)$ 内不是凸函数，这是由函数的奇点（$x = 0$ 处）造成的。

2. 常用的备件优化方法

1) 边际分析法

边际分析是一种渐进的优化方法，常用于分配短缺资源来获得最大利益。边际表示额外的、追加的意思，是指处在边缘上已经追加上的最后一个单位，或可能追加的下一个单位，属于导数和微分的概念。在函数关系中，自变量发生微量变动时，在边际上因变量的变化，边际值表现为两个微增量的比值。边际分析法是运用导数和微分方法研究微增量的变化，用以分析各变量之间相互关系及变化过程的一种方法[7]。

边际分析法的数学原理非常简单，对于离散情况，边际值为因变量变化量与自变量变化量的比值；对于连续情况，边际值为因变量关于某自变量的导数值。因此，边际的含义本身就是因变量关于自变量的变化率，或者说是自变量变化一个单位时因变量的改变量。

边际分析法中有如下两个重要概念。

①边际成本：每增加一个单位的产品所引起的成本增量；

②边际收益：每增加一个单位的产品所带来的收益增量。

边际分析法用于对边际单元的收益和成本进行分析。主要步骤包括以下方面：

①识别控制变量；

②每种类型的控制变量加 1，确定效益是什么，即每种类型增加单元的边际效益，单元的边际效益可以是期望后订货数、系统可用度等；

③每种类型控制变量加 1，确定在总费用中增加多少，即增加单元的边际费用、体积、重量等各方面的变化，需注意的是，当费用保持不变时，每一类型增加的备件边际效益趋于降低。

在边际分析法中，边际效益是指单位控制变量总效益的增量。在进行边际分析时，需假设目标函数是凸的。

2）0-1 非线性整数规划

下面考虑 n 类组件串联在一起的系统。假设系统中第 i 类组件的故障前时间服从累积分布为 $F_i(t)$ 的任意分布。令 c_i 表示一个 i 类组件备件的费用，B 表示最大可用预算。同时，假设 N_i 是允许的组件 i 的最大备件数。优化问题的目标是：满足预算限制的同时将系统的备件可用度最大化。令 $z_{i,j}=1$ 表示分配给 i 组件 j 个备件；$z_{i,j}=0$ 表示其他情况。

假设备件不修复，组件 i 的备件可用度为

$$A_i(T) = \sum_{j=0}^{N_i} \sum_{k=0}^{j} \left[F_i^k(t) - F_i^{k+1}(t) \right] \cdot z_{i,j} \tag{2-99}$$

式中，$F_i^k(t)$ 为分布函数 $F_i(t)$ 的 k 重卷积。优化问题可写为

$$\begin{cases} \max \quad A_s(T) = \prod_{i=1}^{n} A_i(T) \\ \text{s.t.} \quad \sum_{i=1}^{n} \sum_{j=0}^{N_i} j \cdot c_i \cdot z_{i,j} \leqslant B \end{cases} \tag{2-100}$$

上述优化问题即 0-1 非线性整数规划问题。式（2-100）中，目标函数是系统可用度最高；约束条件为备件总费用，使其不超过费用总预算 B。

3. 现代优化算法

现代优化算法，如禁忌搜索算法、遗传算法、粒子群算法、模拟退火算法等属于启发式算法。为理解这些算法的基本原理，给出以下概念[8]。

（1）启发式算法：一个问题的最优算法可求得该问题在整个取值空间上的最优解。启发式算法是相对于最优算法提出的，可以这样定义：一个基于直观或经验

构造的算法，在可接受的计算费用(如计算时间)下寻找待解决问题的准最优解，但不一定能够保证所得解的可行性和全局最优性，甚至在多数情况下，无法阐述所得解同最优解的近似程度。

(2)邻域：令 D 为优化问题可行解的集合，对于问题当前的某一个可行解 x，从 x 出发通过一定的映射规则，构建得出的所有可行解的集合 $N(x)$ 称为当前解 x 的邻域。$y \in N(x)$ 称为 x 的一个邻居。

简单的邻域搜索可以从任何一点出发，达到一个局部最优值点。从算法中可以看出，停止时间得到的点的位置依赖于初始解选取、邻域结构、局部最优值点跳出规则、停止规则等方面。这些即为在针对具体问题设计禁忌搜索算法、遗传算法等启发式算法时，需要重点解决的问题[9]。

国内外都对禁忌搜索算法[10]、遗传算法[11-14]、粒子群算法、模拟退火算法[15]等如何应用于备件优化问题求解进行了有益的尝试，但由于备件优化问题变化多样，这些算法的应用还远未达到工程化的程度。

2.6 系统 RMS 指标参数及可靠性模型

从 1957 年美国国防部可靠性顾问组发表《军用电子设备的可靠性》至今，在半个多世纪的时间里，国内外对 RMS 概念和参数体系进行了广泛研究。概括地说，20 世纪 70 年代以前，装备 RMS 是分散、单独提出的。80 年代以来，人们对 RMS 做了综合研究，得出了较完备的 RMS 参数体系[16,17]。

掌握 RMS 参数和指标的含义，准确理解 RMS 的定性、定量要求，是开展备件保障工作及理论研究的基础。

2.6.1 系统指标

1)可靠性

《可靠性维修性保障性术语》(GJB 451A—2005)中可靠性的定义是：产品在规定的条件下和规定的时间内完成规定功能的能力。当用概率来度量这一能力时，可靠性就称为可靠度。下面对产品、三个规定和概率做进一步说明[2]。

(1)产品。研究可靠性问题首先要弄清楚对象是什么，是零件、设备还是系统。如果是系统，是否包括人的因素。要明确故障是由什么原因引起的，因为有时系统故障不是由设备本身而是由人为因素引起的，需要从人机系统的观点出发去观察和分析问题。

(2)三个规定。一是规定条件，这些条件包括运输条件、储存条件和使用时的环境条件，如载荷、温度、湿度、盐雾、振动等。此外，使用方法、维修方法，以及操作人员的技术水平等对设备或系统的可靠性也有很大影响。必须注意，任何产品误用或滥用都可能引起损坏。因此，在使用说明书中应当对使用条件加以规定，这是判断发生故障的责任是属于使用方还是承制方的关键。二是规定时间。可靠性是时间性质量指标，产品只能在一定时间范围内达到规定可靠度，不可能永远保持规定可靠度而不降低。因此，对时间的规定一定要明确，例如，是指起始时间段 $(0, t)$ 还是某一区间 (t_1, t_2)，是指工作时间还是指日历时间等。另外，还要说明的是，这里的时间是广义的，根据产品不同，有时可能是应力循环次数、转数等与时间相当的量。三是规定功能。不但要弄清功能是什么，还要弄清和功能相对的故障是什么。据定义，"产品丧失规定功能(或降低到某临界值)"称为故障，这种临界值有时也称为故障判据。功能有主次之分，故障也有重轻之别。重故障影响任务成功，决定了产品的任务可靠性。轻故障虽不导致任务失败，但也要花费人力、物力去修复，所以它和重故障一起决定了产品的基本可靠性。

(3)概率。当用概率表示能力时，就是可靠度 $R(t)$，由概率性质可知 $0 \leqslant R(t) \leqslant 1$。需要注意的是，作为可靠度的概率是条件概率，而且是在一定的置信水平下的条件概率。

2)维修性

维修性是指产品在规定条件下(包括维修级别、人员技术水平与资源等)，规定时间内，按规定的程序和方法进行维修时，保持或恢复到规定状态的能力。当用概率来度量能力时就称其为维修度。

定义中，规定条件包括维修人员的熟练程度，维修设备及工具、备件满足程度，还包括技术资料是否齐全等。规定时间说明维修性指标大多与时间有关，与可靠度的情况相反，维修时间越长，所得到的维修度值越大。通常，希望在达到一定维修度的前提下，所需时间尽量短。这就是维修性的快速性，只有快，才能及时诊断和校正故障，成功地修好设备。规定的程序和方法是维修性的一大特点。实践证明，按照规定的程序和方法进行维修是必要的，这不仅可以提高维修度，还可以降低维修费用，延长设备的工作寿命和减少故障发生的频率。这就需要有详细的维修手册和维修技术要求，并做到故障检测装置、检测点、检测程序标准化。维修度中的概率是指在规定时间 t 内成功完成维修的概率，为 $M(t)$，同样，$0 \leqslant M(t) \leqslant 1$。

3)测试性

测试性是指产品能及时并准确地确定其状态(可工作、不可工作或性能下降)，并隔离其内部故障的能力。测试性是产品的一种设计特性，分为固有测试性和综合测试性。固有测试性仅取决于装备系统或设备的硬件设计，不受测试激励数据和响应数据的影响。因此，固有测试性是强调硬件设计要具有支持机内测试设备和外部测试设备进行测试的特性。综合测试性包括硬件设计和测试设计的全部测试性设计特征。提高测试性的主要途径是进行固有测试性设计和提高机内测试能力。提高机内测试能力主要是在装备内部设置用于状态监控、故障检测和故障隔离的硬件和软件等机内测试设备，使装备本身就可以自动监测其运行状况、检查有无故障并把检测出的故障定位、隔离到约定维修层的可更换单元上。表征产品测试性的指标主要有故障检测率(false discovery rate，FDR)、故障隔离率(fault isolation resolution，FIR)和故障虚警率(false alarm rate，FAR)。

提高装备测试性，可以明显地缩短平均修复时间，减少对维修人员的技术要求，节省保障费用，增强装备作战效能。

4) 保障性

装备保障性是指装备的设计特性和计划的保障资源满足平时战备完好性及战时利用率要求的能力。

保障性包括设计特性和保障资源。通过可靠性设计、维修性设计和测试、诊断设计等专业工程设计和传统工程设计的综合，使装备具有可保障的设计特性，即所设计的装备是可保障的。保障资源是保证装备平时和战时使用所需要的人力、物力，如人员数量和素质，备件，保障设备，保障设施，技术资料，训练与训练保障，计算机资源保障，包装、装卸、储存和运输保障等。完善和充足的保障资源表明，装备是能得到保障的。装备可保障特性和能保障特性的有机结合才算具有完整的保障性。

装备保障性的主要指标有装备完好率、使用可用度等。根据定义，装备保障性有平时和战时两个明显不同的能力，平时能力主要取决于平时的维修(计划维修和修复性维修)，战时能力主要取决于战损修理和战时供应模式。

5) 环境适应性

环境适应性是指装备在其寿命期预计可能遇到的各种环境下能实现其所有预定功能、性能和不被破坏的能力。选择耐环境特性好的元器件和材料，可以提高装备的固有环境适应性，对装备固有环境适应性不能适应的有害环境，一般采取特殊的防护措施，如"三防"(防霉、防潮、防腐蚀)设计，以及防沙尘、防雷击、防静电、防冲击、防振动设计等。

装备在整个寿命周期中所遇到的环境因素可分为自然环境和诱发环境。自然环境主要有云、雾、霜、霉菌、雹、高/低湿度、冰、闪电、空气污染、高/低气压、雨、沙尘、盐雾、雪、高/低温、风等。诱发环境主要有冲击、机械振动、声学振动、静电、爆炸等。

我国幅员辽阔，跨越热带、亚热带、温带、亚寒带、高原气候 5 个气候区，自然环境条件十分复杂。从装备使用情况看，南方地区温度高、湿度大及空气污染严重等使材料电解腐蚀，引起电参数变化、绝缘降低、金属变形、橡塑材料软化进而导致击穿、烧损等。北方地区温度低、风沙大使材料变硬、发脆，润滑剂黏稠、干涸，导致机械磨损和驱动系统负荷加大。沿海地区的装备常受盐雾腐蚀和台风袭击，导致天线锈蚀、机壳防护层脱落。由于风阻大，装备驱动负荷急剧上升，加速了齿轮的损坏。另外，因大风袭击而摔坏装备的情况时有发生。

对于装备在冲击、振动、跑车、霉菌、盐雾、沙尘、淋雨、太阳辐射等环境条件的适应性要求和试验方法，国家军用标准《装备环境工程通用要求》(GJB 4239—2001)做了相应规定。

6) 固有可用度

固有可用度是仅与工作时间和修复性维修时间有关的一种可用性参数，常用 A_i 表示。因为固有可用性不考虑预防性维修时间和实施外场保障所需时间，所以它对大多数装备的战斗潜力只是一种粗略的评估。

7) 可达可用度

可达可用度是仅与工作时间、修复性维修时间和预防性维修有关的一种可用性参数，常用 A_a 表示。与 A_o 相比，A_a 与装备硬件的关系更大。由于它不包括维修前/后的补给和管理延误时间，所以更适合承制方在研制阶段评估装备硬件理想保障条件下可能达到的可用度。

8) 使用可用度

使用可用度是与能工作时间和不能工作时间有关的一种可用性参数。其度量公式为 $A_o=$ 产品的能工作时间÷(能工作时间+不能工作时间)。它综合考虑了硬件设计、使用环境和保障条件，所以可以全面评估装备战斗潜力。对 A_o 一个较为宽泛的定义为：系统的使用可用度是指系统可在随机时刻按需执行其规定功能的概率。按海军的政策，使用可用度是衡量武器系统和设备的器材完好性的主要度量。使用可用度是完好性与保障性之间的定量联系环节。对于连续运行的系统，使用可用度是系统的总工作时间除以总日历时间(工作时间+不能工作时间)；对于按需工作的系统，使用可用度则是完好系统数量除以所拥有的系统总数(如系统的可用次数除以系统的被需要次数)。

9) 装备可用度

装备可用度表示在某一指定时间，为完成一项指定任务，能够投入作战使用的系统占在编系统数量的百分数[18]，它取决于系统的状态，常用 A_M 表示。A_M 可表示为可使用的产品数与产品总数之比，产品总数包括已投入使用但暂时处于不工作状态的那些产品(如在基地级维修)。装备可用度还表征执行一项指定任务的系统能工作时间的百分数，可用能工作时间除以能工作时间与不能工作时间之和表示。

10) 系统作战效能

(1) 系统性能是通过系统设计中的固有能力实现的。固有能力是指系统期望的性能属性及其度量，如速度、射程、高度、精度等，功能是指系统在作战环境中必须能够履行期望的任务能力和任务假定，而可靠性、耐久性、维修性、保障性等因素都是实现系统最优功能的固有制约因素。

(2)期望的固有能力是由优先性决定的。优先性反映了使用方的价值系统，它主宰系统设计必须进行的在性能、可用性、保障及寿命周期费用等方面不可避免的权衡分析。

(3)过程效率反映系统能够使用和维修的良好程度。

2.6.2　装备 RMS 参数体系

1. 可靠性、维修性使用参数

系统的可靠性、维修性参数直接反映对装备的使用需求，其要求的量值称为可靠性、维修性使用指标，可使用可靠性、维修性值表示。系统可靠性、维修性参数划分为以下四类。

1)完好率和可用度

R：平均不能工作间隔时间(mean time between downing event，MTBDE)；

M：平均系统恢复时间(mean time to repair，MTTR)。

2)成功率/可信度

R：致命性故障间的任务时间(mission time between critical failure，MTBCF)；

M：恢复功能的平均时间(mean time to restore functions，MTTRF)。

3)维修人力费用

R：平均维修间隔时间(MTBM)；

M：维修活动的平均直接维修工时。

4)技术保障费用

R：平均拆卸间隔时间(MTBR)；

M：在各修理级别中，每次更换的总费用。

这四类参数可以概括为"两性"(战备完好性和任务成功性)、"两费"(维修人力费用和技术保障费用)，即系统效能和费用问题。它表明，可靠性、维修性活动的根本目的是把效能提上去，把费用降下来。

2. 可靠性、维修性合同参数

在合同和研制任务书中，可靠性、维修性合同参数表述为订购方对装备可靠性和维修性要求的，并且是承制方在研制与生产过程中能够控制的参数[19]。其要求的量值称为可靠性、维修性合同指标，一般用固有可靠性、维修性值表示。在研制合同中，用合同参数描述要求的 RMS 规定值和最低可接受值。

规定值：合同和研制任务书中规定的期望装备达到的合同指标。它是承制方进行可靠性、维修性设计的依据。

最低可接受值：合同和研制任务书中规定的，装备必须达到的合同指标。它是考核或验证的依据。

3. 保障性参数

目前，我国对保障性参数研究得还不够深入。在装备领域常用的保障性参数包括保障性设计特性参数，实际上就是可靠性、维修性(含测试性)参数；另外一些常用参数有使用可用度、平均保障延误时间、基层级故障修复比、年度维修器材费、保障资源满足率(保障设备满足率、培训满足率、技术资料满足率、备件满足率)、保障资源利用率等。这些参数的定义在《装备可靠性维修性保障性要求论证》(GJB 1909A—2009)中已有论述，这里仅对基层级故障修复比定义及其预计模型做补充说明。

基层级故障修复比 r_s 定义为：在规定的工作时间内，运用基层级维修保障资源修复的故障数与装备发生的故障总数之比，以百分数表示。整机系统预计模型(按串联系统考虑)为

$$r_s = \left(\frac{\lambda_{\mathrm{LRU}}}{\lambda_s} \right) \cdot \mathrm{FDR} \cdot \mathrm{FIR} \cdot P \tag{2-101}$$

式中，λ_{LRU} 为基层级可更换单元故障率之和；λ_s 为整机故障率；FDR 为故障检测率；FIR 为故障隔离率；P 为基层级保障资源满足率，可进一步分解为

$$P = P_1 \cdot P_2 \cdot P_3 \cdot P_4 \cdots \tag{2-102}$$

其中，P_1 为保障设备(含工具)满足率；P_2 为维修技术资料满足率；P_3 为人员及培训满足率；P_4 为备件满足率。

2.6.3 系统可靠性模型

系统可靠性模型分为两类：基本可靠性模型和任务可靠性模型。

基本可靠性模型包括一个可靠性框图和一个相应的可靠性数学模型。基本可靠性模型是一个串联模型。基本可靠性模型的详细程度应该达到产品规定的分析层次，以获得可以利用的信息，而且失效率数据对该层次产品设计来说能够作为考虑维修和综合保障要求的依据。

任务可靠性模型包括一个可靠性框图和一个相应的数学模型。任务可靠性模型应该能描述在完成任务过程中产品各单元的预定用途。预定用于冗余或代替工作模式的单元应该在模型中反映为并联结构，或适用于特定任务阶段及任务范围的类似结构。任务可靠性模型的结构比较复杂，用以估计产品在执行任务过程中

完成规定功能的概率。任务可靠性模型中所用产品单元的名称和标志应该与基本可靠性模型中所用的一致。只有在产品既没有冗余又没有代替工作模式的情况下，基本可靠性模型才能用来估计产品的任务可靠性。然而，基本可靠性模型和任务可靠性模型应当用来权衡不同设计方案的效费比，并作为分摊效费比的依据。

1. 系统与结构函数

1）系统可靠性框图

产品有大有小，小的产品本身是元器件、滚珠等，而大的产品则是由很多元器件、零部件组成的整机或由多个部件等组成的具有一定功能的整体。在可靠性研究中一般规定：由若干个部件相互有机地结合成一个可完成某一功能的综合体称为系统，组成系统的部件称为单元。例如，若研究对象为导弹系统，则在分析导弹系统的可靠性时，通常将导弹控制器、发动机等视作单元；若研究对象为发动机，则在分析其可靠性时，将组成发动机的各种元器件和零部件等视作单元。由此可见，系统与单元是两个相对的概念。

为了研究系统可靠性，通常需要画出系统可靠性与组成单元可靠性之间的逻辑关系图，称为系统可靠性框图。可靠性框图由一些方框和连线组成，每个方框表示一个单元。系统可靠性框图通常可以根据系统的功能及工作原理画出。

系统可靠性框图与系统工作原理图是有差异的。前者表示各单元与系统之间的可靠性关系；后者表示各单元与系统之间的物理作用和时间上的关系。因此，具有相同物理结构的系统在完成不同功能时，可构成不同的可靠性框图。例如，对于两阀门组成的水管系统（图 2-5），当系统的功能是使流体由左端流入、右端流出时，这时系统正常就是指它保证流体流出。要使系统正常工作，阀门 A、B 必须同时处于开启状态，这时可靠性框图如图 2-6（a）所示。当系统功能是使流体截流时，系统正常是它能保证截流；要使系统正常工作，只需阀门 A 或 B 至少有一个处于关闭状态，这时可靠性框图如图 2-6（b）所示。

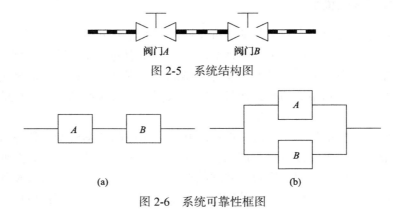

图 2-5　系统结构图

(a)　　　　　　　　　　　　　　　(b)

图 2-6　系统可靠性框图

2) 结构函数

典型系统是指包括串联系统、并联系统、n 中取 k 系统($k/n(G)$ 系统)、储备系统等常用的系统结构。这些系统及所组成的单元通常只有正常和失效两种状态，并且系统的状态完全由系统的可靠性逻辑框图和单元的状态决定。这类系统的可靠性数学关系通常可以用二值逻辑函数来描述，这种函数称为系统的结构函数。

设系统 S 由 n 个单元组成，定义第 i 个单元的状态变量为

$$x_i = \begin{cases} 1, & \text{第} i \text{个单元正常} \\ 0, & \text{第} i \text{个单元失效} \end{cases}$$

系统的状态可表示为

$$\phi(x) = \phi(x_1, x_2, \cdots, x_n) \tag{2-103}$$

式中，x 为 n 维向量 $x = (x_1, x_2, \cdots, x_n)$；$\phi(x)$ 为 n 维向量 x 的二值函数，且

$$\phi(x) = \begin{cases} 1, & \text{系统正常} \\ 0, & \text{系统失效} \end{cases}$$

称 $\phi(x)$ 为系统的结构函数。结构函数具有下述分解定理[20]。

定理 2.1　设系统的结构函数为 $\phi(x) = \phi(x_1, x_2, \cdots, x_n)$，令

$$\phi_1(1_i, x) = \phi(x_1, x_2, \cdots, x_{i-1}, 1, x_{i+1}, \cdots, x_n)$$
$$\phi_0(0_i, x) = \phi(x_1, x_2, \cdots, x_{i-1}, 0, x_{i+1}, \cdots, x_n)$$

则

$$\phi(x) = x_i \phi_1(1_i, x) + (1 - x_i)\phi_0(0_i, x) \tag{2-104}$$

证明　令 $x_i' = 1 - x_i$，则 $x_i + x_i' = 1$。故

$$\phi(x) = (x_i + x_i')\phi(x) = x_i \phi(x) + x_i' \phi(x)$$

将 $\phi(x)$ 中含 x_i 的项归并为 $x_i A(x)$，含 x_i' 的项归并为 $x_i' B(x)$，既不含 x_i 又不含 x_i' 的项归并为 $C(x)$。此时，结构函数 $\phi(x)$ 可表示为

$$\phi(x) = x_i A(x) + x_i' B(x) + C(x)$$

式中，$A(x)$、$B(x)$、$C(x)$ 均不含 x_i 和 x_i'，当 $x_i = 1$ 时，有

$$\phi_1(1_i, x) = A(x) + C(x)$$

当 $x_i = 0$ 时，有

$$\phi_0(0_i, x) = B(x) + C(x)$$

因此，有

$$\phi(x) = x_i[A(x) + C(x)] + x_i'[B(x) + C(x)] = x_i\phi_1(1_i, x) + x_i'\phi_0(0_i, x)$$

3）最小路及最小割

设系统结构函数为 $\phi(x)$，其中，$x = (x_1, x_2, \cdots, x_n)$ 为单元的状态向量（也称为路径）。为叙述方便，对于单元的任意两个状态向量 x、y，规定 $x \leqslant y$ 表示 $x_i \leqslant y_i$（$i = 1, 2, \cdots, n$），且存在下标 j 使 $x_j < y_j$。

若 $\phi(x) = 1$，则称单元状态向量 x 为系统的一个路向量（简称路），$C_1(x) = \{i, x_i = 1\}$ 称为 x 的路集。若 x 是系统的路，且对于单元的任意状态向量 y，$y < x$ 时有 $\phi(y) = 0$，则称 x 是系统的一个最小路，相应的 $C_1(x)$ 为系统的一个最小路集，$C_1(x)$ 中元素的个数称为最小路的阶或长度[21]。由此可见，系统的一个最小路集实际上是系统能正常工作的最小集合，当这些单元正常时系统就正常。对于任意系统，最小路常常有多个。在系统可靠性分析中，寻找系统的所有最小路是十分重要的。

例 2.2　某系统的可靠性框图如图 2-7 所示，求系统的最小路和最小路集。

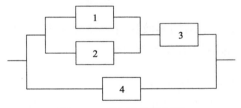

图 2-7　系统可靠性框图

由图 2-7 可写出系统的结构函数为

$$\phi(x) = x_4 \bigcup [x_3(x_1 \bigcup x_2)] = (x_1 x_3) \bigcup (x_2 x_3) \bigcup x_4$$

由此可知，系统的最小路有 3 个，分别为 $(1, 0, 1, 0)$、$(0, 1, 1, 0)$、$(0, 0, 0, 1)$，对应的最小路集分别为 $\{1,3\}$、$\{2,3\}$、$\{4\}$，记

$$D_1(x) = x_4, \quad D_2(x) = x_1 x_3, \quad D_3(x) = x_2 x_3$$

则系统的结构函数又可表示为

$$\phi(x) = \bigcup_{j=1}^{3} D_j(x)$$

这个表达式称为结构函数的最小路表达式，又称为结构函数的第一标准形。

类似于系统路向量的定义，还可定义系统的割向量与割集。若 $\phi(x) = 0$，则称 x 为系统的一个割向量（简称割），$C_0(x) = \{i, x_i = 0\}$ 称为 x 的割集，若 x 是系统的一个割集，且对于单元的任意状态向量 y，$y > x$ 时有 $\phi(y) = 1$，则称 x 为系统的一个最小割，相应地，$C_0(x)$ 为 x 的最小割集，$C_0(x)$ 中的元素个数称为最小割的阶。显然，从工程上讲，一个最小割集实际上是系统失效的最小集合，这些单元都失效时系统就失效。

例 2.3　某系统的可靠性框图如图 2-7 所示，求系统的最小割和最小割集。

由最小割集的定义可知，系统的最小割有 2 个，分别是 $(1, 1, 0, 1)$、$(0, 0, 1, 1)$，对应的最小割集为 $\{3,4\}$、$\{1,2,4\}$，记

$$M_1(x) = x_3 \bigcup x_4, \quad M_2(x) = x_1 \bigcup x_2 \bigcup x_4$$

则系统的结构函数可表示为

$$\phi(x) = \prod_{i=1}^{2} M_i(x)$$

这个表达式称为结构函数的最小割集表达式，又称为结构函数第二标准形。

一般来说，若系统有 k 个最小路集，其对应的 k 个路集为 $C_{11}(x)$，$C_{12}(x)$，$\cdots$，$C_{1k}(x)$，记

$$D_j(x) = \min_{i \in C_{1j}(x)} \{x_i\} = \prod_{i \in C_{1j}(x)} x_i$$

则系统结构函数的最小路集表达式为

$$\phi(x) = \max_{1 \leqslant j \leqslant k} \{D_j(x)\} = \bigcup_{j=1}^{k} D_j(x) \tag{2-105}$$

若系统有 l 个最小割集，则其对应的 l 个割集为 $C_{01}(x), C_{02}(x), \cdots, C_{0l}(x)$，记

$$M_j(x) = \max_{i \in C_{0j}(x)} \{x_i\} = \bigcup_{i \in C_{0j}(x)} x_i$$

则结构函数的最小割集表达式为

$$\phi(x) = \min_{1 \leqslant j \leqslant k} \{M_j(x)\} = \prod_{i=1}^{l} M_i(x) \tag{2-106}$$

4）对偶

设系统 S 的结构函数为 $\phi(x)$，另一系统 S^D 的结构函数为

$$\phi^D(x) = 1 - \phi(1 - x)$$

式中，$(1-x) = (1-x_1, 1-x_2, \cdots, 1-x_n)$，则 S^D 称为系统 S 的对偶系统，$\phi^D(x)$ 称为 $\phi(x)$

的对偶结构函数[20]。

对于图 2-7 中的系统，其结构函数为

$$\phi(x) = x_4 \bigcup [x_3(x_1 \bigcup x_2)] = 1 - (1 - x_4)\{1 - x_3[1 - (1 - x_1)(1 - x_2)]\}$$

其对偶结构函数 $\phi^{\mathrm{D}}(x)$ 为

$$\phi^{\mathrm{D}}(x) = 1 - \phi(1 - X) = 1 - \{1 - x_4[1 - (1 - x_3)(1 - x_1 x_2)]\}$$
$$= x_4[1 - (1 - x_3)(1 - x_1 x_2)] = x_4(x_3 \bigcup x_1 x_2) = (x_3 x_4) \bigcup (x_1 x_2 x_4)$$

从上例可以看出，系统 S 与对偶系统 S^{D} 之间有如下关系：

(1) $[\phi^{\mathrm{D}}(x)]^{\mathrm{D}} = \phi(x)$；

(2) 系统 S 的路是 S^{D} 的一个割，系统 S 的割是 S^{D} 的一个路，反之亦然。

上述性质可以根据定义来直接证明，利用上述性质可以通过求对偶系统的最小路来得到原系统的最小割集。

2. 串并联系统

1) 串联系统

对于一个系统，如果组成系统的单元中有一个单元发生了失效，那么系统就发生失效，这样的系统称为串联系统。设串联系统共有 n 个单元，其可靠性框图如图 2-8 所示。

图 2-8　串联系统可靠性框图

由图 2-8 可知，串联系统的结构函数为

$$\phi(X) = \prod_{i=1}^{n} x_i$$

式中，$X = (x_1, x_2, \cdots, x_n)$，且 x_i 为第 i 个单元的状态变量。设 n 个单元相互独立，第 i 个单元的可靠度函数为 $R_i(t)$，则串联系统的可靠度函数为

$$R(t) = P(\phi(X) = 1) = 1 \cdot P\{\phi(X) = 1\} + 0 \cdot P\{\phi(X) = 0\}$$
$$= \prod_{i=1}^{n} P(x_i = 1) = \prod_{i=1}^{n} R_i(t) \tag{2-107}$$

当第 i 个单元的失效率为 $\lambda_i(t)$ 时，系统的可靠度为

$$R(t) = \prod_{i=1}^{n} \exp\left\{-\int_0^t \lambda_i(u)\mathrm{d}u\right\} = \exp\left\{-\int_0^t \sum_{i=1}^{n} \lambda_i(u)\mathrm{d}u\right\} \tag{2-108}$$

系统的失效率为

$$\lambda(t) = \frac{-R'(t)}{R(t)} = \sum_{i=1}^{n} \lambda_i(t) \tag{2-109}$$

因此，串联系统的失效率是所有单元失效率之和。特殊地，当组成系统的每个单元寿命均服从指数分布时，即 $R_i(t) = e^{-\lambda_i t}$ $(i=1,2,\cdots,n)$，系统的可靠度为

$$R(t) = \prod_{i=1}^{n} e^{-\lambda_i t} = e^{-\left(\sum_{i=1}^{n} \lambda_i\right)t} = e^{-\lambda_s t}$$

由此可见，当所有单元的寿命均服从指数分布时，串联系统的寿命仍服从指数分布，系统的失效率为

$$\lambda_s = \sum_{i=1}^{n} \lambda_i$$

系统的平均寿命为

$$\mathrm{MTTF} = \frac{1}{\sum\limits_{i=1}^{n} \lambda_i}$$

例 2.4　设某装备由 6 种类型共 15 个独立元器件串联组成，各类元器件的寿命服从指数分布，其数量与失效率如表 2-1 所示，试求该装备工作 100h 的可靠度及平均寿命。

表 2-1　元器件的数量与失效率

同类元器件的数量	5	10	15	30	40	52
失效率/(10^{-5}/h)	0.6	0.8	0.4	0.2	0.5	0.1

解：

$$\lambda_s = (5\times0.6 + 10\times0.8 + 15\times0.4 + 30\times0.2 + 40\times0.5 + 52\times0.1)\times10^{-5}$$
$$= 4.82\times10^{-4}\,/\mathrm{h}$$

$$R_s(100) = e^{-0.00048\times100} = 0.9529$$

$$\mathrm{MTTF} = \frac{1}{\lambda_s} = 2074.689(\mathrm{h})$$

2) 并联系统

一个系统由 n 个单元组成, 只要有一个单元未发生失效, 系统就能正常工作, 称这种系统为并联系统。并联系统是最简单的冗余系统, 它的可靠性框图如图 2-9 所示。

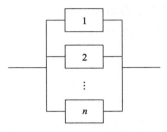

图 2-9　并联系统可靠性框图

由图 2-9 可知, 并联系统的结构函数为

$$\phi(X) = \bigcup_{i=1}^{n} x_i = 1 - \prod_{i=1}^{n}(1 - x_i)$$

式中, $X = (x_1, x_2, \cdots, x_n)$, 且 x_i 为第 i 个单元的状态变量。设 n 个单元之间相互独立, 第 i 个单元的可靠度函数为 $R_i(t)$, 则系统的可靠度函数为

$$R_s(t) = E[\phi(X)] = 1 - \prod_{i=1}^{n}[1 - E(x_i)]$$
$$= 1 - \prod_{i=1}^{n}[1 - R_i(t)]$$

(2-110)

由于 $0 < R_i(t) \leqslant 1$ $(i = 1, 2, \cdots, n)$, 所以容易证明 $R_s(t) \geqslant R_i(t)$, 表明并联系统的可靠度高于任何单元的可靠度。

特殊地, 当 $R_i(t) = \mathrm{e}^{-\lambda_i t}$ 时, 系统的可靠度函数为

$$R_s(t) = 1 - \prod_{i=1}^{n}(1 - \mathrm{e}^{-\lambda_i t})$$

(2-111)

(1) 当 $n = 2$ 时, 有

$$R_s(t) = \mathrm{e}^{-\lambda_1 t} + \mathrm{e}^{-\lambda_2 t} - \mathrm{e}^{-(\lambda_1 + \lambda_2)t}$$
$$\mathrm{MTTF} = \frac{1}{\lambda_1} + \frac{1}{\lambda_2} - \frac{1}{\lambda_1 + \lambda_2}$$

(2) 当 $R_i(t) = e^{-\lambda_i t}$ $(i = 1,2,\cdots, n)$ 时，有

$$R_s(t) = 1 - [1 - e^{-\lambda t}]^n$$

$$\text{MTTF}_s = \int_0^\infty [1 - (1 - e^{-\lambda t})^n] dt = \sum_{i=1}^n \frac{1}{i\lambda}$$

由此可见，单元数越多，并联系统的平均寿命越大，当单元数为 2 时，并联系统的平均寿命比单元的平均寿命提高了 50%；当单元数为 3 时，并联系统的平均寿命比单元的平均寿命提高了 83%。但是随着并联单元数的增加，系统平均寿命增加的幅度越来越小。因此，在系统设计时，一般只采用两个单元并联或三个单元并联，作为提高可靠性的有效手段。

3）混联系统

由串联系统和并联系统混合而成的系统称为混联系统，其中，最常见的是串并联系统和并串联系统。

串并联系统的可靠性框图如图 2-10 所示，设单元 $X_{i1}, X_{i2},\cdots, X_{im}$ 的可靠度均为 $R_i(t)$，则此系统的可靠度为

$$R_{s1} = \prod_{i=1}^n \left[1 - (1 - R_i(t))^m \right] \tag{2-112}$$

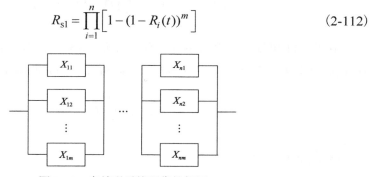

图 2-10　串并联系统可靠性框图

并串联系统的可靠性框图如图 2-11 所示。设单元 $X_{i1}, X_{i2},\cdots, X_{im}$ 的可靠度均为 $R_i(t)$，则系统的可靠度为

$$R_{s2} = 1 - \left[1 - \prod_{i=1}^n R_i(t) \right]^m \tag{2-113}$$

对于上述两个系统，它们的功能是相同的，但是它们的可靠度并不相同。可以证明

$$R_{s1} \geqslant R_{s2} \tag{2-114}$$

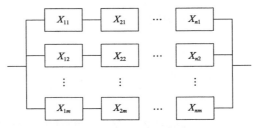

图 2-11　并串联系统可靠性框图

为了证明式 (2-114)，记单元 X_{ij} 的状态为 $x_{ij}(i=1,2,\cdots,n,j=1,2,\cdots,m)$，由图 2-10 可知，串并联系统共有 $k=m^n$ 条最小路，每条最小路的阶为 n，分别记为 D_{11}，$D_{12},\cdots,D_{1m},D_{1m+1},\cdots,D_{1k}$，其中前 m 条最小路分别为

$$D_{1j}=\prod_{i=1}^{n}x_{ij},\quad j=1,2,\cdots,m$$

显然，串并联系统的结构函数为

$$\phi_1(X)=\bigcup_{j=1}^{m}D_{1j}=\left(\bigcup_{j=1}^{m}D_{1j}\right)\cup\left(\bigcup_{j=m+1}^{k}D_{1j}\right)$$

由图 2-11 可知，并串联系统共有 m 条最小路，分别记为 $D_{21},D_{22},\cdots,D_{2m}$，并且容易证明 $D_{2j}=D_{1j}(j=1,2,\cdots,m)$，由此可知，串并联系统的结构函数为

$$\phi_2(X)=\bigcup_{j=1}^{m}D_{1j}$$

由于 $\phi_1(X)\geqslant\phi_2(X)$，所以

$$R_{s1}=P\{\phi_1(X)=1\}=E[\phi_1(X)]$$
$$\geqslant E[\phi_2(X)]=P\{\phi_2(X)=1\}=R_{s2}$$

即式 (2-114) 得证。这说明在进行系统设计时，选用不同设计方法得到的系统可靠性并不相同。

3. 表决系统

表决系统是指系统由 n 个单元组成，若至少有 k 个单元正常工作，则系统才正常工作 $(1\leqslant k\leqslant n)$，记为 $k/n(G)$，其可靠性框图如图 2-12 所示。显然 $n/n(G)$ 为串联系统，$1/n(G)$ 为并联系统。

由定义可知，表决系统的结构函数为

$$\phi(X) = I\left[\sum_{i=1}^{n} X_i \geqslant k\right]$$

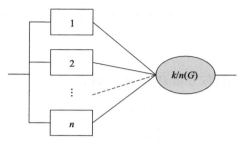

图 2-12　表决系统可靠性框图

上述结构函数可改写为

$$\phi(X) = \bigcup_{1 \leqslant j_1 < j_2 < \cdots < j_k \leqslant n} \prod_{i=1}^{k} X_{j_i}$$

1) $2/3(G)$ 系统

设 3 个单元的可靠度函数分别为 $R_1(t)$、$R_2(t)$、$R_3(t)$，则系统的可靠度为

$$
\begin{aligned}
R_s(t) = E[\phi(X)] &= P\left(\sum_{i=1}^{3} x_i \geqslant 2\right) \\
&= \left(R_1(t)R_2(t)R_3(t) + R_1(t)R_2(t)\right)\left(1 - R_3(t)\right) \\
&\quad + R_2(t)R_3(t)\left(1 - R_1(t)\right) + R_1(t)\left(1 - R_2(t)\right)R_3(t)
\end{aligned}
\tag{2-115}
$$

当 $R_i(t) = \mathrm{e}^{-\lambda_i t}$ 时，有

$$
\begin{aligned}
&R_s(t) = \mathrm{e}^{-(\lambda_1+\lambda_2)t} + \mathrm{e}^{-(\lambda_2+\lambda_3)t} + \mathrm{e}^{-(\lambda_1+\lambda_3)t} - 2\mathrm{e}^{-(\lambda_1+\lambda_2+\lambda_3)t} \\
&\mathrm{MTTF} = \int_0^{\infty} R_s(t)\mathrm{d}t = \frac{1}{\lambda_1+\lambda_2} + \frac{1}{\lambda_1+\lambda_3} + \frac{1}{\lambda_2+\lambda_3} - \frac{2}{\lambda_1+\lambda_2+\lambda_3}
\end{aligned}
\tag{2-116}
$$

特别地，当 $\lambda_1 = \lambda_2 = \lambda_3 = \lambda$ 时，有

$$R_s(t) = 3\mathrm{e}^{-2\lambda t} - 2\mathrm{e}^{-3\lambda t}$$

$$\mathrm{MTTF} = \frac{5}{6}\frac{1}{\lambda}$$

2) $k/n(G)$ 系统

设 n 个相同单元相互独立，其可靠度都为 $R(t)$，$k/n(G)$ 系统的可靠度为

$$R_{s}(t) = R^{n}(t) + nR^{n-1}(t)F(t) + \binom{n}{2}R^{n-2}(t)F^{2}(t) + \cdots$$

$$+ \binom{n}{n-k}R^{k}(t)F^{n-k}(t) = \sum_{i=0}^{n-k}\binom{n}{i}R^{n-i}(t)F^{i}(t) \tag{2-117}$$

式中，$F(t) = 1 - R(t)$。

当单元的寿命服从指数分布 $R(t) = \mathrm{e}^{-\lambda t}$ 时，有

$$R_{s}(t) = \sum_{i=0}^{n-k}\binom{n}{i}\mathrm{e}^{-(n-i)\lambda t}(1 - \mathrm{e}^{-\lambda t})^{i} \tag{2-118}$$

$$\mathrm{MTTF} = \int_{0}^{\infty} R_{s}(t)\,\mathrm{d}t = \sum_{i=0}^{n-k}\binom{n}{i}\int_{0}^{\infty}\mathrm{e}^{-(n-i)\lambda t}(1 - \mathrm{e}^{-\lambda t})^{i}\,\mathrm{d}t$$

$$= \sum_{i=0}^{n-k}\binom{n}{i}\int_{0}^{1} y^{n-i}(1-y)^{i}\,\mathrm{d}\frac{1}{\lambda}\ln y \tag{2-119}$$

$$= \frac{1}{\lambda}\sum_{i=0}^{n-k}\binom{n}{i}\frac{(n-i-1)!i!}{n!} = \frac{1}{\lambda}\sum_{i=0}^{n-k}\frac{1}{n-i}$$

2.7　备件保障效能度量指标

备件保障效能度量指标是评价备件保障方案优劣程度的依据，备件保障效能指标可进一步分为备件库存相关的效能指标以及系统相关的效能指标，本节主要介绍备件保障效能指标的含义及计算方法。

2.7.1　备件库存相关的效能度量指标

(1) 备件平均等待时间 (waiting time，WT)。对于一个特定的保障站点 (库存点)，等待备件的时间是指从该站点产生备件需求到订货得到所需备件的时间。若产生备件需求时，站点库存中有该备件，则备件等待时间为零。由备件管理业务流程或更换件的物理装卸而导致的延误一般作为备件运输时间的一部分，不列入备件等待时间。

(2) 备件延期交货量 (number of backorders，NBO)。NBO 定义为不能满足需求的备件数量。在整个寿命周期内，NBO 的值是随机变化的，这就意味着在整个寿命周期内 NBO 的变化是一个随机过程。备件延期交货期望值定义为在一个给定时间内的随机变量的期望值，在稳态情况下，该数值和时间是独立的，可根据备件等待时间与备件需求率相乘计算得到。在任务想定中，该值随时间的推移而

逐渐增大，因此，在任务阶段，一般计算任务结束时的值或任务过程中的均值。

(3) 无延期交货概率 (probability of no backorder，PNB)。保障站点 (库存点) 的延期交货量可看作一个随机过程，PNB 就定义为延期交货量为零的稳态概率。在任务想定中，其定义为在任务阶段末期无延期交货的概率或整个任务阶段内的平均概率。对于一个由多个站点 (库存点) 构成的保障体系，PNB 为所有站点 PNB 的乘积。

(4) 备件短缺风险。该效能度量参数定义为不满足备件需求 (延期交货) 的概率。与前面备件平均等待时间的定义和假设一样，它是针对每个站点进行计算的，具有多个站点构成的保障体系。备件短缺风险是根据每个站点中相对需求率而计算的一个加权值。

2.7.2 系统相关的效能度量指标

系统相关的效能度量指标一般在使用站点 (装备部署站点) 中定义和计算，保障站点 (无装备部署的站点) 一般只计算备件库存相关的效能度量指标。

1. 系统平均停机时间

系统平均停机时间 (mean down time，MDT) 的计算适用于稳态情况，它是基于任何维修活动 (包括修复性维修活动和预防性维修活动) 的平均停机时间：MDT 是修复性维修停机时间 (mean corrective down time，MDTC) 和预防性维修停机时间 (mean preventive down time，MDTP) 的加权平均值。MDT 是用日历时间表示的，其计算公式为

$$MDT = \frac{EFRT \cdot MDTC + EPRT \cdot MDTP}{EFRT + EPRT} \tag{2-120}$$

式中，EFRT (effective failure rate) 表示系统的有效故障率；EPRT (effective PM rate) 表示系统预防性维修率，即单位时间内对系统开展预防性维修工作的频率。

MDTC 的计算公式为

$$MDTC = WT + RT + OST \tag{2-121}$$

式中，WT 为站点中备件的等待时间；RT 为修复性维修周转时间 (日历时间)，包括任何除备件以外的维修资源等待时间；OST 为获取备件而经历的往返运输时间。

MDTP 的计算公式为

$$MDTP = PWT + PRT + OST \tag{2-122}$$

式中，PWT 为开展预防性维修更换时备件等待时间；PRT 为预防性维修周转时间

（日历时间），包括任何除备件以外的预防性维修资源等待时间。

对于非连续工作系统，可用运行时间来表示系统平均停机时间（mean operational down time，MODT），则

$$MODT = UT \cdot MDT \tag{2-123}$$

式中，UT 为系统利用率因子，即单位日历时间内系统工作运行时间。

2. 系统使用可用度

对于一个由若干部件构成的系统，其稳态条件下的可用度 A_o 计算公式为

$$A_o = \frac{1}{1 + UT \cdot (EFRT \cdot MDTC + EPRT \cdot MDTP)} \tag{2-124}$$

对于同型号系统，可用度需要根据其部署运行的站点进行计算，对于多个保障站点，系统可用度由相应的站点系统可用度加权平均得到，加权因子由站点中系统部署数量和站点重数给出。对于多型号系统，需要定义一个加权因子，由给定类型的系统总数计算得到。

系统使用可用度的另一个等价计算公式为

$$A_o = \frac{1}{1 + NBO + UT \cdot (EFRT \cdot RST + EPRT \cdot RSC)} \tag{2-125}$$

式中，RST 为系统修复性维修的再供应时间；RSC 为系统预防性维修的再供应时间。

式(2-125)中的可用度不涉及等待时间或停机时间，因此适用范围更广。在任务想定中，备件等待时间和由此引起的修复性维修停机时间没有很好地定义，但即便如此，通过式(2-125)也能计算任务想定下的系统使用可用度，此时可用度表示整个任务阶段内的均值，或者是任务阶段末期的终值。

根据式(2-124)，可以推导出系统可用度的经典计算公式为

$$A_o = \frac{MTBM}{MTBM + MODT} \tag{2-126}$$

对于一个由多个子系统构成的复合系统，其可用度计算公式为

$$A_o = A_1 A_2 \cdots A_n \tag{2-127}$$

式中，A_i 为第 i 个子系统可用度。对于该公式，必须保证所有子系统是相互独立的，即一个子系统发生故障，其他子系统仍然能够正常工作，但子系统构成的复

合系统却不能正常工作。

3. 系统平均停机数量

已知一组系统的平均可用度值，可以计算系统停机数量的期望值，记为 NOR，该效能度量是指因维修而不可用的系统数量。

$$\text{NOR} = N_s(1 - A_o) \tag{2-128}$$

式中，N_s 为系统的部署数量；A_o 为该组系统中的使用可用度均值。

参 考 文 献

[1] 总装备部技术基础管理中心. 备件供应保障译文集[M]. 北京: 总装备部技术基础管理中心, 2005.

[2 任敏, 陈全庆, 沈震, 等. 备件供应学[M]. 北京: 国防工业出版社, 2013.

[3] 盛骤, 谢式千. 概率论与数理统计及其应用[M]. 2 版. 北京: 高等教育出版社, 2010.

[4] 孟晗. 工程数学: 概率论与数理统计[M]. 2 版. 上海: 同济大学出版社, 2010.

[5] Drenick R F. The failure law of complex equipment[J]. Journal of the Society for Industrial and Applied Mathematics, 1960, 8(4): 680-690.

[6] Kumar U D. 可靠性、维修与后勤保障——寿命周期方法[M]. 刘庆华, 宋宁哲, 等译. 北京: 电子工业出版社, 2010.

[7] 阮旻智, 李庆民, 彭英武, 等. 任意结构系统的备件满足率模型及优化方法[J]. 系统工程与电子技术, 2011, 33(8): 1799-1803.

[8] 邢文训, 谢金星. 现代优化计算方法[M]. 2 版. 北京: 清华大学出版社, 2005.

[9] Metropolis N, Rosenbluth A W, Rosenbluth M N, et al. Equation of state calculations by fast computing machines[J]. The Journal of Chemical Physics, 1953, 21(6): 1087-1092.

[10] Glover F. Future paths for integer programming and links to artificial intelligence[J]. Computers & Operations Research, 1986, 13(5): 533-549.

[11] 刘刚, 钟小军, 董鹏. 基于遗传算法和神经网络的舰船电子装备备件优化模型研究[J]. 舰船科学技术, 2008, 30(5): 138-142.

[12] 周林, 娄寿春, 赵杰. 基于遗传算法的地空导弹装备备件优化模型[J]. 系统工程与电子技术, 2001, 23(2): 31-33.

[13] 范浩, 贾希胜, 贾云献, 等. 基于遗传算法的备件两级优化建模与仿真研究[J]. 系统工程与电子技术, 2006, 28(1): 150-152.

[14] 常文兵, 李宗辉. 基于遗传算法的航空备件费用优化研究[J]. 飞机设计, 2007, 27(1): 65-68.

[15] 陈淑燕, 王炜, 郑长江. 基于模拟退火求解的一种新的随机存储规划模型[J]. 公路交通科技, 2005, 22(4): 144-147.

[16] 顾唯明, 张宁生. 可靠性工程与质量管理标准常用术语汇编[M]. 北京: 国防工业出版社, 1997.

[17] 《可靠性维修性保障性术语集》编写组. 可靠性维修性保障性术语集[M]. 北京: 国防工业出版社, 2002.

[18] 宋太亮, 黄金娥, 等. 装备质量建设经验与实践[M]. 北京: 国防工业出版社, 2011.

[19] 郦能敬, 王被德, 沈齐, 等. 对空情报雷达总体论证: 理论与实践[M]. 北京: 国防工业出版社, 2008.

[20] 梅启智, 廖炯生, 孙惠中. 系统可靠性工程基础[M]. 北京: 科学出版社, 1987.

[21] 张志华. 可靠性理论及工程应用[M]. 北京: 科学出版社, 2012.

第3章　不可修备件配置优化方法研究

不可修产品发生故障或损坏后，不能用经济可行的技术手段加以修复，在装备分解结构层次中，不可修部件一般属于底层的零部件或元器件，对于非底层组件单元，根据故障件维修准则进行处理[1]：若一个部件报废，其所有子部件也必须同步报废。对系统可靠性而言，不可修部件的寿命时间较长，对于定期更换的寿命件，可能不会等到其寿命到期时就需将其报废，随着备件的消耗，备件储备量会随之下降，因此在规划备件保障方案时，不仅要确定初始备件库存，还要确定其后续采购方案。

对此，本章主要针对装备中的不可修部件单元，建立初始备件配置模型和后续备件采购模型，在此基础上，研究常规补给和紧急供应模式下备件协同采购优化方法，并对随机需求下备件库存状态进行分析。

3.1　不可修备件初始配置量的确定

3.1.1　单部件保障概率模型

设 t_i 为第 i 个部件的寿命时间，定义消耗 k 个备件后系统的连续工作时间为一个序列：$T_k = T_{k-1} + t_k$，其中，T_k 和 T_{k-1} 分别表示系统中出现 k 和 $k-1$ 个部件失效的时间，$T_1 = t_1$ 且 $t_0 = 0$，通过定义可知 $\{T_k, k = 1, 2, \cdots\}$ 形成一个更新过程。设 $f(t)$ 为部件失效时间的概率密度函数，其累积分布函数为 $F(t)$，采用更新过程理论，部件在 T 时间内失效次数为 k 的概率为

$$P_x(k) = F^k(T) - F^{k+1}(T) \tag{3-1}$$

设备件存储量为 s，可以得到单项备件满足率的通用模型为[2]

$$P = \sum_{k=0}^{s} P_x(k) = \sum_{k=0}^{s} [F^k(T) - F^{k+1}(T)] \tag{3-2}$$

式中，$F^k(T)$ 为 $F(T)$ 的 k 重卷积。设故障率 λ 服从指数分布，在 t 时间内，备件需求量的期望值为 λt，$f(t) = \lambda e^{-\lambda t}$，$F(t) = 1 - e^{-\lambda t}$，$F(T)$ 的 k 重卷积为

$$F^k(t) = 1 - \sum_{i=0}^{k-1} \frac{1}{i!} (\lambda t)^i e^{-\lambda t}, \quad F^{k+1}(t) = 1 - \sum_{i=0}^{k} \frac{1}{i!} (\lambda t)^i e^{-\lambda t} \tag{3-3}$$

根据式(3-2)可得单项备件的保障概率模型为

$$P = \sum_{k=0}^{s} P_x(k) = \sum_{k=0}^{s} \frac{\exp(-\lambda T) \cdot (\lambda T)^k}{k!} \tag{3-4}$$

3.1.2 系统保障概率模型

1. 串联系统

设系统中第 i 项部件的单机安装数量为 L_i，$L_i \geq 1$，其中至少有 k_{si} 个正常工作才能保证系统无故障运行，对于该项部件，当 $k_{si} = L_i$ 时，L_i 个部件在整个系统中形成串联结构关系。如图 3-1 所示，对于串联结构部件，在工作周期内只要一个部件发生故障就会造成系统停机。在观测时间 T 内，故障次数的期望值为 $L_i \lambda_i T$，若该部件的备件量为 s_i，则可得到串联结构系统的备件保障概率模型为

$$P_i(s_i) = \sum_{k=0}^{s_i} \frac{\exp(-L_i \lambda_i T) \cdot (L_i \lambda_i T)^k}{k!} \tag{3-5}$$

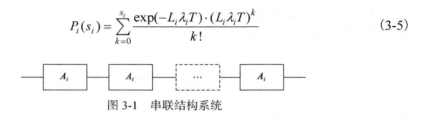

图 3-1　串联结构系统

2. 表决系统

当 $1 \leq k_{si} \leq L_i$ 时，该部件在系统中形成 k/N 表决结构关系。如图 3-2 所示，对于表决结构部件，当出现故障件的个数不超过 $L_i - k_{si}$ 个时，系统不会因部件失效而停机，为避免因拆换故障件而造成系统停机，此时不需要更换备件，但如果出现故障件的个数超过 $L_i - k_{si}$ 个，就必须用备件来替换故障件。此过程可分为两个阶段，第一阶段为无备件消耗的系统部件失效过程，第二阶段为有备件消耗的系

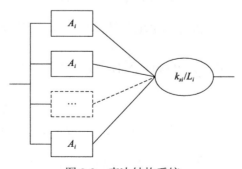

图 3-2　表决结构系统

统部件失效过程，备件消耗发生在第二阶段。在工作周期内只要有 $k_{si}(1 \leqslant k_{si} < L_i)$ 个部件工作就能够保证系统正常运行。当系统的第 i 项部件发生故障的个数为 k 且 $k \leqslant L_i - k_{si}$ 时，不需要消耗备件，此过程为系统部件失效的第一阶段，因此系统在观测时间 T 内不需要消耗第 i 项备件的概率为

$$P_i(s_i = 0) = \sum_{k=0}^{L_i - k_{si}} C_{L_i}^{L_i - k} (1 - e^{-\lambda_i T})^{L_i - k} \cdot e^{-\lambda_i k T} \tag{3-6}$$

备件消耗发生在第二阶段，设第一阶段开始到第二阶段的过渡时间为 t，$0 \leqslant t \leqslant T$，令 $\phi(L_i, k_{si}, t)$ 为第 i 项部件的可工作部件数从 L_i 变为 k_{si} 时关于间隔点时间 t 的概率密度函数，$\phi(L_i, k_{si}, t)$ 的计算公式为[3,4]

$$\begin{aligned}
\phi(L_i, k_{si}, t) &= C_{L_i}^{L_i - k_{si} - 1} (1 - e^{-\lambda_i t})^{L_i - k_{si} - 1} C_{k_{si}+1}^{1} \lambda_i e^{-\lambda_i t} e^{-k_{si} \lambda_i t} \\
&= (k_{si} + 1) \lambda_i C_{L_i}^{L_i - k_{si} - 1} e^{-(k_{si}+1)\lambda_i t} (1 - e^{-\lambda_i t})^{L_i - k_{si} - 1}
\end{aligned} \tag{3-7}$$

令 $\gamma(L_i, s, k_{si})$ 表示系统第 i 项部件的可工作部件数从 L_i 变为 k_{si} 且消耗 $s(s \geqslant 1)$ 个备件的概率，$\gamma(L_i, s, k_{si})$ 的计算公式为

$$\begin{aligned}
\gamma(L_i, s, k_{si}) &= \int_0^T \phi(L_i, k_{si}, t) \frac{(k_{si} \lambda_i (T-t))^s}{s!} e^{-k_{si} \lambda_i (T-t)} \mathrm{d}t \\
&= \int_0^T (k_{si}+1) \lambda_i C_{L_i}^{L_i - k_{si} - 1} e^{-(k_{si}+1)\lambda_i t} (1 - e^{-\lambda_i t})^{L_i - k_{si} - 1} \frac{(k_{si} \lambda_i (T-t))^s}{s!} e^{-k_{si} \lambda_i (T-t)} \mathrm{d}t \\
&= \frac{(k_{si}+1) k_{si}^s \lambda^{s+1}}{s!} C_{L_i}^{L_i - k_{si} - 1} e^{-k_{si} \lambda_i T} \int_0^T (1 - e^{-\lambda_i t})^{L_i - k_{si} - 1} (T-t)^s e^{-\lambda_i t} \mathrm{d}t
\end{aligned} \tag{3-8}$$

设备件配置量为 s_i，根据式(3-6)和式(3-8)可得到具有表决结构关系的备件保障概率模型为

$$P_i(s_i) = \sum_{k=0}^{L_i - k_{si}} C_{L_i}^{L_i - k} (1 - e^{-\lambda_i T})^{L_i - k} e^{-\lambda_i k T} + \sum_{s=1}^{s_i} \gamma(L_i, s, k_{si}) \tag{3-9}$$

3. 混合结构系统

设系统由 n 项部件组成，每项部件的单装机用数为 L_i，$L_i \geqslant 1$，$i = 1, 2, \cdots, n$，每项部件中至少有 k_{si} 个正常工作才能保证系统无故障运行，结构如图 3-3 所示。

当 $k_{si} = L_i$ 时，部件 i 为串联结构，保障概率按式(3-5)进行计算；当 $1 \leqslant k_{si} < L_i$ 时，部件为 k/N 结构，保障概率按式(3-9)进行计算。综合分析，对于混合结构系统的第 i 项部件，当备件配置量为 s_i 时的保障概率模型为

$$P_i(s_i) = \begin{cases} \displaystyle\sum_{k=0}^{s_i} \frac{\exp(-L_i\lambda_i T)\cdot(L_i\lambda_i T)^k}{k!}, & k_i = L_i \\ \displaystyle\sum_{k=0}^{L_i-k_{si}} C_{L_i}^{L_i-k}(1-\mathrm{e}^{-\lambda_i T})^{L_i-k}\mathrm{e}^{-\lambda_i kT} + \sum_{s=1}^{s_i}\gamma(L_i,s,k_i), & 1\leqslant k_i < L_i \end{cases} \tag{3-10}$$

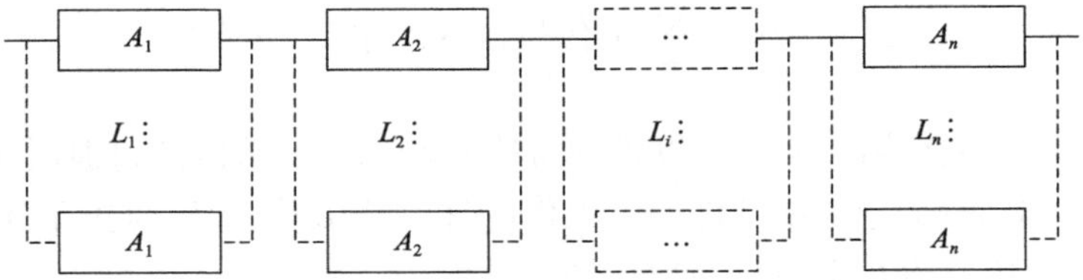

图 3-3　混合系统的部件组成结构

　　备件保障概率是影响装备可用度的一个重要因素,需要全面考虑各部件的寿命特性及相应的保障概率等因素。系统级的备件保障概率模型为[5]

$$P = \frac{\displaystyle\sum_{i=1}^{n}(\lambda_i T)P_i(s_i)}{\displaystyle\sum_{i=1}^{n}(\lambda_i T)} \tag{3-11}$$

　　例 3.1　设观测周期为一年,在满足系统保障概率指标的前提下,确定各项备件初始配置量,使备件购置费用最低。设系统保障概率指标 $P_0 = 0.95$,可采用边际优化算法对模型进行求解。备件清单及相关参数以及计算后的最终结果(包括备件配置数量和相应的备件保障概率)如表 3-1 所示。计算得到的系统备件满足率 P 为 0.9522,备件费用 C=11.743 万元。

表 3-1　备件清单及初始配置方案计算结果

备件	L_i	k_{si}	MTBF/h	C_i/万元	$\lambda_i/10^{-3}$	备件配置数量 s_i	保障概率
DU$_1$	1	1	9400	0.232	0.1064	3	0.9849
DU$_2$	2	1	15980	0.477	0.0626	1	0.9678
DU$_3$	1	1	8320	0.584	0.1202	2	0.9097
DU$_4$	3	2	15700	0.272	0.0637	2	0.9636
DU$_5$	1	1	6760	0.108	0.1479	4	0.9895
DU$_6$	5	5	9650	0.332	0.1036	8	0.9579
DU$_7$	1	1	6856	0.676	0.1459	3	0.9591
DU$_8$	1	1	7800	0.382	0.1282	3	0.9725
DU$_9$	2	2	8790	0.472	0.1138	4	0.9480
DU$_{10}$	4	2	11080	0.708	0.0903	1	0.8491

3.2　固定供货周期下的单站点备件订购模型

3.2.1　不可修备件库存状态分析

在装备使用阶段，备件消耗会导致库存量下降，需要向外部供货方采购备件以保持备件库存平衡，考虑到外部订货费用、运输费用以及备件库存管理费用，需根据备件库存状态制定合理的订货策略。该模式下，需进一步解决两个关键问题：一是何时订货，即确定最优订购点 R^*；二是订货多少，即确定最优订购量 Q^*。后续备件的消耗及库存状态变化关系如图 3-4 所示。由于备件供货需要花费一定时间，因此在库存未耗尽时向外部供货方发出订购申请，订购发生时，当前备件库存量记为 R。理想情况下，备件采购间隔期正好是剩余库存消耗殆尽的时间，当备件发生一次缺货时，新采购的备件能够及时运送到位[6]。

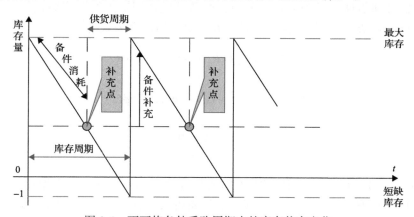

图 3-4　不可修备件采购周期内的库存状态变化

备件项目编号记为 i，$i = 1, 2, \cdots, N$，装备使用阶段，备件库存量在离散的时间状态下降低，在 (R, Q) 库存策略的稳态条件下，第 i 项备件的库存平衡方程为

$$s_i = \mathrm{OH}_i + \mathrm{DI}_i - \mathrm{BO}_i \qquad (3\text{-}12)$$

式中，s_i 为备件库存状态；OH_i 为现有备件库存量；DI_i 为待收库存；BO_i 为备件短缺量。

3.2.2　采购优化模型的建立

根据备件库存平衡方程(3-12)，可以推导出第 i 项备件的现有库存量的期望值为

$$I_i = B_i(R_i, Q_i) + R_i + \frac{Q_i + 1}{2} - E[m_i] \tag{3-13}$$

式中，m_i 为第 i 项备件的间隔期需求；$B_i(R_i, Q_i)$ 为第 i 项备件的期望短缺数。设备件的年需求均值为 λ_i，对于不可修备件，其需求率等于故障率，即 $365 \times 24/\text{MTBF}$，备件采购间隔期为 T_i（供货周期），在不考虑外部供货方出现备件短缺而造成的供货延误时，第 i 项备件的采购间隔期需求均值为

$$E[m_i] = \lambda_i T_i \tag{3-14}$$

根据备件的年需求均值 λ_i 及订购量 Q_i，可以计算出备件的年平均订货率 F：

$$F = \sum_{i=1}^{N} \lambda_i / (N Q_i) \tag{3-15}$$

设备件间隔期需求服从正态分布，则备件供货周期内的期望短缺数 $B_i(R_i, Q_i)$ 是关于订购点 R_i 和订购量 Q_i 的函数，$B_i(R_i, Q_i)$ 的计算公式为[7]

$$B_i(R_i, Q_i) = [f(R_i) - f(R_i + Q_i)] / Q_i \tag{3-16}$$

$$f(x) = \frac{\sigma^2}{2} \left[(z^2 + 1)(1 - \Phi(z)) - z\phi(z) \right] \tag{3-17}$$

$$z = \frac{(x - \theta)}{\sigma} \tag{3-18}$$

式中，θ 和 σ 分别为备件间隔期需求均值与方差；$\Phi(z)$ 为标准正态累积分布函数；$\phi(z)$ 为标准正态分布密度函数。建立后续备件采购优化模型时，需要在满足备件短缺条件约束下使保障费用最低：

$$\begin{aligned}
\min C &= \sum_{i=1}^{N} \frac{\lambda_i H_i}{Q_i} + \sum_{i=1}^{N} \kappa c_i I_i(R_i, Q_i) \\
&= \sum_{i=1}^{N} \frac{\lambda_i H_i}{Q_i} + \kappa c_i \left(B_i(R_i, Q_i) + R_i + \frac{Q_i + 1}{2} - \lambda_i T_i \right)
\end{aligned} \tag{3-19}$$

约束条件为

$$\begin{cases} \sum_{i=1}^{N} B_i(R_i, Q_i) \leqslant \text{EBO} \\ Q_i \geqslant 1, \quad R_i + Q_i \geqslant 0 \end{cases} \tag{3-20}$$

式中，c_i 为第 i 项备件的单价；κ 为备件的年库存管理费率（备件管理、维护保养、

报废等费用占备件单价的比例）；H_i 为第 i 项备件的固定订购费用（包括订单费用、运输费用等）；N 为备件项目总和。

3.2.3　模型求解算法

将式(3-20)中的备件短缺约束条件代入式(3-19)并建立拉格朗日(Lagrange)函数：

$$
\min f = \sum_{i=1}^{N} \frac{\lambda_i H_i}{Q_i} + \kappa c_i \left(B_i(R_i, Q_i) + R_i + \frac{Q_i + 1}{2} - \lambda_i T_i \right)
$$
$$
+ \delta \left(\sum_{i=1}^{N} B_i(R_i, Q_i) - \mathrm{EBO} \right)
\tag{3-21}
$$

通过式(3-21)对 R_i 和 Q_i 求偏导并令其等于 0，可以得到最优订购点 R_i^* 和最优订购量 Q_i^*：

$$
R_i^* = \sqrt{\lambda_i T_i} \Phi^{-1} \left(1 - \frac{\kappa c_i}{\kappa c_i + \gamma} \right) + \lambda_i T_i
\tag{3-22}
$$

$$
Q_i^* = \sqrt{\frac{2 \lambda_i H_i}{\kappa c_i}}, \quad i = 1, 2, \cdots, N
\tag{3-23}
$$

对于因子 γ，可采用迭代方法，当满足式(3-20)的短缺量指标约束(即式(3-24))时，得到其数值，将该数值代入式(3-23)便可求出最优订购点 R_i^*。

$$
\sum_{i=1}^{N} B_i(R_i, Q_i) \leqslant \mathrm{EBO}
\tag{3-24}
$$

例 3.2　设某基地仓库备件的年库存管理费率为 0.05，外部供货方对常耗备件的供货周期为 30 天，非常耗备件的供货周期为 180 天，固定订货费用为 1500 元，备件期望短缺总数指标不超过 0.05，备件清单以及计算得到的采购方案优化结果如表 3-2 所示。

根据优化结果，可以计算得到每项备件在稳态条件下的期望短缺数（表 3-2 中最后一列），此时，备件期望短缺总数 $B=0.0348$，小于规定的指标(0.05)。备件年库存总费用 $C_m=28669$ 元，年购置总费用 $C_p=448754$，备件保障费用 $C_s=C_m+C_p=477423$。

以备件项目 DU$_3$ 为例，其年消耗率与采购方案之间的变化曲线如图 3-5 所示，供货周期与采购方案之间的变化曲线如图 3-6 所示。由图 3-5 可以得出，备件订购点和采购量与年消耗率成正比。此外，由图 3-6 可知，随着备件供货周期的增加，备件采购点会增大，而备件订货量不会随供货周期的变化而改变。

表 3-2　备件清单及采购方案优化结果

备件项目	年消耗率	供货周期/天	单价/元	订购点	订购量	年库存费用/元	年订购频率	年购置费用/元	期望短缺数
DU_1	6.2	180	23400	5	4	7230	1.56	145080	0.0224
DU_2	5.3	180	12000	5	5	4664	1.03	63600	0.0063
DU_3	15.8	180	45000	13	15	4494	1.09	71100	0.0022
DU_4	30.1	30	240	7	87	1101	0.35	7224	0
DU_5	30.6	30	200	7	96	1009	0.32	6120	0
DU_6	25.5	30	1000	6	39	2153	0.65	25500	0
DU_7	40.1	30	1300	7	43	3098	0.93	52130	0.0002
DU_8	10.4	180	7500	9	9	4919	1.14	78000	0.0037

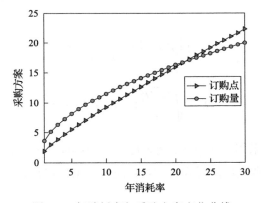

图 3-5　年消耗率与采购方案变化曲线

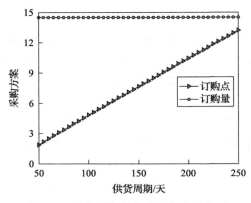

图 3-6　供货周期与采购方案变化曲线

以备件项目 DU_1 为例，采购方案（备件订购点、订购量）与备件短缺数之间的变化曲线如图 3-7 所示，采购方案与备件年库存费用之间的变化曲线如图 3-8 所示。当备件订购点很低、订购量较少时，备件短缺数会逐渐增大，与此同时，备件库存费用也会随之增加。因此，确定备件最优采购方案，需要在备件短缺数和费用之间进行权衡，选择合理的订购点和订购量，在满足短缺指标的前提下，尽可能地降低费用开支，以获得最大效益。

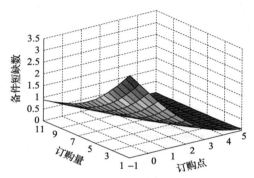

图 3-7　采购方案与短缺数变化曲线

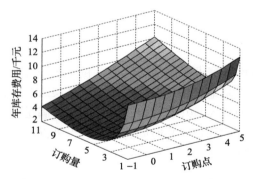

图 3-8　采购方案与年库存费用变化曲线

3.3　考虑短缺及供应延误下的备件多级订购模型

在固定供货周期下构建的单站点备件订购优化模型，没有考虑随机因素对供货延误时间的影响，即假设上级备件库存充足，不会出现备件短缺而造成额外供货时间的增加，在这种假设前提下，供货周期是固定不变的。若考虑到保障体系内各站点之间的相互影响，则需要对整个保障体系内的订购方案进行协同规划。另外，当本级站点向上级发出订购申请时，上级可能会因备件短缺而造成供应延误，这是一个随机变量，因此需要考虑备件缺货而造成供货延误时，建立备件的多级订购优化模型。

3.3.1　备件消耗及库存状态分析

如图 3-9 所示，由基地仓库同时保障多个装备现场(基层级仓库)，每个基层级仓库根据当前库存水平，建立订购策略(R_{ji}, Q_{ji})，当备件库存量下降到 R_{ji} 时，向基地仓库发出订购量为 Q_{ji} 的订购申请。同理，基地级站点也需要根据当前库存水平制定合理的订购策略(R_{0i}, Q_{0i})，当备件库存量下降到 R_{0i} 时，向外部供应商发出订购量为 Q_{0i} 的订购申请(下标 i 表示备件项目编号，下标 j 表示基层级仓库编号，下标 0 表示基地仓库)。

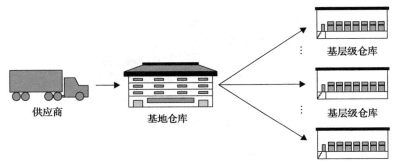

图 3-9　多级保障下的备件供货关系

设基层级仓库备件年需求率服从均值为 λ_{ji} 的泊松分布，当基层级仓库向基地仓库申领备件时，如果基地仓库现有库存量小于基层级仓库订购量，那么该订购事件将会因备件缺货而延误(短缺延误)，直到库存量满足订购量时才进行发货。基层级仓库和基地仓库的固定供货时间为常数，设外部供应商的备件储备量足够大，不会出现备件短缺而造成对基地级站点的供货延误。

3.3.2　备件多级订购优化模型的建立

备件多级订购优化是在满足规定的保障指标下，使备件保障总费用最低。以装备系统为对象，一般将装备可用度作为评价指标，因此，运用供应链系统库存控制论时，需要将装备可用度指标转化为备件短缺数指标，可用度与备件短缺数的关系式为

$$A = \prod_{i=1}^{N}\left[1 - \mathrm{EBO}_i / (N_j Z_i)\right]^{Z_i} \tag{3-25}$$

$$\mathrm{EBO}_i = \sum_{x=s_i+1}^{\infty} (x - s_i) \cdot \frac{(\lambda_i T)^x \mathrm{e}^{-\lambda_i T}}{x!} \tag{3-26}$$

式中，N 为备件总数；EBO_i 为第 i 项备件期望短缺数；N_j 为装备在基层级站点 j 的部署数量；Z_i 为部件 i 在装备中的单机安装数量；s_i 为第 i 项备件库存量；λ_i 为第 i 项备件的年平均需求率；T 为观测周期。对式(3-25)等号两端取对数可得

$$\ln A = \sum_{i=1}^{N} Z_i \ln\left[1 - EBO_i / (N_j Z_i)\right] \approx -\frac{1}{N}\sum_{i=1}^{N} EBO_i \qquad (3\text{-}27)$$

利用可用度与备件短缺数的关系，将装备可用度指标转化为备件短缺量指标之和来近似处理，所建立的多级订购优化模型如下：

$$\min C = \sum_{i=1}^{N}\left[\frac{\lambda_{ji} H_{ji}}{N Q_{ji}} + c_{ji} I_{ji}(R_{ji}, Q_{ji})\right] + \sum_{i=1}^{N}\left[\frac{\lambda_{0i} H_{0i}}{N Q_{0i}} + c_{0i} q_{0i} I_{0i}(R_{0i}, Q_{0i})\right] \qquad (3\text{-}28)$$

$$\sum_{i=1}^{N} B_{ji}(R_{ji}, Q_{ji}) \leqslant -N_j \ln A_j \qquad (3\text{-}29)$$

$$\sum_{i=1}^{N} B_{0i}(R_{0i}, Q_{0i}) \leqslant EBO_0 \qquad (3\text{-}30)$$

$$R_{ji} \geqslant -Q_{ji} \text{ 且 } R_{0i} \geqslant -Q_{0i}, \quad i = 1, 2, \cdots, N \qquad (3\text{-}31)$$

$$Q_{ji} \geqslant 1 \text{ 且 } Q_{0i} \geqslant 1, \quad i = 1, 2, \cdots, N \qquad (3\text{-}32)$$

$$R_{ji}, Q_{ji}, R_{0i}, Q_{0i} \in Z, \quad i = 1, 2, \cdots, N \qquad (3\text{-}33)$$

式中，C 为基地级站点和基层级站点的备件总费用；λ_{ji} 为基层级站点 j 备件 i 的年需求率(单位：件)；H_{ji} 为基层级站点 j 备件 i 的固定订购费用(订单费、运输费用等)；R_{ji} 为基层级站点订购点；Q_{ji} 为基层级站点订购量；c_{ji} 为基层级站点 j 备件 i 年的库存费用(维护保养、报废及管理费用)；$I_{ji}(R_{ji}, Q_{ji})$ 为基层级站点 j 备件 i 的当前库存量(单位：件)；λ_{0i} 为基地级站点备件 i 的年需求率(单位：q_{0i})；H_{0i} 为基地级站点备件 i 的固定订购费用(订单费、运输费用等)；R_{0i} 为基地级站点订购点；Q_{0i} 为基地级站点订购量；c_{0i} 为基地级站点备件 i 的年库存费用(维护保养、报废及管理费用)；q_{0i} 为基地级站点备件 i 的平均单次供货量(单位：件)；$I_{0i}(R_{0i}, Q_{0i})$ 为基地级站点备件 i 的现有库存量(单位：q_{0i})；EBO_0 为基地级站点备件短缺数指标；A_j 为基层级站点 j 的装备可用度指标。

约束条件(3-31)是为保证基层级站点和基地级站点的备件订购量分别能够满足其订购延误时间内所累积的备件短缺总数，约束条件(3-32)表示备件订购量的最小值为 1，约束条件(3-33)表明备件的订购量 Q 和订购点 R 必须为整数。在建模过程中，放宽了对约束条件(3-33)的限制，将 Q 和 R 作为连续变量处理。随着备件

的消耗，其库存水平在离散时间状态下降低，备件 i 现有库存量的期望值为

$$I_i = B_i(R_i, Q_i) + R_i + \frac{Q_i + 1}{2} - E[D_i] \tag{3-34}$$

式中，I_i 为备件现有库存量；$B_i(R_i, Q_i)$ 为备件短缺数；R_i 为订购点；Q_i 为订购量；$E[D_i]$ 为考虑随机供应延误下备件 i 的间隔期需求均值，在有效订购延误期间内，基层级站点备件 i 的需求量可表示为

$$E[D_{ji}] = \lambda_{ji} \cdot \mathrm{Td}_{ji} \tag{3-35}$$

$$\mathrm{Td}_{ji} = T_{ji} + d_{ji} \tag{3-36}$$

式中，T_{ji} 表示备件 i 运输时间；Td_{ji} 表示从发出订购申请到接收备件的有效供货延误时间，除运输延误外，还要考虑备件短缺而造成的随机延误 d_{ji}，基地级站点发生的所有期望短缺总数中，只有一部分比例会对基层级 j 产生影响，比例因子 f_{ji} 的计算公式为

$$f_{ji} = \frac{\lambda_{ji}}{\sum\limits_{j=1}^{N} \lambda_{ji}} \tag{3-37}$$

因此，基地级出现备件短缺而产生对基层级 j 的延误时间 d_{ji} 为

$$d_{ji} = f_{ji} B_{0i}(R_{0i}, Q_{0i}) / \lambda_{ji} \tag{3-38}$$

根据基层级站点备件 i 的订购量 Q_{ji}，可将需求量 λ_{ji} 转化为在给定周期内的订购次数，即订购频率。因此，基层级站点年订购频率 F_{ji} 为

$$F_{ji} = \lambda_{ji} / Q_{ji} \tag{3-39}$$

基地级站点第 i 项备件的单次平均供货量 q_{0i} 为

$$q_{0i} = \frac{\sum\limits_{j=1}^{N} \lambda_{ji}}{\sum\limits_{j=1}^{N} F_{ji}} = \frac{\sum\limits_{j=1}^{N} \lambda_{ji}}{\sum\limits_{j=1}^{N} (\lambda_{ji} / Q_{ji})} \tag{3-40}$$

基地级第 i 项备件的年需求率(单位：q_{0i})为

$$\lambda_{0i} = \frac{\sum\limits_{j=1}^{N} \lambda_{ji}}{q_{0i}} \tag{3-41}$$

供货延误时间内，备件需求概率用正态分布函数近似代替，则备件需求均值
与方差可近似表述为

$$E[D_{0i}] = \lambda_{0i}T_{0i} = \frac{\sum\limits_{j=1}^{N} \lambda_{ji}T_{0i}}{q_{0i}} \tag{3-42}$$

$$V[D_{0i}] = \sum_{j=1}^{N} \lambda_{ji} \cdot \frac{T_{0i}}{q_{0i}^2} + \sum_{j=1}^{N}\sum_{k=1}^{Q_{ji}-1}\left(\frac{1-\exp(-\alpha_k\lambda_{ji}T_{0i})\cos(\beta_k\lambda_{ji}T_{0i})}{Q_{ji}^2\alpha_k}\right) \tag{3-43}$$

$$\alpha_k = 1 - \cos(2\pi k/Q_{ji}), \quad \beta_k = \sin(2\pi k/Q_{ji}) \tag{3-44}$$

3.3.3 模型分解计算方法

考虑随机供货延误时间的影响时，备件多级订购优化模型求解是一个非线性
整数规划问题。确定基地级站点订购方案时，需要将基层级站点的备件订购量作
为输入参数；求解基层级站点订购方案又必须将其有效订购延误时间作为输入条
件。由于基层级供货延误时间是基地级备件短缺量的函数，所以需要分两个阶段
进行求解[8]。

模型求解的第一阶段，假设基地级站点备件库存充足，则基层级不会因备件
短缺而出现供应延误，此时 $\mathrm{Td}_{ji} = T_{ji}$，由于放宽了假设条件，一般情况下第一阶段
所得到的结果不是最优解。在模型求解的第二阶段，$\mathrm{Td}_{ji} \neq T_{ji}$，还需考虑备件短缺
造成的供货延误时间 d_{ji}，此时可将第一阶段计算得出的 d_{ji} 作为已知量，对模型进
行分解，循环迭代计算，直到满足终止条件。

1. 固定供货延误下基层级站点订购模型

假定基地级站点备件库存充足，则基层级站点备件最优订购量和最优订购
点分别为

$$Q_{ji} = \sqrt{2\lambda_{ji}H_{ji}/(Nc_{ji})}, \quad i=1,2,\cdots,N \tag{3-45}$$

$$R_{ji} = \sqrt{\lambda_{ji}T_{ji}}\, \Phi^{-1}\left(1-\frac{c_{ji}}{c_{ji}+\gamma_j}\right) + \lambda_{ji}T_{ji} \tag{3-46}$$

式中，$\Phi^{-1}(x)$ 为标准正态累积概率分布反函数；对于因子 γ_j，可采用迭代的方法，
当满足式 (3-23) 的短缺数指标约束时，得到其数值，将该数值代入式 (3-46) 便可
求出基层级站点的最优订购点。

$$\sum_{i=1}^{N} B_{ji}(R_{ji}, Q_{ji}) \leqslant -N_j \ln A_j \tag{3-47}$$

2. 随机供货延误下基层级站点订购模型

当考虑基地级站点备件短缺时，可将假设条件放宽，此情况下，将基地备件短缺数作为已知参数来求解基层级站点最优订购方案，建立的目标函数为

$$\min f_r = \sum_{i=1}^{N} c_{ji} \left[B_{ji}(R_{ji}) + R_{ji} + \frac{Q_{ji}+1}{2} - \lambda_{ji} \left(\frac{T_{ji} + Q_{ji} B_{0i}(R_{0i}, Q_{0i})}{\sum_{j} \lambda_{ji}} \right) \right]$$
$$+ \sum_{i=1}^{N} \frac{\lambda_{ji} H_{ji}}{N Q_{ji}} + \delta_j \left(\sum_{i=1}^{N} B_{ji}(R_{ji}) + N_j \ln A_j \right) \tag{3-48}$$

将式(3-48)分别对 R_{ji} 和 Q_{ji} 求偏导并令其等于 0，可以得出随机供货延误时间下的基层级站点最优订购量为

$$Q_{ji} = \begin{cases} \sqrt{\dfrac{\lambda_{ji} H_{ji}}{N\Delta}}, & \Delta > 0 \\[3mm] \sqrt{\dfrac{\lambda_{ji} H_{ji}}{N}}, & \Delta \leqslant 0 \end{cases} \tag{3-49}$$

式中

$$\Delta = \frac{c_{ji}/2}{-\lambda_{ji} B_{0i}(R_{0i}, Q_{0i}) / \sum_{j=1}^{N} \lambda_{ji}} \tag{3-50}$$

同理，可得基层级站点最优订购点为

$$R_{ji} = \sqrt{\lambda_{ji} \cdot \mathrm{Td}_{ji}} \Phi^{-1} \left(1 - \frac{c_{ji}}{c_{ji} + \delta_j} \right) + \lambda_{ji} \cdot \mathrm{Td}_{ji} \tag{3-51}$$

3. 随机供货延误下基地级站点订购模型

结合式(3-49)和式(3-51)计算出的 Q_{ji} 和 R_{ji}，可以得到基地级站点订购模型：

$$\min f_0 = \sum_{i=1}^{N} \frac{\lambda_{0i} H_{0i}}{N Q_{0i}} + c_{0i} q_{0i} \left(B_{0i}(R_{0i}) + R_{0i} + \frac{Q_{0i}+1}{2} - \lambda_{0i} T_{0i} \right)$$
$$+ \delta_0 \left(\sum_{i=1}^{N} B_{0i}(R_{0i}) - \mathrm{EBO}_0 \right) \tag{3-52}$$

将式 (3-52) 分别对 R_{0i} 和 Q_{0i} 求偏导并令其等于 0，可得

$$Q_{0i} = \sqrt{\dfrac{2H_{0i}\displaystyle\sum_{j=1}^{N}\lambda_{ji}}{Nc_{0i}q_{0i}^2}} \tag{3-53}$$

$$R_{0i} = \sqrt{V[D_{0i}]}\,\Phi^{-1}\left(1 - \dfrac{c_{0i}q_{0i}}{c_{0i}q_{0i} + \delta_0}\right) + \sum_{j=1}^{N}\lambda_{ji}T_{0i} / q_{0i} \tag{3-54}$$

对于因子 δ_0，采用迭代的方法，当满足式 (3-55) 的短缺指标约束时，得到其数值。

$$\sum_{i=1}^{N}B_{0i}(R_{0i}, Q_{0i}) = \text{EBO}_0 \tag{3-55}$$

3.3.4　模型求解的启发式算法流程

模型的求解采用文献[9]中的启发式算法，该算法是一种进化算法，在模型的求解过程中通过寻找模型参数之间的关联，将前一轮的结果作为后一轮迭代的输入，从迭代过程中得到启发，不断逼近最优解，当满足设定的结果误差容限时，迭代结束。算法的具体步骤如下。

(1) 不考虑基地级站点备件短缺对基层级站点订购延误时间的影响，令 $\text{Td}_{ji} = T_{ji}$。

(2) 求解固定供货延误时间下的基层级站点订购模型：

①根据式 (3-45) 计算基层级站点的备件最优订购量 Q_{ji}；

②在满足式 (3-47) 的约束条件下，通过算法迭代确定式 (3-46) 中的拉格朗日因子 γ_j，并计算基层级站点备件最优订购点 R_{ji}。

(3) 求解基地级站点订购模型：

①根据式 (3-42) 计算基地级站点供货延误时间内的备件需求量；

②根据式 (3-53) 计算 Q_{0i}；

③在满足式 (3-55) 的约束条件下，通过算法迭代确定式 (3-54) 中的拉格朗日因子 δ_0，并计算基地级站点备件订购点 R_{0i}。

(4) 根据得到的 Q_{0i} 和 R_{0i} 结果，计算基地级站点备件短缺量。

(5) 根据式 (3-36) 计算基层级站点的备件有效供货延误时间。

(6) 更新基层级站点的订购参数：

①根据式 (3-49) 计算基层级站点备件的最优订购量 Q_{ji}；

②在满足式 (3-47) 的约束条件下，通过算法迭代确定 δ_j，并计算基层级站点

备件订购点 R_{ji}。

$$(7)\text{若满足}\begin{cases}\left|Q_{ji}^{\mathrm{c}}-Q_{ji}^{\mathrm{p}}\right|\leqslant e, & i=1,2,\cdots,N \\ \left|R_{ji}^{\mathrm{c}}-R_{ji}^{\mathrm{p}}\right|\leqslant e, & i=1,2,\cdots,N \\ \left|Q_{0i}^{\mathrm{c}}-Q_{0i}^{\mathrm{p}}\right|\leqslant e, & i=1,2,\cdots,N \\ \left|R_{0i}^{\mathrm{c}}-R_{0i}^{\mathrm{p}}\right|\leqslant e, & i=1,2,\cdots,N \end{cases}$$

则算法结束，否则进入步骤(3)。其中，上标 c 表示当前阶段值；上标 p 表示上一阶段值，e 表示误差容限，一般取 $10^{-4}\sim10^{-2}$。

例 3.3 设基地级站点和三个基层级站点组成的保障系统中，对各站点的备件协同订购方案进行优化。装备部署在基层级站点，规定备件所形成的可用度指标 $A_{j0}\geqslant[0.932, 0.947, 0.954]$，基地级站点备件短缺数指标 $\mathrm{EBO}_0\leqslant0.4$。装备分解结构中的备件清单如表 3-3 所示，其中，下标 1、2、3 表示基层级站点编号，下标 0 表示基地；备件的单机安装数量 $Z_i=[1, 2, 3, 1]$，假设任何部件失效都会导致系统停机。根据式(3-27)可将可用度 A_j 转化为备件短缺总数指标 $\mathrm{EBO}_j\geqslant[1.127, 1.361, 1.460]$，误差容限设定为 $e=0.001$。

表 3-3　备件清单

备件	年均需求率/件			供货延误时间/年				库存费用/元		订购费用/元	
	λ_{ji1}	λ_{ji2}	λ_{ji3}	T_{ji1}	T_{ji2}	T_{ji3}	T_{0i}	c_{ji}	c_{0i}	H_{ji}	H_{0i}
DU_1	45	35	85	0.0289	0.0289	0.0289	0.0762	459	759	1000	1200
DU_2	92	62	72	0.0588	0.0725	0.0506	0.0805	522	622	1622	1962
DU_3	36	31	42	0.0666	0.0803	0.0556	0.0122	722	1022	922	1322
DU_4	98	138	108	0.0577	0.0906	0.0522	0.0290	624	824	924	1124

在满足各基层级站点的装备可用度、基地级站点备件短缺数等指标约束下，计算得到的备件订购方案优化结果如表 3-4 所示。为了便于对结果进行数值分析，表 3-4 给出了连续型优化结果，由于 R_{ji}、Q_{ji}、R_{0i}、$Q_{0i}\in Z$，在实际操作中，对其四舍五入取整即可。

表 3-4　备件订购方案优化结果

备件	备件订购量/件				备件订购点/件			
	Q_{ji1}	Q_{ji2}	Q_{ji3}	Q_{0i}	R_{ji1}	R_{ji2}	R_{ji3}	R_{0i}
DU_1	7.002	6.175	9.624	11.42	0.759	0.625	1.270	13.30
DU_2	11.96	9.815	10.58	18.88	4.125	3.513	2.055	18.43
DU_3	4.794	4.449	5.179	8.396	1.245	1.451	0.787	1.852
DU_4	8.519	10.11	8.943	15.32	4.088	10.48	3.425	9.551

根据表 3-4 优化后的备件订购点和订购量，可以计算出各站点的现有备件库存水平及期望短缺数，其结果如表 3-5 所示。

表 3-5(a)　各站点现有备件库存水平及期望短缺数

备件	现有备件库存水平/件				备件期望短缺数/件			
	I_{ji1}	I_{ji2}	I_{ji3}	I_{0i}	EBO_{ji1}	EBO_{ji2}	EBO_{ji3}	EBO_{0i}
DU_1	3.5532	3.2735	4.3095	18.036	0.0934	0.0728	0.1847	0.1252
DU_2	5.4463	4.6523	4.4742	26.817	0.2522	0.2266	0.2725	0.1287
DU_3	2.1003	2.0431	1.9802	6.2977	0.3557	0.3567	0.4406	0.0242
DU_4	3.6175	4.2407	3.3183	16.751	0.4247	0.7052	0.5620	0.1219

表 3-5(b)　指标满足情况表

指标	A_1	A_2	A_3	B_0
约束值	0.932	0.947	0.954	0.4
计算值	0.941	0.958	0.961	0.399
是否满足条件	是	是	是	是

3.4　常规补给和紧急供应下的备件协同订购模型

与常规补给相比，紧急供应利用更快速的运输工具发送备件，因此具有较短的供货周期和额外紧急供货成本。例如，舰船在海上执行任务期间，当备件短缺时用空运方式实施前出保障，以增加运输成本为代价，减少故障停机状态持续带来的损失。应急保障站点对基层级站点提供紧急供应时，自身也需要向外部供货方采购备件；基层级站点订购策略选择会影响应急保障点的库存状态，进而影响其他基层级站点的服务水平。这就需要在确定库存控制参数时，在两种供应模式下考虑整个保障系统内订购策略的耦合关系[10]。对此，本节针对外部供货方、应急保障站点及装备使用现场(基层级)组成的备件储供体系，在常规补给与紧急供应两种模式下，建立备件采购联合优化模型。

3.4.1　问题描述及假设

图 3-10 为基层级站点(装备使用现场)、基地级站点(应急保障站点)、外部供货方组成的复合供应模式下的备件保障系统。设基层级站点 j 的备件需求率服从参数为 λ_j 的泊松分布，采用常规供应依靠外部供货方、备件短缺依靠基地级紧急供货的复合式订购策略，定义库存水平(inventory level，IL)为"现有库存+待收订

单–备件短缺数"。基层级 j 在日常运作中连续检查自身库存水平 IL_j，当 IL_j 随备件消耗下降至再订购点 R_j 时，向外部供货方发出订购量为 Q_j 的备件订购申请；订购提前期内若发生现有库存不足（$OH_j < 0$）事件，则立刻向基地级站点发出补货申请，基地级站点在现有库存大于零时就以紧急供应模式发送备件。在保障基层级站点的同时，基地级也采用 (R_0, Q_0) 的订购策略，当库存水平 IL_0 下降到 R_0 时，向外部供货方发出订购量为 Q_0 的订购申请。设外部供货方库存量足够大，不会因库存不足而产生补给延误，基层级站点备件消耗及库存状态变化如图 3-11 所示。

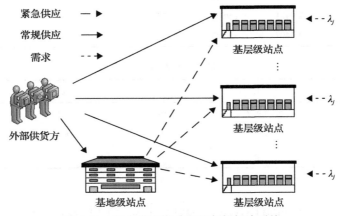

图 3-10　复合供应模式下的备件保障系统

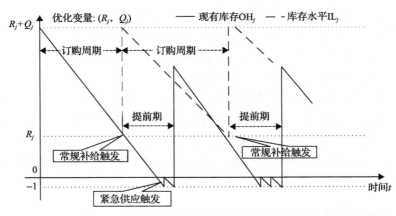

图 3-11　基层级站点备件消耗及库存状态变化

对于基层级站点，被紧急供应满足的需求同样是在本站点延迟交付，但从常规供应管理的角度，这些需求已经转运到基地，不再由未来的常规订单满足。因此，在建立各站点订购策略时，基层级站点库存水平定义为"现有库存+待收常规订单"，不考虑备件短缺数和未交付紧急供应订单；基地级站点库存水平仍为"现有库存+待收订单–备件短缺数"。

3.4.2 成本及满足率模型

两种供应模式下备件协同订购模型的目标函数是在服务水平指标约束下，令系统长期运行费用最低。备件满足率是指单位时间内库存满足需求数与总需求量之比的期望值，是衡量备件供应服务水平的典型指标。为此，以联合订购策略 $(\bar{R} \times \bar{Q})$ 为优化变量，分别建立系统及各级站点的单位时间期望成本和基层满足率模型。$(\bar{R} \times \bar{Q})$ 可表示为

$$(\bar{R} \times \bar{Q}) = [(R_0, Q_0), (R_1, Q_1), (R_2, Q_2), \cdots, (R_N, Q_N)] \tag{3-56}$$

式中，(R_0, Q_0) 为基地级站点的订购策略；(R_j, Q_j)，$j=1,2,\cdots,N$ 为基层级站点的订购策略。设 G、g_0、g_j 分别为保障体系、基地级站点、基层级站点的单位时间期望成本。因基层级与基地级的订购策略相互耦合，故 g_0 为所有站点订购策略 $(\bar{R} \times \bar{Q})$ 的函数，则 G 可表示为

$$G(\bar{R} \times \bar{Q}) = g_0(\bar{R} \times \bar{Q}) + \sum_{j=1}^{N} g_j(R_j, Q_j) \tag{3-57}$$

基层级站点库存不足时由基地级站点紧急补货，忽略紧急供应造成的备件供货延迟时间。因此，基层级站点满足率(expected fill rate，EFR)定义为单位时间内自身库存、紧急供应满足需求的比率，同样为 $(\bar{R} \times \bar{Q})$ 的函数。设 $\omega_j(R_j, Q_j)$ 为基层级站点库存满足率、$\omega_0(\bar{R} \times \bar{Q})$ 为基地级站点库存满足率，易知 EFR 可表示为

$$\text{EFR}_j(\bar{R} \times \bar{Q}) = \omega_j(R_j, Q_j) + [1 - \omega_j(R_j, Q_j)]\omega_0(\bar{R} \times \bar{Q}) \tag{3-58}$$

下面对式 (3-57) 与式 (3-58) 中基层级站点和基地级站点的成本、满足率计算公式进行推导。

1. 基层级站点成本及满足率计算

规定基层级站点 j 的订购策略满足 $R_j < Q_j$ 的约束条件，由备件消耗、订购过程及泊松需求可知，基层级站点库存水平是以 $R_j + Q_j$ 为常返态的更新过程，相邻两次 $R_j + Q_j$ 状态之间的时间为一个订购周期。根据更新过程理论，以订购周期内参数期望值为研究对象，即可求得基层级站点成本和库存满足率的计算公式。

订购周期可分为备件消耗期和订购提前期两个阶段。备件短缺事件仅会发生在订购提前期内。发生备件短缺时，需求将转运至基地级站点。设基层级站点 j

的常规订购提前期为 L_j，提前期内紧急供应的备件期望数为 $\mathrm{ELS}(R_j)$。因基层级站点备件需求服从参数为 λ_j 的泊松分布，故 $\mathrm{ELS}(R_j)$ 的计算公式为

$$\mathrm{ELS}(R_j) = \sum_{u=R_j}^{\infty} (u - R_j) \frac{(\lambda_j L_j)^u}{u!} \mathrm{e}^{-\lambda_j L_j} \tag{3-59}$$

根据 $\mathrm{ELS}(R_j)$，可得订购周期初始时刻的现有库存期望值 $E(\mathrm{OH}_j)$ 为

$$E(\mathrm{OH}_j) = R_j - \lambda_j L_j + \mathrm{ELS}(R_j) \tag{3-60}$$

因订购周期初始时刻的现有库存与订购周期内总需求相互独立，故订购周期初始时刻交付的备件中单件产品的平均持有时间可表示为 $E(\mathrm{OH}_j)/\lambda_j + Q_j/(2\lambda_j)$，此时订购周期内的期望库存持有成本（expected holding cost，EHC）为

$$\mathrm{EHC}_j = h_j Q_j [E(\mathrm{OH}_j) + \frac{Q_j}{2}] / \lambda_j \tag{3-61}$$

设 p_j 为单个产品单位时间短缺造成的损失，π_j' 为紧急供应产生的固定费用（运输、管理成本等），t_j 为紧急供应需要的备件等待时间，则单个产品紧急供应费用 π_j 可表示为

$$\pi_j = \pi_j' + p_j \cdot t_j \tag{3-62}$$

设 h_j 为单个产品单位时间库存持有费用，A_j 为固定订购费用，则基层级站点 j 在订购周期内的期望成本 $C_j(R_j, Q_j)$ 可表示为

$$C_j(R_j, Q_j) = A_j + \frac{h_j Q_j}{\lambda_j} \left[R_j - \lambda_j L_j + \mathrm{ELS}(R_j) + \frac{Q_j}{2} \right] + \pi_j \mathrm{ELS}(R_j) \tag{3-63}$$

因订货周期内的期望需求数为 $Q_j + \mathrm{ELS}(R_j)$，故订购周期期望长度 $T_j(R_j, Q_j)$ 可表示为

$$T_j(R_j, Q_j) = \frac{Q_j + \mathrm{ELS}(R_j)}{\lambda_j} \tag{3-64}$$

由更新过程理论可知，站点库存单位时间期望成本 $g_j(R_j, Q_j)$ 可表示为订购周期内期望成本 $C_j(R_j, Q_j)$ 与订购周期期望长度 $T_j(R_j, Q_j)$ 之比，即

$$g_j(R_j, Q_j) = \frac{C_j(R_j, Q_j)}{T_j(R_j, Q_j)} \tag{3-65}$$

由 $g_j(R_j, Q_j)$ 定义可知，$g_j(R_j, Q_j)$ 中因需求转运至基地级站点造成的损失为"$\pi_j \times$ 基层级站点 j 单位时间内平均缺货数"，将该值除以"$\pi_j \times$ 基层级站点 j 单位时间内平均需求数"，即 (R_j, Q_j) 策略下基层库存保障失败的比例。$g_j(R_j, Q_j)$ 中紧急供应费用可分离为 $b_j \times \mathrm{ELS}(R_j) / T_j(R_j, Q_j)$，因此基层级站点库存满足率 $\omega_j(R_j, Q_j)$ 表示为

$$\omega_j(R_j, Q_j) = \frac{Q_j}{Q_j + \mathrm{ELS}(R_j, Q_j)} \tag{3-66}$$

2. 基地级站点成本及满足率计算

基层级站点在库存不足时，会将需求发送至基地级，建模时将这一备件申请过程近似为泊松过程，则基地级备件需求率 λ_0 可表示为

$$\lambda_0 \approx \sum_{j=1}^{N} (1 - \omega_j) \lambda_j \tag{3-67}$$

从装备使用角度，基地级站点备件短缺不会直接产生损失，其损失是由基层级短缺而间接产生的。基地级发生的备件短缺中，对基层级 j 产生影响的比例因子计算公式为

$$f_j = \frac{(1 - \omega_j) \lambda_j}{\sum_{j=1}^{N} (1 - \omega_j) \lambda_j} \tag{3-68}$$

因此，基地级单个产品单位时间内的短缺费用 p_0 可表示为

$$p_0 = \sum_{j=1}^{N} f_j p_j \tag{3-69}$$

在上述近似下，基地级站点可用单站点 (R, Q) 策略进行建模。定义基地级净库存(net inventory, NI_0)为"现有库存 − 备件短缺数"，设 IL_0 为基地库存水平、L_0 为订购提前期，则在稳态情况下有

$$\mathrm{NI}_0 = \mathrm{IL}_0 - D(L_0) \tag{3-70}$$

式中，$D(L_0)$ 为订购提前期内备件需求数，则在 $\mathrm{IL}_0 = n$ 条件下，有

$$P(\mathrm{NI}_0 = i \mid \mathrm{IL}_0 = n) = \frac{(\lambda_0 L_0)^{n-i}}{(n-i)!} \exp(-\lambda_0 L_0) \tag{3-71}$$

设 $C_0(n)$ 为 $IL_0 = n$ 条件下单位时间内库存持有成本及短缺成本、h_0 为单个产品单位时间内持有费用，则

$$C_0(n) = -p_0(n - \lambda_0 L_0) + (h_0 + p_0)E(NI_0)^+ = -p_0(n - \lambda_0 L_0) + (h_0 + p_0)\sum_{i=1}^{n} iP(NI_0 = i)$$

$$(3\text{-}72)$$

设 $g_0(R_0, Q_0)$ 为基地级单位时间内期望成本，且稳态情况下 IL_0 在 $[R_0+1, R_0+Q_0]$ 上服从均匀分布，则

$$g_0(R_0, Q_0) = \frac{A_0 \lambda_0}{Q_0} + \sum_{n=R_0+1}^{R_0+Q_0} C_0(n)P(IL_0 = n) = \frac{A_0 \lambda_0}{Q_0} + \frac{1}{Q_0} \sum_{n=R_0+1}^{R_0+Q_0} C_0(n) \qquad (3\text{-}73)$$

因需求近似为泊松过程，故基地级库存满足率 ω_0 等于基地级净库存大于 0 的概率[11]，即

$$
\begin{aligned}
\omega_0 = P(NI_0 > 0) &= \frac{1}{Q_0} \sum_{n=R_0+1}^{R_0+Q_0} P(NI_0 > 0 | IL_0 = n) \\
&= \frac{1}{Q_0} \sum_{n=R_0+1}^{R_0+Q_0} \sum_{i=1}^{n} \frac{(\lambda_0 L_0)^{n-i}}{(n-i)!} \exp(-\lambda_0 L_0)
\end{aligned}
$$

$$(3\text{-}74)$$

至此，将式 (3-56)～式 (3-74) 联立，即可得到保障系统单位时间期望成本及基层级满足率 EFR 的计算公式。

3.4.3　协同订购策略优化算法

各级站点订购策略 $(\bar{R} \times \bar{Q})$ 优化的目标是在基层级备件满足率约束下，使系统单位时间期望成本最低。设基层级 j 满足率 EFR 的下限值为 η_j，则该问题的数学表达式为

$$
\begin{cases}
\min G(\bar{R} \times \bar{Q}) \\
\text{s.t. } -EFR_j(\bar{R} \times \bar{Q}) \geqslant \eta_j, \quad j = 1, 2, \cdots, N
\end{cases}
\qquad (3\text{-}75)
$$

由式 (3-58) 可知，当基地级库存满足率 ω_0 给定时，基层级站点 j 订购策略选择将不会影响到其他站点的 EFR 取值。因此，分两个阶段对模型进行求解，首先给定基地级库存满足率为 $\bar{\omega}_0$，在基层级库存满足率 ω_j 约束下，以各站点成本函数最小化为目标，分别求得各站点最优策略 (R_j^*, Q_j^*)；其次，将前一阶段得到的最优策略 (R_j^*, Q_j^*) 作为各站点订购策略，以 $\bar{\omega}_0$ 为约束，求得此时基地级最优策略

(R_0, Q_0) 及系统总成本，并与上轮计算的系统成本比较，较小值对应的策略即为当前最优策略。循环迭代，直至遍历完 ω_0 的全部取值范围。

设 $\eta_{\max} = \max(\eta_1, \eta_2, \cdots, \eta_N)$，则根据式(3-58)，当 $\omega_0 > \eta_{\max}$ 时各基层级站点自身库存满足率 $\omega_j = 0$，即此时各站点不存储备件而完全依靠基地转运，由此可知，ω_0 的取值范围不会超过 $\eta_{\max}$。选取恰当的增量 $\Delta\omega_0$ 后，具体优化算法如下。

①初始化 $\bar{\omega}_0 = 0$，$G_{\min} = \infty$；

②将 $\bar{\omega}_0$ 代入式(3-58)，求得站点 j 库存满足率 ω_j 的约束条件，在该约束条件下最小化站点成本函数 $g_j(R_j, Q_j)$，求得各站点最优策略 $[R_j^*(\bar{\omega}_0), Q_j^*(\bar{\omega}_0)]$，利用式(3-66)计算此时库存满足率 $\omega_j^*(\bar{\omega}_0)$；

③根据 $\omega_j^*(\bar{\omega}_0)$ 计算 λ_0，在 $\omega_0(R_j, Q_j) = \bar{\omega}_0$ 的约束下，最小化基地成本函数 $g_0(R_0, Q_0)$，求得基地级站点最优订购方案；

④将 $[R_0^*(\bar{\omega}_0), Q_0^*(\bar{\omega}_0)]$、$[R_j^*(\bar{\omega}_0), Q_j^*(\bar{\omega}_0)]$ $(j = 1, 2, \cdots, N)$ 代入式(3-57)计算系统单位时间期望成本 $G(\bar{\omega}_0)$。若 $G(\bar{\omega}_0) < G_{\min}$，则 $G_{\min} = G(\bar{\omega}_0)$，最优解为

$$(R_0^*, Q_0^*) = [R_0^*(\bar{\omega}_0), Q_0^*(\bar{\omega}_0)]$$

$$(R_j^*, Q_j^*) = [R_j^*(\bar{\omega}_0), Q_j^*(\bar{\omega}_0)], \quad j = 1, 2, \cdots, N$$

⑤若 $\bar{\omega}_0 < \eta_{\max}$，则令 $\bar{\omega}_0 = \bar{\omega}_0 + \Delta\omega$，返回步骤①；否则，算法结束。

1. 基层级订购策略优化

协同订购策略优化算法步骤②中任一基层级站点策略优化问题，都可利用式(3-58)可转化为如下模型(各基层级站点解法相同，下面不再出现标识站点的角标 j)：

$$\begin{cases} \min\ g_j(R_j, Q_j) \\ \text{s.t.}\ \omega_j(R_j, Q_j) \geqslant \dfrac{\eta_j - \bar{\omega}_S}{1 - \bar{\omega}_S} \end{cases} \tag{3-76}$$

因库存满足率 ω 为紧急供应费用 π 的单调不减函数，故可采用以下方法求解该问题：设 π_0 为基层级规定的紧急供应费用，忽略约束条件，计算 $\pi^{(1)} = \pi_0$ 时的最优策略 $(R^{(1)}, Q^{(1)})$；将 $(R^{(1)}, Q^{(1)})$ 代入式(3-66)，检查当前库存满足率是否达到约束条件；若未达到，增加转运费用至 $\pi^{(2)}$，再次计算 $\pi^{(2)}$ 下最优策略 $(R^{(2)}, Q^{(2)})$。重复上述过程，直至找到满足约束条件的最小转运费用 $\pi^{(n)}$。该方法的关键是：如何以 $g(R, Q)$ 最小为目标，对订购点 R 和订购量 Q 进行联合优化求解。

1）无约束下的优化算法

基层级在现有库存为零时，会将需求转运至基地级，因此可将基层级站点当作缺货不补原则下的 (R, Q) 库存模型。当前对这类模型在泊松需求下的优化虽然结果精确，但建模复杂、运算效率低[12]。为此，本书引入半马尔可夫决策过程中策略优化迭代思想，提出一种简便的求解方法。设当前策略为 (R_N, Q_N)、期望成本为 g_N，定义策略改善函数 $T_{g_N}(R, Q)$ 为

$$T_{g_N}(R, Q) = C(R, Q) - g_N T(R, Q) \tag{3-77}$$

若策略 (R^*, Q^*) 满足

$$T_{g_N}(R^*, Q^*) = C(R^*, Q^*) - g_N T(R^*, Q^*) \leqslant 0 \tag{3-78}$$

则有 $g(R^*, Q^*) \leqslant g_N$。为构造满足式 (3-78) 的策略，可令 (R^*, Q^*) 满足

$$T_{g_N}(R^*, Q^*) = \min_{(R,Q)} \{ C(R, Q) - g_N T(R, Q) \} \tag{3-79}$$

此时有 $T_{g_N}(R^*, Q^*) \leqslant T_{g_N}(R_N, Q_N) = 0$，即 $g(R^*, Q^*) \leqslant g_N$。为此，对 $T_{g_N}(R, Q)$ 分别关于 R 和 Q 求偏导，并令其等于 0，可得

$$P\{u \leqslant R(g_N, Q)\} = 1 - \frac{hQ}{hQ + \pi\lambda - g_N} \tag{3-80}$$

$$Q(g_N, R) = \frac{g_N}{h} - \sum_{u=0}^{R} (u - R) \frac{(\lambda L)^u}{u!} e^{-\lambda L} \tag{3-81}$$

在上述讨论的基础上，给出如下求解步骤：

①进行站点存储备件判断，若满足条件，则不再进行迭代；否则，进入步骤②；

②选择初始策略 (R_N, Q_N)，根据式 (3-65) 求出 g_N；

③将 Q_N、g_N 代入式 (3-80)，求出相应 R 值，设其为 R^*；

④将 R^*、g_N 代入式 (3-81)，求出相应 Q 值，设其为 Q^*；

⑤利用式 (3-65)，计算 $g^* = g(R^*, Q^*)$。设 e 为指定误差容限，若 $|g^* - g_N| \leqslant e$，则迭代终止；否则，令 $R_N = R^*$、$Q_N = Q^*$、$g_N = g^*$，返回步骤③。

当紧急供应费用相对短缺、费用不高时，理论上基层级站点可以采用"不存储备件，需求直接由基地转运满足"的策略，因此要在步骤①用以下定理判断。

定理 3.1 设 $g_N = \lambda\pi$、$R_N = 0$、$Q_0 = Q(g_N, 0)$，则当 $Q_0 = 0$ 或 $Q_0 \neq 0$ 且 $g(0, Q_0) \geqslant g_N$ 时，站点采用不存储备件策略。

证明　当采用不存储备件策略时，参数满足 $Q_N = 0$、$g_N = \lambda\pi$。将 $R = 0$、g_N 代入式 (3-81)，有 $Q_0 = Q(g_N, 0)$。式 (3-81) 满足：$Q(g, R+1) - Q(g, R) = -P(u \leqslant R) \leqslant 0$，$R \in [0, \infty)$，当 $R \geqslant 0$ 时，有 $Q^* = Q(g_N, R) \leqslant Q(g_N, 0) = 0$，又根据假设 $Q^* \geqslant 0$，有 $Q^* = 0 = Q_N$，策略不能继续优化，定理得证。

令 $g_N = \lambda\pi$，因式 (3-77) 满足

$$T_{g_N}(R+1, Q) - T_{g_N}(R, Q) = \frac{hQ}{\lambda} P(u \leqslant R) + \left(\pi - \frac{g}{\lambda}\right)[P(u \leqslant R) - 1]$$

$$\overset{g = \lambda\pi}{=} \frac{hQ}{\lambda} P(u \leqslant R) \geqslant 0, \quad R \in [0, \infty)$$

故当 $R \geqslant 0$ 时，有 $T_{g_N}(R, Q) \geqslant T_{g_N}(0, Q)$。根据 Q_0 的定义，$T_{g_N}(0, Q) \geqslant T_{g_N}(0, Q_0)$，因此 $T_{g_N}(R, Q) \geqslant T_{g_N}(0, Q_0)$。根据条件 $g(0, Q_0) \geqslant g_N$，有 $T_{g_N}(0, Q_0) \geqslant 0$，因此 $T_{g_N}(R, Q) \geqslant 0$ 对所有 (R, Q) 成立，策略不能继续优化，定理得证。

在步骤②中，恰当地选择初始策略可以减少迭代次数，为此，令 Q_N 为经济订购量 $\sqrt{2A\lambda / h}$；忽略式 (3-66) 分母中 ELS(R) 后，对 $g(R, Q)$ 关于 R 求偏导并令其等于 0，代入 Q_N 可解得 R_N 满足

$$P(u \leqslant R_N) = 1 - \frac{hQ_N}{hQ_N + b\lambda} \tag{3-82}$$

2) 满足率约束下的优化算法

在满足率约束下，因库存满足率 ω_π 是 π 的单调不减函数，故可从 π_0 开始逐渐增加转运费用，在不同转运费用下使用迭代方法获得最优策略，直至所得策略满足约束条件。由实际计算过程可知，当转运费用改变量较小时，由上一转运费用的最优策略开始，只需很少的迭代次数就可以找到当前优化策略。具体算法如下：

①令转运费用 $\pi = \pi_0$，选择费用增量 $\Delta\pi$；

②选择 (R_N, Q_N) 为初始策略，使用迭代算法寻找最优 (R_π^*, Q_π^*) 策略；

③根据式 (3-66) 计算 (R_π^*, Q_π^*) 策略下库存满足率 ω_π，若达到约束条件，则迭代终止；否则，$\pi_0 = \pi_0 + \Delta\pi$，$(R_N, Q_N) = (R_\pi^*, Q_\pi^*)$，返回步骤②。

2. 基地级订购策略优化

协同订购策略优化算法步骤③中的基地级订购策略优化问题可表达为

$$\begin{cases} \min \ g_0(R_0, Q_0) \\ \text{s.t.} \ \omega_0(R_0, Q_0) = \bar{\omega}_0 \end{cases} \tag{3-83}$$

同理，因库存满足率 ω_0 为短缺费用 p_0 的单调不减函数，故可采用同样的方法处理满足率约束，求解的关键是"如何以 $g_0(R_0, Q_0)$ 最小为目标，对订购点 R_0 和订购量 Q_0 进行联合优化求解"。

1）无约束下的优化算法

根据基地级站点保障过程，可将基地当作缺货候补原则下的 (R, Q) 库存模型。对这类模型优化主要采用启发式方法[13]。该方法要求库存成本函数 $g_0(R_0, Q_0)$ 满足

$$g_0(R_0, Q_0) = \frac{\kappa + \sum_{y=R_0+1}^{R_0+Q_0} G(y)}{Q_0} \tag{3-84}$$

式中，κ 为大于 0 的常数；$G(y)$ 为单峰函数且 $\lim_{y \to \infty} G(y) = \infty$。因此，需讨论式（3-73）中 $C_0(n)$ 的函数性质，对 $C_0(n)$ 进行差分，得

$$C_0(n+1) - C_0(n) = -p_0 + (h_0 + p_0)\left(\sum_{i=1}^{n+1} iP(\mathrm{NI}_0 = i | \mathrm{IL}_0 = n+1) - \sum_{i=1}^{n} iP(\mathrm{NI}_0 = i | \mathrm{IL}_0 = n)\right) \tag{3-85}$$

因 $P(\mathrm{NI}_0 = i | \mathrm{IL}_0 = n)$ 满足

$$P(\mathrm{NI}_0 = i | \mathrm{IL}_0 = n) = P[D(L_0) = n+1-(i+1)] = P(\mathrm{NI}_0 = i+1 | \mathrm{IL}_0 = n+1) \tag{3-86}$$

故

$$\sum_{i=1}^{n} iP(\mathrm{NI}_0 = i | \mathrm{IL}_0 = n) = \sum_{i=2}^{n+1} (i-1)P(\mathrm{NI}_0 = i | \mathrm{IL}_0 = n+1) \tag{3-87}$$

将其代入式（3-85）有

$$\begin{aligned} C_0(n+1) - C_0(n) &= -p_0 + (h_0 + p_0)\sum_{i=1}^{n+1} P(\mathrm{NI}_0 = i | \mathrm{IL}_0 = n+1) \\ &= -p_0 + (h_0 + p_0)\sum_{i=1}^{n+1} P(D(L_0) = n+1-i) \\ &= -p_0 + (h_0 + p_0)[P(D(L_0) \leqslant n+1) - P(D(L_0) \leqslant 0)] \end{aligned} \tag{3-88}$$

令式（3-88）等于 0，则

$$P(D(L_0) \leqslant n^* + 1) = \frac{p_0}{h_0 + p_0} + P(D(L_0) \leqslant 0) \tag{3-89}$$

根据以上分析，$C_0(n)$ 为关于 n 的单峰凸函数、最小值点对应 n^* 满足式（3-89）

且 $\lim_{n\to\infty}C_0(n)=\infty$，符合文献[13]中方法的条件。设 $g_0(Q_0)=\min_{R_0}\{g_0(R_0,Q_0)\}$，则有以下迭代公式：

$$R_0^*(Q_0+1)=R_0^*(Q_0)-1, \quad C_0[R_0^*(Q_0)]\leqslant C_0[R_0^*(Q_0)+Q_0+1] \tag{3-90}$$

$$R_0^*(Q_0+1)=R_0^*(Q_0) \tag{3-91}$$

$$g_0(Q_0+1)=g_0(Q_0)\frac{Q_0}{Q_0+1}+\frac{1}{Q_0+1}\Big[\min\big\{C_0[R_0^*(Q_0)],C_0[R_0^*(Q_0)+Q_0+1]\big\}\Big] \tag{3-92}$$

初值为

$$R_0^*(1)=n^*-1, \quad g_0(1)=A_0\lambda_0+C_0(n^*) \tag{3-93}$$

令 Q_0 的初始值为 1，具体优化步骤如下：

(1)利用迭代公式计算 $C_0[R_0^*(Q_0)]$、$C_0[R_0^*(Q_0)]+Q_0+1$、$g_0(Q_0)$。

(2)检验如下条件是否成立

$$\min\big\{C_0[R_0^*(Q_0)],C_0[R_0^*(Q_0)+Q_0+1]\big\}\geqslant g_0(Q_0) \tag{3-94}$$

若成立，则迭代停止，此时最优策略为 $Q^*=Q_0$、$R^*=R_0^*(Q_0)$，最小成本 $g_{\min}=g_0(Q_0)$；否则，$Q_0=Q_0+1$，返回步骤①。

2)满足率约束下的优化算法

优化算法步骤如下：

(1)利用式(3-69)计算短缺费用 p_0，选择费用增量 Δp_0。

(2)使用迭代算法寻找最优 $R_0^*(p_0)$、$Q_0^*(p_0)$、最小成本 $g_{\min}(p_0)$。

(3)使用式(3-74)计算 $R_0^*(p_0)$、$Q_0^*(p_0)$ 策略下库存满足率 $\omega_0(p_0)$，设 e 为指定误差容限，若 $|\omega_0(p_0)-\bar{\omega}_0|\leqslant e$，则迭代终止；否则，$p_0=p_0+\Delta p_0$，返回步骤②。

3.4.4　基于 ExtendSim 的协同订购仿真模型

为对备件协同订购方案效能进行评估，本书采用基于离散事件仿真工具 ExtendSim，建立了常规供应和紧急供应模式下备件协同订购仿真模型，对不同订购方案进行对比分析。根据实体对象不同，将模型分为基层级模块、基地级模块。可根据想定设计，在模块库中拖拽相应模块来组织仿真模型的拓扑结构，效果如图 3-12 所示。

基层级模块仿真处理流程如图 3-13 所示。仿真开始时，根据 $(\bar{R}\times\bar{Q})$ 的输入值，以服从 $[R+1, R+Q]$ 均匀分布的随机数，初始化各站点库存水平 IL、净库存量 NI。仿真过程中，利用 Create 模块模拟基层级站点需求，利用 Unbanch 模块将需求信号拆分为两个线程，每次需求到来时，常规供应线程检查当前库存水平，在

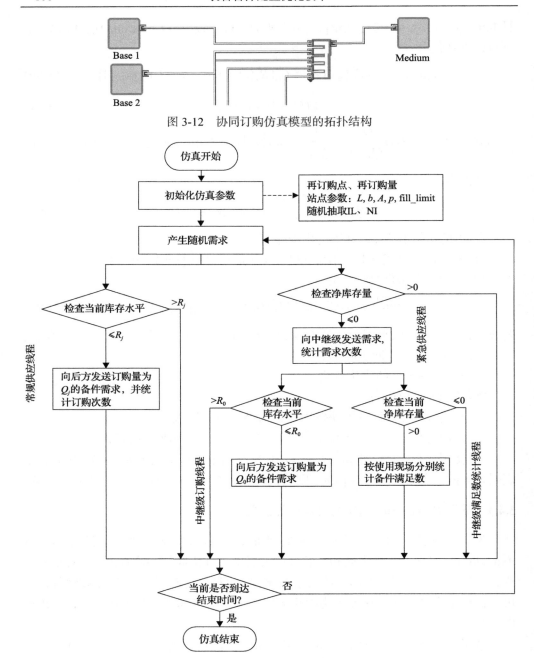

图 3-12　协同订购仿真模型的拓扑结构

图 3-13　基层级模块仿真处理流程

下降到 R 时发出订购量为 Q 的订购申请；紧急供应线程检查现有库存，在小于零时将需求转运至基地级。基地级收到基层级站点需求后，将其拆分为订购线程和满足数统计线程。其中，前者与基层级常规订购处理流程相同；后者在现有库存大于零时，检查需求信号上的属性标签，对来自不同站点的需求分别计数。

模型以站点单位时间成本之和、满足率 EFR 为输出。单个站点成本采用以下方法计算：利用 Value 库中 DBread 模块读取现有库存 OH、向外部供货方订购次数 OrderNum、向基地级站点转运次数 TransNum，利用 Simulation Variable 模块读取当前仿真时间 T_N，可得单位时间成本统计公式为

$$g_j(T_N) = \frac{1}{T_N}\left[h_j \cdot \int_{T_N} \mathrm{OH}(t)\mathrm{d}t + A_j \cdot \mathrm{OrderNum}(T_N) + b_j \cdot \mathrm{TransNum}(T_N) \right]$$

$$(3\text{-}95)$$

同理，利用 DBread 模块读取站点 j 的库存满足需求数 Self_FillNum、基地级满足站点 j 的需求数 Trans_FillNum、站点 j 的总需求数 TotalNum，则站点 j 的满足率 EFR_j 的统计公式为

$$\mathrm{EFR}_j(T_N) = \frac{1}{\mathrm{TotalNum}(T_N)}\left[\mathrm{Self\_FillNum}(T_N) + \mathrm{Trans\_FillNum}(T_N)\right] \quad (3\text{-}96)$$

3.4.5　仿真验证

以图 3-10 中的保障系统为例，采用仿真试验方法对所建解析模型进行验证分析，首先进行试验参数设计。规定基地级订购提前期 L_0=5 天、库存持有费用 h_0=1000 元、固定订购费用 A_0=4000 元；五个基层级站点为同型站点，其备件需求率 λ_j=0.25 个/天、库存持有费用 h_j=1000 元、短缺费用 p_j=1500 元。在以上参数相同的情况下，为基层级订购提前期 L_j、紧急供应费用 π_j、固定订购费用 A_j、满足率下限 η_j 四个影响订购方案较大的参数选择两个试验水平，最终形成一个四因素两水平的试验方案，试验因素水平如表 3-6 所示。

表 3-6　试验因素水平

试验因素	试验水平取值	
	试验一	试验二
L_j	10 天	20 天
π_j	2000 元	6000 元
A_j	10000 元	25000 元
η_j	90%	98%

分别将每个输入参数组合代入解析模型和仿真模型进行计算。其中，仿真模

型采用遗传算法优化,对各种可能订购方案进行 300 次仿真,以收敛度 0.95 为结束条件。成本及满足率误差分析如表 3-7 所示,不同输入参数下两种模型的优化结果对比如表 3-8 所示。成本相对误差 $\Delta G=(G_{Ana}-G_{Sim})/G_{Sim}$,满足率误差 $\Delta EFR=EFR_{Ana}-EFR_{Sim}$。

表 3-7　成本及满足率误差分析

指标	平均误差/%	最大偏差/%
系统成本	1.16	2.1
满足率 EFR	0.88	1.5

成本相对误差和满足率误差在多次试验中的变化情况如图 3-14 所示,最大偏差均不超过 2.5%,证明了解析模型的正确性。

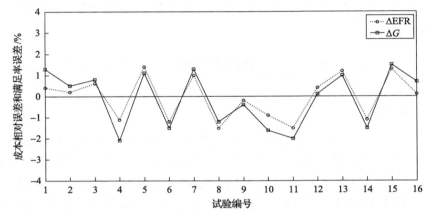

图 3-14　成本相对误差和满足率误差在多次试验中的变化情况

上述试验运行在酷睿 I3、内存 4G 的台式计算机上,解析模型的平均运行时间为 7.1min,仿真模型的平均优化时间为 20.3min。解析模型效率提升约 185%,相比仿真方法能够有效缩短运行时间,且不会出现仿真优化中站点增多造成的组合爆炸问题,具有较好的工程实用性。

3.5　随机需求下备件库存状态分析与费效计算

当备件需求连续且具有一定规律时,可根据备件库存费用、申请运输费用以及采购费用等各项费用的总和为约束,确定最优采购方案;当备件需求随机产生时,先根据其库存变化特点计算备件期望缺货数,再转化为装备可用度,以费用、保障效果双重约束目标[14],确定合理的补给策略。

表 3-8　不同输入参数下两种模型的优化结果对比

序号	参数				仿真结果							解析计算结果							对比	
	L	b_j	A	η_j	R_j	Q_j	R_S	Q_S	$\delta_j/\%$	$EFR_j/\%$	G	R_j	Q_j	R_S	Q_S	$\delta_j/\%$	$EFR_j/\%$	G	$\Delta EFR/\%$	$\Delta G/\%$
1	10	2	10	0.98	11	12	1	18	83.6	98.3	52.6	12	14	2	18	83.9	98.7	53.8	0.4	1.3
2	20	2	10	0.98	21	23	10	16	83.3	98.0	76.4	21	24	10	17	83.5	98.2	72.5	0.2	0.5
3	10	2	25	0.98	11	15	2	11	83.8	98.6	58.6	11	15	3	13	84.3	99.2	59.7	0.6	0.8
4	20	2	25	0.98	19	21	9	14	82.6	97.2	81.5	20	21	10	14	81.7	96.1	79.8	-1.1	-2.1
5	10	2	10	0.90	9	11	6	12	76.5	90.0	50.6	10	12	7	12	77.7	91.4	51.2	1.4	1.1
6	20	2	10	0.90	17	19	2	18	76.3	89.8	70.5	16	19	2	17	75.3	88.6	69.7	-1.2	-1.5
7	10	2	25	0.90	7	11	7	15	77.5	91.2	57.3	10	11	7	15	78.4	92.2	58.1	1.0	1.3
8	20	2	25	0.90	18	20	5	18	76.0	89.4	75.2	18	19	5	17	74.7	87.9	74.3	-1.5	-1.2
9	10	6	10	0.98	10	11	1	23	84.1	98.9	55.1	9	11	1	22	83.9	98.7	54.9	-0.2	-0.4
10	20	6	10	0.98	21	23	0	20	82.7	97.3	78.8	20	23	0	18	81.9	96.4	77.5	-0.9	-1.6
11	10	6	25	0.98	10	16	1	15	83.0	97.7	64.4	9	17	0	15	81.8	96.2	63.1	-1.5	-2.0
12	20	6	25	0.98	22	25	5	16	83.4	98.1	84.0	24	25	5	17	83.7	98.5	84.8	0.4	0.1
13	10	6	10	0.90	6	7	15	17	77.4	91.0	54.6	7	9	15	18	78.4	92.2	55.2	1.2	1.0
14	20	6	10	0.90	18	19	6	16	76.1	89.5	71.3	17	19	4	16	75.1	88.4	70.2	-1.1	-1.5
15	10	6	25	0.90	7	8	9	19	76.8	90.4	60.1	7	9	11	19	77.9	91.7	61.0	1.3	1.5
16	20	6	25	0.90	17	19	8	15	76.5	90.0	75.7	18	19	10	15	77.4	91.0	77.2	0.1	0.7

3.5.1　周期需求下的备件补给及库存分析

备件周期性需求通常由周期性维修更换而产生，如在装备周检修、月检修中对寿命件的更换。假定备件年平均需求量为 λ，则在任意的时间间隔 t 内，产生的需求量为 λt。备件的费用主要由三部分组成：一是备件购置费用，若备件单价记为 C_{DB}，不考虑备件价格随补给数量的变化，则备件年度购置费用为 $\lambda \cdot C_{DB}$；二是备件补给时产生的补给申请、备件发放、备件准备以及完成其他相关事宜所涉及的管理费用 C_{DA}，随着补给次数的增加，总的年均管理费用将呈正比增加；三是为储存备件产生的库存存储费用 C_{DS}，这项费用与库存量及库存持续时间相关，每个备件储存一年产生的费用记为 $\delta \cdot C_{DB}$，其中，C_{DB} 为该备件的价格，δ 为每个备件年储存费用占备件单价的比例，C_{DS} 的值需要根据备件的年平均库存量计算。

备件补给策略记为 (Q, R)。在需求确定的情况下，仓库中备件的库存量在 $(0, Q)$ 变化，每次下降至 R 时，即发起一次补给，使得整个保障系统中的备件数量增加至 $R+Q$。为了便于区分，将装备现场（基层级）中实际的备件数量称为现有库存；将已经发出补给申请但尚未到达的备件数量考虑在内，整个保障系统中的库存量称为总库存。

为了使库存的费用最低，当补给的备件到达时，库存备件刚好被消耗完毕，因此 $R = \lambda \tau$，其中，τ 为补给耗时。当需求平稳产生时，库存中的备件平均数目为 $Q/2$，则

$$C_{DS} = \delta \cdot C_{DB} \cdot \frac{Q}{2} \tag{3-97}$$

平均每年的补给管理费用为 $\lambda \cdot C_{DA}/Q$，其中，λ/Q 为年平均补给次数。

该项备件每年的总费用 $C_{D,1}$ 为

$$C_{D,1} = \lambda \cdot C_{DB} + \frac{\lambda \cdot C_{DA}}{Q} + C_{DS} = \lambda \cdot C_{DB} + \frac{\lambda \cdot C_{DA}}{Q} + \frac{\delta \cdot C_{DB} \cdot Q}{2} \tag{3-98}$$

式中，$C_{D,1}$ 中下标符号中的 1 代表单项部件的费用，以便与后续讨论多项部件时使用的总费用 C_D 相区别。

根据式(3-98)，总费用是每次补给量 Q 的函数，这是由于在连续需求下，补给点 R 被唯一确定了。记使得备件的年均费用达到最小的补给量为 Q^*，则 Q^* 应使得 $C_{D,1}$ 对 Q 的一阶导数等于 0，可得

$$\frac{dC_{D,1}}{dQ} = -\frac{\lambda \cdot C_{DA}}{Q^{*2}} + \frac{\delta \cdot C_{DB}}{2} = 0 \tag{3-99}$$

由于 $Q^* > 0$，所以最佳补给量为

$$Q^* = \sqrt{\frac{2\lambda \cdot C_{DA}}{\delta \cdot C_{DB}}} \tag{3-100}$$

为了降低库存成本，备件的库存费用比例 δ 越高，Q^* 值越小。在周期性需求下，备件每次降低到 0 时，新补给的备件就刚好到达，使得不会有缺货事件发生，从而装备备件供应可用度为 1。根据式(3-100)可以得出一些有意义的结论：当备件的需求率较低、价格较高时，每次备件的补给量 Q^* 较小，取整后通常取 1，从而其补给策略可记为 $(1, R)$ 补给策略；对于需求量较大、价格较低的备件，则采用批量补给的方式较为合理，特别是当发起一次补给的代价较大，而库存费用较低时。然而，实际中的许多备件需求是随机发生的，因此需要对模型加以改进。

3.5.2   随机需求下的备件补给及库存分析

当备件的需求随机发生时，补给耗时内产生的需求是不确定的，导致备件的补给点不再是一个容易计算的常数。若补给点取值较低，则容易发生缺货；较高的补给点则会使库存费用增加。同样，每次补给的数量也会对补给费用和装备的可用度产生影响。两者对费用与可用度的影响如表 3-9 所示。

表 3-9 Q 和 R 增加对费用与可用度的影响

参数变化	对费用的影响	对可用度的影响
R 增加	库存保管费用提高	可用度提高
Q 增加	库存保管费用提高 补给管理费用降低	可用度提高

1. 库存变化分析

最初的库存控制论中对随机需求下备件的库存变化进行了讨论，因此对备件库存变化方面的分析引用了其中的结论，目的在于根据备件库存状态计算备件期望缺货数，在此基础上将其转化为装备的可用度，并进一步计算装备的保障费用-效果曲线。

假定部件发生故障的间隔时间服从参数为 $\lambda(\lambda > 0)$ 的指数分布，其相应的分布函数为

$$F(t) = 1 - e^{-\lambda t}, \quad t \geqslant 0 \tag{3-101}$$

则 t 时间内部件恰好发生 k 次故障的概率服从泊松分布：

$$p(k; \lambda t) = \frac{(\lambda t)^k e^{-\lambda t}}{k!} \tag{3-102}$$

此时现有库存的变化不再均匀，如果仍按 $R = \lambda\tau$ 设置补给点，那么可能会出现补给耗时期间需求量大于安全库存水平的情况，从而发生缺货。对于总库存，每次降到 R 时就发出补给申请使得总库存水平提高至 $R+Q$，从而总库存水平的变化属于平稳泊松过程，其状态在 $[R+1, R+Q]$ 中循环。由于指数分布的"无记忆性"，保障系统内备件库存水平由一个状态转化为下一个状态的概率是相等的，记总库存处于 $R+j(j=1,2,\cdots,Q)$ 的概率为 $\rho(R+j)$。

在时间 $\mathrm{d}t$ 内，若有一个备件需求发生，则系统内备件的库存水平从 $R+j$ 转移到 $R+j-1$，$j \geqslant 2$，而在时间 $\mathrm{d}t$ 内发生备件需求的平均次数为 $\lambda \cdot \mathrm{d}t$；当备件的库存水平为 $R+1$ 且又发生备件需求时，系统的库存水平转移至 $R+Q$ 状态。由于备件需求产生的间隔时间服从指数分布时，系统的库存水平由任一状态转移到下一状态所需的平均时间均一致[15]，因此保障系统内的库存水平状态转移过程如图 3-15 所示。

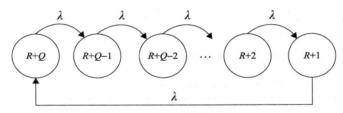

图 3-15 保障系统内的库存状态变化

由于总库存从任意一种状态到下一状态的转移概率都相同，处于各种状态的概率也是一致的，所以有

$$\rho(R+Q) = \rho(R+Q-1) = \rho(R+Q-2) = \cdots = \rho(R+1) \tag{3-103}$$

由于

$$\sum_{j=1}^{Q} \rho(R+j) = 1$$

所以有

$$\rho(R+j) = \frac{1}{Q}, \quad j = 1,2,\cdots,Q \tag{3-104}$$

即在稳定状态下，总库存处于 $[R+1, R+Q]$ 中任意一种状态的概率均为 $1/Q$。

现对任意时刻 t 的现有库存状态进行分析。仍记 τ 为补给耗时，在 $t-\tau$ 时刻之前申请补给的所有备件，到时刻 t 都已经到达了仓库，而在 $t-\tau$ 时刻之后申请补给的所有备件都没有到达仓库。如果在 $t-\tau$ 时刻总库存为 $R+j$，那么在时刻 t 现有库存为 x 的概率等于在 τ 时间内需求为 $R+j-x$ 的概率，其前提是 $R+j-x \geqslant$

0；当 $R+j-x<0$ 时，由于现有库存的数量不可能小于 0，所以现有库存为 x 的概率为 0。

由于部件故障的时间间隔为指数分布，所以在 τ 时间内需求为 $R+j-x$, $R+j-x \geqslant 0$ 的概率为 $p(R+j-x;\lambda\tau)$。记 $\psi_1(x)$ 为 t 时刻现有库存为 x 的状态概率，由于 $t-\tau$ 时刻总库存为 $R+j$ 的概率为 $1/Q$，所以有

$$
\begin{aligned}
\psi_1(x) &= \frac{1}{Q}\sum_{j=1}^{Q} p(R+j-x;\lambda\tau) = \frac{1}{Q}\sum_{u=R+1-x}^{R+Q-x} p(u;\lambda\tau) \\
&= \frac{1}{Q}\left[\sum_{u=R+1-x}^{\infty} p(u;\lambda\tau) - \sum_{u=R+Q+1-x}^{\infty} p(u;\lambda\tau)\right], \quad 0 \leqslant x < R+1
\end{aligned}
\tag{3-105}
$$

记 $P(r;\lambda\tau) = \sum_{j=r}^{\infty} p(j;\lambda\tau), \quad r=0,1,2,\cdots,$ 则

$$
\psi_1(x) = \frac{1}{Q}\big[P(R+1-x;\lambda\tau) - P(R+Q+1-x;\lambda\tau)\big], \quad 0 \leqslant x < R+1 \tag{3-106}
$$

当 $R+1 \leqslant x \leqslant R+Q$ 时，有

$$
\begin{aligned}
\psi_1(x) &= \frac{1}{Q}\sum_{j=x-R}^{Q} p(R+j-x;\lambda\tau) = \frac{1}{Q}\sum_{u=0}^{R+Q-x} p(u;\lambda\tau) \\
&= \frac{1}{Q}\big[1 - P(R+1-x;\lambda\tau)\big]
\end{aligned}
\tag{3-107}
$$

用同样的方式可以计算备件的期望缺货数。记 $\psi_2(y)$ 为 t 时刻缺货 y 件的概率，有

$$
\begin{aligned}
\psi_2(y) &= \frac{1}{Q}\sum_{j=1}^{Q} p(R+j+y;\lambda\tau) = \frac{1}{Q}\sum_{u=y+R+1}^{R+Q+y} p(u;\lambda\tau) \\
&= \frac{1}{Q}\big[P(R+1+y;\lambda\tau) - P(R+Q+1+y;\lambda\tau)\big], \quad y \geqslant 0
\end{aligned}
\tag{3-108}
$$

将 t 时刻没有备件库存的概率记为 P_{out}，则

$$
\begin{aligned}
P_{\text{out}} &= \sum_{y=0}^{\infty}\psi_2(y) = \frac{1}{Q}\left[\sum_{y=0}^{\infty} P(y+R+1;\lambda\tau) - \sum_{y=0}^{\infty} P(y+R+Q+1;\lambda\tau)\right] \\
&= \frac{1}{Q}\left[\sum_{u=R+1}^{\infty} P(u;\lambda\tau) - \sum_{u=R+Q+1}^{\infty} P(u;\lambda\tau)\right]
\end{aligned}
\tag{3-109}
$$

由于

$$\sum_{j=r}^{\infty} P(j;\mu) = \mu P(r-1;\mu) + (1-r)P(r;\mu) \tag{3-110}$$

所以将式(3-110)[16]代入式(3-109)，可得

$$P_{\text{out}} = \frac{1}{Q}\big[\alpha(R) - \alpha(R+Q)\big] \tag{3-111}$$

式中

$$\alpha(v) = \sum_{u=v+1}^{\infty} P(u;\lambda\tau) = \lambda\tau P(v;\lambda\tau) + vP(v+1;\lambda\tau) \tag{3-112}$$

为了便于表达缺货的信息，记 EBO 为期望缺货数，单位为件/年，NBO 为发生缺货的次数，单位为次。由于任意时刻处于缺货状态的概率为 P_{out}，此时只要产生需求即发生一次缺货，所以每年的缺货次数为

$$\text{NBO}(Q,R) = \lambda P_{\text{out}} = \frac{\lambda}{Q}\big[\alpha(R) - \alpha(R+Q)\big] \tag{3-113}$$

备件的年均缺货次数为衡量备件的满足率提供了计算方法，备件满足率又称为保障概率，是指在规定时间周期内能够满足供应所需备件的百分比。令 EFR 为备件需求的满足率，则有

$$\text{EFR} = \frac{\lambda - \text{NBO}(Q,R)}{\lambda} \times 100\% \tag{3-114}$$

为了进一步对装备的可用度进行计算，需要对备件的期望缺货数进行计算。任意时刻 t 的缺货数均值为

$$\begin{aligned}
B_{\text{O}t} &= \sum_{y=0}^{\infty} y\psi_2(y) = \frac{1}{Q}\sum_{y=0}^{\infty} y\big[P(R+1+y;\lambda\tau) - P(R+Q+1+y;\lambda\tau)\big] \\
&= \frac{1}{Q}\left[\sum_{u=R+1}^{\infty} (u-R-1)P(u;\lambda\tau) - \sum_{u=R+Q+1}^{\infty} (u-R-Q-1)P(u;\lambda\tau)\right]
\end{aligned} \tag{3-115}$$

由于

$$\sum_{u=v+1}^{\infty} (u-v-1)P(u;\lambda\tau) = \sum_{u=v+1}^{\infty} u \cdot P(u;\lambda\tau) - (v+1)P(u;\lambda\tau) \tag{3-116}$$

$$\sum_{j=r}^{\infty} jP(j;\lambda\tau) = \frac{(\lambda\tau)^2}{2}P(r-2;\lambda\tau) + \lambda\tau P(r-1;\lambda\tau) - \frac{r(r-1)}{2}P(r;\lambda\tau) \qquad (3\text{-}117)$$

根据式（3-110）与式（3-117）可得年均缺货数的期望值为

$$\text{EBO}(Q,R) = \frac{1}{Q}[\beta(R) - \beta(R+Q)] \qquad (3\text{-}118)$$

且有

$$\beta(v) = \sum_{u=v+1}^{\infty} (u-v-1)P(u;\mu)$$
$$= \frac{\mu^2 P(v-1;\mu)}{2} - \mu v P(v;\mu) + \frac{v(v+1)P(v+1;\mu)}{2} \qquad (3\text{-}119)$$

式中，$\mu = \lambda\tau$，即补给耗时内需求产生的期望值。现有库存的期望值记为 $I(Q,R)$，则

$$I(Q,R) = \sum_{x=0}^{R+Q} x\psi_1(x) = \frac{Q+1}{2} + R - \lambda\tau + \text{EBO}(Q,R) \qquad (3\text{-}120)$$

2. 补给策略的费用与保障效果模型

首先，对保障费用中的库存费用进行分析。记库存费用比例为 δ，备件单价为 C_{DB}，备件仓库中的平均库存量可根据式（3-120）得出，从而每年的库存费用 C_{DS} 为

$$C_{DS} = \delta \cdot C_{DB} \cdot I(Q,R) = \delta \cdot C_{DB} \cdot \left[\frac{Q+1}{2} + R - \lambda\tau + \text{EBO}(Q,R)\right] \qquad (3\text{-}121)$$

其次，由于可能发生缺货的情况，为了衡量所带来的影响，这里引入缺货损失，记每次发生缺货事件造成的损失为 SL，例如，对于某种较为重要的备件，当缺货时需要从对其进行保障的仓库紧急调运，此时可令 SL 等于紧急调运备件所产生的各种费用之和。此外，缺货状态的持续会造成进一步的损失，记该损失为每年期望缺货数 $\text{EBO}(Q,R)$ 与损失因子 ω 的乘积，由于 $\text{EBO}(Q,R)$ 的单位为件/年，每年因持续缺货造成的损失为 $\omega \cdot \text{EBO}(Q,R)$。因缺货事件产生的年均费用 C_{DL} 为

$$C_{DL} = \text{SL} \cdot \text{NBO}(Q,R) + \omega \cdot \text{EBO}(Q,R) \qquad (3\text{-}122)$$

该项备件平均每年产生的总费用 $C_{D,1}$ 为备件购买费用、补给管理费用、库存费用和缺货损失费用四项之和，因此有

$$
\begin{aligned}
C_{D,1} &= \lambda \cdot C_{DB} + \frac{\lambda \cdot C_{DA}}{Q} + C_{DS} + C_{DL} \\
&= \lambda \cdot C_{DB} + \frac{\lambda \cdot C_{DA}}{Q} + \delta \cdot C_{DB} \cdot \left[\frac{Q+1}{2} + R - \lambda\tau + \mathrm{EBO}(Q,R) \right] \\
&\quad + \mathrm{SL} \cdot \mathrm{NBO}(Q,R) + \omega \cdot \mathrm{EBO}(Q,R)
\end{aligned} \tag{3-123}
$$

此时的费用是 Q 与 R 两个参数的函数。对于单项备件的供应，求取使 $C_{D,1}$ 值达到最小的 Q 与 R 即可，但是对于装备，在总的保障费用最低的情况下并不一定能达到预期的可用度，因此还要进一步以装备的可用度和备件保障总费用为约束，求取合理的补给策略。

将每装备上该部件的安装数量记为 Z，则部件的供应可用度 A_s 为

$$
A_s = [1 - \mathrm{EBO}(Q,R)/Z]^Z \tag{3-124}
$$

忽略故障件拆换时间的影响，则装备的可用度 A_o 等于各部件的供应可用度之积。对于仅包含单项部件的情况，有

$$
A_o = A_s = [1 - \mathrm{EBO}(Q,R)/Z]^Z \tag{3-125}
$$

简单起见，后续讨论中涉及的装备可用度均用 A 标记：$A = A_o$。

年均保障费用 $C_{D,1}$、效能度量 $\mathrm{EBO}(Q,R)$ 都是关于 Q 与 R 的二元函数，使得对 Q 与 R 的求解成为多目标优化的问题，如果要使费用降到最低，那么装备的保障效果也会降低。对于补给问题，其目标是用最小的保障费用使装备达到指定的可用度 A_p。补给策略优化模型可表示如下：

$$
\begin{cases}
\min C_{D,1} \\
\mathrm{s.t.} \quad A \geqslant A_p
\end{cases} \tag{3-126}
$$

约束条件为

$$
\begin{cases}
R \geqslant -Q \\
Q \geqslant 1 \\
R, Q \in Z
\end{cases} \tag{3-127}
$$

式中，R 并不一定要大于 0，在备件消耗率较低、补给时间较短的情况下，R 可以取 -1 甚至更小的值，因此有约束条件 $R \geqslant -Q$，即通过一次补给能使系统库存水平

上升到 0 以上。$R=-1$ 表示当现有库存为 0 且又发生一次需求时才进行补给。

对于单项部件，可以对一定范围内的 Q 与 R 参数值进行遍历，计算每个补给策略的费用与保障效果值。不同的 (Q, R) 组合代表不同的补给策略，其对应的保障费用和效能是不同的，当一种补给策略与另一种补给策略相比，所需的费用高而对应的保障效果差时，这种策略就应该被淘汰。因此，在利用上述方法得出所有可行补给策略下的费效数据后，很容易将所有低效的策略去除，保留的策略形成一条随费用增加而单调递增的费效曲线。

例 3.4　某备件的年消耗量为 150 件，单价为 1000 元，补给时间为 12 天，每次补给固定费用为 100 元，年平均保管费率为 0.2，每次发生缺货带来损失 800 元，持续缺货损失为 2000 元/(件·年)，备件的供应可用度目标为 0.95。

通过对 R 在[–1, 30]、Q 在[1, 30]中取值进行遍历，得到的费效曲线如图 3-16 所示。

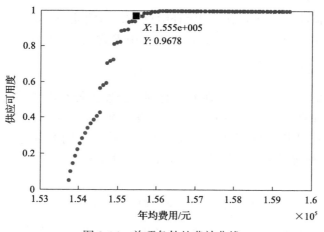

图 3-16　单项备件的费效曲线

为了使备件的供应可用度达到 0.95 以上，采用的补给策略为 $Q=27$、$R=6$，对应的保障费用为 155500 元，而可用度为 0.9678。在本例中，由于每次补给的固定费用、缺货损失费用都较低，所以在调整补给策略时，对整个保障费用的影响不大，在增加的费用不太多的情况下，使其供应可用度获得了较大的提高。

模型中的缺货损失是比较难确定的参数，当所考察的备件对装备而言极为重要，一旦缺货将产生较大的影响时，可以给 SL 和 ω 赋予较大的值，这将使得安全库存 R 提高，出现缺货的情况减少。

3.5.3　(1, R) 补给策略下的安全库存量计算

不可修备件的价格通常较低，但还是存在一些较为昂贵的不可修备件，其备

件年均需求率不高，但是一旦缺货将带来较大的损失。表 3-10 列出了某装备中部分价格较高的不可修备件清单及价格。

表 3-10　某装备中部分价格较高的不可修备件清单及价格

名称	价格/元
磁控管	55900
电池组	22000
波导馈电系统	24500
高频滤波器	298000
主齿轮组	14500
裂缝天线	12000
电源机组	45000

对于这类备件，可以采用"固定补给点 R，每消耗一件就补充一件"的补给策略。即有 $Q=1$，其补给策略为 $(1, R)$，其中 R 为安全库存量。

1. 库存变化分析

记补给耗时为常数 τ，由于在 $t-\tau$ 时刻已经发出补给申请的所有补给件都将在 t 时刻到达现有库存，且在 $t-\tau$ 时刻后发出补给申请的所有补给件都还没有到达。由于每次消耗一件就补充一件，所以保障系统内的备件库存水平将维持在 R。t 时刻现有库存为 x 的概率 $\psi_1(x)$ 等于在补给耗时 τ 内产生了 $R-x$ 个备件需求的概率：

$$\psi_1(x) = p(R-x; \lambda\tau), \quad 0 < x \leqslant R \tag{3-128}$$

当 $x=0$ 时，意味着在补给耗时 τ 内产生了 R 个以上备件需求，因此其状态概率为

$$\psi_1(x) = \sum_{j=R}^{\infty} p(j; \lambda\tau) = P(R; \lambda\tau), \quad x=0 \tag{3-129}$$

记 t 时刻缺货 y $(y \geqslant 0)$ 件的概率为 $\psi_2(y)$，该概率等于在补给耗时 τ 内产生了 $R+y$ 个备件需求的概率：

$$\psi_2(y) = p(R+y; \lambda\tau), \quad y \geqslant 0 \tag{3-130}$$

因此，t 时刻没有库存的概率 P_{out} 为

$$P_{\text{out}} = \sum_{y=0}^{\infty} \psi_2(y) = \sum_{y=0}^{\infty} p(R+y; \lambda\tau) = P(R; \lambda\tau) \tag{3-131}$$

每年发生缺货的平均次数为 $\lambda \cdot P_{\text{out}}$，期望缺货数为

$$\text{EBO}(R) = \sum_{y=0}^{\infty} y\psi_2(y) = \sum_{v=R}^{\infty} (v-R)p(v;\lambda\tau) \tag{3-132}$$
$$= \lambda\tau P(R-1;\lambda\tau) - R \cdot P(R;\lambda\tau)$$

因此，现有库存的期望值为

$$I(R) = \sum_{x=0}^{R} x\psi_1(x) = \sum_{u=0}^{R-1} (R-u)p(u;\lambda\tau) \tag{3-133}$$

由于

$$\sum_{j=0}^{r} (r-j)p(j;\mu) = \sum_{j=0}^{r} j \cdot p(r+j;\mu) = \sum_{j=r+1}^{\infty} p(j;\mu)$$
$$= \mu P(r-1;\mu) - rP(r;\mu) \tag{3-134}$$
$$= \mu P(r;\mu) - (\mu-r)P(r+1;\mu)$$

将式 (3-134) 代入式 (3-133)，从而有

$$I(R) = R - \lambda\tau + \text{EBO}(R) \tag{3-135}$$

2. 保障费用与效果模型

记 δ 为年均库存费用比率，C_{DB} 为备件价格，备件的年均库存费用 $C_{\text{DS}}(R)$ 为

$$C_{\text{DS}}(R) = \delta \cdot C_{\text{DB}} \cdot I(R) = \delta \cdot C_{\text{DB}} \cdot \left[R - \lambda\tau + \text{EBO}(R)\right] \tag{3-136}$$

则该备件产生的年均总费用 $C_{\text{D,1}}$ 为

$$C_{\text{D,1}} = \lambda \cdot C_{\text{DB}} + \lambda \cdot C_{\text{DA}} + C_{\text{DS}} + C_{\text{DL}} \tag{3-137}$$
$$= \lambda \cdot (C_{\text{DB}} + C_{\text{DA}} + H \cdot P_{\text{out}}) + \delta \cdot C_{\text{DB}} \cdot I(R) + \omega \cdot \text{EBO}(R)$$

从而补给策略优化模型可表示为

$$\begin{cases} \min C_{\text{D,1}} \\ \text{s.t.} \quad A \geqslant A_{\text{p}} \end{cases} \tag{3-138}$$

式中

$$A = [1 - \text{EBO}(R)/Z]^Z \tag{3-139}$$

例 3.5 若某备件 $C_{\text{DA}} = 1000$ 元，$C_{\text{DB}} = 100000$ 元，安装数量 $Z = 5$，$\lambda = 4$ 件/年，

$\tau = 30$ 天，SL= 10000 元，$\omega = 50000$ 元，$\delta = 0.25$。根据式(3-137)和式(3-139)分别计算其年均总费用与可用度,可得装备的保障费用、可用度随 R 的变化如图 3-17 所示。

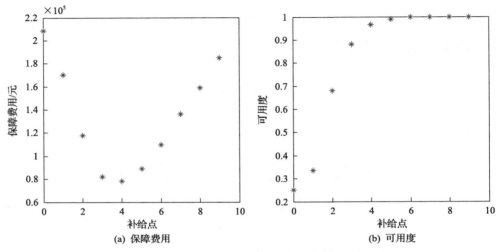

图 3-17　(1,R)策略下保障费用与可用度随补给点的变化曲线

当安全库存量设置过低时，会导致较高的缺货损失费用；设置过高，则带来较大的库存费用。通常而言，若某个补给点 R 处的费用最低，则其对应的装备可用度会较高，这是其缺货损失较低的缘故。因此，可以根据对装备可用度的要求，在最低保障费用对应点右侧选择备件的补给点；最低保障费用对应点左侧的所有方案都被舍弃。

3.6　基于费效曲线合成的多备件补给策略

由于装备结构复杂，通常需要为其配备多种类型的备件资源。当需要补给的备件种类较多时，会遇到两方面问题：一是计算复杂度增加，对于单项备件的补给问题，即使对其 Q、R 值在较大的范围内进行全面遍历，其计算量也相对有限，当备件种类较多时，多类部件补给策略的组合数量将迅速增长；二是多类备件的保障费用之间如何平衡的问题。因此，本节在单项备件库存变化分析的基础上，为多类备件的补给策略建立计算模型，并采用费效曲线合成方法求解。

3.6.1　多备件补给费效模型

为了便于建立模型，做以下假定：
(1)系统可以完全分解为多个层级的独立部件，若某部件是可再分的，则该部件的故障是由其下级部件的故障引发的，通过更换下级故障件可修复该部件；

（2）本书是对装备使用中的备件资源进行配置，其配置的效果通过装备的可用度体现出来，在接下来的讨论中将不再考虑缺货损失；

（3）装备及其所有备件位于同一个站点，即只考虑单个站点的情况。

若装备由 I 个相互独立的部件构成，记部件 $i(i=1,2,\cdots,I)$ 的年均需求量为 λ_i，每次补给管理费用为 C_{DAi}，备件单价为 C_{DBi}，补给耗时为 τ_i，其补给策略记为 (Q_i, R_i)，对应的期望缺货数为 $\mathrm{EBO}(Q_i, R_i)$，年均保障总费用为 C_{Di}，不考虑备件的缺货损失，根据单项备件的保障费用计算公式（3-123），装备中所有部件的年均保障费用 C_D 为

$$
\begin{aligned}
C_{\mathrm{D}} &= \sum_{i=1}^{I} C_{Di} = \sum_{i=1}^{I}\left(\lambda_i \cdot C_{DBi} + \frac{\lambda_i \cdot C_{DAi}}{Q_i} + C_{DSi} \right) \\
&= \sum_{i=1}^{I}\left\{ \lambda_i \cdot C_{DBi} + \frac{\lambda_i \cdot C_{DAi}}{Q_i} + \delta_i \cdot C_{DBi} \cdot \left[\frac{Q_i+1}{2} + R_i - \lambda_i \tau_i + \mathrm{EBO}(Q_i, R_i) \right] \right\}
\end{aligned}
\tag{3-140}
$$

式中，$\mathrm{EBO}(Q_i, R_i)$ 根据式（3-118）计算。

装备的可用度为

$$
A = \prod_{i=1}^{I}[1 - \mathrm{EBO}(Q_i, R_i) / Z_i]^{Z_i}
\tag{3-141}
$$

式中，Z_i 为部件 i 在装备中的安装数量。因此，多部件的补给策略模型与单项部件的补给模型在形式上类似，但在求解的方法上不同：

$$
\begin{cases}
\min C_{\mathrm{D}} \\
\text{s.t.} \ \ A \geqslant A_{\mathrm{p}}
\end{cases}
\tag{3-142}
$$

约束条件为

$$
\begin{cases}
R_i \geqslant -Q_i \\
Q_i \geqslant 1 \ , \quad i = 1,2,\cdots,I \\
R_i, Q_i \in Z
\end{cases}
\tag{3-143}
$$

3.6.2　费效曲线合成方法

为了对多类备件的补给策略进行计算，并将费用在各个部件之间进行平衡，这里采用一种费效曲线合成方法。首先获得单项部件的费效曲线；然后利用边际算法，将多个部件的费效曲线逐步合成，最后得出系统级的费效曲线。装备的费

效曲线上的一个点代表一个完整的配置方案，包含各个部件的补给策略信息。

费效曲线能够合成的原理在于，两类备件的补给策略分别确定以后，其保障费用是可以直接相加的，而供应可用度可以由该两类部件的供应可用度相乘得到。现以图 3-18 所示的系统结构为例进行说明。

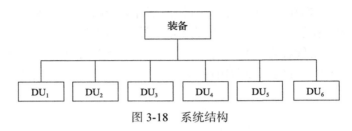

图 3-18　系统结构

图 3-18 中，$DU_1 \sim DU_6$ 为不可修单元，在装备中都为串联关系的关键部件，即其中任何一个部件发生故障均会导致装备故障。对于图 3-18 以及后续涉及装备的分解结构及各类部件的定义等，可以参考《可靠性维修性保障性术语》(GJB 451A—2005) 和《备件供应规划要求》(GJB 4355—2002)。在得到各部件的费效曲线后，依次合成整个装备的费效曲线。在实际的计算中，对于式(3-112)和式(3-119)给出的函数 $\alpha(v)$ 和 $\beta(v)$，当 v 取值较大时，函数值趋向于零。当补给耗时 τ 为 10 天，年需求量 λ 分别取 10、40、90、150 时，补给耗时内需求产生的期望值 μ（在图中以"μ"表示）分别取值为[0.274, 1.096, 2.466, 4.109]。对应函数 $\alpha(v)$ 和 $\beta(v)$ 的取值随 v 变化的曲线分别如图 3-19(a) 和 (b) 所示。

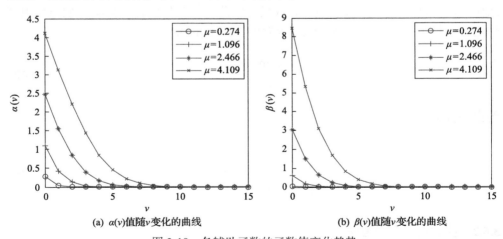

(a) $\alpha(v)$ 值随 v 变化的曲线　　　　　(b) $\beta(v)$ 值随 v 变化的曲线

图 3-19　各辅助函数的函数值变化趋势

当备件的需求量较大时，为了维持装备的正常运转，其补给耗时通常较小，从而在补给耗时内产生的备件需求 μ 较低。由图 3-19 可见，函数 $\alpha(v)$ 和 $\beta(v)$ 的取值随 v 增大而迅速趋近于 0。因此，在计算过程中，当 $Q_i + R_i$ 值较大时，可以将

$\alpha(Q_i + R_i)$ 和 $\beta(Q_i + R_i)$ 值忽略。

对于较小的 R_i（R_i 可以从 -1 开始取值，$R_i = -1$ 意味着当发生缺货时才发出补给申请），而对于 R_i 取 10 以上的值，可以对 Q_i 赋予初值，计算 Q_i 初值的方法如下。

由于部件 i 的总费用为

$$
\begin{aligned}
C_{\mathrm{D}i} = {}& \lambda_i \cdot C_{\mathrm{DB}i} + \frac{\lambda_i \cdot C_{\mathrm{DA}i}}{Q_i} \\
& + \delta_i \cdot C_{\mathrm{DB}i} \cdot \left[\frac{Q_i + 1}{2} + R_i - \lambda_i \tau_i + \mathrm{EBO}(Q_i, R_i) \right], \quad i = 1, 2, \cdots, I
\end{aligned}
\tag{3-144}
$$

为了使费用 $C_{\mathrm{D}i}$ 最少，将式 (3-144) 对 Q_i 求导，忽略其中的 $\alpha(R_i + Q_i)$ 和 $\beta(R_i + Q_i)$ 项，并令求导所得式等于 0：

$$
-\frac{\lambda_i \cdot C_{\mathrm{DA}i}}{Q_i^2} + \delta_i \cdot C_{\mathrm{DB}i} \cdot \frac{1}{2} + \delta_i \cdot C_{\mathrm{DB}i} \cdot \mathrm{EBO}(Q_i, R_i) = 0
\tag{3-145}
$$

在忽略 $\beta(R_i + Q_i)$ 项后，根据式 (3-118) 可得

$$
\mathrm{EBO}(Q_i, R_i) \approx \frac{1}{Q_i} \beta(R_i)
\tag{3-146}
$$

式中，$\beta(R_i)$ 由式 (3-119) 定义。

因此，式 (3-145) 变为

$$
-\frac{\lambda_i \cdot C_{\mathrm{DA}i}}{Q_i^2} + \delta_i \cdot C_{\mathrm{DB}i} \cdot \frac{1}{2} - \delta_i \cdot C_{\mathrm{DB}i} \cdot \frac{\beta(R_i)}{Q_i^2} = 0
\tag{3-147}
$$

即 $\dfrac{\lambda_i \cdot C_{\mathrm{DA}i} + \delta_i \cdot C_{\mathrm{DB}i} \cdot \beta(R_i)}{Q_i^2} = \dfrac{\delta_i \cdot C_{\mathrm{DB}i}}{2}$。

由于 $Q_i \geqslant 1$，令 $Q_{wi} \geqslant 1$ 为式 (3-147) 的解，可得

$$
\frac{\lambda_i \cdot C_{\mathrm{DA}i} + \delta_i \cdot C_{\mathrm{DB}i} \cdot \beta(R_i)}{Q_{wi}^2} = \frac{\delta_i \cdot C_{\mathrm{DB}i}}{2}
\tag{3-148}
$$

$$
Q_{wi} = \sqrt{\frac{2 \left[\lambda_i \cdot C_{\mathrm{DA}i} + \delta_i \cdot C_{\mathrm{DB}i} \cdot \beta(R_i) \right]}{\delta_i \cdot C_{\mathrm{DB}i}}}
\tag{3-149}
$$

对 Q_{wi} 取整，并将 Q_i 在 Q_{wi} 附近取值，通常能得出所有有意义的解。因此，当计算开始时，R_i 较小，对所有可能的 Q_i 值求出对应的费用和效能；当 R_i 值较大

(如 $R_i \geqslant 10$)时，先求出 Q_{wi}，再对 Q_i 在一定取值范围内进行计算，记 floor (Q_{wi}) 为对 Q_{wi} 取整的结果，并令 Q_i 在 [floor $(Q_{wi}) - 5$, floor $(Q_{wi}) + 5$] 中取值，就能得出所有有意义的 (Q_i, R_i) 组合，这样能在较大程度上减少计算量。对于损失的部分解，并不会对方案的制定造成影响，这是由于 (Q_i, R_i) 的组合数非常多，对于包含多类部件的装备，最终获得的配置方案还要根据可用度进行选择。

在得出每个部件的费效曲线后，可以进一步将其合成为系统费效曲线。在合成时可以对所有部件同时进行合成，也可以采用逐步合成的方式。在逐步合成时，先对两个部件的费效曲线进行合成，再在此基础上依次加入第 3 个及以后的部件，将所有部件都加入后，即可得出装备系统的费效曲线。

现采用逐步合成的方式对费效曲线的合成过程进行说明，而对所有部件的费效曲线进行同时合成的方法是类似的。

记部件 i 的费效曲线上第 n_i 点对应的费用为 $C_{Di}(n_i)$，对应的可用度为 $A_{Di}(n_i)$，而合成后得到的曲线上第 n_C 点对应的费用为 $C_C(n_C)$，对应的可用度为 $A_C(n_C)$。此时有

$$A_C(n_C) = A_C(n_1, n_2, \cdots, n_i, \cdots) = \prod_i A_{Di}(n_i) \tag{3-150}$$

$$C_C(n_C) = \sum_{i=1}^{N} C_{Di}(n_i) \tag{3-151}$$

在部件 i 的费效曲线上由第 n_i 点前进一个点，将使得合成曲线上的可用度由 $A_C(n_1, n_2, \cdots, n_i, \cdots)$ 变为 $A_C(n_1, n_2, \cdots, n_i+1, \cdots)$，而费用的改变为 $C_{Di}(n_i+1) - C_{Di}(n_i)$，对应的边际效应值为

$$\Delta_i = \frac{A_C(n_1, n_2, \cdots, n_i + 1, \cdots) - A_C(n_1, n_2, \cdots, n_i, \cdots)}{C_{Di}(n_i + 1) - C_{Di}(n_i)} \tag{3-152}$$

对所有部件曲线各前进一点的边际效应值进行比较，在获得最大效应值的曲线上前进一个点，并在合成曲线上增加一个点。

以图 3-18 中的 DU$_1$ 和 DU$_2$ 为例，记 DU$_1$ 和 DU$_2$ 的费效曲线上的点数分别为 N_1 和 N_2，从两条曲线上的第一点开始处理，所得合成曲线上的第一点由 DU$_1$ 和 DU$_2$ 的费效曲线上的第一点直接得到：$A_C(1) = A_{D1}(1) \cdot A_{D2}(1)$，$C_C(1) = C_{D1}(1) \cdot C_{D2}(1)$。

若当前已经分别处理至第 n_1 点和第 n_2 点，$1 \leqslant n_1 \leqslant N_1$，$1 \leqslant n_2 \leqslant N_2$，对应的 DU$_1$、DU$_2$ 各自的保障费用分别为 $C_{D1}(n_1)$、$C_{D2}(n_2)$，则对应合成曲线上的可用度为 $A_C(n_1, n_2)$。令 Δ_1 和 Δ_2 分别为两条费效曲线上前进一个点的费效比：

$$\Delta_1 = \frac{A_C(n_1 + 1, n_2) - A_C(n_1, n_2)}{C_{D1}(n_1 + 1) - C_{D1}(n_1)} \tag{3-153}$$

$$\Delta_2 = \frac{A_C(n_1, n_2+1) - A_C(n_1, n_2)}{C_{D2}(n_2+1) - C_{D2}(n_2)} \tag{3-154}$$

通过比较 Δ_1 和 Δ_2 的大小，可以确定增加的费用应该用于 DU_1 还是 DU_2。在所有的点遍历完成后，得到了 DU_1 和 DU_2 的合成费效曲线，其上的每个点对应于 DU_1 和 DU_2 的完整配置策略。在合成曲线的基础上加入另一个部件的过程，与两个部件的费效曲线合成的过程是类似的。在加入所有部件的费效曲线后，就得出了整个装备的费效曲线。

在计算中，如果要使整个装备系统的可用度达到 A_p，那么意味着各部件的供应可用度都在 A_p 以上，不满足这一条件的补给策略都可舍弃，以简化计算。

例 3.6　以图 3-18 所示的装备结构为例，考察其备件补给策略对装备可用度的影响。备件相关参数如表 3-11 所示。

表 3-11　备件相关参数

参数	DU_1	DU_2	DU_3	DU_4	DU_5	DU_6
λ	150	80	160	80	100	180
C_{DB}/元	3500	5500	3000	2600	2700	2900
δ	0.15	0.2	0.15	0.15	0.2	0.2
τ /天	9	5	5	12	12	15
C_{DA}/元	160	200	300	150	200	150

将各参数分别赋值后，为了对比分析，对 $Q_i \sim [1, 20]$、$R_i \sim [-1, 14]$ 的取值分别进行计算。DU_1 和 DU_2 的费效曲线分别如图 3-20 和图 3-21 所示，图中舍弃了各部件可用度在 0.65 以下的补给策略。

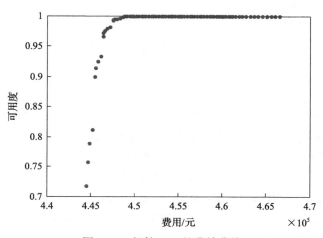

图 3-20　部件 DU_1 的费效曲线

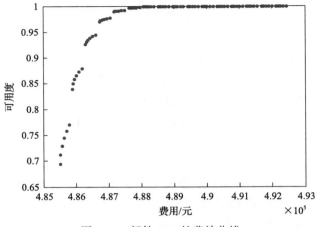

图 3-21　部件 DU_2 的费效曲线

图 3-22 为由 DU_1 和 DU_2 合成的费效曲线，其保障费用为 DU_1 和 DU_2 费效曲线上对应点之和，而可用度为两者之积，合成后的费效曲线中已将部分方案剔除，被剔除方案在保障效果或者保障费用上相差不大。

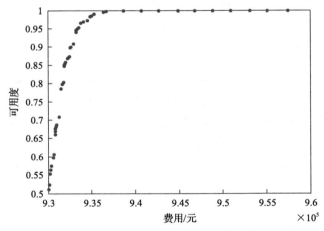

图 3-22　由 DU_1 和 DU_2 合成的费效曲线

采用同样的步骤，可以将图 3-22 中的曲线进一步与 DU_3 的费效曲线合成，并逐个加入其他部件，最终合成得到的装备系统费效曲线如图 3-23 所示，图中舍弃了可用度为 0.75 以下的方案，随着费用的增加，装备的可用度趋近于 1。

如果使装备可用度达到 0.95 以上，在图 3-23 所示的费效曲线上找出对应的点，其对应的年均保障费用约为 2484920 元，装备平均可用度为 0.9531。对应的各部件补给策略如表 3-12 所示，其中，C_{Di} 为单项部件的年均保障费用，单位为千元，A_{Di} 为单项部件的供应可用度。

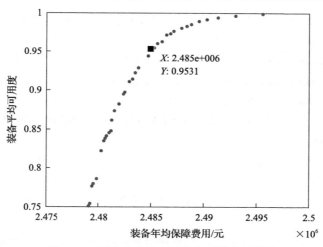

图 3-23　逐步合成得到的装备系统费效曲线

表 3-12　装备可用度为 0.9531 时对应的补给策略

参数	DU$_1$	DU$_2$	DU$_3$	DU$_4$	DU$_5$	DU$_6$
R_i	6	2	3	5	5	11
Q_i	11	6	18	9	12	13
C_{Di}	531.5	447.5	487.3	212.2	276.1	530.2
A_{Di}	0.992	0.993	0.991	0.996	0.990	0.989

在表 3-12 给出的补给策略中，DU$_2$、DU$_6$ 的补给点(安全库存量)分别为 2 件和 11 件，每次补给数量分别为 6 和 13，差距较为明显，这是由于 DU$_2$ 的补给耗时短，且年均需求低，从而在补给耗时内发生需求的平均次数也较低，仅约为 1.1 次，因此即使将安全库存量降低至 2 件，每次补给 6 件，其供应可用度也可达到较高的值；DU$_6$ 则相反，其补给耗时最长，需求量又大，因此需要保持较高的安全库存量，才能应对补给耗时内的需求。

现对 DU$_2$ 和 DU$_3$ 进行对比，两者的补给耗时相同，其安全库存量相差不大；但是 DU$_3$ 每次的补给量是 DU$_2$ 的 3 倍，一方面是由于 DU$_3$ 的年均需求量较大，另一方面是由于其库存费率较低，而每次发起补给的费用较高，因此倾向于提高每次备件补给的数量，并相对于 DU$_2$ 维持了较高的平均库存量。

可见，对于各项备件，计算得出的补给策略较为符合实际，算法为装备中不同类型的备件制定了各自的补给策略，并使得保障费用得到了合理的分配与利用。

参 考 文 献

[1] 甘茂治, 康建设, 高崎. 军用装备维修工程学[M]. 2 版. 北京: 国防工业出版社, 2005.

[2] 郭继周, 郭波, 张涛, 等. 地空导弹维修保障能力评估与备件优化模型[J]. 火力与指挥控制, 2008, 33(3): 9-12.

[3] de Smidt-Destombes K S, van der Heijden M C, van Harten A. On the availability of a k-out-of-N system given limited spares and repair capacity under a condition based maintenance strategy[J]. Reliability Engineering and System Safety, 2004, 83(3): 287-300.

[4] 张涛, 郭波, 武小悦, 等. k阶段变化条件下k/N:G系统的备件保障度模型[J]. 兵工学报, 2006, 27(3): 485-488.

[5] 阮旻智, 李庆民, 彭英武, 等. 任意结构系统的备件满足率模型及优化方法[J]. 系统工程与电子技术, 2011, 33(8): 1799-1803.

[6] 阮旻智, 刘涛, 胡俊波. 装备使用阶段后续备件采购模型 I: 消耗件[J]. 海军工程大学学报, 2014, 26(6): 99-103.

[7] Svoronos A, Zipkin P. Estimating the performance of multi-level inventory systems[J]. Operations Research, 1988, 36(1): 57-72.

[8] 阮旻智, 李庆民, 黄傲林. (R, Q)库存策略下消耗件的协同订购方案优化[J]. 北京理工大学学报, 2013, 33(7): 680-684.

[9] Chen G Y, Huang X Z, Tang X W. Analysis of phased-mission system reliability and importance with imperfect coverage[J]. Journal of Electronic Science and Technology of China, 2005, 3(2): 182-186.

[10] 王慎, 李庆民, 李华, 等. 两种供应模式下备件协同订购策略优化研究[J]. 兵工学报, 2015, 36(2): 337-344.

[11] Axsater S. A heuristic for triggering emergency orders in an inventory system[J]. European Journal of Operational Research, 2007, (176): 880-891.

[12] Johansen S G, Thorstenson A. Optimal and approximate (Q, r) inventory policies with lost sales and gamma-distributed lead time[J]. International Journal of Production Economics, 1993, (31): 179-194.

[13] Federgruen A, Zheng Y S. An efficient algrogithm for computing an optimal (r, Q) policy in contiuous review stochastic inventory systems[J]. Operation Research, 1992, 40(4): 808-813.

[14] 毛德军, 李庆民, 张志华. 以装备可用度为中心的保障方案优化方法[J]. 兵工学报, 2011, 32(5): 636-640.

[15] 毛德军, 李庆民, 阮旻智. 随机需求下多层级装备备件库存方案优化方法[J]. 北京联合大学学报, 2010, 24(3): 42-46.

[16] 姜礼平, 吴晓平, 戴明强, 等. 工程数学[M]. 武汉: 湖北科学技术出版社, 2000.

第4章　可修备件配置优化方法

可修产品发生故障后能够通过维修活动使产品功能恢复,对于修复好的部件,可存储进行轮换使用。装备使用阶段,可修备件保障规划主要涉及两个方面,一是初始备件,二是后续备件。初始备件是装备形成战斗力的初始保障期内,装备使用与维修所需要的备件,该类备件在装备列装服役初期,由承制方同步交付部队,在采购装备的同时,军方需要与承制方协商来确定初始备件的种类和数量,即解决初始配置问题[1,2]。后续备件需要以保障组织管理体系、供应模式、维修任务规划为输入条件,在初始备件的基础上进一步调整和完善,包括后续备件清单目录的梳理、补充配置标准的制定等。

本章针对可修备件,建立维修任务规划模型,为其确定合理的修理级别及维修方式;根据可修备件库存控制理论,在单站点配置优化模型的基础上,分析备件保障优化的数据结构关系,从而建立多级保障模式下初始备件配置优化模型和后续备件采购模型;通过装备寿命周期内保障活动的分解,对备件全寿命保障费用进行预测。

4.1　可修备件维修任务规划与决策

对于可修备件,其维修任务规划结果是配置优化模型的输入,因此根据装备修理级别分析(level of repair analysis,LORA)中的概念及定义,本节围绕可修件维修任务规划及决策分析方法进行研究。

4.1.1　问题描述

维修任务规划也称修理级别分析,是针对装备中的故障件,按照一定的准则为其确定经济、合理的修理等级以及在该等级选择最佳维修方式的一种决策分析方法[3]。维修任务规划贯穿于整个装备寿命周期,将直接影响装备的寿命周期费用和保障效能,在装备研制阶段,主要用于制定各种有效的、经济的维修备选方案;在装备使用阶段,主要针对特定的保障模式和维修条件,通过综合权衡各项维修保障性因素,确定装备故障件的最佳维修方式和送修级别[4]。尤其在备件的多等级保障模式下,需要提供故障件的维修任务规划结果作为输入条件，以此来确定各级别站点的备件需求及维修更换率，进而优化备件存储结构及布局。

由于受检测设备、维修设备、工装具、修理人员和技术资料等条件的限制，在不同的修理等级，其维修任务的复杂性与花费是不同的，需要考虑诸多影响因素，如维修能力、维修周期时间、维修人员技术水平、备件维修费用等。相关理论研究主要围绕维修任务规划模型及决策方法开展。例如，Barros 等[5]建立了装备修理级别分析的整数规划模型，并提出运用分支定界启发式优化方法得到精确解；Gutina 等[6]提出了维修任务规划结果可以用来证明二部图的最大权独立集问题的扩展是多项式时间可解的；Saranga 等[7]在建立维修规划模型基础上，采用遗传算法进行求解；Basten 等[8]研究了基于最低寿命周期成本的维修级别分析方法；Brick 等[9]对维修站点的选址及资源配置问题进行了分析；吴昊等[10]提出了适合于民用飞机维修的三层三级的维修级别经济性分析模型，将人工免疫系统原理与粒子群算法相结合对该模型进行求解；魏效燕等[11]运用层次分析法，综合非经济性因素和经济性因素对军用飞机装备的维修级别进行了决策分析；何春雨等[12]、谢新连等[13]、霍伟伟等[14]针对舰船设备修理级别优化方法进行了研究。此外，在维修任务决策结果的基础上，人们能够对现有的保障模式以及各项保障设施配置进行完善和修正[15,16]，如维修站点位置选址、维修资源及人员配置等。

上述主要针对维修任务规划中的经济性因素开展研究，没有考虑非经济性指标，如维修时间、维修效果以及各修理级别的修理能力等。因此，在参考现有的理论成果并结合装备维修特点的基础上，本书提出基于维修能力、维修效果及维修费用等多约束下的维修任务规划模型。

4.1.2 修理级别的划分及维修任务规划准则

1. 修理级别的划分

装备维修保障体系一般划分为 3 个修理级别，即基层级、中继级、基地级；装备部件按结构层次划分为 LRU、SRU、车间可更换子单元(sub-shop replaceable unit，SSRU)，不同的修理级别对故障单元的维修任务划分不同。

(1)基层级维修：一般由装备使用现场的维修分队组成，由于现场维修资源、时间及空间的限制，基层级维修一般只限于装备的定期维护保养、检测并对装备上的某些关键性 LRU 进行拆卸和更换。

(2)中继级维修：一般由专设的维修技术保障大队组成，与基层级相比，中继级有专门的维修车间，配备了较齐全的维修设备和工具，具有较强的维修能力，能承担基层级所不能完成的维修工作，能够对故障件 LRU 及其所属的 SRU 进行维修和更换。

（3）基地级维修：基地级一般配备完善的维修设备、设施、工具以及技术资料，具有最强的维修能力，能够承担任何故障装备的维修工作，一般由军内修理厂或装备承修单位实施。

2. 维修任务规划准则

维修任务规划准则可分为非经济性规划准则和经济性规划准则[17]。非经济性分析是在限定的约束条件下，对影响维修决策的主要非经济性因素进行优先评估，主要考虑安全性、可行性、任务成功性以及其他战术因素等，例如，以修复时间、维修效果为约束就是一种典型的非经济性分析。经济性分析收集、计算、选择与维修有关的费用，对不同维修方案的费用进行比较，以总费用最低作为决策依据。

装备部件发生故障后的基本处理方式包括检测、更换、报废，维修决策的目的是确定故障件需要在哪一个级别以什么样的方式进行故障处理。另外，在确定可行的维修规划方案时，不能把子部件分配到比它所在部件的修理级别还低的维修机构进行修理；若某个部件报废，则其所属的所有子部件必须同步报废。

4.1.3　考虑经济/非经济性因素的维修任务规划模型

1. 基于定性分析的维修规划决策树

对于待修理的故障件，可采用定性分析法，根据维修规划决策树初步确定故障件的修理级别[18]。如图 4-1 所示，维修规划决策树有 3 个决策点，从基层级分析开始，根据决策树并综合考虑每个故障件维修任务的复杂程度、各修理级别的配套设施、维修能力以及任务要求（修复时间、维修效果、机动性、安全性等），确定部分故障件的初步维修方案。对于发生故障后不可修部件，采取报废处理，对于可修或局部可修件，当有两个或两个以上的维修级别可对故障件进行修理时，若只考虑经济性因素，则只需将其放在较低的级别进行修理，但实际情况是不同的级别对故障件进行维修具有不同的修复概率、修复时间以及维修效果，当考虑这些非经济性影响因素时，就需要根据建立的维修任务规划模型进行决策。

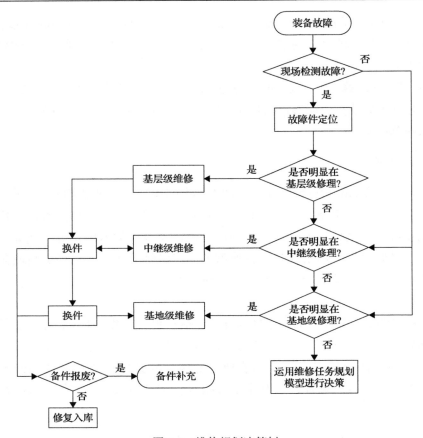

图 4-1　维修规划决策树

2. 维修任务规划的多指标决策模型

在装备维修中，一般情况下对故障设备采用换件修理的策略。在现有相关理论的基础上，结合军用装备维修保障特点及维修规划准则，考虑到修复概率、维修效果、维修费用等非经济性指标和经济性指标，建立适合于装备在修复性维修以及换件维修方式下的规划决策模型：

$$\min C = \sum_{i,j,k=1}^{N} \sum_{r=1}^{2} \sum_{e=1}^{3} \lambda_{i,j,k} \left[\mathrm{Vc}_{i,j,k}(r,e) \cdot d_{i,j,k}(r,e) + \mathrm{Fc}_{i,j,k}(e) \cdot z_{i,j,k}(e) \right] \quad (4\text{-}1)$$

$$\max A = \sum_{i,j,k=1}^{N} \sum_{r=1}^{2} \sum_{e=1}^{3} \omega_{i,j,k} \cdot A_{i,j,k}(r,e) \cdot d_{i,j,k}(r,e) \quad (4\text{-}2)$$

$$A_{i,j,k}(r,e) = \omega_{\mathrm{p}} \cdot p_{i,j,k}(r,e) + \omega_{\mathrm{a}} \cdot a_{i,j,k}(r,e) \quad (4\text{-}3)$$

$$\text{s.t.}\quad d_{i,0,0}(r,1)=1,\forall r,\quad z_{i,0,0}(1)=1 \tag{4-4}$$

$$d_{i,j,k}(2,e)=1,\quad d_{i,0,0}(2,e)=1 \tag{4-5}$$

$$d_{i,j,k}(r,e<e_{i,0,0})=0,\quad d_{i,0,0}(r,e_{i,0,0})=1 \tag{4-6}$$

模型中的参数变量描述如下：e 表示可选择的修理级别，$e=1$ 表示基层级维修，$e=2$ 表示中继级维修，$e=3$ 表示基地级维修；(i,j,k) 表示有序数组，其中，i 表示 LRU，j 表示隶属于 i 上的第二层级 SRU，k 表示隶属于 j 上的第三层级 SSRU；r 为故障件的处理方式，$r=1$ 表示修理，$r=2$ 表示报废；$\lambda_{i,j,k}$ 表示项目 (i,j,k) 在寿命周期内的平均维修需求率；$\mathrm{Vc}_{i,j,k}(r,e)$ 表示项目 (i,j,k) 在 e 级选择了维修方式 r 所对应的维修费用；$\mathrm{Fc}_{i,j,k}(r,e)$ 表示项目 (i,j,k) 在 e 级进行换件修理所对应的维修费用；$\omega_{i,j,k}$ 表示项目 (i,j,k) 的重要度因子，且 $\sum_{i,j,k=1}^{N}\omega_{i,j,k}=1$；$A_{i,j,k}(r,e)\in[0,1]$ 表示项目 (i,j,k) 在 e 级选择维修方式 r 所对应的维修效果，当 $r=2$，即选择报废时，$A_{i,j,k}(r,e)=1$；$p_{i,j,k}(r,e)\in[0,1]$ 表示项目 (i,j,k) 在 e 级的修复概率；$a_{i,j,k}(r,e)\in[0,1]$ 表示项目 (i,j,k) 在 e 级的修复能力；ω_{p} 和 ω_{a} 分别表示维修效果指标的权重系数；$d_{i,j,k}(r,e)$ 表示修理或报废的决策变量，$z_{i,j,k}(r,e)$ 表示更换决策变量。定义：

(1) $d_{i,j,k}(r,e)=1$ 表示项目 (i,j,k) 在 e 级选择了维修方式 r，否则 $d_{i,j,k}(r,e)=0$；

(2) $z_{i,j,k}(r,e)=1$ 表示项目 (i,j,k) 在 e 级选择了换件修理工作，否则 $z_{i,j,k}(r,e)=0$。

模型中，式(4-1)表示维修费用指标，即选择了维修决策变量 $d_{i,j,k}(r,e)$ 和更换决策变量 $z_{i,j,k}(r,e)$ 后所需的费用之和；式(4-2)表示维修效果指标，即选择了维修决策变量 $d_{i,j,k}(r,e)$ 后所能达到的维修效果；式(4-3)表示项目 (i,j,k) 在修理等级 e 选择了维修方式 r 所能够达到的维修效果，维修效果由修复概率 $p_{i,j,k}(r,e)$ 和修复能力 $a_{i,j,k}(r,e)$ 权衡决定；约束条件(4-4)表示基层级只对 LRU 进行原位修理或更换工作；约束条件(4-5)表示若某个项目 (i,j,k) 选择了报废，则其所属的子项目必须全部报废；约束条件(4-6)表示如果项目 (i,j,k) 在 e_0 级选择了工作方式 r，那么其所属的子项目不能分配到比 e_0 级低的修理级别进行修理。

3. 维修费用现值

在装备寿命周期内，用现值来计算不同维修工作下的维修费用。计算维修费用现值时，必须考虑装备使用过程中的折旧率因子，设年折旧率为 d，装备使用 n 年后，折旧率因子 $F(n,d)$ 可表示为[19]

$$F(n,d)=\sum_{i=1}^{n}\frac{1}{(1+d)^{i-1}} \tag{4-7}$$

维修费用包括人力、设备、工装具、备件、技术资料、运输费用等[20]。令 $ct_{i,j,k}(e)$ 表示项目 (i,j,k) 从装备使用现场到第 e 个维修级别之间的运输费用；$cr_{i,j,k}(e)$ 表示项目 (i,j,k) 在 e 级的修理费用；$cs_{i,j,k}(e)$ 表示项目 (i,j,k) 在 e 级的更换费用；$c_{i,j,k}$ 表示项目 (i,j,k) 的价格。

当考虑到上述所分析的各项因素时，装备在寿命周期内选择不同维修方式的费用现值计算公式如表 4-1 所示。

表 4-1　不同维修方式下的费用现值符号及计算公式

维修方式	符号	费用现值计算公式
原位修理	$Vc_{i,j,k}(1,e)$	$F(n,d) \cdot (ct_{i,j,k}(e) + cr_{i,j,k}(e))$
故障件报废	$Vc_{i,j,k}(2,e)$	$F(n,d) \cdot (ct_{i,j,k}(e)/2 + c_{i,j,k})$
换件修理	$Fc_{i,j,k}(e)$	$F(n,d) \cdot (ct_{i,j,k}(e) + cs_{i,j,k}(e))$

4.1.4　维修任务规划的多指标决策方法

1. 理想方案法

理想方案是一种假定的最优方案，而负理想方案则与之相反，是假定的最差方案，两者可以分别通过选择最优和最差的指标值得到[21]。这两种方案在实际中并不存在，只是将其作为理想中的最优方案和最差方案[22]。维修任务规划需要在众多可行分配方案中找到一个最优解，使其与理想方案的距离最近，并同时与负理想方案的距离最远[23]。

为了度量可行方案与理想方案和负理想方案的接近程度，设方案的优化指标有 m 个，理想方案为 X_0^*，负理想方案为 X_0^-，则

$$\begin{cases} X_0^* = [x_0^*(1), x_0^*(2), \cdots, x_0^*(m)] \\ X_0^- = [x_0^-(1), x_0^-(2), \cdots, x_0^-(m)] \end{cases} \tag{4-8}$$

2. 可行方案与正负理想方案的欧氏距离

由于各指标的量纲不同，为保证各指标之间相同因素的可比性，需要对方案指标合成值矩阵 $X(X = [x_j(i)]_{n \times m})$ 进行无量纲标准化处理[24]，标准化处理的方法很多，对于越大越优型指标(如维修概率、维修效果等)，采用式(4-9)进行处理[25]：

$$r_j(i) = \frac{x_j(i) - \min x_j(i)}{\max x_j(i)} \tag{4-9}$$

对于越小越优型指标(如修复时间、维修费用等)，采用式(4-10)进行处理：

$$r_j(i) = \frac{\max x_j(i) - x_j(i)}{\max x_j(i)} \tag{4-10}$$

记理想方案 X_0^* 的优属度向量为 $r_0^* = [r_0^*(i)]^{\mathrm{T}}$，负理想方案 X_0^- 的优属度向量为 $r_0^- = [r_0^-(i)]^{\mathrm{T}}$，则可行方案 X 与理想方案 X_0^* 以及可行方案与负理想方案 X_0^- 的欧氏距离分别为

$$d(X, X_0^*) = \sum_{j=1}^{n} \left\| \omega_i [r_0^*(i) - r_j(i)] \right\|^2 \tag{4-11}$$

$$d(X, X_0^-) = \sum_{j=1}^{n} \left\| \omega_i [r_j(i) - r_0^-(i)] \right\|^2 \tag{4-12}$$

式中，ω_i 为第 i 个优化指标的权重系数。

3. 优化模型的隶属度函数

式(4-1)~式(4-6)所建立的维修任务规划决策模型，综合考虑了维修效果、维修费用等因素，是一个典型的多指标规划模型。一般而言，维修效果与维修费用成正比，因此需要选择合理的维修决策变量 $d_{i,j,k}(r,e)$ 和 $z_{i,j,k}(r,e)$，在效果指标 A 和费用指标 C 之间进行权衡，由理想方案法可知，维修任务规划的最终目的就是在众多的可行方案中，寻求一种最优方案，使得该方案与理想方案的距离最近，并同时与负理想方案的距离最远。该方案的优劣程度可采用模糊优选理论中的隶属度 u_j 进行评价，隶属度 u_j 表示与理想方案之间的贴近程度。最优隶属度 u_j 的计算准则为

$$u_j = \left(1 + \frac{\sum\limits_{i=1}^{m} \left(\omega_i \left| x_0^*(i) - r_j(i) \right| \right)^2}{\sum\limits_{i=1}^{m} \left(\omega_i \left| r_j(i) - x_0^-(i) \right| \right)^2} \right)^{-1} \tag{4-13}$$

证明　式(4-11)和式(4-12)分别给出了可行方案 j 与正负理想方案之间欧氏距离的计算方法，而隶属度 u_j 可通过对欧氏距离的转换进行定量描述，因此可以根据模糊多目标优选理论，将最小二乘法加以拓展，建立隶属度指标函数：

$$\theta_j(u_j, \overline{\omega}) = d(X, X_0^*) + d(X, X_0^-)$$

$$= \sum_{j=1}^{n} \left\{ u_j \cdot \left\| \omega_i [r_0^*(i) - r_j(i)] \right\| \right\}^2 \qquad (4\text{-}14)$$

$$+ \sum_{j=1}^{n} \left\{ u_j^c \cdot \left\| \omega_i [r_j(i) - r_0^-(i)] \right\| \right\}^2$$

式中，$u_j + u_j^c = 1$，式 (4-14) 可以转化为如下非线性规划问题：

$$\begin{cases} \min F(u, \overline{\omega}) = \sum_{j=1}^{n} \theta_j(u_j, \overline{\omega}) / n \\ \text{s.t.} \sum_{i=1}^{m} \omega_i = 1, \ \omega_i \geqslant 0, \ 0 \leqslant u_j \leqslant 1 \end{cases} \qquad (4\text{-}15)$$

为了便于求解，这里减少未知量和所求方程的数目，暂时不考虑 ω_i 的非负性约束和 u_j 的约束条件，于是可以构造拉格朗日函数：

$$L(\overline{\omega}, \lambda) = \sum_{j=1}^{n} \theta_j(u_j, \overline{\omega}) / n + \lambda \cdot \left(\sum_{i=1}^{m} \omega_i - 1 \right) \qquad (4\text{-}16)$$

对 $L(\overline{\omega}, \lambda)$ 分别关于 ω_i、u_j 和 λ 求偏导并令其等于 0 可得到式 (4-13)，证毕。

4.1.5 基于自适应粒子群优化的模型求解

维修任务规划模型用于求解大规模、多变量、非线性问题。采用自适应粒子群算法 (adaptive particle swarme optimization, APSO) 对模型进行求解，具有操作简单、收敛速度快、通用性强等特点[26]，基本 PSO 算法的标准方程为[27,28]

$$v_i^{(t+1)} = \omega \cdot v_i^{(t)} + c_1 r_1 (p_i^{(t)} - x_i^{(t)}) + c_2 r_2 (p_g^{(t)} - x_i^{(t)}) \qquad (4\text{-}17)$$

$$v_i^{(t)} = v_{\max}, \quad v_i^{(t)} > v_{\max} \qquad (4\text{-}18)$$

$$v_i^{(t)} = -v_{\max}, \quad v_i^{(t)} < -v_{\max} \qquad (4\text{-}19)$$

$$x_i^{(t+1)} = x_i^{(t)} + v_i^{(t+1)} \qquad (4\text{-}20)$$

式中，t 为算法迭代步数；v_i 为第 i 个粒子的飞行速度，记 p_i 为第 i 个粒子的当前最优位置；p_g 为整个粒子群的当前最优位置；ω 为惯性权重；c_1 和 c_2 为加速度常数；$x_i^{(t)}$ 为 t 时刻第 i 个粒子的位置；r_1、r_2 为 0～1 的随机数；$v_{\max}$ 为设定的粒子最大飞行速度。

试验表明，惯性权重 ω 对算法收敛性起着决定作用，ω 值越大，算法的全局搜索能力越强，局部搜索能力越弱，反之，则局部搜索能力越强，而全局搜索能

力越弱。通过引入线性惯性权重使 PSO 算法在迭代过程中调节自身的全局与局部搜索能力，即

$$\omega(t) = \frac{(\omega_{\text{ini}} - \omega_{\text{end}}) \cdot (T_{\text{max}} - t)}{T_{\text{max}}} + \omega_{\text{end}} \tag{4-21}$$

基于 APSO 的模型求解步骤如下：

(1) 确定参数，包括学习因子 c_1、$c_2 \in 1 \sim 1.5$，最大迭代次数 T，种群规模 N，粒子最大飞行速度 v_{max}，以及 ω_{ini} 和 ω_{end}；

(2) 随机产生初始群体，初始化粒子的速度和位置，置迭代计数器 $t = 1$；

(3) 计算粒子的最优位置 p_i 以及整个粒子群的最优位置为 p_{g}；

(4) 按式 (4-17)～式 (4-20) 对粒子的位置和速度进行更新，计算每个粒子的适应度 aff_k^t，粒子适应度值为维修方案隶属度，即根据式 (4-13) 确定；

(5) 计算群体中粒子的相似度 ξ，若 $\xi \geqslant \xi_{\text{om}}$，则对该群体中的粒子以一定的概率进行交叉和变异操作；

(6) 判断是否满足终止条件，若满足则算法结束；若不满足则转步骤 (3)。

例 4.1　某装备系统的多层级分解结构如图 4-2 所示，首先利用维修任务规划决策树对装备组成结构中的各项部件进行非经济性分析，确定初步维修方案。由于维修条件的限制，基层级只对维修工序较简单的故障件进行修理，LRU 的更换工作由基层级完成。LRU 所属的 SRU、SSRU 的更换活动由中继级维修车间完成。其中，故障件 LRU_2 的维修工作较简单，并且基层级对其具有较强的修理能力，因此 LRU_2 的修理工作由基层级完成。对于 LRU_1 和 LRU_3 以及所属的各项子部件，则需要根据本书建立的多指标维修任务决策模型进行求解，装备备件清单及初始维修参数如表 4-2 所示。

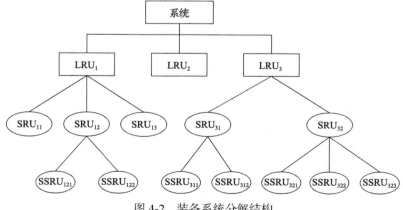

图 4-2　装备系统分解结构

表 4-2　装备备件清单及初始维修参数

部件	重要度	需求率	各级别的维修效果 $A_{i,j,k}(r,e)$		
	$\omega_{i,j,k}$	$\lambda_{i,j,k}$	$A_{i,j,k}(1,1)$	$A_{i,j,k}(1,2)$	$A_{i,j,k}(1,3)$
LRU$_1$	0.15	40	0.963	0.978	0.999
LRU$_3$	0.15	36	0.972	0.981	0.999
SRU$_{11}$	0.08	13	0.774	0.934	0.999
SRU$_{12}$	0.08	24	0.632	0.932	0.999
SRU$_{13}$	0.08	11	0.771	0.953	0.999
SRU$_{31}$	0.08	18	0.872	0.974	0.999
SRU$_{32}$	0.08	15	0.684	0.952	0.999
SSRU$_{121}$	0.043	9	0.332	0.823	0.979
SSRU$_{122}$	0.043	7	0.413	0.623	0.988
SSRU$_{311}$	0.043	8	0.356	0.896	0.988
SSRU$_{312}$	0.043	9	0.367	0.834	0.988
SSRU$_{321}$	0.043	6	0.298	0.672	0.988
SSRU$_{322}$	0.043	7	0.312	0.932	0.998
SSRU$_{323}$	0.043	7	0.296	0.692	0.998

　　装备故障单元在各修理级别的维修费用现值可根据式(4-7)及表 4-1 中所示的求解方法来确定，各修理级别的维修费用现值(万元)如表 4-3 所示。

表 4-3　装备故障单元在各修理级别的维修费用现值

部件	各修理级别的维修费用现值 $Vc_{i,j,k}(r,e)$/万元					
	$Vc_{i,j,k}(1,1)$	$Vc_{i,j,k}(2,1)$	$Vc_{i,j,k}(1,2)$	$Vc_{i,j,k}(2,2)$	$Vc_{i,j,k}(1,3)$	$Vc_{i,j,k}(2,3)$
LRU$_1$	0.164	0.45	0.214	0.53	0.274	0.594
LRU$_3$	0.248	0.48	0.298	0.54	0.367	0.621
SRU$_{11}$	0.102	0.154	0.142	0.174	0.172	0.194
SRU$_{12}$	0.067	0.138	0.107	0.158	0.137	0.188
SRU$_{13}$	0.077	0.132	0.107	0.162	0.137	0.192
SRU$_{31}$	0.116	0.198	0.136	0.213	0.166	0.243
SRU$_{32}$	0.087	0.243	0.114	0.268	0.144	0.288
SSRU$_{121}$	0.032	0.063	0.047	0.065	0.057	0.069
SSRU$_{122}$	0.024	0.026	0.031	0.029	0.039	0.034
SSRU$_{311}$	0.056	0.088	0.059	0.092	0.077	0.098
SSRU$_{312}$	0.038	0.076	0.044	0.077	0.052	0.081
SSRU$_{321}$	0.026	0.066	0.033	0.071	0.046	0.075
SSRU$_{322}$	0.041	0.088	0.059	0.102	0.067	0.112
SSRU$_{323}$	0.014	0.033	0.034	0.043	0.044	0.049

令经济指标权系数 ω_c=0.4，效果指标 ω_e=0.6；学习因子 c_1=0.9768，c_2=0.8723；种群规模 N=40；惯性权重初始值 ω_{ini}=0.99，终值 ω_{end}=0.74；程序迭代步数 T=200。根据维修任务决策模型式（4-1）～式（4-6），并结合基于正负理想方案的模糊优选理论及自适应粒子群优化算法进行试验，得到的最终结果如表 4-4 所示。其中，维修方式 $d_{i,j,k}(r)$=1 表示原位修理，$d_{i,j,k}(r)$=2 表示故障件报废；修理级别 $d_{i,j,k}(e)$=1 表示基层级维修，$d_{i,j,k}(e)$=2 表示中继级维修，$d_{i,j,k}(e)$=3 表示基地级维修。以 SRU$_{11}$ 的决策结果为例，当其发生故障后，将送到中继级进行修理，更换工作也同时由中继级完成。

表 4-4　故障单元的维修任务规划结果

部件	维修方式 $d_{i,j,k}(r)$	修理级别 $d_{i,j,k}(e)$	更换等级 $z_{i,j,k}(e)$
LRU$_1$	1	1	1
LRU$_3$	1	1	1
SRU$_{11}$	1	1	1
SRU$_{12}$	1	2	2
SRU$_{13}$	1	2	2
SRU$_{31}$	1	2	2
SRU$_{32}$	1	2	2
SSRU$_{121}$	1	2	2
SSRU$_{122}$	2	2	2
SSRU$_{311}$	2	2	2
SSRU$_{312}$	2	2	2
SSRU$_{321}$	1	3	2
SSRU$_{322}$	1	3	2
SSRU$_{323}$	1	1	1

根据表 4-4 给出的决策结果可得出以下结论。

（1）故障件更换工作操作简单、费用低，主要以非经济性因素分析为主，故障件更换应选择能够实施该工作的最低修理级别完成；

（2）故障件报废主要以经济性分析为主，对于维修任务需求少、采购价格低，且维修费用与报废费用相差不大的故障部件，则进行报废处理，一般情况下，报废级别放在能够实施报废工作的最低修理级别完成；

（3）故障件修理需要将经济性分析和非经济性分析相结合，综合考虑维修费用以及维修效果，将故障件放到合适的修理级别进行修理，在保证维修效果的情况下，减少费用开销；

(4)LRU 的更换工作由基层级完成，SRU 及 SSRU 的更换工作由中继级完成，LRU 的修理工作由基层级完成，SRU 的修理工作主要由中继级完成，SSRU 的维修工作一部分由中继级完成，另一部分由基地级完成。

故障件维修任务规划将伴随装备整个寿命周期，模型求解需要准确地得到各修理等级的相关信息。此外，故障件修理需要大量的备件资源，需要根据维修任务规划结果确定备件储备量，考虑到备件费用以及各个修理等级的存储能力，在装备使用阶段还需对维修任务规划方案做进一步的调整和完善。

4.2 基于单站点保障的可修件配置模型

4.2.1 库存对策及状态分析

单站点保障主要通过自身的储备和供应条件来满足备件需求，该保障模式常伴随装备任务而出现，如在海上执行训练任务的舰船、远离后方保障基地的机动作战单元等。

对此，首先考虑单个保障站点中的一项备件，该备件发生故障后能够在一定的时间内进行修复，并假设备件发生故障后总是能够被修理，不考虑备件报废及消耗。备件库存平衡方程为

$$s = \text{OH} + \text{DI} + \text{BO} \tag{4-22}$$

式中，s 为备件库存量；OH 为现有备件数；DI 为待收备件数；BO 为备件短缺数。当备件采购量为 1、订购点为 $s-1$ 时，库存量 s 为一常数；对于可修备件，DI 除了上级保障机构补给的备件量，还要考虑修理机构正在修理的备件数量。当式(4-22)中的变量有一个发生变化时，其他变量都同时发生变化，例如，当发生一次备件需求时，修理机构的在修或等修的备件数就增加一件；若现有备件数大于 0，则在发生备件需求时，备件数就会减少一个，反之则备件短缺数就增加一个。当故障件修理完成后，DI 减少 1 个，BO 减少 1 个，或在无备件短缺条件下，OH 增加 1 个。不管哪种情况出现，式(4-22)两端都保持平衡。

假设备件发生的所有故障都能够在保障站点进行修理，则待收备件数就等于修理机构中的在修数量，由于可修备件往往具有消耗低、价格高等特点，针对备件批量送修而确定的经济订货量 $Q=1$，此时订购点为 $s-1$，即采用 $(s-1, s)$ 库存策略。因此，式(4-22)和 $(s-1, s)$ 库存策略是可修备件配置优化理论的基础，关键是要建立备件在修数量的概率分布函数，并结合备件配置量，计算现有备件数和备件期望短缺数。

4.2.2　备件保障效能指标

描述备件保障效能的指标通常有两种：一种是平均满足率 EFR，另一种是期望短缺数 EBO，当然有时也用平均供应延误时间来表示，可以通过 EBO 转换得到。满足率表示随时能够满足备件需求所占百分比，短缺数表示在某单位时间内未满足备件供应需求的数量。当一次备件需求未能满足时，就认为发生一次短缺，其时间将持续到有一件备件补给或故障修复后为止。这两项指标相互关联，但又具有各自的特点，满足率只与备件发生需求的当时情况有关，短缺数是衡量任意时刻未满足备件需求的次数。

根据式(4-22)，若待收备件数 $DI \leqslant s - 1$，则现有备件数 $OH > 0$，此时一次备件需求得到满足；若待收备件数 $DI \geqslant s$，则现有备件数 $OH \leqslant 0$。因此，备件期望满足率 $EFR(s)$ 定义为

$$
\begin{aligned}
EFR(s) &= p(DI = 0) + p(DI = 1) + \cdots + p(DI = s - 1) \\
&= p(DI \leqslant s - 1)
\end{aligned}
\tag{4-23}
$$

式中，$p(\cdot)$ 表示待收备件数的稳态概率分布。这里，当 $s = 0$ 时，$EFR(s)$ 等于 0，随着 s 的逐步增大，$EFR(s)$ 将接近于 1。

设某一时刻待收备件数为 $s + k$，根据式(4-22)计算得到备件短缺数为 k。备件短缺数记为 $B(X \mid s)$，则 $B(X \mid s)$ 定义为

$$
B(X \mid s) = \begin{cases} X - s, & X > s \\ 0, & X \leqslant s \end{cases}
\tag{4-24}
$$

期望短缺数记为 $EBO(s)$，定义为

$$
\begin{aligned}
EBO(s) &= p(DI = s + 1) + 2p(DI = s + 2) + 3p(DI = s + 3) + \cdots \\
&= \sum_{x = s + 1}^{\infty} (x - s) \cdot p(DI = x)
\end{aligned}
\tag{4-25}
$$

$EBO(s)$ 是一个非负变量。若备件配置量增加，其满足率增加，短缺数减少，也可能同时出现备件满足率低、短缺数也少的情况，在备件配置量非常少且故障件维修周期时间很短的条件下，这种情况就会出现。反之，满足率高、短缺数也高的情况不会出现，因为满足率衡量的仅仅是备件需求发生的当前时刻，而短缺数描述的是缺少备件持续的时间。

仓库管理人员关注的问题往往是备件需求是否能够及时被满足。因此，为了便于计算，通常使用这一指数满足率。由于需要进一步实时跟踪未被满足需求的备件数量才能确定短缺数，所以备件短缺数计算起来比较困难，其结果显得不够

直观，但对于装备，短缺数则更具有实用性，因为装备使用者关注的是可用度，往往与备件短缺数密切相关。

4.2.3　待收备件的概率分布函数

根据帕尔姆定理[29]：如果备件的需求服从均值为 λ 的泊松分布，且故障件的维修时间相互独立，并服从均值为 T 的同一分布，那么故障件在修数量（待收备件数）的稳态概率服从均值为 λT 的泊松分布。

令 $j(j=1,2,\cdots)$ 为备件项目编号，第一层级部件 LRU_j 的维修更换率 λ_j 为

$$\lambda_j = \frac{T_0 \cdot Z_j \cdot N}{\mathrm{MTBF}_j} \tag{4-26}$$

式中，T_0 为观测周期；Z_j 为部件 j 在装备系统中的单机安装数量；N 为装备部署数量；MTBF_j 为部件 LRU_j 的平均故障间隔时间。

对 LRU_j 子部件 k 的维修更换率为

$$\lambda_k = \lambda_j \cdot q_{jk}, \quad k \in \mathrm{sub}(j) \tag{4-27}$$

式中，q_{jk} 表示故障隔离概率，即部件 j 发生故障时，所属的分部件 k 发生故障导致的概率；$\mathrm{sub}(j)$ 表示 j 所属分部件集合。

待收备件数的均值及方差的计算公式分别为

$$E[X_j] = \lambda_j T_j + \sum_{k \in \mathrm{Sub}(j)} \mathrm{EBO}_k \tag{4-28}$$

$$\mathrm{Var}[X_j] = \lambda_j T_j + \sum_{k \in \mathrm{Sub}(j)} \mathrm{VBO}_k \tag{4-29}$$

式中，$E[\cdot]$ 表示均值；$\mathrm{Var}[\cdot]$ 表示方差；X_j 表示待收备件数；T_j 表示部件 j 的平均修理时间；EBO_k 表示备件期望短缺数；VBO_k 表示备件短缺数方差。式(4-28)等号右边第一项表示稳态条件下的备件在修数量期望值；第二项表示因分部件 k 短缺而造成故障件 j 维修延误的数量。在早期的 METRIC 模型中，忽略了式(4-28)中的第二项，在计算结果中就会使期望短缺数计算值比实际值低，容易造成备件库存不足的风险。在后续的 METRIC 系列模型体系中，VARI-METRIC 对此进行了改进，并引入了待收备件数方差来减小计算结果的误差。根据均值与方差之间的转换关系式，有

$$\mathrm{VBO}_j = E[\mathrm{BO}_j]^2 - [\mathrm{EBO}_j]^2 \tag{4-30}$$

定义

$$E[\mathrm{BO}_j]^2 = \sum_{X_j = s_j + 1}^{\infty} (X_j - s_j)^2 \cdot p(X_j) \tag{4-31}$$

结合式(4-25)、式(4-30)和式(4-31)可以计算得到备件期望短缺数和短缺数方差。这里，关键是要合理确定待收备件数的概率分布函数 $p(X_j)$。目前，确定该函数最常用的是泊松分布，其均值与方差相等，则 $p(X_j)$ 的计算公式为

$$p(X_j) = \frac{(\lambda_j T_j)^{X_j} \cdot \mathrm{e}^{-\lambda_j T_j}}{X_j!} \tag{4-32}$$

Sherbrooke 和 Slay 曾做出论证：在较短的观测周期内，备件需求为稳定增量的泊松过程；随着观测周期的增加，备件需求均值与方差的比值有递增的趋势，备件需求呈现出非稳定增量的泊松过程。当待收备件数差均比 $\mathrm{Var}[X_j]/E[X_j] > 1$ 时，可用负二项分布对 $p(X_j)$ 做近似：

$$p(X_j) = \begin{bmatrix} a + X_j - 1 \\ X_j \end{bmatrix} b^{X_j} (1-b)^a \tag{4-33}$$

由负二项分布的性质可知，其均值为 $ab/(1-b)$，方差为 $ab/(1-b)^2$。求出待收备件数均值及方差后，将其代入式(4-33)便可以得到 $p(X_j)$ 的概率分布函数值。

对于因耗损而发生故障的部件，一般情况下，待收备件差均比小于 1，此时可根据二项分布对 $p(X_j)$ 做近似，因此当 $\mathrm{Var}[X_j]/E[X_j] < 1$ 时[30]，有

$$p(X_j) = \begin{bmatrix} n \\ X_j \end{bmatrix} p^{X_j} (1-p)^{n-X_j} \tag{4-34}$$

二项分布的均值为 np，方差为 $np(1-p)$。同理，求出待收备件数均值及方差后，将其代入式(4-34)便可以得到 $p(X_j)$ 的概率分布函数值。

4.2.4　边际优化算法求解

边际优化算法是一种渐进的优化技术，用于分配短缺资源来获得最大效益，通过对边际单元的效益和费用的权衡分析，达到对有效资源的合理利用。该算法在一定的约束条件下依次进行迭代，直到满足模型中所规定的指标，在每一轮迭代过程中，要根据模型中的优化目标函数来确定当前最需要调整的控制变量。

算法的基本步骤为：首先，确定控制变量(这里主要指备件配置量)；其次，

在每一轮迭代中，使各项备件的控制变量的数值加 1，计算并记录相应控制变量的边际效益增量和边际费用增量；接着，确定每次迭代过程中对边际效益影响最大的控制变量，并认为该轮迭代中此控制变量的调整权系数最大，将该控制变量的数值加 1，其他控制量保持不变；最后，在经历若干次迭代后，当达到计算模型中所要求的目标值时，迭代结束，此时控制变量值即为优化后的最终结果。

在备件配置模型体系中，边际效益增量可通过备件期望短缺数的减少来表示，边际费用增量可通过备件购置费用的增加来表示，因此边际效应值为

$$\delta_j = \frac{\text{EBO}(s_j) - \text{EBO}(s_j + 1)}{c(s_j + 1) - c(s_j)} = \frac{\Delta\text{EBO}_j}{\Delta c_j} \tag{4-35}$$

如果要证明运用边际优化算法得到的结果是最优解，那么必须验证边际效益增量为凸函数。定义备件期望短缺数的一阶差分为

$$\begin{aligned}
\Delta\text{EBO}(s) &= \text{EBO}(s+1) - \text{EBO}(s) \\
&= -\left(p(\text{DI} = s+1) + p(\text{DI} = s+2) + \cdots \right)
\end{aligned} \tag{4-36}$$

二阶差分为

$$\begin{aligned}
\Delta^2\text{EBO}(s) &= \text{EBO}(s+2) - 2\text{EBO}(s+1) + \text{EBO}(s) \\
&= p(\text{DI} = s+3) + 2p(\text{DI} = s+4) + \cdots \\
&\quad -2p(\text{DI} = s+2) - 4p(\text{DI} = s+3) - 6p(\text{DI} = s+4) - \cdots \\
&\quad +p(\text{DI} = s+1) + 2p(\text{DI} = s+2) + 3p(\text{DI} = s+3) + \cdots \\
&= p(\text{DI} = s+1)
\end{aligned} \tag{4-37}$$

由于一阶差分 $\Delta\text{EBO}(s) \leqslant 0$ 且二阶差分 $\Delta^2\text{EBO}(s) \geqslant 0$，所以备件期望短缺数为自变量 s 的凸函数，因此能够确保运用边际优化算法得到的结果为最优解。

根据上述分析建立单站点保障下的备件配置优化模型为

$$\begin{cases}
\min \sum_{j=1}^{N} \text{EBO}(s_j) \\
\text{s.t.} \sum_{j=1}^{N} c_j s_j \leqslant C_0
\end{cases} \tag{4-38}$$

式中，C_0 表示设定的备件费用约束指标，同样也可以备件短缺数为约束条件，以备件费用为优化目标来进行处理。

例 4.2　设装备在使用现场的部署数量 $N = 3$，保障周期为 1 年，备件清单及相关参数如表 4-5 所示，规定备件费用约束指标 C_0 不超过 130 万元，根据已知条

件来确定备件在保障现场的最优配置方案。首先,需要根据式(4-26)和式(4-27)来确定备件维修更换率;然后,根据设定的费用约束指标,采用边际优化算法进行优化,计算得到最优配置量。该方案下,备件期望短缺总数为 0.132,备件总费用为 129.32 万元。

表 4-5 备件清单及相关参数

备件	结构码	$MTBF_j$/h	Z_j	T_j/天	c_j/万元	λ_j/年	配置量	费用/万元
LRU_1	1	371.1	1	10	11.34	42.2	3	34.02
LRU_2	2	571.4	2	11	7.88	54.8	4	31.52
LRU_3	3	514.3	1	13	5.34	30.4	4	21.36
LRU_4	4	421.6	1	9	9.23	37.1	3	27.69
SRU_{11}	1.1	1400	2	5	1.67	22.3	1	1.67
SRU_{12}	1.2	2800	1	7	3.88	5.59	0	0
SRU_{13}	1.3	1100	1	7	1.93	14.2	1	1.93
SRU_{21}	2.1	2000	1	8	1.12	15.6	1	1.12
SRU_{22}	2.2	1600	2	4	0.97	39.1	2	1.94
SRU_{31}	3.1	1800	2	5	0.67	17.4	1	0.67
SRU_{32}	3.2	1200	1	3	0.88	13.0	1	0.88
SRU_{41}	4.1	1300	2	6	1.23	24.1	2	2.46
SRU_{42}	4.2	2100	1	6	2.18	7.45	1	2.18
SRU_{43}	4.3	2800	1	7	1.88	5.59	1	1.88

4.3 多级保障模式下的可修件配置模型

由于装备使用现场(基层级)的维修能力及备件存储条件的限制,仅靠现场保障还远不能满足备件的供应规划要求。目前,采用等级修理和分级存储是一种较为科学的备件保障模式,即多级保障模式。例如,美国空军一般将其划分为两级(飞行基地现场级、后方仓库级);美军潜艇装备的维修保障一般划分为四个等级,即艇员级、海上中继级(维修补给船)、岸基保障站点级、后方基地级;我军经过长期的探索和实践,已经初步形成了较为成熟的三级保障体系。装备入役后,军方需要在各级保障站点之间部署配套的维修资源,以此确定合理的备件配置量,不仅要深入分析装备系统的组成结构、各部件之间的关联及故障模式,还需要考虑保障体系结构、各级别保障点的维修能力和存储条件。因此,多级保障条件下的备件配置优化涉及复杂的军事运筹学。

4.3.1 多等级保障理论基础

多等级保障理论的基础是 Sherbrooke 提出的 METRIC。对一个由基地级和基层级组成的两级保障系统进行分析,设基地级站点对基层级站点补给申请至交付

的时间 O 为一常数，则在任意时刻 t 对基层级供应延误时间是基地级站点在 $t - O$ 时刻的状态函数。基地级对基层级的备件申请按照先到先供应的原则，则基层级站点 m 未得到满足的备件数量分布是以申请补给备件总数为条件的二项分布。令基层级待收备件数为 x_m，基地级待收备件数为 x_0，则 x_m 与 x_0 相关，基层级备件库存量记为 s_m，基地级备件库存量记为 s_0。当 $x_0 \leqslant s_0$ 时，基地级将不会出现备件短缺，因此不存在对基层级站点进行备件供应延误问题，此时基层级待收备件数等于备件供应数量，即

$$E[X_m \mid x_0] = \lambda_m O, \quad x_0 \leqslant s_0 \tag{4-39}$$

式中，λ_m 为基层级站点对备件的平均需求率。当 $x_0 > s_0$ 时，基地级站点会出现 $x_0 - s_0$ 件备件短缺，令 λ_m / λ_0 为基层级站点 m 的备件需求数占基地级备件需求总数的比例，可得基层级待收备件数的均值为

$$E[X_m \mid x_0] = \lambda_m O + \frac{\lambda_m (x_0 - s_0)}{\lambda_0}, \quad x_0 > s_0 \tag{4-40}$$

结合式 (4-39) 和式 (4-40) 关于 x_0 的期望值，可得基层级待收备件数的期望值为

$$E[X_m] = \lambda_m O + \frac{\lambda_m \mathrm{EBO}(s_0)}{\lambda_0} \tag{4-41}$$

下面考虑待收备件数方差，首先计算在给定的 x_0 条件下，式 (4-41) 等号右边第二项的方差，由于 $\lambda_m O$ 为常数，则

$$\mathrm{Var}[E(X_m \mid x_0)] = \frac{\lambda_m^2 \mathrm{VBO}(s_0)}{\lambda_0^2} \tag{4-42}$$

由于基地级备件短缺数 $x_0 - s_0$ 造成对基层级 m 供应延误服从二项分布，则有[31]

$$\mathrm{Var}[X_m \mid x_0] = \begin{cases} \lambda_m O, & x_0 \leqslant s_0 \\ \lambda_m O + \left(\dfrac{\lambda_m}{\lambda_0} \right)\left(1 - \dfrac{\lambda_m}{\lambda_0} \right)(x_0 - s_0), & x_0 > s_0 \end{cases} \tag{4-43}$$

综合式 (4-42) 和式 (4-43)，可得基层级待收备件数方差为

$$\mathrm{Var}[X_m] = \lambda_m O + \left(\frac{\lambda_m}{\lambda_0} \right)\left(1 - \frac{\lambda_m}{\lambda_0} \right)\mathrm{EBO}(s_0) + \frac{\lambda_m^2 \mathrm{VBO}(s_0)}{\lambda_0^2} \tag{4-44}$$

在后续建立多等级、多层级备件配置模型时，将会反复用到以上结论。

4.3.2　多级保障系统描述

根据前面的定义可知，备件按照所属装备系统中的结构层级划分，可分为 LRU 和 SRU，若考虑各修理级别的维修能力，则 LRU 和 SRU 将不会严格按照其所在的结构层次进行区分，更重要地取决于装备现场的维修更换能力，如果某装备现场的维修能力足够强，能够对 LRU 所属的子部件 SRU 进行独立拆卸或更换，那么该 SRU 也应纳入 LRU 范畴。

装备部署在使用现场(基层级)，在保障周期内，如果装备发生故障，那么一般是由所属的第一层级部件 LRU 故障导致的，采用换件维修的方式，拆卸故障单元 LRU 并对其进行修理，LRU 维修、送修、申请补给和供应的流程如图 4-3 所示。

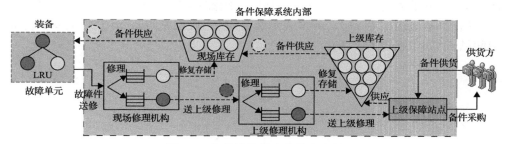

图 4-3　备件维修保障及供应流程

如果使用现场有故障单元 LRU 备件，那么就将该备件替换故障件，如果没有 LRU 备件，那么将发生一次备件短缺。由于受维修条件的限制，故障单元 LRU 在基层级具有一定的修复能力，如果基层级不能维修，那么就将其送往上级保障机构进行修理，同时从上级仓库库存中领取一项备件。由系统故障树可知，LRU 故障是由其所属的 SRU 导致的，因此，修理机构在对 LRU 进行修理时，需要将故障单元 SRU 进行更换，此时 LRU 的修理工作结束，将修复好的 LRU 存放在备件库存中，用于下一次使用；如果缺少 SRU 备件，那么就会因等待 SRU 补给而造成 LRU 修理时间的延误，故障单元 SRU 同样存在一定的修复能力，其维修保障过程和 LRU 相同。当完成了一件故障单元 LRU 的修理或供应时，装备现场的一次备件短缺事件得以解决。

为简化模型表达式及求解过程，对建模过程中的一些条件进行了如下合理的假设：

(1)单位时间内，备件需求率服从泊松分布，不同类型的故障单元在修数量概率分布函数相互独立；

(2)采用连续检测的 $(s-1,s)$ 库存策略，即缺少一件就向上级申请补充一件；

（3）备件申请补充采用逐级上报的模式，不考虑同一级别站点之间的横向调度；

（4）不考虑站点之间的补给优先权以及故障单元之间的维修优先权，即采用先到先供应、先到先修理的原则；

（5）故障单元维修时间相互独立，并且修复如新；

（6）不同类型的备件短缺所造成对装备可用度的影响程度相同，即所有部件都具有相同的重要度因子。

4.3.3　模型数据结构及参数定义

m：保障站点编号，$m=1,2,\cdots,M$，M 表示保障系统中的站点总数。

n：保障站点等级/级别编号，$n=1,2,\cdots,N$，N 表示保障系统中的等级数，图 4-4 所示的保障系统组织结构中，保障等级数 $N=3$；$n=1$ 表示最高等级保障的顶层站点（基地级站点 D_0），$n=N$ 表示装备现场（底层站点）；$n=2,3,\cdots,N-1$ 表示中间站点（如中继级 H_1、H_2）。

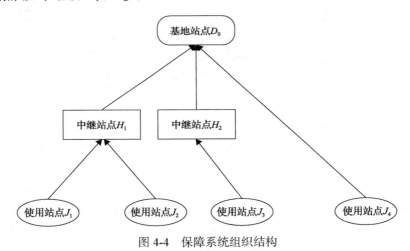

图 4-4　保障系统组织结构

Echelon(n)：处于第 n 个级别的站点集合；图 4-4 中 Echelon$(2)=\{H_1, H_2\}$，Echelon$(3)=\{J_1, J_2, J_3, J_4\}$。

Unit(m)：站点 m 所属的保障站点集合，图 4-4 中 Unit$(D_0)=\{H_1, H_2, J_4\}$，Unit$(H_1)=\{J_1, J_2\}$，Unit$(H_2)=\{J_3\}$。

SUP(m)：站点 m 的上级保障站点，如 SUP$(J_1)=\{H_1\}$，SUP$(H_2)=\{D_0\}$。

j：装备备件项目编号，$j=1,2,\cdots,J$，J 表示备件项目或类型的总数。

i：装备层级编号，$i=0,1,2,\cdots,I$，$i=0$ 表示装备系统或设备，$i=1$ 表示第一层级部件 LRU，$i=I$ 表示最底层的零部件；$i=2,3,\cdots,I-1$ 表示中间层级部件。

Inden(i)：在装备结构中处于第 i 层级的备件项目集合；图 4-5 所示的装备系统组成结构中，Inden$(1)=\{LRU_1, LRU_2, \cdots, LRU_6\}$，Inden$(2)=\{SRU_{31}, SRU_{32}, SRU_{33}\}$。

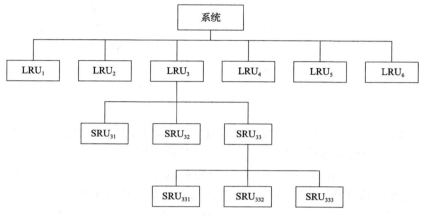

图 4-5　装备系统组成结构

Sub(j)：部件 j 所属的分组件集合；图 4-5 中 Sub$(LRU_3)=\{SRU_{31}, SRU_{32}, SRU_{33}\}$，Sub$(SRU_{33})=\{SRU_{331}, SRU_{332}, SRU_{333}\}$。

Aub(j)：部件 j 的母体集合，即母体 Aub(j) 包含部件 j，图 4-5 中 Aub$(SRU_{32})=\{LRU_3\}$，Aub$(SRU_{331})=\{SRU_{33}\}$。

Z_j：部件 j 在其单个母体中的安装数量。

$MTBF_j$：部件 j 的平均故障间隔时间。$1/MTBF_j$ 表示部件 j 在单位时间内的平均故障次数。

λ_{mj}：部件 j 在站点 m 的平均维修更换率（需求率），以年为单位。

T_{mj}：故障件 j 在站点 m 的平均维修周转时间。

RIP_j：部件 j 的原位修复率（j 发生故障后，不需要拆卸更换 j，只需更换其所属的子部件就能完成维修任务的概率，$0 \leqslant RIP_j \leqslant 1$），若考虑原位修复率的影响因素，则某些情况下会使备件需求率小于其故障发生的次数。

如图 4-6 所示，系统中 LRU 故障率为 10，SRU_1 和 SRU_2 的故障率分别为 8 和 4，LRU 的原位维修率 $RIP=0.3$。通过分析，LRU 的维修更换率为 7，以子部件 SRU_1 为例，在 8 次维修更换过程中，平均 5.6 次时需要拆卸 LRU，平均 2.4 次时不需要拆卸 LRU 而可以直接在装备上进行更换。

DC_j：部件 j 的占空比（部件 j 的工作时间与母体部件工作时间的比例，$0 < DC_j \leqslant 1$）。

$RtOK_j$：部件 j 的重测完好率（$0 \leqslant RtOK_j \leqslant 1$）。

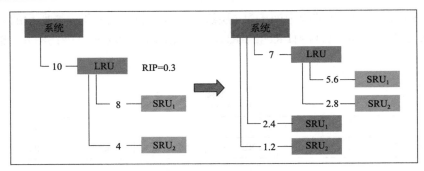

图 4-6　原位维修对备件需求的影响

NRTS_{mj}：故障件 j 在站点 m 不能修复的比例，反之，修复概率为 $1{-}\mathrm{NRTS}_{mj}$，该参数可以通过可修备件维修任务规划模型计算得到。

Re_{mj}：站点 m 对故障单元 j 进行独立更换的能力，若能够更换，则 $\mathrm{Re}_{mj}{=}1$，否则 $\mathrm{Re}_{mj}{=}0$，若将其扩展为一般的形式，则 Re_{mj} 的取值范围为 $0{\sim}1$。

q_{mjk}：故障隔离概率（部件 j 的故障发生是由其所属的分组件 k 故障所致的概率，$k{\in}\mathrm{Sub}(j)$）。

N_m：站点 m 的装备部署数量。

HW_m：装备在站点 m 的平均工作时间单位为每周工作小时数。

s_{mj}：备件 j 在站点 m 的配置量。

X_{mj}：备件 j 在站点 m 的维修供应周转数量（待收备件数），它由三部分构成，即在修故障件数量、补给中的备件数量、修理延误数量。

O_{mj}：站点 m 向其上级保障机构申请备件供应延误时间。

BO_{mj}：备件 j 的短缺数，其短缺数的数学期望为 EBO_{mj}，方差为 VBO_{mj}。

EFR_{mj}：备件 j 的期望满足率。

C_j：备件 j 的采购单价。

模型中的决策变量为备件 j 在站点 m 的配置量 s_{mj}。

4.3.4　备件维修更换率

为了能够迅速恢复装备战斗力，对发生故障的设备一般采用换件维修方式，在该方式下，备件需求率等同于备件维修更换率，是模型中的重要输入参数。影响备件维修更换率的主要因素包括装备可靠性水平、站点的维修条件、装备任务强度、装备组成结构、装备部署情况以及保障组织结构。表 4-6 给出了备件维修更换率的影响因素及对应的模型参数。

表 4-6 备件维修更换率的影响因素及对应的模型参数

影响因素	对应的模型参数
装备可靠性水平	平均故障间隔时间 MTBF_j
站点的维修条件	①故障件的原位维修率 RIP_j ②故障件重测完好率 RtOK_j ③故障件修复概率 $1-\text{NRTS}_{mj}$
装备任务强度	①装备的平均工作时间 HW_m ②装备部件的占空比 DC_j
装备组成结构	①备件在装备中的层级结构 $\text{Inden}(i)$ ②部件的单机安装数/实力数 Z_j
装备部署情况	装备在使用站点的配置数量 N_m
保障组织结构	①保障体系内的保障等级 N ②保障体系内的站点数量 M ③保障结构关系 $\text{Unit}(m)$、$\text{Echelon}(n)$

在新装备列装初期且缺少历史故障消耗数据的条件下,可根据装备 RMS 设计指标以及表 4-6 所示的参数对备件维修更换率进行计算。

站点 m 备件 j 的维修更换率由两部分构成:①站点 m 所属下一级别保障站点 $l(l \in \text{Unit}(m))$ 不能对故障件 j 进行修复的数量,这些不能修复的故障件需要送到站点 m 进行维修;②修理部件 j 的母体 $l(l \in \text{Aub}(j))$,其母体发生故障是由部件 j 的故障所致的,因此发生了对备件 j 的需求。

计算备件维修更换率需要综合考虑两项因素:①站点在保障体系中所处的等级;②备件在系统中的结构层次。对于装备所属的第一层级部件 LRU,使用现场都能够对其进行拆卸更换,在计算 LRU 需求率时,不用考虑现场的更换能力,可认为 $\text{Re}_{mj}=1$。根据现场的装备部署数量 N_m、平均工作时间 HW_m、部件的单机安装数 Z_j、平均故障间隔时间 MTBF_j、原位维修率 RIP_j、占空比 DC_j、重测完好率 RtOK_j 等参数,对使用现场 LRU_j 的年平均维修更换率 λ_{mj} 进行计算:

$$\lambda_{mj} = \frac{365 \times \text{DC}_j(1-\text{RIP}_j) \cdot \text{HW}_m \cdot Z_j \cdot N_m}{7 \times \text{MTBF}_j(1-\text{RtOK}_j)} \tag{4-45}$$

对于其他层次结构的部件 $j(j \notin \text{Inden}(1))$,需要考虑对其进行拆卸更换的能力,此时 $0 \leqslant \text{Re}_{mj} \leqslant 1$,另外更换故障单元 j 是在修理其母体组件 $l (l \in \text{Aub}(j))$ 时产生的,则备件 $j(j \notin \text{Inden}(1))$ 在使用现场的维修更换率为

$$\lambda_{mj} = \lambda_{ml}(1-\text{NRTS}_{ml})q_{mlj} \cdot \text{Re}_{mj}, \quad l \in \text{Aub}(j) \tag{4-46}$$

对于其他等级的站点 $m(m \notin \mathrm{Echelon}(N))$，$\mathrm{LRU}_j$ 的需求率等于 m 所属的下一级别站点 $l(l \in \mathrm{Unit}(m))$ 不能对故障件 j 进行维修的数量之和，则有

$$\lambda_{mj} = \sum_{l \in \mathrm{Unit}(m)} \lambda_{lj} \cdot \mathrm{NRTS}_{lj} \tag{4-47}$$

对于站点 $m(m \notin \mathrm{Echelon}(N))$，备件需求中除了接收到的送修故障件，还要考虑对其母体 $l(l \in \mathrm{Aub}(j))$ 进行修理时而产生的对 j 的需求：

$$\lambda_{mj} = \sum_{l \in \mathrm{Unit}(m)} \lambda_{lj} \cdot \mathrm{NRTS}_{lj} + \sum_{l \in \mathrm{Aub}(j)} \lambda_{ml}(1 - \mathrm{NRTS}_{ml})q_{mlj} \cdot \mathrm{Re}_{mj} \tag{4-48}$$

保障系统中各站点的备件维修更换率可根据式(4-45)～式(4-48)递推，计算流程如图 4-7 所示。

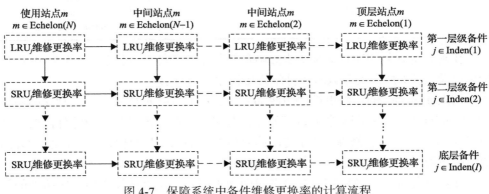

图 4-7　保障系统中备件维修更换率的计算流程

4.3.5　多级保障模式下的备件配置模型构建

1. 备件维修供应周转量

备件维修供应周转量(待收备件数)决定了备件短缺数的大小，而备件短缺数将直接影响装备保障效能，因此确定备件维修供应周转量是建模中所需的输入变量，主要由三部分构成：故障件在修数量、补给中的备件数量以及维修延误的备件数量。

1)故障件在修数量

在不考虑修理机构中维修资源有限的情况下，故障件不会因维修资源被占满而造成排队等待的现象，稳态条件下的任一时刻，站点 m 对故障件 j 的在修数量均值为

$$E[R_{mj}] = \lambda_{mj}(1 - \mathrm{NRTS}_{mj})T_{mj} \tag{4-49}$$

式中，R_{mj} 表示在修备件数。故障件 j 的平均修复时间 T_{mj} 可根据其所属的分组件平均修复时间来确定：

$$T_{mj} = \frac{\sum\limits_{k \in \mathrm{Sub}(j)} \lambda_{mk} T_{mk}}{\sum\limits_{k \in \mathrm{Sub}(j)} \lambda_{mk}} \tag{4-50}$$

2）补给中的备件数量

该部分等于由上级保障站点 $n(n \in \mathrm{SUP}(m))$ 进行补给或处于运输过程中的备件量，同时还要考虑出现备件短缺而造成补给延误的数量。在站点 n 所发生的所有备件短缺总数中，只有一部分比例 f_{mj} 会影响到站点 m，该比例系数表示站点 m 所产生的备件需求数占上级保障站点 n 需求总数的百分比，f_{mj} 的计算公式为

$$f_{mj} = \frac{\lambda_{mj} \cdot \mathrm{NRTS}_{mj}}{\lambda_{\mathrm{SUP}(m),j}} \tag{4-51}$$

则上级保障站点发生备件短缺而造成对站点 m 补给延误的数量为 $f_{mj}\mathrm{EBO}_{\mathrm{SUP}(m),j}$，因此对站点 m 第 j 项备件进行补给的数量期望值为

$$\begin{aligned}
E[S_{mj}] &= \lambda_{mj}\mathrm{NRTS}_{mj}O_{mj} + f_{mj}\mathrm{EBO}_{\mathrm{SUP}(m),j} \\
&= \lambda_{mj}\mathrm{NRTS}_{mj}\left(O_{mj} + \frac{\mathrm{EBO}_{\mathrm{SUP}(m),j}}{\lambda_{\mathrm{SUP}(m),j}}\right)
\end{aligned} \tag{4-52}$$

3）维修延误的备件数量

故障件 j 因等待分组件而造成修理延误的数量等于其所有分组件 $k(k \in \mathrm{Sub}(j))$ 的短缺数 EBO_{mk} 之和。在对分组件 k 的总需求中，只有一部分比例会造成修理延误的影响，比例因子 h_{mjk} 的计算公式为

$$h_{mjk} = \frac{\lambda_{mj}(1 - \mathrm{NRTS}_{mj})q_{njk}}{\lambda_{mk}} \tag{4-53}$$

因此，可以得出分组件 k 的所有短缺总数中，只有一部分比例 h_{mjk} 会对故障件 j 的修理造成延误，则故障件 j 在站点 m 维修时，由等待其分组件 $k(k \in \mathrm{Sub}(j))$ 造成修理延误的数量期望值为

$$\begin{aligned}
E[D_{mj}] &= \sum_{k \in \mathrm{Sub}(j)} h_{mjk} \cdot \mathrm{EBO}_{mk} \\
&= \sum_{k \in \mathrm{Sub}(j)} \frac{\lambda_{mj}(1 - \mathrm{NRTS}_{mj})q_{njk}}{\lambda_{mk}} \cdot \mathrm{EBO}_{mk}
\end{aligned} \tag{4-54}$$

与需求率计算相类似，备件维修供应周转量同样需要考虑站点保障等级和备件结构层次。首先从顶层站点 $m(m \in \text{Echelon}(1))$ 的底层部件 $j(j \in \text{Inden}(I))$ 进行分析，由于顶层站点在整个保障体系内部只发放备件（暂不考虑向外部采购备件），所以备件维修供应周转量中不存在补给的那部分备件；此外，装备中的底层部件不可再分解，不会因等待其分组件而造成修理延误的部分。因此，顶层站点 $m(m \in \text{Echelon}(1))$ 中，底层部件 $j(j \in \text{Inden}(I))$ 的维修供应周转量均值为

$$E[X_{mj}] = \lambda_{mj}(1 - \text{NRTS}_{mj})T_{mj} \tag{4-55}$$

对于非底层备件 $j(j \notin \text{Inden}(I))$，维修供应周转量中要考虑因等待其分组件 $k(k \in \text{Sub}(j))$ 而造成修理延误的数量，即

$$E[X_{mj}] = \lambda_{mj}(1 - \text{NRTS}_{mj})T_{mj} + \sum_{k \in \text{Sub}(j)} h_{mjk} \cdot \text{EBO}_{mk} \tag{4-56}$$

对于站点 $m(m \notin \text{Echelon}(1))$，不仅发放备件，还需要从上级接受备件补给，因此对于站点 $m(m \notin \text{Echelon}(1))$，底层部件 $j(j \in \text{Inden}(I))$ 的维修供应周转量均值为

$$E[X_{mj}] = \lambda_{mj}(1 - \text{NRTS}_{mj})T_{mj} + \lambda_{mj}\text{NRTS}_{mj}O_{mj} + f_{mj}\text{EBO}_{\text{SUP}(m),j} \tag{4-57}$$

对于非底层部件 $j(j \notin \text{Inden}(I))$，则有

$$\begin{aligned} E[X_{mj}] = & \lambda_{mj}(1 - \text{NRTS}_{mj})T_{mj} + \lambda_{mj}\text{NRTS}_{mj}O_{mj} \\ & + f_{mj}\text{EBO}_{\text{SUP}(m),j} + \sum_{k \in \text{Sub}(j)} h_{mjk} \cdot \text{EBO}_{mk} \end{aligned} \tag{4-58}$$

站点 m 向上级保障站点 $n(n \in \text{SUP}(m))$ 申领备件时，上级站点 n 出现备件短缺会造成对补给的延误，该短缺总数中，造成对站点 m 补给延误的短缺数概率服从二项分布；另外，当部件 j 的分组件 $k(k \in \text{Sub}(j))$ 发生短缺时，其短缺总数会以概率 h_{mjk} 而造成对故障件 j 的修理延误，同理该短缺数概率也服从二项分布。因此，可以得出站点 m、备件 j 的维修供应周转数量方差为

$$\begin{aligned} \text{Var}[X_{mj}] = & \lambda_{mj}(1 - \text{NRTS}_{mj})T_{mj} + \lambda_{mj}\text{NRTS}_{mj}O_{mj} \\ & + f_{mj}(1 - f_{mj})\text{EBO}_{\text{SUP}(m),j} + f_{mj}^2 \text{VBO}_{\text{SUP}(m),j} \\ & + \sum_{k \in \text{Sub}(j)} h_{mjk}^2 \text{VBO}_{mk} + \sum_{k \in \text{Sub}(j)} h_{mjk}(1 - h_{mjk})\text{EBO}_{mk} \end{aligned} \tag{4-59}$$

在整个保障体系内，各级保障站点的备件维修供应周转量可根据式（4-55）～式（4-59）递推计算得出，计算流程如图 4-8 所示。

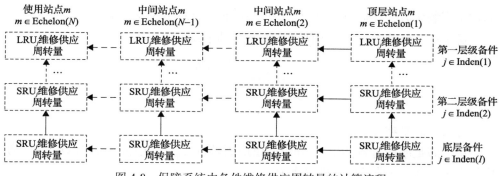

图 4-8　保障系统中备件维修供应周转量的计算流程

令站点 m 第 j 项备件的期望短缺数为 EBO_{mj}，短缺数方差为 VBO_{mj}，则有

$$\text{EBO}_{mj} = \sum_{X_{mj}=s_{mj}+1}^{\infty} (X_{mj} - s_{mj}) \cdot p(X_{mj}) \tag{4-60}$$

$$\text{VBO}_{mj} = E[\text{BO}_{mj}]^2 - [\text{EBO}_{mj}]^2 \tag{4-61}$$

$$E[\text{BO}_{mj}]^2 = \sum_{X_{mj}=s_{mj}+1}^{\infty} (X_{mj} - s_{mj})^2 \cdot p(X_{mj}) \tag{4-62}$$

式中，$p(X_{mj})$ 为备件维修供应周转量的稳态概率分布。将帕尔姆定理推广到多级保障系统中，则备件在修数量、维修延误数量、备件正在补给和补给延误的数量都近似服从泊松分布，并且彼此之间相互独立。由联合泊松分布性质可知，备件维修供应周转量服从均值为 $E[X_{mj}]$ 的泊松分布。通过计算备件维修供应周转量方差均值比，能够为其确定合适的概率分布函数，当 $E[X_{mj}] = \text{Var}[X_{mj}]$ 时，$p(X_{mj})$ 近似为泊松分布；当 $E[X_{mj}] < \text{Var}[X_{mj}]$ 时，$p(X_{mj})$ 近似为负二项分布；当 $E[X_{mj}] > \text{Var}[X_{mj}]$ 时，$p(X_{mj})$ 近似为二项分布。

2. 优化目标函数

1）装备可用度

当只考虑备件保障因素的影响时，装备可用度主要取决于现场更换单元 LRU_j 期望短缺数的大小，对于串联结构系统，任何 LRU_j 出现空缺（短缺）均会造成系统停机，对于使用现场 m，装备可用度的计算公式为

$$A_m = \prod_{j \in \text{Inden}(1)} \left(1 - \frac{\text{EBO}_{mj}}{N_m Z_j}\right)^{Z_j} \tag{4-63}$$

式中，Z_j 为 LRU_j 的单机安装数；N_m 为装备在站点 m 的部署数量。

式（4-63）中，当 $\text{EBO}_{mj} \geqslant N_m Z_j$ 时，可用度 $A_m=0$，其原因是 LRU_j 在装备中有

$N_m Z_j$ 个安装位置，任何位置出现空缺的概率值 $\mathrm{EBO}_{mj}/(N_m Z_j)$ 不能超过 1。

对于整个保障系统，其保障的所有装备的平均可用度为

$$A = \frac{\sum\limits_{m \in \mathrm{Echelon}(N)} (N_m A_m)}{\sum\limits_{m \in \mathrm{Echelon}(N)} N_m} \tag{4-64}$$

2）备件满足率

备件满足率通过备件量 s_{mj} 和维修供应周转量 X_{mj} 的稳态概率来计算，对于使用站点 m，其第 j 项备件的满足率为

$$\mathrm{EFR}_{mj} = p(X_{mj} \leqslant s_{mj} - 1) = \sum\limits_{X_{mj}=0}^{s_{mj}-1} p(X_{mj}) \tag{4-65}$$

系统级的备件满足率取决于 LRU_j 的满足率，则装备在站点 m 的平均满足率 EFR_m 为

$$\mathrm{EFR}_m = \frac{\sum\limits_{j \in \mathrm{Inden}(1)} (\lambda_{mj} \mathrm{EFR}_{mj})}{\sum\limits_{j \in \mathrm{Inden}(1)} \lambda_{mj}} \tag{4-66}$$

整个保障体系内，所有装备的备件满足率为

$$\mathrm{EFR} = \frac{\sum\limits_{m} (N_m \mathrm{EFR}_m)}{\sum\limits_{m} N_m} \tag{4-67}$$

3）保障延误时间

当只考虑备件的影响因素时，保障延误时间是指因备件缺货而导致的延误时间，也称备件供应延误时间。对于单项备件，其度量方法为在规定的时间内备件期望短缺数与平均需求率的比值。系统级的保障延误时间可由各备件供应延误时间加权得出，加权系数为各备件需求率与所有备件需求率之和的比值。对于站点 m，系统级的平均保障延误时间 Td_m 为

$$\mathrm{Td}_m = \frac{\sum\limits_{j \in \mathrm{Inden}(1)} \mathrm{EBO}_{mj}}{\sum\limits_{j \in \mathrm{Inden}(1)} \lambda_{mj}} \tag{4-68}$$

则整个保障体系的平均延误时间为

$$\mathrm{Td} = \frac{\sum\limits_{m} (N_m \cdot \mathrm{Td}_m)}{\sum\limits_{m} N_m} \tag{4-69}$$

4) 保障费用

保障费用是一项经济性指标，主要包括备件采购费用、故障维修费用、备件存储费用、管理费用等，这里主要考虑备件采购费用。令第 j 项备件在站点 m 的配置量为 s_{mj}，采购单价为 C_j，则备件的采购总费用为

$$C_0 = \sum_{j=1}^{N} \sum_{m=1}^{N} C_j s_{mj} \tag{4-70}$$

综合上述分析，备件配置优化模型可表述为：在规定的保障效能指标(装备可用度、备件满足率或保障延误时间等)约束下，使整个保障系统中的备件购置费用最低，即

$$\begin{cases} \min \sum_{j=1}^{N} \sum_{m=1}^{N} C_j s_{mj} \\ \text{s.t. } A \geqslant A_0, \quad \text{EFR} \geqslant \text{EFR}_0, \quad \text{Td} \leqslant \text{Td}_0 \end{cases} \tag{4-71}$$

式中，A_0 为设定的装备可用度指标值；EFR_0 为设定的备件满足率指标；Td_0 为规定的保障延误时间指标值。

3. 模型求解算法

对于装备可用度 A，式(4-63)等号两端取对数可得

$$\ln A_m = \sum_{j \in \text{Inden}(1)} Z_j \ln\left(1 - \frac{\text{EBO}_{mj}}{N_m Z_j}\right)$$
$$\approx -\frac{1}{N_m} \sum_{j \in \text{Inden}(1)} \text{EBO}_{mj} \tag{4-72}$$

近似表达式(4-72)的依据是幂级数 $\ln(1-a)$ 的展开式可以写为 $-a - 0.5a^2 \cdots$，由于 a 很小，可以省略 a^2 及其更高次幂各项数值。利用可用度与备件短缺数的关系，可将可用度指标转化为备件短缺数之和来近似处理。

边际优化算法迭代开始时，初始化备件配置量 $s_{mj} = 0$，在每一次迭代过程中，可通过计算最大边际效应值 $\delta(m, j)$ 来确定最优站点 m^* 以及最优备件项目 j^*。

$$\delta(m, j) = \frac{\left\{ \sum_{m=1}^{N} \sum_{j=1}^{N} \text{EBO}_{mj}(\overline{s}) - \sum_{m=1}^{N} \sum_{j=1}^{N} \text{EBO}_{mj}(\overline{s} + \text{ones}(m, j)) \right\}}{C_j} \tag{4-73}$$

式中，$\overline{s}$ 表示库存量矩阵；$\text{ones}(m, j)$ 表示站点 m 第 j 项备件为 1、其他项全为 0 的矩阵；$\text{EBO}_{mj}(\overline{s})$ 表示备件配置方案 $\overline{s}$ 下的期望短缺数。将最大边际效应值 $\delta(m, j)$ 所对应的当前最优站点 m^* 以及最优备件项目 j^* 加 1，迭代结束时的备件库

存量矩阵$\bar{s}$将作为下一次迭代的初始值，依次循环，直到满足模型中所设定的可用度指标，算法流程如图4-9所示。

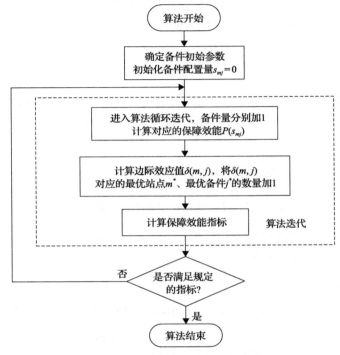

图4-9　边际优化算法的计算流程

例4.3　由基地级站点(H_0)、中继级站点(R_1、R_2)和装备使用现场(基层级站点 J_1、J_2、J_3)组成的三级保障体系中，装备在各使用现场的部署数量 N_m 分别为18、12 和 15，需要在各站点配置一定数量的备件库存以满足装备保障需求，保障组织结构如图4-10所示。

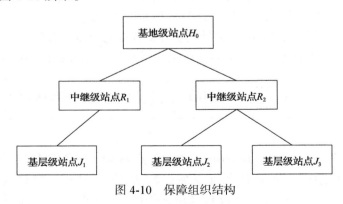

图4-10　保障组织结构

装备备件清单及其相关参数如表 4-7 所示。

表 4-7 装备备件清单及其相关参数

备件	结构码	$MTBF_j$	Z_j	RIP_j	DC_j	$RtOK_j$	T_j	C_j
LRU_1	1	667	2	0.2	0.8	0.1	10	53400
LRU_2	2	667	2	0.2	0.8	0.1	11	78800
LRU_3	3	990	3	0.2	0.8	0.1	13	92300
SRU_{11}	1.1	1200	1	0.1	0.7	0.2	5	6700
SRU_{12}	1.2	1500	2	0.1	0.7	0.2	7	8800
SRU_{21}	2.1	2000	1	0.1	0.7	0.2	8	11200
SRU_{22}	2.2	1000	2	0.1	0.7	0.2	4	9700
SRU_{31}	3.1	1800	2	0.1	0.7	0.2	5	12300
SRU_{32}	3.2	2200	2	0.1	0.7	0.2	3	21800

若规定整个保障体系内的装备可用度指标 A_0 不低于 0.95，则采用边际优化算法历经 102 轮迭代得到备件的最优配置方案。备件在各个保障站点的最优配置数量如表 4-8 所示。

表 4-8 备件最优配置数量

站点	LRU_1	LRU_2	LRU_3	SRU_{11}	SRU_{12}	SRU_{21}	SRU_{22}	SRU_{31}	SRU_{32}
H_0	1	1	1	5	4	3	5	5	2
R_1	1	0	1	2	2	1	3	2	2
R_2	3	2	2	3	2	2	3	3	2
J_1	4	2	2	1	1	1	1	1	0
J_2	4	2	2	1	1	1	1	1	0
J_3	4	2	2	1	1	1	1	1	0

该方案下，使用现场的装备可用度分别为：$A_{j1}=0.95386$、$A_{j2}=0.95183$、$A_{j3}=0.94515$，整个保障体系的装备可用度 $A=0.95042$、备件满足率 EFR=0.66557、保障延误时间 Td=33.146h、备件采购总费用 C=337.98 万元。

采用基于离散事件系统 ExtendSim 的仿真方法对模型转运参数进行验证，该系统对离散事件具有较强的仿真能力。仿真模型体系主要包含备件需求模块、故障维修控制模块、备件补给与库存管理模块、保障效能评估模块、统计分析模块等，图 4-11~图 4-13 分别给出了故障维修控制模块、备件补给与库存管理模块、统计分析模块的仿真流程。

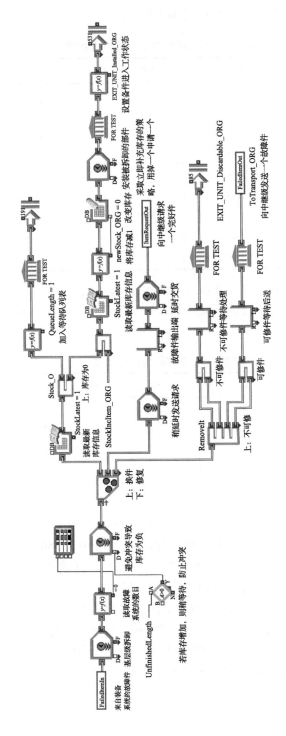

图 4-11　故障维修控制模块的仿真流程

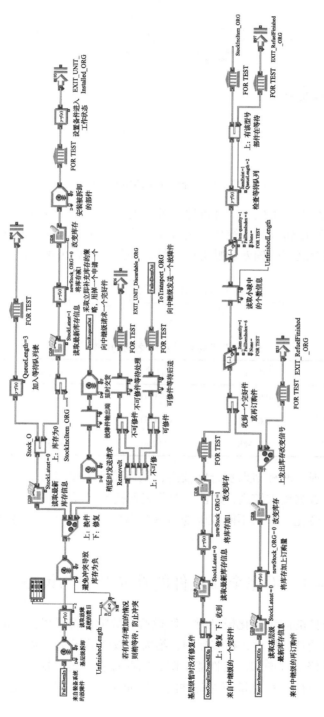

图 4-12　备件补给与库存管理模块的仿真流程

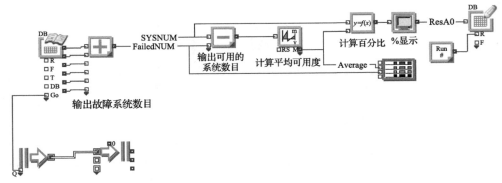

图 4-13　统计分析模块的仿真流程

为了使仿真结果趋于稳态，将备件需求发生的总次数设为 2000，仿真时钟按事件发生的逻辑顺序转入相应模块。表 4-9 给出了模型计算结果与仿真结果的对比，并比较了两者之间的偏差和贴近度，结果偏差 ε 和贴近度 ξ 定义为

$$\varepsilon = \frac{\left| \text{Result}_{模型} - \text{Result}_{仿真} \right|}{\text{Result}_{仿真}}, \quad \xi = 1 - \varepsilon \tag{4-74}$$

表 4-9　两种计算结果之间的比较

效能指标	模型结果	仿真结果	结果偏差 ε/%	贴近度 ξ
装备可用度 A	0.95042	0.93041	2.1	0.979
备件满足率 EFR	0.66557	0.64171	3.6	0.964
保障延误时间 Td	33.146h	34.15h	3.03	0.971

通过比较发现，两种结果吻合度较高，从而验证了模型结果是可信的。备件模型求解对输入数据要求较高，并且会随着装备技术状况、质量等级、使用条件、工作环境等发生变化，如果不能准确地对这些参数进行估计，就会对计算结果造成偏差。

4.4　不完全修复件的补充及采购策略

在建立可修件的配置优化模型时，假设所有故障件都是可修复的，没有考虑故障件的报废及消耗。然而，在实际中，绝大多数产品属于不完全修复件/部分可修复件，随着维修次数增加，其性能下降，因此存在一定的报废率，这就会使整个保障体系内的备件库存总量随着备件的报废而减少，此时就需要考虑备件的补充和采购问题。在保障体系内部,一般由顶层站点(基地级)向外部供货商采购备件,其他各级别站点仍继续沿用 $(s-1,s)$ 库存策略,如果将其推广到一般形式,保障系统内部各站点均可采用批量供货策略,那么需要选择合理的备件订购量 Q 和订购点 R。

在确定不完全修复件订购点和订购量时,需要给出订购延误期间内备件需求量的概率分布,一般情况下按正态概率分布来计算,但由于订购点 R 是关于订购量 Q 的非线性函数,在计算过程中需要不断进行迭代才能确定 R 和 Q 的最优估计值,这样会使计算过程变得烦琐。由文献[31]可知,对于报废率(消耗量)较低的可修产品,将订购延误期间内的需求概率用拉普拉斯分布近似代替,不仅能够保证结果精度,还可以使 Q 与 R 的计算公式相互独立,从而不需要进行反复迭代就能够确定 R 和 Q 的最优估计值,使计算过程变得更加简单。

4.4.1　近似拉普拉斯需求分布的备件短缺函数

设故障件 j 在顶层(基地级)站点 m 的报废率为 d_{mj} $(0 < d_{mj} \leqslant 1)$,向外部供货方采购备件的延误时间为 TD_j(从备件订单申请到接收备件之间的时间间隔又称供货周期),则站点 m 在供货周期内的备件需求均值为

$$E[D_{mj}] = \lambda_{mj} \cdot d_{mj} \cdot \mathrm{TD}_j \tag{4-75}$$

式中, D_{mj} 为备件采购间隔期需求量。

设采购间隔期需求量的标准差为 σ_{mj},采购安全系数为 k_{mj},则订购点 R_{mj} 可表示为

$$R_{mj} = k_{mj}\sigma_{mj} + E[D_{mj}] \tag{4-76}$$

式中,标准差 $\sigma_{mj} = E[D_{mj}]^{1/2}$ 以及间隔期需求均值 $E[D_{mj}]$ 在计算时作为已知参数,只要确定最优订购系数 k_{mj},就可以确定最优订购点。采购间隔期内备件消耗量的拉普拉斯概率分布为

$$p(x_{mj}) = \left(\sqrt{2}/2\sigma_{mj}\right) \mathrm{e}^{-\frac{\sqrt{2}\left|x_{mj}-E[D_{mj}]\right|}{\sigma_{mj}}} \tag{4-77}$$

根据库存平衡方程(库存状态=现有备件数+待收备件数–备件短缺数)可知,在备件采购周期内,备件库存状态位于 R_{mj} 和 $R_{mj}+Q_{mj}$ 之间,则备件短缺数的概率分布函数为[32]

$$p(\mathrm{BO}_{mj} = y) = \frac{1}{Q_{mj}} \int_{R_{mj}}^{R_{mj}+Q_{mj}} (\sqrt{2}/2\sigma_{mj}) \mathrm{e}^{-\frac{\sqrt{2}(L+y-E[D_{mj}])}{\sigma_{mj}}} \mathrm{d}L$$

$$= \frac{1}{2Q_{mj}} \mathrm{e}^{-\frac{\sqrt{2}(y+k_{mj}\sigma_{mj})}{\sigma_{mj}}} (1 - \mathrm{e}^{-\sqrt{2}Q_{mj}/\sigma_{mj}})$$

(4-78)

期望短缺数为

$$\mathrm{EBO}_{mj} = \int_0^\infty y \cdot p(\mathrm{BO}_{mj} = y) \mathrm{d}y = \frac{\sigma_{mj}^2}{4Q_{mj}} \mathrm{e}^{-\sqrt{2}k_{mj}} (1 - \mathrm{e}^{-\sqrt{2}Q_{mj}/\sigma_{mj}})$$

(4-79)

4.4.2 最优订购方案的求解方法

在备件短缺数指标约束条件下，寻求最优的 R^* 和 Q^* 使备件的年库存管理费用和订购费用最低。所建立的模型如下：

$$\min \quad \frac{H_{mj}\lambda_{mj}d_{mj}}{Q_{mj}} + c'_{mj} \left(\frac{Q_{mj}+1}{2} + R_{mj} - E[D_{mj}] + \mathrm{EBO}_{mj} \right)$$

(4-80)

$$\mathrm{EBO}_{mj} \leqslant B_{mj}$$

(4-81)

$$Q_{mj} \geqslant 1, \quad R_{mj} \geqslant -1$$

(4-82)

式中，H_{mj} 为备件的订购费用；c'_{mj} 为备件年库存管理费用；B_{mj} 为备件短缺数指标。将式(4-81)中的短缺数指标代入式(4-80)，分别对 R_{mj} 和 Q_{mj} 求偏导并令其等于 0，便可以得到订购量和订购点的最优估计值：

$$Q_{mj}^* = \frac{\sigma_{mj}}{\sqrt{2}} + \sqrt{\frac{2H_{mj}\lambda_{mj}d_{mj}}{c'_{mj}} + \frac{\sigma_{mj}}{2}}$$

(4-83)

$$R_{mj}^* = -\frac{\sigma_{mj}}{\sqrt{2}} \ln \frac{4Q_{mj}B_{mj}}{\sigma_{mj}^2(1 - \mathrm{e}^{-\sqrt{2}Q_{mj}/\sigma_{mj}})} + E[D_{mj}]$$

(4-84)

令保障站点 m 的第 j 项备件期望短缺数为 $\mathrm{EBO}_{mj}(\overline{s}^*)$，可根据备件在该站点的配置量来计算，即

$$\mathrm{EBO}_{mj}(\overline{s}^*) = \sum_{X_{mj}=s_{mj}^*+1}^{\infty} (X_{mj} - s_{mj}^*) p(X_{mj})$$

(4-85)

式中，X_{mj} 为备件供应周转量；$p(X_{mj})$ 为备件供应周转量概率分布。一部分需求通过修理得到满足，另一部分因报废而产生的需求则需要向外部进行采购来满足。因此，备件期望短缺数指标需要在两种渠道中进行分配，即

$$B_{mj} = \text{EBO}_{mj}(\overline{s}^{*}) \frac{E[D_{mj}]}{E[D_{mj}] + \lambda_{mj}(1-d_{mj})T_{mj}} \tag{4-86}$$

式中，T_{mj} 为故障件 j 在站点 m 的平均修复时间。根据库存平衡方程，在确定最优订购点时，需要在式(4-84)的基础上考虑故障件的平均在修数量，因此修正后的模型为

$$R_{mj}^{*} = -\frac{\sigma_{mj}}{\sqrt{2}} \ln \frac{4Q_{mj}B_{mj}}{\sigma_{mj}^{2}(1-\text{e}^{-\sqrt{2}Q_{mj}/\sigma_{mj}})} + E[D_{mj}] + \lambda_{mj}(1-d_{mj})T_{mj} \tag{4-87}$$

例 4.4 某基地仓库的备件年库存管理费率为 0.05，固定订货费用为 1500 元，规定每项备件的短缺数指标不超过 0.1，即 $B_{mj}(\overline{s}) \leqslant 0.1$，备件清单及相关保障参数如表 4-10 所示。其中，备件单价与管理费率的乘积为单项备件的年库存费用。

表 4-10　备件清单及相关保障参数

备件	年需求率	报废率	年消耗量	供货周期/天	单价/元	修复时间/天	短缺数指标
LRU$_1$	31.5	0.2	6.3	220	23400	15	0.079
LRU$_2$	15.3	0.3	4.59	220	12000	30	0.076
LRU$_3$	25.8	0.25	6.45	220	45000	30	0.071
LRU$_4$	30.1	0.1	3.01	150	24000	10	0.063
LRU$_5$	30.6	0.2	6.12	150	20000	7	0.084
LRU$_6$	25.5	0.1	2.55	90	1000	15	0.04
LRU$_7$	50.1	0.2	10.0	180	1300	30	0.06
LRU$_8$	10.4	0.05	0.52	180	75000	30	0.024

根据式(4-83)和式(4-87)，可以得到近似拉普拉斯需求分布下的备件最优采购方案，与此同时，将该结果与正态需求分布下的结果进行比较，如表 4-11 所示。由表可以看出，两种情况下的计算结果趋于一致，偏差较小，相比正态需求分布而言，近似拉普拉斯需求分布下的计算过程简单、方法可行。

表 4-11　两种需求分布条件下的结果比较

备件	最优订购量		最优订购点		期望短缺数		年库存费用/元	
	拉普拉斯	正态	拉普拉斯	正态	拉普拉斯	正态	拉普拉斯	正态
LRU_1	7	6	6	5	0.027	0.053	9989	8714
LRU_2	8	7	4	4	0.030	0.026	5179	5122
LRU_3	6	5	7	6	0.017	0.025	18141	15428
LRU_4	5	4	2	2	0.023	0.023	6350	6200
LRU_5	7	7	3	3	0.058	0.054	7166	7161
LRU_6	18	18	1	0	0.005	0.027	919	870
LRU_7	32	31	8	5	0.006	0.038	2211	2016
LRU_8	1	1	1	1	0.008	0.003	8127	8110

　　图 4-14 和图 4-15 给出了两种情况下备件年更换率与订购量、订购点之间的变化曲线。由图可以看出，近似拉普拉斯需求分布下得到的备件订购量和订购点要比正态需求分布下的高，计算结果较为保守、鲁棒性较强，当备件更换率较低时，两种结果偏差很小。

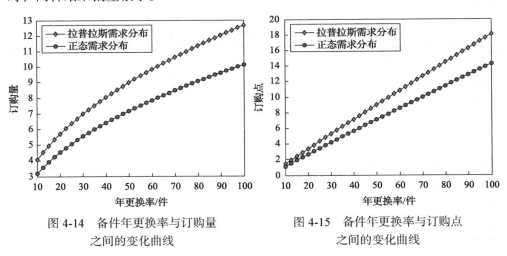

图 4-14　备件年更换率与订购量　　　　图 4-15　备件年更换率与订购点
　　　　之间的变化曲线　　　　　　　　　　　　之间的变化曲线

　　以备件 LRU_1 为例，图 4-16 给出了两种需求分布下备件采购方案与期望短缺数之间的变化曲线，图 4-17 给出了备件采购方案与年库存费用之间的变化曲线。大多数情况下，两种需求分布下的计算结果基本一致，当订购点较低时，拉普拉斯需求分布下计算得到的备件期望短缺数略高于正态需求分布。

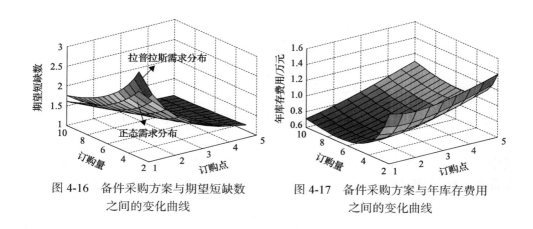

图 4-16　备件采购方案与期望短缺数　　　　图 4-17　备件采购方案与年库存费用
　　　　之间的变化曲线　　　　　　　　　　　　　之间的变化曲线

4.5　备件方案利用率分析及寿命保障费用预测

　　根据备件优化模型计算得到的备件保障方案，其运行效果如何，装备寿命周期内备件保障经费需求是多少，还需要通过解析的方法进一步分析和评估，以此才能更好地掌握整个保障体系中的备件状态，为备件方案的修订与完善、配套维修资源的规划与部署、年度采购计划的制订提供参考。

4.5.1　备件利用率

　　备件利用率是从备件方案经济效率的角度进行度量的指标，主要是以统计的方式给出，其定义为：在规定级别和规定时间内，实际使用的备件数量与该级别配置的备件数量之比，该定义通过统计法的形式给出。

　　令 m 为保障站点/级别编号，j 为备件项目编号。对于单项备件，若备件配置量为 s_{mj}，观测周期内备件发生故障的次数为 x_{mj}，则由统计定义可知，备件利用率的统计量 Y_{mj} 是一个离散型随机变量，与备件故障次数 x_{mj} 具有如下关系：

$$Y_{mj} = \begin{cases} x_{mj}/s_{mj}, & 0 \leqslant x_{mj} \leqslant s_{mj} \\ 1, & x_{mj} > s_{mj} \end{cases} \tag{4-88}$$

　　对式 (4-88) 求数学期望，则备件利用率可表示为

$$\rho(s_{mj},T) = E[Y_{mj}] = \sum_{i=0}^{s_{mj}} \frac{i}{s_{mj}} \cdot p(x_{mj}=i) + \sum_{i=s_{mj}+1}^{\infty} p(x_{mj}=i)$$

$$= \frac{\lambda_{mj}T}{s_{mj}} \sum_{i=0}^{s_{mj}-1} \frac{(\lambda_{mj}T)^i}{i!} \cdot e^{-\lambda_{mj}T} + 1 - \rho(s_{mj},T) \qquad (4\text{-}89)$$

$$= \frac{\lambda_{mj}T}{s_{mj}} \left\{ p(s_{mj}-1,T) + s_{mj}[1-\rho(s_{mj},T)]/\lambda_{mj}T \right\}$$

式中，λ_{mj} 表示备件年平均需求量；$p(s_{mj}-1,T)$ 表示备件配置量为 s_{mj} 时，前 $s_{mj}-1$ 个备件所对应的保障概率，即

$$p(s_{mj}-1,T) = \sum_{i=0}^{s_{mj}-1} \frac{(\lambda_{mj}T)^i}{i!} \cdot e^{-\lambda_{mj}T} \qquad (4\text{-}90)$$

结合式(4-89)和式(4-90)，在观测周期 T 内，备件利用率的计算公式为

$$\rho(s_{mj},T) = \frac{\lambda_{mj}}{s_{mj}} \int_0^T p(s_{mj}-1,t)\mathrm{d}t \qquad (4\text{-}91)$$

由备件利用率的计算公式可以看出，单项备件利用率实际上是当配置 s_{mj} 个相同类型备件时，前 $s_{mj}-1$ 个备件需求量与备件配置总数的比值。备件利用率具有如下性质：

(1)在给定 s_{mj} 的情况下，由式(4-91)可得，$\mathrm{d}\rho/\mathrm{d}T > 0$，即单备件利用率是观测周期 T 的增函数。尤其是当 $T \to \infty$、观测周期趋向无穷大时，备件利用率为

$$\lim_{T \to \infty} \rho(s_{mj},T) = \frac{\lambda_{mj}}{s_{mj}} \int_0^\infty p(s_{mj}-1,t)\mathrm{d}t$$

$$= \frac{1}{s_{mj}} \sum_{i=0}^{s_{mj}-1} \int_0^\infty \frac{\lambda_{mj}^{i+1} t^i}{i!} \cdot e^{-\lambda_{mj}t}\mathrm{d}t = 1 \qquad (4\text{-}92)$$

(2)在给定观测周期 T 的情况下，单项备件利用率是备件配置量 s_{mj} 的减函数，而备件满足率是备件配置量 s_{mj} 的增函数。因此，备件利用率与满足率之间具有相互制约的关系，即在备件利用率确定的情况下，备件满足率也随之确定。例如，某备件年平均需求量 λ_{mj} 为 15，观测周期 T 为 1 年，计算得到备件利用率与满足率之间的变化曲线如图 4-18 所示。由图可以看出，备件利用率随其配置数量的增加呈现出单调递减的趋势，而备件满足率则相反，并且备件利用率与备件满足率之间存在一一对应关系。

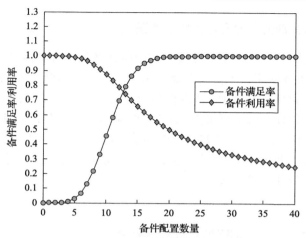

图 4-18　备件利用率与备件满足率之间的变化曲线

在单项备件的基础上，还需要综合考虑系统级的备件利用率，其表示在规定级别和规定时间内，实际使用的备件数与实际拥有的备件数之比。在整个保障体系内，备件配置方案 $s_{M \times J}$ 为

$$
s_{M \times J} = \begin{bmatrix}
s_{11} & s_{12} & \cdots & s_{1j} & \cdots & s_{1J} \\
s_{21} & s_{22} & \cdots & s_{2j} & \cdots & s_{2J} \\
\vdots & \vdots & & \vdots & & \vdots \\
s_{m1} & s_{m2} & \cdots & s_{mj} & \cdots & s_{mJ} \\
\vdots & \vdots & & \vdots & & \vdots \\
s_{M1} & s_{M2} & \cdots & s_{Mj} & \cdots & s_{MJ}
\end{bmatrix}
$$

式中，s_{mj} 表示站点 m 备件 j 的配置数量；M 表示站点总数；J 表示备件总数。整个保障体系内，系统级的备件利用率可定义为

$$
\rho_s(s_{M \times J}, T) = \frac{\displaystyle\sum_{m=1}^{N}\sum_{j=1}^{N} s_{mj}\rho(s_{mj}, T)}{\displaystyle\sum_{m=1}^{N}\sum_{j=1}^{N} s_{mj}} \tag{4-93}
$$

随着保障体系内备件配置数量的增加，系统级备件利用率呈现总体下降的趋势。实验分析表明，系统备件利用率并不是备件配置数量的严格减函数。一定的系统保障概率下，所对应的备件方案并不是唯一的，在此情况下，可以考虑将系统备件利用率作为备件方案优选的准则，使备件利用率最大，从而能够有效减少备件库存积压，提高使用效益。

4.5.2　以事件为驱动的备件寿命保障费用预测

在装备服役周期内，将备件保障过程中所涉及的事件和活动进行分解，建立一种以事件(如备件使用、维修、存储、采购、运输、包装等)为驱动的保障费用预测分析模型，如图 4-19 所示。备件保障所涉及的一切活动，都以事件进行描述，事件按照发生次数分为可重复事件(如备件供应、备件维修等)和非重复事件(如备件研制)，按照内容分为备件维修、备件存储、备件供应、备件采购与报废。分别计算每项事件/活动所花费的费用，通过事件之间的关联关系进行集成，从而得到装备使用阶段的备件保障总成本。

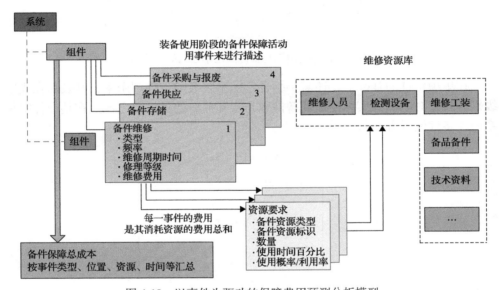

图 4-19　以事件为驱动的保障费用预测分析模型

1. 备件维修

令站点 m 的备件 j 在单位时间内的修理工时费用为 $C_{mj}(r)$，一次维修活动所用维修设备及工装具按照消耗折算后的费用为 $C_{mj}(z)$，技术资料费用为 $C_{mj}(d)$，维修周期时间为 T_{mj}，则完成一次备件修理所用费用为

$$\overline{C}_{mj}(\mathrm{Re}) = C_{mj}(r) \cdot T_{mj} + C_{mj}(z) + C_{mj}(d) \qquad (4\text{-}94)$$

式中，Re 表示修理。

令装备服役周期为 T_0，对于站点 m 的第 j 项备件，装备从入列到退役期间的维修事件发生的总次数为

$$N_{mj}(\mathrm{Re}) = \lambda_{mj}(1 - \mathrm{NRTS}_{mj})T_0 \qquad (4\text{-}95)$$

式中，NRTS_{mj} 为备件不能在本级站点进行维修的概率。根据式 (4-94) 和式 (4-95)，可以计算整个保障体系内的备件维修总费用为

$$C(\text{Re}) = \sum_{m,j=1}^{N} \bar{C}_{mj}(\text{Re}) \cdot N_{mj}(\text{Re}) \tag{4-96}$$

通过分析备件维修事件，可以掌握备件维修频率及维修任务量的大小，为各个级别维修资源的部署和分配提供数据支撑。

2. 备件存储

首先需要分析各个级别站点中备件现有储备量，若备件配置量为 s_{mj}，并不等价于稳态条件下备件现有存储量也为 s_{mj}。令备件配置方案为 $s_{M \times J}$，其对应的期望短缺数为 EBO_{mj}，若采用 $(s-1, s)$ 库存策略，则根据库存平衡方程，可得稳态条件下的备件现有存储量期望值为

$$\text{OH}_{mj} = s_{mj} + \text{EBO}_{mj} - E[X_{mj}] \tag{4-97}$$

式中，$E[X_{mj}]$ 为待收备件数期望值（在修数量+补给数量+维修延误数量+补给延误数量）。若采用 (R, Q) 库存策略，则稳态条件下的备件现有存储量期望值为

$$\text{OH}_{mj} = \frac{Q_{mj} + 1}{2} + R_{mj} - \lambda_{mj} \cdot \text{NRTS}_{mj} \cdot \text{TD}_j + \text{EBO}_{mj} \tag{4-98}$$

式中，Q_{mj} 为备件采购量；R_{mj} 为备件订购点；TD_j 为备件采购延误时间。

备件存储费用主要与存储环境、存储条件及存储量大小等因素相关。令站点 m 备件 j 的年存储费率为 Cs_{mj}，在备件方案 $s_{M \times J}$ 下的存储总费用为

$$C(\text{St}) = \sum_{m,j=1}^{N} \text{Cs}_{mj} \cdot \text{OH}_{mj} \cdot T_0 \tag{4-99}$$

3. 备件供应

备件供应主要伴随着备件包装和运输等活动，在 $(s-1, s)$ 库存策略下，备件补给供应的总次数为

$$N_{mj}(\text{Sup}) = \lambda_{mj} \cdot \text{NRTS}_{mj} \cdot T_0 \tag{4-100}$$

在 (R, Q) 库存策略下，备件补给供应的总次数为

$$N_{mj}(\text{Sup}) = \lambda_{mj} \cdot \text{NRTS}_{mj} \cdot T_0 / Q_{mj} \tag{4-101}$$

令备件运输及包装（往返）的费用为 Ct_{mj}，则备件供应总费用为

$$C(\text{Sup}) = \sum_{m,j=1}^{N} Ct_{mj} \cdot N_{mj}(\text{Sup}) \tag{4-102}$$

4. 备件采购与报废

为使备件库存保持平衡，一旦备件消耗就会驱动备件采购事件的发生，同时消耗的备件也会通过一定的方式进行报废处理。令站点 m 第 j 项备件的消耗/报废概率为 d_{mj}，装备从入列到退役期间，备件消耗事件发生的总次数为

$$N_{mj}(\text{Con}) = \lambda_{mj} \cdot d_{mj} \cdot T_0 \tag{4-103}$$

令备件订购费用为 H_{mj}，采购单价为 c_{mj}，报废处理费用为 Λ_{mj}，则备件采购和报废的总费为

$$C(\text{Con}) = \sum_{m,j=1}^{N} N_{mj}(\text{Con}) \cdot \left(H_{mj}/Q_{mj} + c_{mj} + \Lambda_{mj} \right) \tag{4-104}$$

通过上述分析可知，将备件保障过程的事件进行分解，建立以事件/活动为驱动的保障费用分析模型，通过事件之间的费用加权求和，可以得到备件保障总费用：

$$C = C(\text{Re}) + C(\text{St}) + C(\text{Sup}) + C(\text{Con}) \tag{4-105}$$

例 4.5　基地保障站点的年度存储费率为 10%（备件存储费用与采购价格的比例），备件清单及保障方案计算结果如表 4-12 所示。

表 4-12　备件清单及保障方案计算结果

备件	年需求量	修复率	年消耗量	采购延误时间/天	单价/万元	维修周期时间/天	订购量	订购点	期望短缺数	现有库存量
LRU₁	31.5	0.6	12.6	90	2.6	15	4	6	0.018	5.4
LRU₂	15.3	0.4	9.18	90	1.2	30	5	4	0.022	4.8
LRU₃	25.8	0.7	7.74	90	4.5	30	3	4	0.018	4.1
LRU₄	30.1	0.5	15.1	60	2.4	10	5	4	0.031	4.6
LRU₅	30.6	0.3	21.4	60	1.8	7	6	5	0.048	5.0
LRU₆	25.5	0	25.5	90	0.1	——	9	8	0.066	6.8
LRU₇	50.1	0	50.1	30	0.2	——	11	5	0.051	6.9
LRU₈	10.4	0.8	2.08	120	7.5	30	2	2	0.009	2.8

备件保障过程中所涉及的各项费用如表 4-13 所示，其中，维修工时费为 30 元/h，维修工时数按照 8h/天进行计算，费用单位为万元，装备服役周期为 30 年。

表 4-13　备件保障过程中所涉及的各项费用

备件	维修工装折旧费 /(万元/次)	技术资料使用费 /(万元/次)	存储费用 /(万元/次)	包装运输费用 /(万元/次)	订购费用 /万元	报废费用 /万元
LRU$_1$	0.03	0.05	0.26	0.16	0.1	0.2
LRU$_2$	0.01	0.03	0.12	0.07	0.1	0
LRU$_3$	0.08	0.09	0.45	0.27	0.1	0.2
LRU$_4$	0.02	0.05	0.24	0.15	0.1	0.1
LRU$_5$	0.09	0.04	0.18	0.11	0.1	0.1
LRU$_6$	—	—	0.09	0.06	0.1	0
LRU$_7$	—	—	0.12	0.07	0.1	0
LRU$_8$	0.12	0.15	0.75	0.35	0.1	0.4

以 LRU$_1$ 为例，其年度维修工作量为 18.9 次，完成一次修理所花费的费用为 0.44 万元，装备服役周期内的维修总费用约为 249.5 万元。同理可得，LRU$_1$ 在装备服役周期内的存储总费用约为 42.2 万元、运输包装总费用为 15.1 万元、采购与报废总费用为 1067 万元。

4.6　模型算法的改进设计

多级保障条件下备件优化模型求解一般属于大规模、非线性问题，采用边际优化算法虽然能够保证整个迭代过程中不丢失最优解，但优化效率较低，尤其当装备组成结构复杂、备件规模较大时，这一问题更为突出，因此为了能够使模型算法能够在工程领域得到广泛应用，需要进一步提高算法的优化效率。

4.6.1　边际优化算法性能分析

备件模型的求解所涉及的参数类型多，决策变量是一组关于多站点多类型的备件配置量集合，利用边际优化算法求解时，需要进行反复迭代，在每一轮的迭代过程中确定当前最需要增加的备件类型和部署位置。相比其他优化算法而言，该算法操作简单、计算结果稳定，其最大优势在于算法迭代的整个过程中不丢失最优解，能够得到算法迭代过程中最优费效变化曲线，保证曲线上每一个点都是当前条件下的最优解集。如图 4-20 所示，若设定系统可用度指标 $P_0 = 0.9$，则费效变化曲线上所对应的大于 P_0 的下一个点 s^* 即满足规定指标的最优方案，根据备件方案的最优费效变化曲线，决策人员便于对结果进行分析和调整。

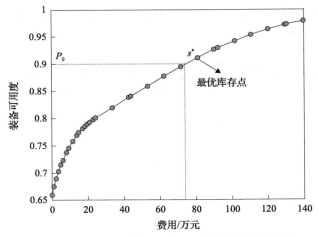

图 4-20　边际优化算法迭代过程中的费效变化曲线

　　边际优化算法也存在不足之处，主要体现在优化效率方面。下面将对该算法的优化效率进行分析，设整个保障系统中的保障站点数量为 m，装备中备件类型数量为 n，模型决策变量输出结果为一个关于各站点备件量集合的 $m \times n$ 的矩阵 $s_{m \times n}$：

$$s_{m \times n} = \begin{bmatrix} s_{11} & s_{12} & \cdots & s_{1j} & \cdots & s_{1n} \\ s_{21} & s_{22} & \cdots & s_{2j} & \cdots & s_{2n} \\ \vdots & \vdots & & \vdots & & \vdots \\ s_{i1} & s_{i2} & \cdots & s_{ij} & \cdots & s_{in} \\ \vdots & \vdots & & \vdots & & \vdots \\ s_{m1} & s_{m2} & \cdots & s_{mj} & \cdots & s_{mn} \end{bmatrix}$$

式中，s_{ij} 表示保障站点 i 备件 j 的配置量。采用边际优化算法决策变量矩阵 $s_{m \times n}$ 时，首先进行变量初始化，令 $s_{m \times n} = [0]$，在每一步循环迭代过程中，遍历 $s_{m \times n}$ 中的所有元素，并将其所对应的数值加 1，并计算其所对应的边际效应值 $\delta(s_{ij})$ （$i \in [1, m], j \in [1, n]$），通过比较所有边际效应值，将最大值 $\max \delta(s_{ij})$ 所对应的最优保障站点 i^*（位置信息）及最优备件项目 j^*（备件类型信息）的配置量加 1，对决策矩阵中的其他变量 s_{ij}（$i \notin i^*, j \notin j^*$）则保持不变。确定下一个优化目标点需要在当前最优变量矩阵 $s_{m \times n}$ 的基础上进行分析，直到满足设定的指标。通过上述对边际优化算法迭代过程及优化原理的分析可知，每确定一个最优点时，算法需要迭代 $m \cdot n$ 次，如果最终的输出结果中所有备件项目的配置量之和 $\text{sum}(s_{m \times n}) = s$，那么算法在整个优化过程中需要迭代 $m \cdot n \cdot s$ 次。

由此可见，边际优化算法类似于一种遍历的方法，需要通过搜索可行解空间的所有元素来确定最优解。当保障系统组织结构复杂、装备类型多、备件规模庞大时，算法的搜索效率和计算时间成为突出问题，因此需要在该算法的基础上，寻求一种更合理的方法来改善算法的搜索效率和运算时间。

4.6.2 一种改进的分层边际优化算法

在传统边际优化算法的基础上，通过引入分层优化的思想，对算法进行改进，以提高其搜索效率，改进的分层边际优化算法步骤如下。

(1)根据装备可用度指标确定其所属的各项 LRU_j 初始可用度 A_{0j}。

装备系统可用度取决于其所属的各项 LRU 可用度，对于串联结构系统，装备可用度 A 为其所属的各项 LRU_j 可用度之积：

$$A = \prod_{j=1}^{J} A_j \tag{4-106}$$

式中，J 表示系统中 LRU 类的数量。若设定系统可用度指标为 A_0，并认为各项 LRU 具有相同的关键度(模型中暂不考虑非关键部件或具有不同关键性差别的部件)，即任何一项 LRU 失效都会导致系统故障。由式(4-106)可知，要保证系统可用度 $A \geqslant A_0$，其所属的每项 LRU_j 的可用度必须至少满足 $A_{0j} \geqslant A_0$。

(2)根据边际优化算法原理，对每项 LRU 及其所属的 SRU 进行优化计算。

(3)进行算法循环迭代，在满足每项 LRU_j 的可用度指标 A_{0j} 的前提下，得到若干条关于 LRU_j 的可用度-费用曲线。

(4)计算当前每项 LRU_j 费效曲线上点的斜率 δ_{0j}，若各项 δ_{0j} 的值近似相等并且 LRU_j 的可用度数值满足条件 $\prod A_{0j} \geqslant A_0$，则算法结束，得到备件最优配置方案结果；否则继续采用边际优化算法，在当前备件方案的基础上进行迭代优化，直到满足指标，改进的分层边际优化算法流程如图 4-21 所示。

通过引入分层优化的思想，能够有效提高边际优化算法的效率，以下通过数学分析对该结论进行证明。

证明 设第 j 项 LRU 及其所属的分组件 $SRU_i(i \in Aub(j))$ 的数量之和为 n_j，保障系统内的站点数量为 m，由传统边际优化算法原理可知，在对该项 LRU 及其所属的分组件 SRU_i 进行优化计算时，每确定一个最优点需要迭代 $m \cdot n_j$ 次，若备件优化方案结果中 LRU_j 及其 SRU_i 的库存量之和为 s_j，则算法需要迭代 $m \cdot n_j \cdot s_j$ 次才能使 LRU_j 满足其可用度指标。

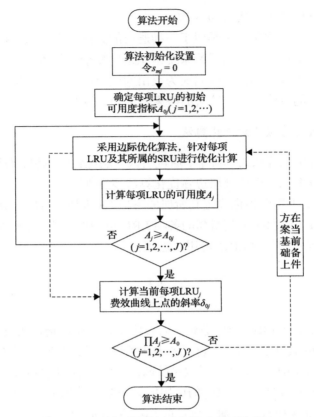

图 4-21　改进的分层边际优化算法流程

完成系统中所有 LRU 的计算，则算法需要迭代的次数为

$$N' = m \cdot \sum_{j=1}^{J} n_j s_j \tag{4-107}$$

根据上述定义，系统中所有备件项目类型的总数为 $n_1 + n_2 + \cdots + n_j + \cdots + n_J$，备件优化方案结果中所有备件配置数量之和为 $s_1 + s_2 + \cdots + s_J$，因此采用传统的边际优化算法时需要循环迭代的总次数为

$$N = m(n_1 + n_2 + \cdots + n_J)(s_1 + s_2 + \cdots + s_J) = m \sum_{j=1}^{J} n_j \cdot \sum_{j=1}^{J} s_j \tag{4-108}$$

对于 $\forall n_j, s_j$，若 $n_j \geqslant 0, s_j \geqslant 0$，则下列不等式恒成立：

$$(n_1 s_1 + n_2 s_2 + \cdots + n_J s_J) \leqslant (n_1 + n_2 + \cdots + n_J)(s_1 + s_2 + \cdots + s_J) \tag{4-109}$$

当 n_j、s_j 不全为 0 时，有 $N' < N$。由此可以得出结论：改进的分层边际优化算法的迭代次数要小于传统边际优化算法，因此在同等条件下具有更高的运算效率，证毕。

4.6.3　人工免疫算法

1. 人工免疫系统原理

人工免疫系统(artificial immune system，AIS)是一个信息处理技术与计算方法相结合的智能系统，其借鉴生物免疫系统的运行机制来解决工程和科学问题。生物免疫系统是一个高度进化的系统，它旨在区分外部有害抗原和自身组织，从而清除病原并保持有机体的稳定，人们从生物免疫系统的运行机制中获取灵感，开发面向应用的免疫系统计算模型——AIS。克隆选择(clone selection，CS)原理最先由 Jerne 提出，其主要特征是免疫细胞在抗原的刺激下产生克隆增殖，随后通过遗传变异分化为多样性效应细胞(如抗体细胞)和记忆细胞，克隆选择对应着一个亲和度成熟的过程，即对抗原亲和度较低的个体在克隆选择机制的作用下，经历增殖复制和变异操作，其亲和度逐步提高而趋于"成熟"。AIS 与备件配置优化过程有很多相似之处，表 4-14 给出了两者之间的对比。

表 4-14　AIS 与备件配置优化的对比

AIS	备件配置优化
抗原	装备保障效能及费用指标
抗体	备件配置优化方案
抗体匹配抗原	针对设定的保障指标及目标函数下的最优备件方案生成
二次反应	形成备件保障方案库，根据设定的指标直接调用库中的方案

2. 抗体编码及新抗体的产生

抗体编码采用一种等价形式表示，按照装备系统中的备件项目类型分配给每个站点的配置量进行编码，若分配给第 i 个站点的第 j 项备件库存量为 s_{ij}，则待优化的决策变量(备件量编码矩阵)为 $s = (s_{11}, s_{12}, \cdots, s_{1n}, s_{21}, s_{22}, \cdots, s_{2n}, \cdots, s_{m1}, s_{m2}, \cdots, s_{mn})$，通过这种方法可以将分配模型中解空间的形式直接从抗体编码中体现出来。

通过在抗体之间进行自交叉、互交叉和变异操作来产生新的抗体，对群体中的抗体按照各自的生存力进行选择，选择下来的抗体再按一定的概率进行随机配对交叉，以一定的变异概率进行变异产生下一代的新抗体。以本节矩阵编码为例，所用算子变换如下。

1）自交叉算子

交叉前：

| 3 | 4 | 4 | 1 | 2 | 5 | 5 | 4 | … | … | … | 2 | 0 | 2 | 3 |

交叉后：

| 2 | 3 | 4 | 1 | 2 | 5 | 5 | 4 | … | … | … | 2 | 0 | 3 | 4 |

2）互交叉算子

交叉前：

| 3 | 4 | 4 | 1 | 2 | 5 | 5 | 4 | — | … | … | … | 2 | 0 | 2 | 3 |

| 5 | 1 | 2 | 3 | 1 | 2 | 1 | 0 | … | … | … | 2 | 1 | 1 | 4 |

交叉后：

| 1 | 2 | 1 | 1 | 2 | 5 | 5 | 4 | — | … | … | … | 2 | 0 | 2 | 3 |

| 5 | 1 | 2 | 3 | 3 | 4 | 4 | 0 | … | … | … | 2 | 1 | 1 | 4 |

3）变异算子

变异前：

| 3 | 4 | 4 | 1 | 2 | 5 | 5 | 4 | — | … | … | … | 2 | 0 | 2 | 3 |

变异后：

| 3 | 4 | 4 | 3 | 1 | 5 | 5 | 4 | — | … | … | … | 2 | 0 | 2 | 3 |

3. 抗体亲和度函数的构造

抗体亲和度表示抗原与抗体之间的亲和力，即抗体匹配抗原的程度，具体到备件优化模型中，可描述为关于装备可用度与备件费用之间的综合效用度量函数。备件优化方案要求在满足装备可用度指标的前提下，使备件购置费用最小，是一个有约束条件的优化问题，因此需要将其转化为无约束的单目标优化问题，抗体亲和度函数构造如下：

$$\text{aff} = \omega_a A(s) + \omega_c (1 - C(s)/C_{\max}) \tag{4-110}$$

式中，ω_a 表示可用度权系数，ω_c 表示费用权系数，且 $\omega_a + \omega_c = 1$；s 表示备件量编码矩阵；$A(s)$ 表示 s 对应的装备可用度；$C(s)$ 表示 s 对应的备件费用；$C_{\max}$ 表示设定的费用值上限，相当于一个关于费用的惩罚因子，C_{max} 的取值要适当，太小则起不到惩罚作用，太大则会产生结果偏差。

4. 算法实现步骤

(1) 初始化抗体群 Ab，随机产生 N 个抗体，生成初始群体；

(2) 对 Ab 中的抗体按照亲和度由大至小降序排列，从中选取前 M 个抗体进行交叉和变异操作，得到规模为 Nc 的抗体群 Abc；

(3) 对抗体群 Abc 中的抗体按照亲和度大小进行降序排列，并进行删除操作，从中选取前 E 个抗体，得到规模为 Ne 的抗体群 Abe；

(4) 合并抗体群 Ab 和 Abe，选出亲和度最高且互不相同的 N 个抗体 Abp；

(5) 随机产生规模为 N_r 的抗体群 Abr，选出亲和度最高的 N_s 个抗体群 Abs；

(6) 用 Abs 代替 Abe 中亲和度最低的 N_s 个抗体，形成规模为 N 的抗体群 Ab；

(7) 判断是否满足终止条件，不满足则转至步骤(2)，满足则算法结束。

4.6.4　算法应用分析

以 4.4 节中的想定为例，将改进的分层边际优化算法和人工免疫算法应用于备件模型的求解，并将计算结果和优化效率与传统边际优化算法进行比较。

根据改进的分层边际优化算法步骤，分别对装备系统所属的 LRU 进行边际优化分析，得到的关于 LRU 的最优费效曲线如图 4-22(a)～(c)所示。计算每项 LRU 费效曲线上大于 0.95 的各点所对应的斜率，选择斜率近似相等的点且使各项 LRU 可用度之积 ≥0.95，最终得到最优方案点。所选择的 LRU 费效曲线上的最优方案点对应的斜率分别为 $\delta_1=7.34\times10^{-4}$、$\delta_2=7.09\times10^{-4}$、$\delta_3=6.63\times10^{-4}$，对应的可用度分别为 $A_1=0.9901$、$A_2=0.9804$、$A_3=0.9792$。通过 LRU 费效曲线合成得到的装备系统的最优费效曲线如图 4-22(d)所示。

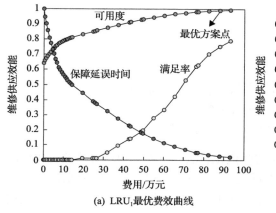

(a) LRU$_1$最优费效曲线

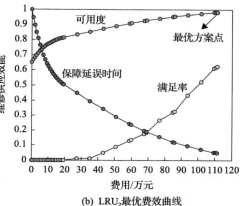

(b) LRU$_2$最优费效曲线

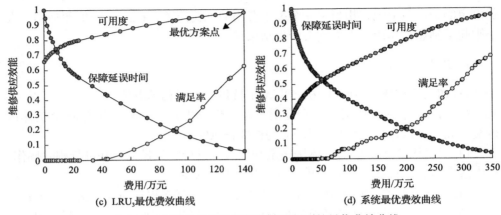

(c) LRU$_3$最优费效曲线　　　　(d) 系统最优费效曲线

图 4-22　改进的分层边际优化算法得到的最优费效曲线

已知条件不变，采用人工免疫算法对备件方案进行优化计算，设定初始抗体群规模 $N = 50$、可用度权重系数 $\omega_a = 0.6$、费用权重系数 $\omega_c = 0.4$、算法迭代次数 $T = 200$。对抗体群中的抗体进行交叉和变异操作时，自交叉概率为 0.2、互交叉概率为 0.3、变异概率为 0.1。抗体群亲和度变化曲线如图 4-23 所示。当算法迭代次数 $T \geqslant 160$ 时，抗体群亲和度基本趋于稳定，得到的最优备件方案对应的装备可用度 $A = 0.9545$，备件费用 $C = 347.21$ 万元。

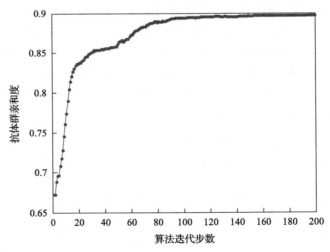

图 4-23　抗体群亲和度变化曲线

将传统边际优化算法、改进的分层边际优化算法以及人工免疫算法的优化性能（主要包括计算结果和算法运行时间）进行比较，如表 4-15 所示，可得到如下结论。

(1)传统边际优化算法：其优点是操作简单、结果精度高，能够在算法迭代过程中得到整个系统的备件方案最优费效曲线，便于操作人员对方案结果进行全局分析和把握；缺点是算法优化效率较低，运算时间长。因此，该算法适合于针对保障组织结构及装备系统层次结构较简单、备件数量规模较小的优化问题。

（2）改进的分层边际优化算法：其优点是算法的搜索效率高，能够在算法迭代过程中得到各项 LRU 及其所属的分部件的备件方案最优费效曲线，还可以通过 LRU 曲线合成得到整个系统的最优费效曲线，这样不仅能够使操作人员对方案结果进行全局分析和把握，还能够针对系统中各项 LRU 对方案结果影响因素的敏感性进行分析，便于对计算得到的备件方案进行调整；缺点是在程序操作及算法设计实现上比较复杂，在计算得到 LRU 费效曲线的基础上，还需要通过比较曲线上各点的斜率来确定最优方案点。因此，该算法适合于保障组织结构及系统备件层次结构复杂、备件数量规模较大的优化问题。

（3）人工免疫算法：其优点是算法的搜索效率高，尤其是当保障组织结构及系统备件层次结构复杂、备件数量规模庞大时，这一优势更为突出。此外，该算法不会因约束指标个数增多而使算法程序变得复杂，能够将多指标优化问题通过构造抗体亲和度函数将其转化为单目标优化问题。缺点是算法结果的稳定性不够强，由于算法迭代过程中抗体群之间的交叉和变异操作是随机的，因此每一次的运算结果可能会存在一定的偏差，但大多数情况下，这种偏差非常小，可忽略不计。在程序设计时需要选择合理的指标权系数和惩罚因子，否则会造成结果偏差。另外，该算法只能在规定的约束条件下给出方案的最终计算结果，无法确定整个系统在循环迭代过程中的最优费效曲线，不利于分析人员对方案全局进行掌控。综合上述分析可知，人工免疫算法适合于备件数量规模大、具有多个指标约束的备件优化问题。

表 4-15　不同算法之间的优化性能比较

优化方法	可用度	满足率	保障延误时间/h	备件费用/万元	运行时间/s
传统边际优化算法	0.95042	0.66557	33.146	337.98	870
改进的分层边际优化算法	0.95042	0.66557	33.146	337.98	217
人工免疫算法	0.95450	0.67377	30.367	347.21	609

参 考 文 献

[1] 周伟, 郭波, 张涛. 两级供应关系装备常用备件初始配置模型[J]. 系统工程与电子技术, 2011, 33（1）: 89-93.

[2] 肖波平, 康锐, 王乃超. 民机初始备件方案的优化[J]. 北京航空航天大学学报, 2010, 36（9）: 1057-1061.

[3] 郭双民. 基于决策树的航空装备维修级别[J]. 四川兵工学报, 2008, 29（4）: 60-61.

[4] 黄建新, 杨建军, 张志峰. 现役地空导弹武器装备的修理级别分析模型[J]. 战术导弹技术,

2005, (6): 31-34.

[5] Barros L, Riley M. A combinatorial approach to level of repair analysis[J]. European Journal of Operational Research, 2001, 129(2): 242-251.

[6] Gutina G, Rafieya A, Yeo A, et al. Level of repair analysis and minimum cost homomorphisms of graphs[J]. Discrete Applied Mathematics, 2006, 154(6): 881-889.

[7] Saranga H, Kumar U D. Optimization of aircraft maintenance support infrastructure using genetic algorithms-level of repair analysis[J]. Annals Operations Research, 2006, 143(1): 91-106.

[8] Basten R J, van der Heijden M C, Schutten J M. Practical extensions to a minimum cost flow model for level of repair analysis[J]. European Journal of Operational Research, 2011, 211(2): 333-342.

[9] Brick E S, Uchoa E. A facility location and installation of resources model for level of repair analysis[J]. European Journal of Operational Research, 2009, 192(2): 479-486.

[10] 吴昊, 左洪福, 孙伟. 一种新的民用飞机修理级别优化模型[J]. 航空学报, 2009, 30(2): 247-253.

[11] 魏效燕, 刘晓东. 基于 AHP 方法的军用飞机修理级别分析[J]. 航空维修, 2006, (1): 22-24.

[12] 何春雨, 金家善, 孙丰瑞. 基于 LINGO 软件的舰船装备修理级别优化分析[J]. 上海交通大学学报, 2011, 45(1): 78-82.

[13] 谢新连, 霍伟伟, 徐豪, 等. 基于决策树的船舶设备维修级别分析[J]. 船舶工程, 2009, 31(6): 84-87.

[14] 霍伟伟, 徐豪, 林武强. 基于效费分析的舰船装备维修级别灰色决策[J]. 船海工程, 2009, 38(6): 171-175.

[15] Klose A, Drexl A. Facility location models for distribution system design[J]. European Journal of Operational Research, 2005, 162(1): 4-29.

[16] Revelle C S, Eiselt H A, Daskin M S. A bibliography for some fundamental problem categories in discrete location science[J]. European Journal of Operational Research, 2008, 184(3): 817-848.

[17] 阮旻智, 李庆民, 彭英武, 等. 多指标约束下舰载装备维修级别建模与优化[J]. 系统工程与电子技术, 2012, 34(5): 955-960.

[18] 王远达, 宋笔锋, 姬东朝. 修理级别分析方法[J]. 火力与指挥控制, 2008, 33(4): 1-3.

[19] 武洪文, 齐晓慧, 王新宇. 基于灰局势决策理论的维修级别分析方法[J]. 军械工程学院学报, 2004, 16(5): 47-51.

[20] Basten R J, Schutten J M, van der Heijden M C. An efficient model formulation for level of repair analysis[J]. Annals of Operations Research, 2009, 172(1): 119-142.

[21] 阮旻智, 李庆民, 王红军, 等. 人工免疫粒子群算法在系统可靠性优化中的应用[J]. 控制理论与应用, 2010, 27(9): 1253-1258.

[22] 滕兆新, 张旭, 钱江. 基于理想方案的布雷方案评估[J]. 兵工学报, 2007, 28(11): 1405-1408.

[23] 朱孙科, 马大为, 于存贵, 等. 多管火箭炮定向管的多目标优化及多属性决策研究[J]. 兵工学报, 2010, 31(11): 1413-1417.

[24] El-Sharkh M Y, El-Keib A A. Maintenance scheduling of generation and transmission systems using fuzzy evolutionary programming[J]. IEEE Transactions on Power Systems, 2003, 18(2): 862-866.

[25] 阮旻智, 李庆民, 于志良, 等. 基于多阶段多指标的编队干扰方案协同决策研究[J]. 系统工程与电子技术, 2009, 31(6): 1404-1408.

[26] Kathiravan R, Ganguli R. Strength design of composite beam using gradient and particle swarm optimization[J]. Composite Structures, 2007, 81(4): 471-479.

[27] Fan S K S, Zahara E. A hybrid simplex search and particle swarm optimization for unconstrained optimization[J]. European Journal of Operational Research, 2007, 181(2): 527-548.

[28] de Falco I, Cioppa A D, Tarantino E. Facing classification problems with particle swarm optimization[J]. Applied Soft Computing, 2007, 7(3): 652-658.

[29] 阮旻智, 彭英武, 李庆民, 等. 基于体系保障度的装备备件三级库存方案优化[J]. 系统工程理论与实践, 2012, 32(7): 1623-1630.

[30] 王乃超, 康锐, 程海龙. 基于马尔可夫过程的备件库存动态特性分析[J]. 兵工学报, 2009, 30(7): 984-988.

[31] Sherbrooke C C. Optimal Inventory Modeling of Systems: Multi-Echelon Techniques[M]. 2nd ed. Boston: Artech House, 2004.

[32] 阮旻智, 李庆民, 刘涛. 装备使用阶段后续备件采购模型 II: 可修复件[J]. 海军工程大学学报, 2015, 27(3): 69-73.

第5章 基于多寿命分布产品单元的系统备件配置优化

一般情况下，假设装备产品单元寿命服从指数分布（或单位时间内的需求量服从泊松分布），而实际工程中，大型复杂装备系统居多，这类系统的组成单元品种数量庞大，部件寿命既有指数分布类型也有非指数分布类型。如果考虑多寿命分布产品单元组成的复杂系统，那么备件配置优化模型的建立与求解会比较困难。目前，仿真手段是一种可行的方法，但其庞大的计算量与大规模模拟次数不仅耗时、效率低，而且仿真模型体系的构建及流程设计会因各种随机影响因素的增加而变得十分困难，仿真结果的可信度往往也难以验证。因此，针对多寿命分布产品单元组成的复杂结构系统，目前尚无有效的方法。

根据系统保障概率与单元保障概率之间的关系，采用一种近似等效的方法，针对多寿命分布产品单元组成的复杂系统，研究备件配置优化方法。

5.1 典型寿命分布下的备件保障概率

部件的寿命分布类型在一定程度上反映了其故障消耗规律，工程中常见的寿命分布类型主要包括指数分布、韦布尔分布、正态分布、伽马分布以及对数正态分布等。

对于电子类设备，其寿命一般服从指数分布，如印制电路板插件、电子部件、电阻、电容和集成电路等。大多数部件在处于偶然故障期内，其寿命可用指数分布来近似描述，但对于机电类设备，如滚珠轴承、继电器、开关、电子管、蓄电池等，其部件故障常常由磨损累计失效等造成，其寿命一般服从韦布尔分布[1]。对于机械类部件，如变压器、灯泡、晶体管、汇流环、齿轮箱和减速器等，由于这些部件的故障常常是由腐蚀、磨损、疲劳引起的，所以其寿命一般服从正态分布。此外，还存在寿命服从伽马分布、对数正态分布和二项分布等其他常用分布的部件。

5.1.1 指数型寿命分布

指数型寿命分布备件保障概率模型应用最为广泛，根据更新函数能够得到备件保障概率模型。设故障率为 λ 的指数型寿命分布部件，平均寿命为 $E = 1/\lambda$，其累积分布函数与概率密度函数分别为 $F(t) = 1 - \mathrm{e}^{-\lambda t}$ 和 $f(t) = \lambda \mathrm{e}^{-\lambda t}$，$t > 0$，则其 k 重卷积为

$$F^{(k)}(t) = 1 - \sum_{i=0}^{k-1} \frac{(\lambda t)^i}{i!} e^{-\lambda t} \tag{5-1}$$

在 $(0, T]$ 时间内，备件保障概率为

$$\alpha = 1 - F^{(n+1)}(T) = \frac{(1/2)^{n+1}}{\Gamma(n+1)} \int_{2\lambda T}^{\infty} t^n e^{-t/2} dt \tag{5-2}$$

简化为

$$\chi_{1-\alpha}^2[2(n+1)] = 2\lambda T \tag{5-3}$$

式中，$\chi_{\alpha}^2(n)$ 表示自由度为 n 的 χ^2 分布的 α 上分位数。根据中心极限定理，当 $\lambda T \geqslant 5$ 时，备件需求量可以用以下高斯公式近似计算：

$$n = \lambda T + u_\alpha \sqrt{\lambda T} \tag{5-4}$$

式中，u_α 为正态分布分位数。

在 $(0, T]$ 时间内的平均备件需求数量为

$$M(T) = \sum_{k=1}^{\infty} k P\{N(T) = k\} = \lambda T e^{-(\lambda T)} \sum_{k=1}^{\infty} \frac{(\lambda T)^{k-1}}{(k-1)!} \tag{5-5}$$

由于 $\displaystyle\sum_{k=1}^{\infty} \frac{(\lambda T)^{k-1}}{(k-1)!} = e^{\lambda T}$，所以式 (5-5) 可简化为

$$M(T) = \lambda T \tag{5-6}$$

当部件的工作数量为 m 时，根据指数分布的无记忆性，可直接将这些部件整体看作一个故障率为 $m\lambda$ 的部件。

5.1.2　韦布尔型寿命分布

对于寿命服从参数为 (β, λ) 的韦布尔分布的备件保障概率模型，其故障率函数为 $\lambda(t) = \beta \lambda t^{\beta-1}$，平均寿命为

$$E = \frac{1}{\lambda^{1/\beta}} \Gamma(1 + 1/\beta) \tag{5-7}$$

其累积分布函数与概率密度函数分别为 $F(t) = 1 - \exp(-\lambda t^\beta)$，$f(t) = \lambda \beta t^{\beta-1} \exp(-\lambda t^\beta)$，则 $F(t)$ 的 k 重卷积为

$$F^{(k)}(t) = \sum_{j=1}^{\infty} \frac{(-1)^{j-1} A_{k+1,j} t^{j\beta}}{\Gamma(n\beta+1)} \tag{5-8}$$

式中，参数 $A_{k,j}$ 的确定方法为[2]：对于所有的 j，$A_{k,j} = \alpha_j$，当 $j < k$ 时，$A_{k,j} = 0$；对于所有的 k，$A_{k,1} = (-1)^{k-1} \alpha_1^k$，当 $j > k$ 时，有

$$A_{k,j} = -\sum_{l=k-1}^{j-1} A_{k-1,l} \alpha_{j-1}, \quad \alpha_k = \Gamma\left(k\beta + \frac{1}{k!}\right) \tag{5-9}$$

在 $(0,T]$ 时间内，备件的保障概率为

$$\alpha = 1 - F^{(n+1)}(T) = 1 - \sum_{j=1}^{\infty} \frac{(-1)^{j-1} A_{n+2,j} T^{j\beta}}{\Gamma[(n+1)\beta+1]} \tag{5-10}$$

在 $(0,T]$ 时间内，备件的平均需求数量为

$$M(T) = \sum_{k=1}^{\infty} F^{(k)}(T) = \sum_{k=1}^{\infty} \left[\sum_{j=1}^{\infty} \frac{(-1)^{j-1} A_{k+1,j} T^{j\beta}}{\Gamma(n\beta+1)} \right] \tag{5-11}$$

根据式 (5-10) 和式 (5-11)，在备件的保障概率及分布参数 (β, λ) 已知的情况下，理论上可以获得韦布尔型备件需求量。然而，这两个公式是多重无穷级数，求解过程十分复杂，给工程应用带来了不便。

5.1.3　正态型寿命分布

对于参数为 (E, σ) 的正态分布，E 为平均寿命，σ 为标准差，其累积分布函数和概率密度函数分别为

$$F(t) = \frac{1}{\sqrt{2\pi}\sigma} \int_0^t \exp\left(-\frac{(y-E)^2}{2\sigma^2}\right) dy \tag{5-12}$$

$$f(t) = \frac{1}{\sqrt{2\pi}\sigma} \exp\left(-\frac{(t-E)^2}{2\sigma^2}\right) \tag{5-13}$$

则 $F(t)$ 的 k 重卷积为

$$F^{(k)}(t) = \Phi\left(\frac{t-kE}{\sigma\sqrt{k}}\right) \tag{5-14}$$

在 $(0,T]$ 时间内，备件的保障概率为

$$\alpha = 1 - \Phi\left(\frac{T-(n+1)E}{\sigma\sqrt{n+1}}\right) \tag{5-15}$$

在 $(0,T]$ 时间内，备件的平均需求数量为

$$M(T) = \sum_{k=1}^{\infty} F^{(k)}(T) = \sum_{k=1}^{\infty}\left[\Phi\left(\frac{T-kE}{\sigma\sqrt{k}}\right)\right] \tag{5-16}$$

在时间 T 及部件寿命分布参数 (E,σ) 已知的情况下，可以获得正态型寿命分布备件需求量。

5.2　备件需求等效法概述

指数型寿命分布部件具有较好的数学特性，在工程应用上较为简单，便于模型求解。对于其他类型寿命分布部件，模型求解过程十分复杂，难以实现工程应用。对此，本节基于一种等效的方法，首先将非指数型寿命分布部件等效为指数型，然后利用解析的方法进行求解。

5.2.1　寿命等效法

在平均寿命相等的情况下，非指数分布与指数分布具有较好的贴近度，这为利用指数分布确定非指数分布的备件需求提供了依据[3]。对此，在平均寿命相等的情况下，利用指数分布近似计算非指数型备件需求量，称为寿命等效法，简称 E-等效法。

对于任一非指数型部件，设其累积分布函数为 $F(t)$，概率密度函数为 $f(t)$，则平均寿命为

$$E = \int_0^{\infty} t f(t)\mathrm{d}t \tag{5-17}$$

在确定其备件需求时，可假设存在一指数型寿命分布部件，其平均寿命 E' 与其相等，即

$$E' = E = \int_0^{\infty} t f(t)\mathrm{d}t \tag{5-18}$$

这就将非指数型寿命分布部件等效成与其平均寿命相等的指数型，此时等效的指数分布函数为

$$F'(t) = 1 - e^{-t/E'} \tag{5-19}$$

从而可以利用指数型寿命分布备件模型近似计算该非指数型寿命分布备件需求。在工程中，寿命等效法较为方便和实用。对于任何一种备件，其寿命分布类型常常是事先假定的，在备件的可靠性信息比较充分的前提下，选择合适的统计方法就能够确定备件的分布类型和分布参数。但是，在备件可靠性信息较少的情况下，检验其分布类型及分布参数估计是十分困难的。相比之下，对指数型寿命分布部件的平均寿命 E 进行估计就意味着分布已完全确定，而在实际工程中，对备件平均寿命进行估计相对简单，利用所获得的平均寿命估计结果，就可以利用指数型寿命分布备件保障概率模型计算得到备件需求。由此可见，寿命等效法无论从理论上还是工程实践上都是较为方便和容易实现的。

5.2.2　故障率等效法

尽管寿命等效法对非指数型寿命分布备件需求确定具有一定的适用性，但等效结果相对保守[4]。采用该方法虽然在求解过程中较为方便，但会低估备件需求，使备件需求计算结果高于实际运行结果，容易出现过度采购和储备，进而造成浪费，因此近似方法的精度有待进一步提高。作为描述备件可靠性的重要参数，故障率用来考察产品工作到一定时间后发生故障或失效的条件概率，它能够灵敏地反映产品的故障规律。因此，利用故障率等效法建立非指数分布与指数分布间的等效关系，也可以作为备件需求量确定的近似方法。

故障率是指备件在工作到给定时间后，单位时间内发生故障的概率。备件故障率与其平均故障累积次数具有紧密联系。若备件寿命分布函数为 $F(t)$，其故障率函数为 $\lambda(t)$，则其平均故障累积函数为

$$H(t) = \int_0^t \lambda(t)\mathrm{d}t \tag{5-20}$$

平均故障累积函数反映了备件在时间 t 内的平均故障次数。由于指数型寿命分布备件的故障率为 $\lambda(t) = \lambda''$，所以其在时间 t 内的平均故障累积函数为 $H''(t) = \lambda''t$，若采用平均故障累积函数相等原则，将非指数分布等效为指数分布，即要求 $H(t) = H''(t) = \lambda''t$，则可得

$$\frac{H(t)}{t} = \lambda'' \tag{5-21}$$

根据式(5-21)可将非指数分布等效成故障率为常数的指数分布，称该等效方

法为累积故障等效原则，简称 λ-等效法。在实际工程中，故障率等效法也是比较容易实现的。平均故障累积函数的物理意义代表一段时间内部件的累积故障次数。因此，只需按照一定的统计方法对故障时间与故障部件个数进行处理，就能够进行等效处理。

就两种等效方法而言，一种是通过部件的平均寿命进行等效，另一种是通过平均故障次数进行等效，它们都能够将非指数分布等效为指数分布，两者都有各自的应用范围，当保障时间在平均寿命以内时，通过寿命等效法确定的备件需求精确度要高，而当保障时间较长时，利用故障率等效法确定的备件需求与真实值较为接近。

5.2.3　可靠度等效法

可靠度是系统在给定的工作条件下、指定的时间内，保持所需功能的能力。可靠度函数 $R(t)$ 定义为：系统在指定条件下和指定时间 t 内不发生故障的概率，即[5]

$$R(t) = 1 - F(t) \tag{5-22}$$

故障率函数 $h(t)$ 可表示为：在系统正常工作到时刻 t 的前提下，在时间段 t 到 $t + \delta t$ 内系统发生故障的条件概率除以 δt，δt 趋于 0，即

$$h(t) = \lim_{\delta t \to 0} \frac{1}{\delta t} \cdot \frac{F(t + \delta t) - F(t)}{R(t)} = \lim_{\delta t \to 0} \frac{R(t) - R(t - \delta t)}{\delta t R(t)} \tag{5-23}$$

由式 (5-23) 可以看出，故障率函数 $h(t)$ 不是一个概率，而是概率的一个极限函数。当 $\delta t \to 0$ 时，$h(t)\delta t$ 表示系统在使用时间 t 到 $t + \delta t$ 内发生故障的概率，因此可简化为

$$h(t) = \frac{f(t)}{R(t)} = -\frac{R'(t)}{R(t)} \tag{5-24}$$

式中，$f(t)$ 为故障前时间的概率密度函数。式 (5-24) 反映了可靠度与故障率函数之间的关系，它对所有的故障前时间分布都成立。由于指数型寿命分布备件的故障率为常数，令其为 λ_e，因此在时间 t 内的可靠度函数为 $R_e(t) = \exp(-\lambda_e t)$，若采用可靠度等效原则，将非指数分布的可靠度函数 $R(t)$ 等效为指数分布，即要求 $R(t) = R_e(t) = \exp(-\lambda_e t)$，则可得

$$-\frac{\ln R(t)}{t} = \lambda_e \tag{5-25}$$

可靠度函数的物理意义表示备件能够正常工作到时间 t 的概率，因此只需要按照一定的方法对故障时间进行统计，就能够对备件需求进行等效处理。称上述等效法为可靠度等效原则，简称 R-等效法。

5.2.4 更新函数近似等效法

更新过程理论被广泛应用于可修备件需求确定，部件平均故障维修次数可以通过更新过程来表述：$X_1, X_2, \cdots$ 是独立同分布的非负随机变量序列，其累积分布函数为 $F(t)$，装备部件单元在零时刻开始工作，在 X_1 时刻出现故障，通过维修后用备件单元更换，使用 X_2 时间后再次发生故障，重复维修和更换过程，直至部件失效。令

$$N(t) = \mathrm{Sup}\{n : S_n \leqslant t\} \tag{5-26}$$

$\{N(t), t \geqslant 0\}$ 是一个取非负整数值的随机过程，称为由随机变量序列 $X_1, X_2, \cdots$ 所产生的更新过程，X_n 为更新寿命，S_n 为更新时刻。因此，$N(t)$ 可以用来表示 $(0, t]$ 时间内的更新次数，如图 5-1 所示。

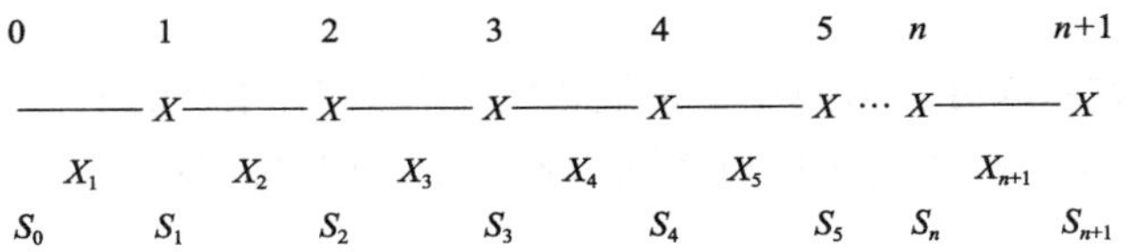

图 5-1 可修复部件工作示意图

显然，随机事件 $\{N(t) \geqslant k\}$ 和 $\{S_k \leqslant t\}$ 是等价的。因此，经常将部分和过程 $\{S_n, n \geqslant 0\}$ 称为更新过程。由于

$$\{N(t) = k\} = \{S_k \leqslant t \leqslant S_{k+1}\} \tag{5-27}$$

所以可得

$$\begin{aligned} P\{N(t) = k\} &= P\{S_k \leqslant t\} - P\{S_{k+1} \leqslant t\} \\ &= F^{(k)}(t) - F^{(k+1)}(t) \end{aligned} \tag{5-28}$$

根据保障概率，得到 $(0, t]$ 时间内更新次数的数学期望，更新函数 $M(t)$ 为

$$M(t) = \sum_{k=1}^{n} k P\{N(t) = k\} = \sum_{k=1}^{n} k\left[F^{(k)}(t) - F^{(k+1)}(t)\right] = \sum_{k=1}^{n} F^{(k)}(t) \tag{5-29}$$

可以根据更新函数 $M(t)$ 确定可修备件工作时间内和维修时间内的需求量。可

修部件常用分布类型的更新函数如表 5-1 所示。

表 5-1　可修部件常用分布类型的更新函数

分布类型	更新函数 $M(t)$
指数分布	$M(t) = \sum_{k=1}^{\infty} kP\{N(t) = k\} = \lambda t$
韦布尔分布	$M(t) = \sum_{k=1}^{\infty} F^{(k)}(t) = \sum_{k=1}^{\infty}\left[\sum_{j=1}^{\infty}\dfrac{(-1)^{j-1}A_{k+1,j}t^{j\beta}}{\Gamma(n\beta+1)}\right]$
正态分布	$M(t) = \sum_{k=1}^{\infty} F^{(k)}(t) = \sum_{k=1}^{\infty}\left[\Phi\left(\dfrac{t-kE}{\sigma\sqrt{k}}\right)\right]$

理论上可以通过更新过程和更新函数预测非指数型寿命分布备件需求量。然而，非指数型寿命分布备件更新函数的求解过程十分复杂，对于伽马分布，更是无法建立关于更新函数的解析表达式。因此，有必要引入一种更新函数近似等效方法，在此基础上确定非指数型寿命分布可修备件需求。

设 $F^{(n)}(t)$ 表示 $F(t)$ 自身的 n 重卷积，且 $F^{(1)}(t) = F(t)$，对于 $n > 1$，可定义[6,7]

$$F^{(n)}(t) = \int_0^t F^{(n-1)}(t-s)\,\mathrm{d}F(s) \tag{5-30}$$

因此，更新函数可以表示为寿命分布函数 $F(t)$ 的积分形式，即

$$M(t) = F(t) + \int_{s=0}^{t} M(t-s)f(s)\,\mathrm{d}s \tag{5-31}$$

式中，$f(t) = \mathrm{d}F(t)/\mathrm{d}t$ 为 $F(t)$ 的概率密度函数。因此，可以得到更新密度函数为

$$m(t) = \frac{\mathrm{d}M(t)}{\mathrm{d}t} = f(t) + \int_{s=0}^{t} m(t-s)f(s)\,\mathrm{d}s \tag{5-32}$$

由式(5-31)可知，当 t 较小时，第二项近似为零，有 $M(t) > F(t)$，则 $F(t)$ 可以看作 $M(t)$ 的下限，即

$$M(t) \approx F(t) \tag{5-33}$$

由式(5-33)可知，$F(t)$ 不仅是 $M(t)$ 的下限值，而且可以看作对 t 较小时 $M(t)$ 的一个近似值。

更新函数 $M(t)$ 的物理意义为：在维修时间 $(0,t)$ 内，完全更换条件下的平均故障次数，设其累积失效分布函数为 $H(t)$，累积失效分布函数 $H(t)$ 可以看作

维修时间 $(0,t)$ 内，在最小维修条件下的平均故障次数，因此有 $F(t)=1-\mathrm{e}^{-H(t)}$ 或 $H(t)=-\ln[1-F(t)]$ 。显然，最小维修故障次数要大于完全更换时的故障次数，即 $M(t)<H(t)$ ，当 t 较小时， $H(t)$ 可以看作 $M(t)$ 的上限，通过式 (5-31) 可得

$$M(t) \approx F(t) = 1 - \exp[-H(t)] \approx H(t) \tag{5-34}$$

由式 (5-34) 可知，$H(t)$ 不仅是 $M(t)$ 的上限，而且可以看作对 t 值较大时 $M(t)$ 的一个近似值。

综上所述，结合更新函数的上下限，可以得到更新函数的近似模型为[8]

$$\hat{M}(t) = gF(t) + kH(t) \approx M(t) \tag{5-35}$$

式中，$g,k \in (0,1)$ 为模型待定参数。由式 (5-31) 可得更新密度函数的近似模型为

$$\hat{m}(t) = \frac{\mathrm{d}\hat{M}(t)}{\mathrm{d}t} = f(t)\left[g + \frac{k}{R(t)}\right] \approx m(t) \tag{5-36}$$

为确保近似模型的精度，设定备件寿命分布的典型寿命时间为 t_c ，人们希望在备件典型寿命分布 $(0,t_\mathrm{c})$ 内近似模型是精确的，因此有

$$\begin{cases} \hat{M}(t_\mathrm{c}) = M(t_\mathrm{c}) \\ \hat{m}(t_\mathrm{c}) = m(t_\mathrm{c}) \end{cases} \tag{5-37}$$

由于 $F(t_\mathrm{c})=1-\mathrm{e}^{-H(t_\mathrm{c})}$ ，由式 (5-35) ～式 (5-37) 可得

$$\begin{cases} M(t_\mathrm{c}) = g\left[1-\exp(-H(t_\mathrm{c}))\right] \\ \dfrac{\exp(-H(t_\mathrm{c}))m(t_\mathrm{c})}{f(t_\mathrm{c})} = g\exp(-H(t_\mathrm{c})) + k \end{cases} \tag{5-38}$$

由式 (5-38) 可求得参数 g 和 k 为

$$\begin{cases} g = \dfrac{M(t_\mathrm{c}) - \exp(-H(t_\mathrm{c}))m(t_\mathrm{c})\big/f(t_\mathrm{c})}{1 - 2\exp(-H(t_\mathrm{c}))} \\ k = M(t_\mathrm{c}) - g\left[1-\exp(-H(t_\mathrm{c}))\right] \end{cases} \tag{5-39}$$

因此，只需确定待定参数 g 和 k ，就能够通过模型求解得到更新函数的近似值。

5.3　系统保障概率模型及求解算法

5.3.1　系统保障概率模型

对于由 N 个单元组成的系统，在给定的保障时间 T 内，系统保障概率由以下两部分组成。

一是在保障时间内，系统没有发生故障，此时系统保障概率为系统的可靠度：

$$P'_s(T) = R_s(T) \tag{5-40}$$

二是在保障时间内，系统发生故障，此时系统保障成功的条件是各单元在发生故障后都能够得到备件保障，即系统的保障概率为各个单元发生故障后且有备件保障的概率之和：

$$P''_s(T) = \sum_{i=1}^{N} F_i(T) \tag{5-41}$$

式中，$F_i(T)$ 表示在保障周期内，系统故障是由第 i 个单元失效引起且该单元有备件保障的概率，且有

$$F_i(T) = h_i(T) \cdot P_i(n_i, T) \tag{5-42}$$

式中，$h_i(T)$ 表示系统故障是由单元 i 故障引起的条件概率；$P_i(n_i, T)$ 表示单元 i 的保障概率。

因此，有

$$P''_s(T) = \sum_{i=1}^{N} h_i(T) \cdot P_i(n_i, T) \tag{5-43}$$

通过以上分析，得到系统的保障概率为

$$\begin{aligned} P_s(T) &= P'_s + P''_s \\ &= R_s(T) + \sum_{i=1}^{N} h_i(T) \cdot P_i(n_i, T) \end{aligned} \tag{5-44}$$

式 (5-44) 为系统保障概率模型的一般形式。在稳态情况下，系统必然发生故障失效事件，即 $R_s(T) \to 0$，因此式 (5-44) 可简化为

$$P_s(T) = \sum_{i=1}^{N} h_i(T) \cdot P_i(n_i, T) \tag{5-45}$$

　　根据系统保障概率计算公式可知，其主要与系统可靠度、单元可靠度、单元的备件保障概率等因素相关。只有在系统失效是由第 i 个单元失效引起的概率 $h_i(T)$ 确定的前提下，才能够确定系统保障概率。

5.3.2　系统保障概率求解算法

　　通过对系统保障概率与单元保障概率之间关系的研究发现，只有先确定系统失效是由单元 i 失效引起的概率才能够确定系统的保障概率。因此，有必要研究系统保障概率的求解算法。以最为常见的串联系统为例，一旦子单元失效，整个系统将会停止工作。

　　对于由 N 个单元组成的串联系统，图 5-2 给出了系统的状态转移过程。设 $S_0, S_1, \cdots, S_N$ 代表串联系统的各个状态，其中，S_0 是系统初始完好的状态，S_i 是串联系统中第 i 个单元发生失效的状态。各单元的失效率为 $\lambda_i(T)$，系统状态共有 $N+1$ 个状态，$P_{ij}(\Delta T)$ 是系统在第 i 个状态经过 ΔT 时间间隔转移到状态 j 的概率，$P_{ii}(\Delta T)$ 是系统在第 i 个状态经过 ΔT 时间间隔仍然停留在原状态的概率。因此，系统状态转移方程为

$$
\begin{cases}
P\big[S_0(T+\Delta T)\big] = P\big[S_0(T)\big]P_{00}(\Delta T) + \sum_{i=1}^{N} P\big[S_i(T)\big]P_{i0}(\Delta T) + o(T) \\
P\big[S_1(T+\Delta T)\big] = P\big[S_1(T)\big]P_{11}(\Delta T) + P\big[S_0(T)\big]P_{01}(\Delta T) + o(T) \\
\qquad\qquad\qquad\qquad\vdots \\
P\big[S_N(T+\Delta T)\big] = P\big[S_N(T)\big]P_{NN}(\Delta T) + P\big[S_0(T)\big]P_{0N}(\Delta T) + o(T)
\end{cases}
\tag{5-46}
$$

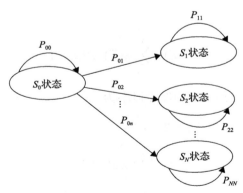

图 5-2　串联系统的状态转移过程

　　根据串联系统的性质，有 $P_{00}(\Delta T) = 1 - \sum_{i=1}^{N} P_{0i}(\Delta T)$，$P_{ii}(\Delta T) = 1$，$P_{i0}(\Delta T) = 0$。将式(5-46)进行变换：

$$\begin{cases} \dfrac{P\left[S_0\left(T+\Delta T\right)\right]-P\left[S_0\left(T\right)\right]}{\Delta T}=-P\left[S_0\left(T\right)\right]\dfrac{\sum\limits_{i=1}^{N}P_{0i}(\Delta T)}{\Delta T}+\dfrac{o(T)}{\Delta T} \\[4mm] \dfrac{P\left[S_1\left(T+\Delta T\right)\right]-P\left[S_1\left(T\right)\right]}{\Delta T}=P\left[S_0\left(T\right)\right]\dfrac{P_{01}(\Delta T)}{\Delta T}+\dfrac{o(T)}{\Delta T} \\[2mm] \qquad\qquad\qquad\vdots \\[2mm] \dfrac{P\left[S_N\left(T+\Delta T\right)\right]-P\left[S_N\left(T\right)\right]}{\Delta T}=P\left[S_0\left(T\right)\right]\dfrac{P_{0N}(\Delta T)}{\Delta T}+\dfrac{o(T)}{\Delta T} \end{cases} \tag{5-47}$$

令 $\Delta T \to 0$ ，对上述方程两边取极限，有 $\lim\limits_{\Delta T\to 0}P_{0i}(\Delta T)/\Delta T=\lambda_i(T)$ ，即单位时间内由初始状态转移到 i 状态的概率，也就是转移到第 i 个单元独立发生失效的概率，即第 i 个单元的失效率。此时式(5-47)可化简为

$$\begin{cases} \dfrac{\mathrm{d}P\left[S_0\left(T\right)\right]}{\mathrm{d}T}+P\left[S_0\left(T\right)\right]\sum\limits_{i=1}^{N}\lambda_i(T)=0 \\[4mm] \dfrac{\mathrm{d}P\left[S_1\left(T\right)\right]}{\mathrm{d}T}-P\left[S_0\left(T\right)\right]\lambda_1(T)=0 \\[2mm] \qquad\qquad\vdots \\[2mm] \dfrac{\mathrm{d}P\left[S_N\left(T\right)\right]}{\mathrm{d}T}-P\left[S_0\left(T\right)\right]\lambda_N(T)=0 \end{cases} \tag{5-48}$$

由式(5-47)第一个方程可得

$$P\left[S_0\left(T\right)\right]=\mathrm{e}^{-\int_0^T\sum\limits_{i=1}^{N}\lambda_i(t)\,\mathrm{d}t} \tag{5-49}$$

将式(5-49)代入式(5-47)其他方程，得到系统失效是由单元 i 失效引起的概率 $h_i(T)$ 为

$$P\left[S_i\left(T\right)\right]=\int_0^T\lambda_i(t)\mathrm{e}^{-\int_0^t\sum\limits_{i=1}^{N}\lambda_i(t)\,\mathrm{d}t}\,\mathrm{d}t \tag{5-50}$$

可转化为

$$P\left[S_i\left(T\right)\right]=\int_0^T\dfrac{-\lambda_i(t)}{\sum\limits_{i=1}^{N}\lambda_i(t)}\,\mathrm{d}\mathrm{e}^{-\int_0^t\sum\limits_{i=1}^{N}\lambda_i(t)\,\mathrm{d}t}=h_i(T) \tag{5-51}$$

(1)当组成系统的各个部件均服从指数分布时，失效率为常数，即 $\lambda_i(t)=\lambda_i$ 。此时，系统失效是由单元 i 失效引起的概率 $h_i(T)$ 能够简化为

$$P\left[S_i(T)\right] = \frac{\lambda_i}{\sum\limits_{i=1}^{N} \lambda_i}\left(1 - e^{-\sum\limits_{i=1}^{N}\lambda_i T}\right) = h_i(T) \tag{5-52}$$

当保障时间 T 给定时，系统保障概率为

$$P_s(T) = R_s(T) + \sum_{i=1}^{N}\left[\frac{\lambda_i(1 - e^{-\sum\limits_{i=1}^{N}\lambda_i T})}{\sum\limits_{i=1}^{N}\lambda_i}\right] \cdot P_i(n,T) \tag{5-53}$$

在稳态情况下，有 $1 - \exp\left(-\sum\limits_{i=1}^{N}\lambda_i T\right) \to 1$，而 $R_s(T) \to 0$，此时系统的保障概率为

$$P_s(T) = \sum_{i=1}^{N} h_i \cdot P_i(n,T) = \frac{\sum\limits_{i=1}^{N}\lambda_i P_i(n,T)}{\sum\limits_{j=1}^{N}\lambda_j} \tag{5-54}$$

式 (5-53) 和式 (5-54) 是指数型串联系统的保障概率模型。其中，前者适合描述保障时间比较短或非稳态时的情况，后者适合描述保障时间较长或稳态的情况。当前大多采用式 (5-54)，表明稳态条件下开展的研究较多。

(2) 当系统存在某些单元不完全是指数分布时，系统失效是由单元 i 失效引起的概率 $h_i(T)$ 并不能得到像完全由指数分布组成串联系统那样比较好的形式。这时，根据等效法结论，利用指数近似方法，尤其是 λ-等效法，可将系统中各非指数分布的失效率函数都等效成常数 $\lambda_i(T)$。因此，系统失效率也可以等效为常数 $\lambda_s(T)$。$h_i(T)$ 就可以简化为与指数分布相同的形式，为

$$\begin{aligned}
h_i(T) &= \int_0^T \frac{-\lambda_i(t)}{\sum\limits_{i=1}^{N}\lambda_i(t)} \mathrm{d}e^{-\int_0^t \sum\limits_{i=1}^{N}\lambda_i(t)\,\mathrm{d}t} \approx \frac{-\lambda_i'(T)}{\lambda_s'(T)}\int_0^T \mathrm{d}e^{-\int_0^t \sum\limits_{i=1}^{N}\lambda_i(t)\,\mathrm{d}t} \\
&= \frac{\lambda_i'(T)}{\lambda_s'(T)}\left(1 - e^{-\int_0^T \sum\limits_{i=1}^{N}\lambda_i(t)\,\mathrm{d}t}\right)
\end{aligned} \tag{5-55}$$

式中，$\lambda_i'(T)$ 表示第 i 个单元的等效失效率；$\lambda_s'(T)$ 表示系统的等效失效率。因此，系统保障概率为

$$P_{\mathrm{s}}(T) = R(T) + \sum_{i=1}^{N} \frac{\lambda_i'(T)}{\lambda_{\mathrm{s}}'(T)} \left(1 - \mathrm{e}^{-\int_0^T \sum_{i=1}^{N} \lambda_i(t)\,\mathrm{d}t} \right) P_i(n,T) \tag{5-56}$$

同样，在稳态情况下，系统的保障概率为

$$P(T) = \frac{\displaystyle\sum_{i=1}^{N} \lambda_i'(T) P_i(n,T)}{\lambda_{\mathrm{s}}'(T)} \tag{5-57}$$

5.3.3　算法应用分析

　　系统的保障概率是在保障周期内，任一时刻发生故障时且有备件可保障的概率。如果以一个保障周期为一次试验，那么系统保障概率的确定，实质上就是统计各个单元独立发生的故障次数 l_i、各个单元备件满足保障的次数 g_i，以及系统故障总次数 l 与备件满足保障的次数 g。当试验次数足够大时，两者之比 g_i/l_i 与 g/l 就可以近似看作单元级和系统级的平均保障概率的估计值。

　　简单起见，以两个单元组成的串联系统为例，利用 ExtendSim 来仿真流程设计，如图 5-3 所示。

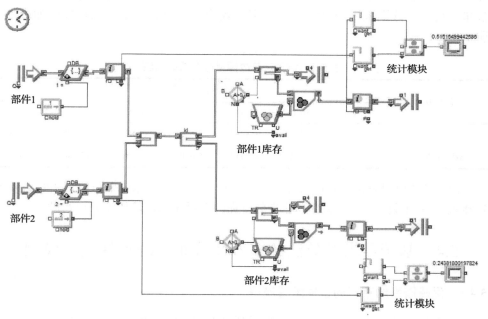

图 5-3　基于 ExtendSim 的仿真流程设计

(1) 当两个单元的寿命服从指数分布时，可利用式 (5-53) 得到精确结果，因此可以用来验证算法的正确性。设部件失效率分别为 $\lambda_1 = 1$、$\lambda_2 = 2$，保障时间为 $T = 2$，在不同的备件配置数量组合下，各部件以及系统的保障概率计算结果如表 5-2 所示。

表 5-2　不同备件配置数量组合下的保障概率计算结果

名称	计算方法	备件配置方案组合						
		(0,0)	(0,1)	(1,0)	(1,1)	(2,1)	(1,2)	(2,2)
部件 1	解析法	0.4323	0.4323	0.7293	0.7293	0.8910	0.7293	0.8910
	仿真法	0.451	0.4246	0.752	0.7088	0.8985	0.7397	0.8868
部件 2	解析法	0.2454	0.4725	0.2454	0.4725	0.4725	0.6630	0.6630
	仿真法	0.252	0.4617	0.250	0.4688	0.4745	0.6702	0.6843
系统	解析法	0.3077	0.4591	0.4067	0.5581	0.612	0.6851	0.739
	仿真法	0.3161	0.4493	0.4140	0.550	0.6140	0.6934	0.7535

从表 5-2 中的计算结果来看，仿真法的结果与解析法的计算结果基本一致，从而验证了算法的合理性。

(2) 当部件寿命服从韦布尔分布时，设分布参数分别为 $(\beta_1, \lambda_1) = (1.5, 0.8577)$，$\mu_1 = 1$；$(\beta_2, \lambda_2) = (2, 3.1416)$，$\mu_2 = 0.5$，保障时间为 $T = 2$。在不同的备件配置数量组合下，分别采用仿真法与故障率等效法计算得到的系统保障概率如表 5-3 所示。

表 5-3　仿真法与故障率等效法的比较

计算方法	备件配置方案组合						
	(0,0)	(0,1)	(1,0)	(1,1)	(2,1)	(1,2)	(2,2)
仿真法	0.3595	0.5414	0.4565	0.6461	0.6820	0.8082	0.8420
故障率等效法	0.3659	0.5349	0.4712	0.6402	0.6910	0.7654	0.8162

由表 5-3 可以看出，利用故障率等效法计算得到的保障概率与仿真法的结果比较接近，说明故障率等效法计算非指数寿命分布系统的保障概率是可行的。

5.4　基于需求等效法的多寿命分布系统备件配置模型

5.4.1　保障概率约束下的备件配置模型

保障概率约束下的备件配置模型可描述为[9]：以系统保障概率为约束条件，以各种保障资源的配置达到最佳为目标而建立的配置模型。针对由一般寿命分布

组成的系统，以备件保障费用 C 为优化目标，系统保障概率不低于规定的指标值，则系统备件配置模型为

$$\begin{cases} \min \quad C = \sum_{i=1}^{N} c_i s_i \\ \text{s.t.} \quad P_s(T) \geqslant P_0 \end{cases} \tag{5-58}$$

式中，s_i 为系统中备件 i 的配置数量；c_i 为备件费用。

式(5-58)是基于单个保障站点为条件建立的模型，根据多等级保障理论，可将其拓展到多级保障模式。同理，以备件质量或存储体积为优化目标，则备件配置模型为

$$\begin{cases} \min \quad W = \sum_{i=1}^{N} w_i s_i, \quad V = \sum_{i=1}^{N} v_i s_i \\ \text{s.t.} \quad P_s(T) \geqslant P_0 \end{cases} \tag{5-59}$$

式中，w_i 为系统中备件 i 的重量；v_i 为第 i 项备件体积。当系统中具有非指数单元时，首先需要将非指数寿命分布的部件转化为指数分布，然后进行优化计算。以故障率等效法(λ-等效法)为例，备件优化流程如图 5-4 所示。

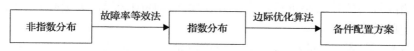

图 5-4　基于故障率等效法的备件优化流程

在对模型寻求最优解时，可采用边际优化算法。根据边际优化原理，目标函数在区间内必须是一个单调的凸/凹函数，但保障概率本身并非是一个凹函数[10]。因此，需要将保障概率函数进行一定的处理，或者可根据保障概率与其他指标间的关系进行转化[11]。以系统平均保障概率为例，其一阶差分与二阶差分分别为

$$\begin{aligned} \Delta \bar{P}(s) &= \bar{P}(s+1) - \bar{P}(s) \\ &= \frac{1}{T} \int_0^T e^{-\lambda t} \sum_{k=1}^{s+1} \frac{(\lambda t)^k}{k!} dt - \frac{1}{T} \int_0^T e^{-\lambda t} \sum_{k=1}^{s} \frac{(\lambda t)^k}{k!} dt \\ &= \frac{1}{T} \int_0^T e^{-\lambda t} \left(\sum_{k=1}^{s+1} \frac{(\lambda t)^k}{k!} - \sum_{k=1}^{s} \frac{(\lambda t)^k}{k!} \right) dt \\ &= \frac{1}{T} \int_0^T e^{-\lambda t} \frac{(\lambda t)^{s+1}}{(s+1)!} dt > 0 \end{aligned} \tag{5-60}$$

$$\Delta^2 \overline{P}(s) = \overline{P}(s+2) + \overline{P}(s) - 2\overline{P}(s+1)$$

$$= \frac{1}{T}\int_0^T e^{-\lambda t} \sum_{k=1}^{s+2} \frac{(\lambda t)^k}{k!}\mathrm{d}t + \frac{1}{T}\int_0^T e^{-\lambda t}\sum_{k=1}^{s}\frac{(\lambda t)^k}{k!}\mathrm{d}t - \frac{2}{T}\int_0^T e^{-\lambda t}\sum_{k=1}^{s+1}\frac{(\lambda t)^k}{k!}\mathrm{d}t \quad (5\text{-}61)$$

$$= \frac{1}{T}\int_0^T e^{-\lambda t}\frac{(\lambda t)^{s+1}}{(s+1)!}\left(\frac{\lambda t}{s+2}-1\right)\mathrm{d}t$$

由于

$$\int_0^T e^{-\lambda t}\frac{(\lambda t)^n}{n!}\mathrm{d}t = \frac{1}{\lambda} - \sum_{i=0}^n \frac{\lambda^{i-1}T^i}{i!}e^{-\lambda T} \quad (5\text{-}62)$$

式(5-61)可化简为[12]

$$\Delta^2 \overline{P}_i(s) = -\frac{\lambda^{s+1}T^{s+2}}{(s+2)!}e^{-\lambda T} < 0 \quad (5\text{-}63)$$

上述结论可以证明，平均保障概率在区间内为凹函数，因此以平均保障概率为指标满足边际优化算法条件。第 i 个单元数量加 1 时的边际效益值为

$$\Delta I_i = \frac{\overline{P}_s(s_i+1) - \overline{P}_s(s_i)}{c_i} \quad (5\text{-}64)$$

对边际效益值按大小进行排序，并在每次循环中选择最大边际效益值，直到满足给定的约束条件。

例 5.1　设保障时间 $T = 8$，其单位可以是年、季度或月。系统保障概率指标不低于 0.9。系统中各单元相关参数及备件配置优化结果如表 5-4 所示。对分别采用解析法和仿真法计算得到的结果进行对比，迭代变化曲线如图 5-5 所示。

表 5-4　备件相关参数及配置优化结果对比

备件项目	C_i/万元	故障率参数	解析法	仿真法
LRU$_1$	0.23	$\lambda = 0.5$	5	5
LRU$_2$	0.09	$\lambda = 0.3$	5	5
LRU$_3$	0.07	$\lambda = 0.1$	3	3
LRU$_4$	0.12	$\lambda = 0.8$	8	8
LRU$_5$	0.45	$(\beta, \lambda) = (1.5, 0.165)$	3	3
LRU$_6$	0.18	$(\beta, \lambda) = (2.0, 0.196)$	4	4
LRU$_7$	0.15	$(\beta, \lambda) = (2.5, 0.023)$	3	2
LRU$_8$	0.20	$(E, \sigma) = (10, 2)$	1	1
LRU$_9$	0.36	$(a, \lambda) = (2, 0.2)$	1	1

　　由表 5-4 和图 5-5 可以看出，解析法与仿真法计算得到的备件配置结果基本一致，但在个别单元的配置量上会有一些差异，这是由于非指数单元等效后在计算结果上会存在一定的误差，这种误差常常低估了单元的保障概率，从而出现保守估计的现象，造成个别单元的配置数量要高于实际消耗量，但总体上不会存在太大差异。

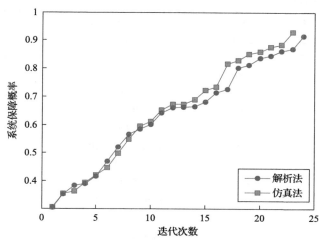

图 5-5　两种方法计算得到的备件方案迭代变化曲线

5.4.2　保障资源约束下的备件配置模型

　　保障资源约束下的备件配置模型以保障资源为约束，以系统保障概率为优化目标。例如，在以备件质量、体积等为约束的情况下，建立的备件配置优化模型为

$$\begin{cases} \max \quad P_s(T) \\ \text{s.t.} \quad \sum_{i=1}^{N} w_i s_i \leqslant W_0, \quad \sum_{i=1}^{N} v_i s_i \leqslant V_0 \end{cases} \tag{5-65}$$

　　在考虑以备件费用为约束，并且对某些部件的保障概率做特殊要求时，系统备件配置模型为

$$\begin{cases} \max \quad P_s(T) \\ \text{s.t.} \quad \sum_{i=1}^{N} c_i s_i \leqslant C_0, \quad P_i(T) \geqslant P_{i0} \end{cases} \tag{5-66}$$

式中，P_{i0} 为第 i 个单元的保障概率指标。模型的优化求解仍然采用边际优化算法，算法流程不再详细叙述。

例 5.2　以备件费用约束下的备件配置为例。要求保障持续时间为 400h，备件费用不超过 2 万元，系统各组成单元数据参数及配置优化结果如表 5-5 所示，备件方案迭代变化曲线如图 5-6 所示。

表 5-5　系统各组成单元数据参数及配置优化结果

备件项目	质量/kg	C_i/元	故障率参数	解析法	仿真法
LRU_1	42	1800	$(\beta, \lambda) = (1.8, 3.08 \times 10^{-4})$	7	7
LRU_2	2	2300	25000	0	1
LRU_3	1	960.48	125000	0	0
LRU_4	1	759	10989	1	1
LRU_5	2	552	62500	1	1
LRU_6	20	276	83333	1	2
LRU_7	3	257.6	224200	1	1
LRU_8	5	808	$(E, \sigma) = (5000, 10)$	2	0
LRU_9	1	150	2900	2	2
LRU_{10}	1	460	52000	1	1
LRU_{11}	8	68	$(\beta, \lambda) = (2.5, 3.52 \times 10^{-8})$	3	2
LRU_{12}	1	178	12500	1	1
LRU_{13}	10	256	$(a, \lambda) = (2, 0.005)$	4	3
LRU_{14}	1	500	18000	1	1
LRU_{15}	1	350	10000	1	0

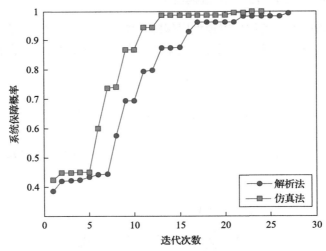

图 5-6　两种方法计算得到的备件方案迭代变化曲线

例 5.3　以备件费用及单元保障概率约束为例。设规定的备件费用指标不超过 8 万元，保障时间为 $T = 3$，系统各单元数据参数及保障概率指标如表 5-6 所示。

表 5-6　系统各单元数据参数及保障概率指标

备件项目	保障概率要求	安装数量	寿命分布参数	单价/万元
LRU$_1$	0.98	1	$\lambda = 0.5$	0.23
LRU$_2$	0.9	2	$\lambda = 1$	0.09
LRU$_3$	0.95	5	$\lambda = 0.1$	0.07
LRU$_4$	0.85	1	$\lambda = 2$	0.12
LRU$_5$	0.95	1	$(\beta, \lambda) = (1.5, 0.8577)$	0.45
LRU$_6$	0.9	1	$(\beta, \lambda) = (2.0, 0.1963)$	0.18
LRU$_7$	0.85	5	$(\beta, \lambda) = (2.5, 0.0232)$	0.15
LRU$_8$	0.95	4	$(E, \sigma) = (10, 2)$	0.20
LRU$_9$	0.9	10	$(a, \lambda) = (2, 0.2)$	0.36
LRU$_{10}$	0.85	1	$(a, \lambda) = (2, 0.5)$	0.29

对于表 5-6 中的非指数型寿命分布备件，首先通过故障率等效法将其转化为指数分布，计算后得到的备件配置优化结果如表 5-7 所示，两种优化方法的计算误差收敛曲线如图 5-7 所示。由图可以看出，两种优化方法计算得到的备件配置方案结果及误差收敛曲线一致，进一步证明了基于等效法建立的多种寿命分布系统备件配置模型的适用性。

表 5-7　备件配置优化结果

优化方法	LRU$_1$	LRU$_2$	LRU$_3$	LRU$_4$	LRU$_5$	LRU$_6$	LRU$_7$	LRU$_8$	LRU$_9$	LRU$_{10}$	费用/万元	误差
解析法	4	9	3	8	5	2	3	5	2	1	7.97	0.392
仿真法	4	9	3	8	5	2	3	5	2	1	7.97	0.217

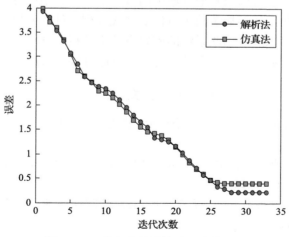

图 5-7　两种方法的计算误差收敛曲线

5.4.3　一般结构系统的备件配置模型

系统级的备件配置模型主要以串联结构为研究对象，而实际中，除了串联系统，更常见的是结构更为复杂的系统，并且系统中各单元服从不同寿命分布类型。针对这类复杂系统的备件配置问题，不仅要考虑结构层次、冗余度，还要考虑备件关键性、经济性等。由于考虑的因素较多，在实际工程中，复杂系统备件配置量通常采用工程经验和主观判断来确定，故障率高的备件就多配，故障率低的备件就少配。或者采用单项分析法，直接对每项部件进行单独配置，实现虽然简单，但缺乏系统性的分析。根据对系统保障概率的定义，任意系统的保障概率的通用计算公式可表示为

$$P_s(T) = R_s(T) + \sum_{i=1}^{N} h_i(T) \cdot P_i(s_i, T) \tag{5-67}$$

由于某些系统的结构复杂，特别是对一些冗余系统来说，$h_i(T)$ 难以有效确定，并且在系统单元数量比较庞大的情况下，逐一确定各个单元的 $h_i(T)$ 是难以实现的。因此，大型复杂系统备件配置量的精确解很难确定。

可以推荐使用串联系统的保障概率模型，即将任意大型复杂系统都近似看作串联系统，按照串联系统计算得到的备件方案在大部分情况下能够满足其他系统的保障要求。在平稳状态下，使用以下模型进行计算：

$$P_s(T) = \sum_{i=1}^{N} h_i(T) \cdot P_i(s_i, T) \tag{5-68}$$

从国外在航空航天以及其他领域中的应用来看，利用该方法总体上能够使备件配置方案合理化，能够显著减少备件短缺或过剩事件的发生。由此可见，对于大型复杂系统，可以通过串联系统的配置方法来获得备件配置方案的准近似解，当系统中存在非指数型寿命分布单元时，可以通过等效法进行处理。

参 考 文 献

[1] 梁庆卫, 宋保维, 贾跃. 鱼雷一次性备件量模糊优化模型研究[J]. 兵工学报, 2007, 28(6): 700-703.

[2] 张建军, 李树芳, 张涛, 等. 备件保障度评估与备件需求量模型研究[J]. 电子产品可靠性与环境试验, 2004, (6): 18-22.

[3] 刘天华, 张志华, 梁胜杰, 等. 威布尔型可修备件需求量的解析算法研究[J]. 系统工程与电子技术, 2012, 34(5): 966-972.

[4] 刘天华, 张志华, 程文鑫. Weibull 型备件需求量确定方法[J]. 海军工程大学学报, 2010, 22(6): 101-106.

[5] 程侃. 寿命分布类与可靠性数学理论[M]. 北京: 科学出版社, 1999.

[6] Eric S, Rommert D. A simple approximation to the renewal function[J]. IEEE Transactions on Reliability, 1990, 39(1): 71-75.

[7] 刘天华, 张志华, 李大伟, 等. Weibull 分布更新函数的指数近似算法[J]. 北京航空航天大学学报, 2012, 38(6): 816-818.

[8] Jiang R. A simple approximation for the renewal function with an increasing failure rate[J]. Reliability Engineering & System Safety, 2010, 95: 963-969.

[9] Lau H C, Song H, See T C, et al. Evaluation of time-varying availability in multi-echelon spare parts systems with passivation[J]. European Journal of Operational Research, 2006, 170(1): 91-105.

[10] 刘天华, 张志华, 梁胜杰, 等. 一种 Weibull 型备件需求量的改进算法[J]. 系统工程理论与实践, 2012, 32(5): 1124-1128.

[11] 刘天华, 张志华, 李庆民, 等. 威布尔型多不可修部件备件需求确定方法[J]. 系统工程理论与实践, 2012, 32(9): 2010-2015.

[12] 刘天华, 张志华, 李大伟, 等. Weibull 型多部件备件需求量的改进算法[J]. 海军工程大学学报, 2012, 24(4): 41-45.

第6章 维修能力约束下的备件配置优化

为简化备件优化模型的求解,一般不会考虑维修工装具、技术资料、维修人员不足的情况,即各级维修保障点维修资源无限(充足),故障件不会因维修资源被占满而造成排队等待的现象。按照该假设条件,保障效能理论计算结果会高于实际值,造成备件库存量明显低于实际需求。因此,需要将模型中"无限维修总体"的假设条件放宽,对模型进行修正,从而使理论计算结果更加贴近实际情况。

6.1 维修能力对备件方案的影响分析

这里需要定义一个概念,即维修渠道,是指针对装备故障维修活动所需的一套完整的维修资源,包括检测设备、维修设备、工装具、维修人员、技术资料等[1],按照维修渠道类型,可将其进一步划分为专属维修渠道和通用维修渠道。根据METRIC 理论建立备件模型时,备件供应周转量中没有考虑因维修渠道被占满而造成排队等待维修的故障件,因此会使备件方案的计算结果产生偏差[2]。目前,针对该问题的研究主要基于排队论,将故障件维修周转时间加以修正。

如图 6-1 所示,在考虑维修渠道和不考虑维修渠道的两种情况下,给出了单站点单项备件对装备可用度计算结果的偏差。当维修渠道利用率小于 0.1 时,可以认为维修渠道数量足够多,近似看作维修资源无限,此时结果偏差很小,随着

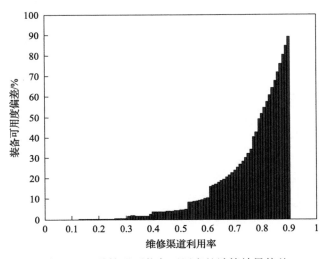

图 6-1 两种情况下装备可用度的计算结果偏差

维修渠道利用率的增加，故障件平均等待修理的时间变长，从而导致结果偏差增大。

6.2　维修能力约束下基于 $M/M/c$ 排队论的维修状态模型

6.2.1　专属维修渠道下的维修周转时间

专属维修渠道是指一组特定的维修资源对应一个特定的维修对象，即同类型的专属维修渠道只能对同类型的故障件进行维修。专属维修渠道下的故障处理流程如图 6-2 所示。

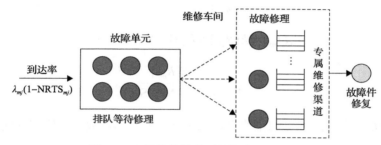

图 6-2　专属维修渠道下的故障处理流程

可将该过程看作一个单类多顾客源多服务台排队系统，站点 m 第 j 项故障件的到达率为 $\lambda_{mj}(1-\mathrm{NRTS}_{mj})$，其中，$\lambda_{mj}$ 为备件 j 的需求率，NRTS_{mj} 为站点 m 不能对故障单元进行修复的比例。对应的维修渠道利用率（占用率）为

$$\rho_{mj} = \frac{\lambda_{mj}(1-\mathrm{NRTS}_{mj})}{n_{mj}\mu_{mj}} \tag{6-1}$$

式中，n_{mj} 为站点 m 的维修渠道配置数量；μ_{mj} 为单个维修渠道的平均服务率：

$$\mu_{mj} = \frac{1}{T_{mj}} \tag{6-2}$$

式中，T_{mj} 为单个维修渠道对故障件 j 的平均服务（修复）时间。

服务时间服从负指数分布，令 Q_{mj} 为故障件在修和排队等待维修的数量总和，根据 $M/M/c$ 单类多顾客源多服务台排队系统理论[3]，Q_{mj} 的状态概率分布为

$$p(Q_{mj}=x) = \begin{cases} \dfrac{[\lambda_{mj}(1-\mathrm{NRTS}_{mj})T_{mj}]^x}{x!} p(0), & x < n_{mj} \\[3mm] \dfrac{[\lambda_{mj}(1-\mathrm{NRTS}_{mj})T_{mj}]^x}{n_{mj}!(n_{mj})^{x-n_{mj}}} p(0), & x \geqslant n_{mj} \end{cases} \tag{6-3}$$

式中，$p(0)$ 的计算公式为

$$p(0) = \left[\sum_{k=0}^{n_{mj}-1} \frac{[\lambda_{mj}(1-\text{NRTS}_{mj})T_{mj}]^k}{k!} + \frac{[\lambda_{mj}(1-\text{NRTS}_{mj})T_{mj}]^{n_{mj}}}{n_{mj}!(1-\rho_{mj})} \right]^{-1} \tag{6-4}$$

式中，$p(0)$ 表示 $Q_{mj}=0$ 的状态概率。由分析可知，故障件 j 在站点 m 因维修渠道被占满而造成等待维修的期望值 $E[R_{mj}]$、平均在修与等待维修的数量之和 $E[Q_{mj}]$，以及系统中平均等待维修的时间 TW_{mj} 分别为

$$E[R_{mj}] = \sum_{x=n_{mj}+1}^{\infty} (x-n_{mj}) \cdot p(Q_{mj}=x) \tag{6-5}$$

$$E[Q_{mj}] = E[R_{mj}] + \lambda_{mj}(1-\text{NRTS}_{mj})T_{mj} \tag{6-6}$$

$$\text{TW}_{mj} = \frac{E[R_{mj}]}{\lambda_{mj}(1-\text{NRTS}_{mj})} \tag{6-7}$$

由式(6-7)可知，在专属维修渠道约束下，修正后的故障件维修周转时间为

$$\text{TC}_{mj} = \frac{E[Q_{mj}]}{\lambda_{mj}(1-\text{NRTS}_{mj})} = T_{mj} + \frac{E[R_{mj}]}{\lambda_{mj}(1-\text{NRTS}_{mj})} \tag{6-8}$$

6.2.2　通用维修渠道下的维修周转时间

通用维修渠道是指某项特定的维修资源能够对应一组通用的维修对象，即维修渠道能够对多个不同类型的故障件进行维修，通用维修渠道下的故障处理流程如图 6-3 所示。

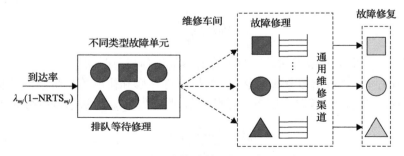

图 6-3　通用维修渠道下的故障处理流程

对于通用维修渠道的维修服务过程，可将其看作一个多类多顾客源多服务台

排队系统，van Harten 等[4]对该类排队系统进行了分析，建立了状态转移概率的平衡方程，但过程烦琐，尤其是在多级维修作业体系下，模型的求解会变得更加复杂。针对该问题，本节寻求一种简单、快速的近似求解方法。

设站点 m 的某通用维修渠道数量为 K_m，能够针对 k 种不同类型的故障件进行维修，对于不同类型的故障件，维修渠道的维修服务率不同，记为 μ_{mj}，$j \in k$，且 $\mu_{mj} = 1/T_{mj}$。第 $j(j \in k)$ 类故障件的到达率为 $\lambda_{mj}(1 - \text{NRTS}_{mj})$，因此对于通用维修渠道，其对应的所有维修对象（不同类型的故障件）的到达率之和为

$$\Lambda_m = \sum_{j \in k} \lambda_{mj}(1 - \text{NRTS}_{mj}) \tag{6-9}$$

单位时间内，第 j 类故障件到达数量占所有故障件总数的比例为

$$a_{mj} = \frac{\lambda_{mj}(1 - \text{NRTS}_{mj})}{\Lambda_m} \tag{6-10}$$

单位通用维修渠道对所有故障件的平均服务（维修）率为

$$\overline{\mu_m} = \frac{1}{\sum_{j \in k} a_{mj} T_{mj}} = \frac{\Lambda_m}{\sum_{j \in k} \lambda_{mj}(1 - \text{NRTS}_{mj}) T_{mj}} \tag{6-11}$$

通用维修渠道对所有的 K_m 类故障件的平均服务率 $\overline{\mu}(K_m)$ 可定义为

$$\overline{\mu}(K_m) = K_m \overline{\mu_m} = \frac{K_m \Lambda_m}{\sum_{j \in k} \lambda_{mj}(1 - \text{NRTS}_{mj}) T_{mj}} \tag{6-12}$$

同理，设系统的平均服务时间 $\overline{T_m}(\overline{T_m} = 1/\overline{\mu_m})$ 服从负指数分布，令 Q_m 为所有故障件在修和排队等待维修的数量总和，将该问题近似转化为单类多顾客源排队系统，则 Q_m 的状态概率分布为

$$p(Q_m = x) = \begin{cases} \dfrac{\left[\sum\limits_{j \in k} \lambda_{mj}(1 - \text{NRTS}_{mj}) T_{mj}\right]^x}{x!} p(0), & x < K_m \\[6mm] \dfrac{\left[\sum\limits_{j \in k} \lambda_{mj}(1 - \text{NRTS}_{mj}) T_{mj}\right]^x}{K_m!(K_m)^{x - K_m}} p(0), & x \geqslant K_m \end{cases} \tag{6-13}$$

$$p(0) = \left[\sum_{k=0}^{K_m-1} \frac{\left[\sum_{j \in k} \lambda_{mj}(1-\mathrm{NRTS}_{mj})T_{mj} \right]^k}{k!} + \frac{\left[\sum_{j \in k} \lambda_{mj}(1-\mathrm{NRTS}_{mj})T_{mj} \right]^{K_m}}{K_m! \left(1 - \Lambda_m / \left(K_m \overline{\mu_m} \right) \right)} \right]^{-1} \tag{6-14}$$

式中，$p(0)$ 为 $Q_m = 0$ 时的状态概率。因维修渠道被占满而等待维修的所有故障件总数的期望值 $E[R_m]$、在修与等待维修的故障件总数 $E[Q_m]$ 分别为

$$E[R_m] = \sum_{x=K_m+1}^{\infty} (x - K_m) \cdot p(Q_m = x) \tag{6-15}$$

$$E[Q_m] = E[R_m] + \sum_{j \in k} \lambda_{mj}(1-\mathrm{NRTS}_{mj})T_{mj} \tag{6-16}$$

故障件在系统中的平均等待维修时间为

$$\mathrm{TW}_{mj} = \frac{E[R_m]}{\sum_{j \in k} \lambda_{mj}(1-\mathrm{NRTS}_{mj})} \tag{6-17}$$

根据式(6-15)～式(6-17)，在通用维修渠道约束下，修正后的维修周转时间为

$$\mathrm{TC}_{mj} = \frac{E[Q_m]}{\sum_{j \in k} \lambda_{mj}(1-\mathrm{NRTS}_{mj})} \tag{6-18}$$

6.2.3　备件维修供应周转量模型的修正

在维修渠道约束下对故障件维修周转时间修正后，备件维修供应周转量由以下五部分构成。

(1) 故障件的在修数量：$\lambda_{mj} \cdot (1-\mathrm{NRTS}_{mj}) \cdot T_{mj}$；

(2) 排队等待维修的数量：$\lambda_{mj} \cdot (1-\mathrm{NRTS}_{mj}) \cdot \mathrm{TW}_{mj}$；

(3) 故障件维修延误数量：$\sum_{k \in \mathrm{Sub}(j)} h_{mjk} \cdot \mathrm{EBO}_{mk}$，$h_{mjk}$ 为维修故障件 j 而产生对分组件 k 的需求占需求总量的比例；

(4) 在供应和补给中的备件数量：$\lambda_{mj} \cdot \mathrm{NRTS}_{mj} \cdot O_{mj}$；

(5) 补给延误的备件数量：$f_{mj} \cdot \mathrm{EBO}_{\mathrm{Sup}(m),j}$，$f_{mj}$ 为影响站点 m 的备件短缺数占短缺总数的比例。

根据上述分析，可以得到站点 m 对第 j 项备件修正后的备件维修供应周转量均值为

$$\begin{aligned}
E[X_{mj}] = {} & \lambda_{mj}(1-\mathrm{NRTS}_{mj})(\mathrm{TW}_{mj} + T_{mj}) + \lambda_{mj}\mathrm{NRTS}_{mj}O_{mj} \\
& + f_{mj}\mathrm{EBO}_{\mathrm{Sup}(m),j} + \sum_{k \in \mathrm{Sub}(j)} h_{mjk} \cdot \mathrm{EBO}_{mk}
\end{aligned} \tag{6-19}$$

当站点 m 向上级申领备件时，上级出现备件短缺会对站点 m 造成补给延误，该短缺总数中，造成对 m 补给延误的短缺数概率服从二项分布；另外，当故障件 j 的分组件 k 发生短缺时，其短缺总数会以一定的概率 h_{mjk} 造成对故障件 j 的修理延误，同理，该短缺数概率也服从二项分布。因此，站点 m 对第 j 项备件的维修供应周转量方差可近似表示为

$$
\begin{aligned}
\mathrm{Var}[X_{mj}] \approx{} & \lambda_{mj}(1-\mathrm{NRTS}_{mj})(\mathrm{TW}_{mj}+T_{mj}) + \lambda_{mj}\mathrm{NRTS}_{mj}O_{mj} \\
& + f_{mj}(1-f_{mj})\mathrm{EBO}_{\mathrm{Sup}(m),j} + f_{mj}^2\mathrm{VBO}_{\mathrm{Sup}(m),j} \\
& + \sum_{k\in\mathrm{Sub}(j)} h_{mjk}^2\mathrm{VBO}_{mk} + \sum_{k\in\mathrm{Sub}(j)} h_{mjk}(1-h_{mjk})\mathrm{EBO}_{mk}
\end{aligned}
\tag{6-20}
$$

根据备件维修供应周转量，可以计算得到备件期望短缺数，同理，采用边际优化算法可以得到备件的配置方案。

例 6.1　利用例 4.3 中的想定参数，并规定各站点维修渠道利用率 ρ_{mj} 不小于 0.8，根据式 (6-1) 确定的各站点维修渠道 (维修资源) 配置量如表 6-1 所示。

表 6-1　各站点维修渠道配置量

站点	LRU$_1$	LRU$_2$	LRU$_3$	SRU$_{11}$	SRU$_{12}$	SRU$_{21}$	SRU$_{22}$	SRU$_{31}$	SRU$_{32}$
H_0	3	3	3	4	3	2	4	4	3
R_1	1	1	2	1	1	1	1	1	1
R_2	2	2	2	2	1	1	2	2	1
J_1	1	1	1	1	1	1	1	1	1
J_2	1	1	1	1	1	1	1	1	1
J_3	1	1	1	1	1	1	1	1	1

根据边际优化流程，算法程序历经 140 轮迭代后得到备件的最优分配方案。表 6-2 为不考虑站点维修渠道约束下的备件配置方案，表 6-3 为维修渠道约束下的备件配置方案。

表 6-2　不考虑站点维修渠道约束下的备件配置方案

站点	LRU$_1$	LRU$_2$	LRU$_3$	SRU$_{11}$	SRU$_{12}$	SRU$_{21}$	SRU$_{22}$	SRU$_{31}$	SRU$_{32}$
H_0	1	1	1	5	4	3	5	5	2
R_1	1	0	1	2	2	1	3	2	2
R_2	3	2	2	3	2	2	3	3	2
J_1	4	2	2	1	1	1	1	1	0
J_2	4	2	2	1	1	1	1	1	0
J_3	4	2	2	1	1	1	1	1	0

由表 6-2 和表 6-3 中的数据对比可知，考虑维修渠道影响因素的备件配置量要高，因此在初始备件方案的基础上，需要综合考虑保障系统中各修理级别之间的维修能力及维修条件，对其进行调整，追加一定的库存储备使装备可用度满足规定的保障效能指标。执行表 6-3 所示的备件方案后，各基层级站点的装备可用度分别为：$A_{J_1} = 0.9499$，$A_{J_2} = 0.9432$，$A_{J_3} = 0.9699$。整个保障体系内所有装备的平均可用度 $A = 0.95476$、备件满足率 EFR= 0.7287、保障延误时间 Td = 30.486h、备件费用 $C = 513.26$ 万元。

表 6-3　维修渠道约束下的备件配置方案

站点	LRU$_1$	LRU$_2$	LRU$_3$	SRU$_{11}$	SRU$_{12}$	SRU$_{21}$	SRU$_{22}$	SRU$_{31}$	SRU$_{32}$
H_0	4	3	2	6	5	5	7	6	3
R_1	5	1	0	3	2	1	5	3	2
R_2	3	3	4	3	4	2	5	3	2
J_1	5	2	3	1	1	1	1	1	0
J_2	6	2	3	1	1	1	1	1	0
J_3	7	2	3	1	1	1	1	1	0

备件方案的费效变化曲线如图 6-4 所示(图中，保障延误时间已经过 0-1 标准化处理)。曲线上每一个点都对应当前状态下的最优配置结果，可供决策人员对方案的费效过程进行分析，从而对设定的备件保障效能指标进行修正，对配置方案进行调整和完善。

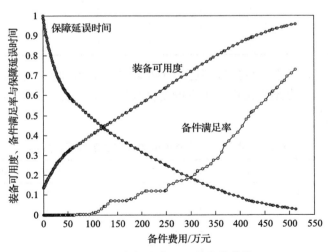

图 6-4　备件方案的费效变化曲线

在计算备件方案时，若不考虑维修渠道的影响，则会低估备件的维修周转时间而造成对装备可用度计算的偏差。在考虑维修渠道的因素时，对表 6-2 所示的备件方案保障效果进行评估，可得装备可用度 $A=0.7662$、备件满足率 EFR=0.3184、保障延误时间 Td=162.9h。可以看出，装备可用度远没有达到规定的指标。因此，在同等条件下，需要追加备件项目的采购量，提高备件库存水平以满足可用度要求。

6.3　考虑装备钝化的备件维修状态模型

6.3.1　备件动态需求分析

装备备件需求率与其可靠性指标(MTBF)及观测周期内的装备利用率有关，对于单个站点单装设备，设装备利用率为 UR，则备件需求率为

$$\lambda_j = \frac{\text{UR}}{\text{MTBF}_j} \cdot N \cdot Z_j \tag{6-21}$$

式中，Z_j 为部件 j 的单机安装数量；N 为该设备的部署数量。

由于装备部署数量有限，在计算备件整体需求率的过程中，已发生故障而造成停机的装备不会产生新的故障，因此在计算备件故障率时，应该排除已损坏的装备，此类现象称为装备钝化或备件需求的相关性[5]。

保障站点编号记为 m，$m=1,2,\cdots$。若将整个观测周期 T 划分为 n 等份，则时刻 t 可取值为 $t=0,1,2,\cdots,n$，合理取等分时间长度，使得在划分后的有限时间长度内，装备不发生新的故障且装备利用率和处于可工作状态的数量为恒定值。因此在 t 时刻，站点 m 可正常工作的装备数量为

$$N_m(t) = N_m \cdot A_m(t-1) \tag{6-22}$$

式中，N_m 为站点 m 装备的部署数量；$A_m(t-1)$ 为 $t-1$ 时刻装备的可用度，令 $t=0$ 时，装备可用度 $A_m(0)=1$，在 $t \geqslant 1$ 时，装备可用度可进行循环迭代求解。

因此，站点 m 的部件 j 在 t 时刻的备件需求率为

$$\lambda_{mj}(t) = \frac{\text{UR}(t)}{\text{MTBF}_j} \cdot N_m \cdot Z_j \cdot A_m(t-1) \tag{6-23}$$

式中，$\text{UR}(t)$ 为 t 时刻的装备利用率。

令站点 m 的故障件 j 的不可修复概率为 NRTS_{mj}，则根据多级保障条件下备件需求率计算流程，可以得到站点 m 的备件 j 的递推计算公式为

$$\lambda_{mj}(t) = \sum_{l \in \text{Unit}(m)} \lambda_{lj}(t) \cdot \text{NRTS}_{lj} + \sum_{l \in \text{Aub}(j)} \lambda_{ml}(t)(1-\text{NRTS}_{ml})q_{mlj} \tag{6-24}$$

式中，$l \in \text{Unit}(m)$ 表示站点 m 所属的下一级别站点；$l \in \text{Aub}(j)$ 表示部件 j 的母体组件。

6.3.2　维修排队模型

1. $M/M/1$ 排队模型

装备钝化引起备件需求变化时，备件需求率在观测周期内是不断变化的，针对此类情况，利用稳态条件下的排队模型无法求解某一站点正在进行维修和等待维修的备件数量[6]。利用 $M/M/1$ 排队模型，在 t 时刻，站点 m 的备件需求总量为

$$\lambda_m(t) = \sum_{j=1}^{N} \lambda_{mj}(t) \tag{6-25}$$

在站点 m，部件 j 在 t 时刻的维修率定义为 $\mu_{mj}(t)$，则所有故障件的平均维修率为

$$\mu_m(t) = \frac{\lambda_m(t)}{\sum_{j=1}^{N} \lambda_{mj}(t)/\mu_{mj}(t)} \tag{6-26}$$

令 $P_{mn}(t)$ 表示 t 时刻站点 m 在修部件数量为 n 的概率，$P'_{mn}(t)$ 表示 t 时刻 $P_{mn}(t)$ 的导数，则 t 时刻 $M/M/1$ 排队系统状态转移关系如图 6-5 所示。

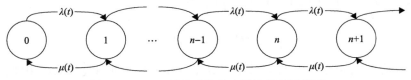

图 6-5　$M/M/1$ 排队系统状态转移关系示意图

因此，可得 $M/M/1$ 排队系统状态概率转移方程为

$$\begin{cases} P'_{mn}(t) = \lambda_m(t)P_{m(n-1)}(t) - \left(\lambda_m(t) + \mu_m(t)\right)P_{mn}(t) + \mu_m(t)P_{m(n+1)}(t) \\ P'_{m0}(t) = -\lambda_m(t)P_{m0}(t) + \mu_m(t)P_{m1}(t) \end{cases} \tag{6-27}$$

令 $E[n_m(t)]$ 表示维修站点 m 在 t 时刻处于维修周转中的备件数量期望值，则

$$E\left[n_m(t)\right] = \sum_{n=0}^{\infty} n_m P_{mn}(t) \tag{6-28}$$

对式 (6-28) 求导，可得

$$E\left[n_m(t)\right]' = \sum_{n=0}^{\infty} n_m P'_{mn}(t) \qquad (6\text{-}29)$$
$$= \lambda_m(t) - \mu_m(t)\left(1 - P_{m0}(t)\right)$$

备件维修周转数量平方的期望值为

$$E\left[n_m^2(t)\right] = \sum_{n=0}^{\infty} n_m^2 P_{mn}(t) \qquad (6\text{-}30)$$

设站点 m 在 t 时刻的备件维修周转量方差为 $V[n_m(t)]$，其方差导数为 $V[n_m(t)]'$，则

$$V\left[n_m(t)\right] = E\left[n_m^2(t)\right] - E\left[n_m(t)\right]^2 \qquad (6\text{-}31)$$

$$V\left[n_m(t)\right]' = E\left[n_m^2(t)\right]' - 2E\left[n_m(t)\right] \cdot E\left[n_m(t)\right]'$$
$$= \sum_{n=0}^{\infty} n_m^2 P'_{mn}(t) - 2\left(\sum_{n=0}^{\infty} n_m P_{mn}(t)\right) \cdot \left[\lambda_m(t) - \mu_m(t)\left(1 - P_{m0}(t)\right)\right] \qquad (6\text{-}32)$$
$$= \lambda_m(t) + \mu_m(t) - \mu_m(t)P_{m0}(t)\left(2E\left[n_m(t)\right] + 1\right)$$

对于各站点，要保证 $\lambda_m/\mu_m < 1$，否则将变成无限排队系统。

2. $M/M/c$ 排队模型

对于 $M/M/c$ 排队模型，站点 m 在 t 时刻的备件需求率为 $\lambda_m(t)$，维修率为 $\mu_m(t)$。当在修故障件数量小于维修渠道数量 m 时，其状态转移关系如图 6-6 所示。

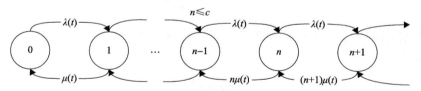

图 6-6　$n \leqslant c$ 时 $M/M/c$ 排队系统状态转移关系示意图

当在修故障件数量大于维修渠道数量时，其状态转移关系如图 6-7 所示。

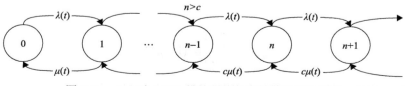

图 6-7　$n > c$ 时 $M/M/c$ 排队系统状态转移关系示意图

因此，可得 $M/M/c$ 排队系统状态概率转移方程为

$$
\begin{cases}
P'_{m0}(t) = -\lambda_m(t)P_{m0}(t) + \mu_m(t)P_{m1}(t) \\
P'_{mn}(t) = \lambda_m(t)P_{m(n-1)}(t) - \left(\lambda_m(t) + n\mu_m(t)\right)P_{mn}(t) + (n+1)\mu_m(t)P_{m(n+1)}(t), & n \leqslant c \\
P'_{mn}(t) = \lambda_m(t)P_{m(n-1)}(t) - \left(\lambda_j(t) + c\mu_m(t)\right)P_{mn}(t) + c\mu_m(t)P_{m(n+1)}(t), & n > c
\end{cases}
$$

（6-33）

同理，站点 m 在 t 时刻处于维修周转中的备件数量的期望值导数为

$$
E\left[n_m(t)\right]' = \lambda_m(t) - \mu_m(t)c + \mu_m(t)\sum_{n=0}^{c-1}(c-n)P_{mn}(t)
$$

（6-34）

方差导数为

$$
V\left[n_m(t)\right]' = \lambda_m(t) + \mu_m(t)c - \mu_m(t)\sum_{n=0}^{c-1}\left(2E\left[n_m(t)\right] + 1 - 2n\right)(c-n)P_{mn}(t)
$$

（6-35）

6.3.3　备件维修周转量概率分布

由于故障件到达率服从泊松分布，均值为 $\lambda_m(t)$，维修率服从均值为 $\mu_m(t)$ 的同一分布，因此，备件维修周转量均值为 $E[n_m(t)]$，方差为 $V[n_m(t)]$，若 $E[n_m(t)]/V[n_m(t)]=1$，则备件维修周转量也服从泊松分布，可得站点 m 在 t 时刻的备件维修周转量状态概率分布函数为

$$
P_{mn}(t) = \frac{\left(E\left[n_m(t)\right]\right)^n \mathrm{e}^{-E[n_m(t)]}}{n!}
$$

（6-36）

若 $E[n_m(t)]/V[n_m(t)] < 1$，则备件维修周转量服从负二项分布近似，状态概率分布函数为

$$
P_{mn}(t) = \begin{bmatrix} r+n-1 \\ n \end{bmatrix} b^r(1-b)^n
$$

（6-37）

若 $E[n_m(t)]/V[n_m(t)] > 1$，则备件维修周转量服从二项分布近似，状态概率分布函数为

$$
P_{mn}(t) = \begin{bmatrix} a \\ n \end{bmatrix} p^n(1-p)^{a-n}
$$

（6-38）

在观测周期起始阶段，即 $t=0$ 时，各站点在修故障件数量为 0，在观测周期内

的任意时刻 t，各站点的备件维修周转量均值与方差的计算步骤如下。

步骤 1 根据 $E[n_m(t)]$ 和 $V[n_m(t)]$ 的值，利用式 (6-36) ～式 (6-38)，可计算得到 t 时刻的状态概率分布函数 $P_{mn}(t)$，当 $t=0$ 时，$E[n_m(t)]=V[n_m(t)]=0$。

步骤 2 根据式 (6-29) ～式 (6-32)，以及式 (6-34) 和式 (6-35)，可以计算得到 t^+ 时刻备件维修周转量均值及方差的导数 $E[n_m(t^+)]'$ 和 $V[n_m(t^+)]'$。

步骤 3 取时间步长为 1，可得 $t+1$ 时刻站点的备件维修周转量均值为

$$E\big[n_m(t+1)\big] = \max\Big\{0, E[n_m(t)] + 1 \cdot E[n_m(t)]'\Big\} \tag{6-39}$$

同理，可得 $t+1$ 时刻站点 m 的备件维修周转量方差为

$$V\big[n_m(t+1)\big] = \max\Big\{0, V[n_m(t)] + 1 \cdot V[n_m(t)]'\Big\} \tag{6-40}$$

步骤 4 时间推进至 $t=t+1$，判断 t 是否达到观测周期 T_0，若达到，则退出循环；否则，转至步骤 1。

6.4 维修能力约束下的维修渠道及备件联合配置优化

6.4.1 备件维修周转量计算方法

考虑备件需求相关，则备件需求率及故障件维修率随时间变化，t 时刻，在站点 m 处于维修周转中的备件总数为

$$E\big[n_m(t)\big] = \mathrm{XW}_m(t) + \mathrm{XR}_m(t) \tag{6-41}$$

式中，$\mathrm{XW}_m(t)$ 为等待维修的备件数量；$\mathrm{XR}_m(t)$ 为正在进行维修的备件数量。同理，站点 m 备件 j 的维修周转量均值为

$$E\big[n_{mj}(t)\big] = \mathrm{XW}_{mj}(t) + \mathrm{XR}_{mj}(t) \tag{6-42}$$

对于单维修渠道 $M/M/1$ 排队系统或多维修渠道 $M/M/c$ 排队系统，当备件需求率为 $\lambda_m(t)$、平均维修率为 $\mu_m(t)$ 时，站点 m 的维修渠道平均利用率为

$$\rho_m(t) = \frac{\lambda_m(t)}{\mu_m(t)} \tag{6-43}$$

站点 m 部件 j 的在修数量为

$$\mathrm{XR}_{mj}(t) = \frac{\lambda_{mj}(t)\big/\mu_{mj}(t)}{\lambda_m(t)\big/\mu_m(t)} \mathrm{XR}_m(t) \tag{6-44}$$

式中，$XR_m(t)$ 的取值为

$$XR_m(t) = \begin{cases} E\big[n_m(t)\big], & E\big[n_m(t)\big] \leqslant c \\ c, & E\big[n_m(t)\big] > c \end{cases} \tag{6-45}$$

等待维修的备件数量为

$$XW_{mj}(t) = \frac{\lambda_{mj}(t)}{\lambda_m(t)} XW_m(t) \tag{6-46}$$

根据式(6-41)～式(6-46)，可得备件 j 在站点 m 中的维修周转量均值为

$$E\big[n_{mj}(t)\big] = XW_{mj}(t) + XR_{mj}(t) = \begin{cases} \dfrac{\lambda_{mj}(t)/\mu_{mj}(t)}{\lambda_m(t)/\mu_m(t)} E\big[n_m(t)\big], & E\big[n_m(t)\big] \leqslant c \\ c + \dfrac{\lambda_{mj}(t)}{\lambda_m(t)}\Big(E\big[n_m(t)\big] - c\Big), & E\big[n_m(t)\big] > c \end{cases} \tag{6-47}$$

6.4.2 装备时变可用度评估

令 t 时刻，站点 m 备件 j 的维修供应周转量均值为 $E[X_{mj}(t)]$，方差为 $V[X_{mj}(t)]$，则

$$E\big[X_{mj}(t)\big] = E\big[n_{mj}(t)\big] + E\big[XS_{mj}(t)\big] + E\big[DR_{mj}(t)\big] + E\big[DS_{mj}(t)\big] \tag{6-48}$$

$$V\big[X_{mj}(t)\big] = E\big[n_{mj}(t)\big] + E\big[XS_{mj}(t)\big] + V\big[DR_{mj}(t)\big] + V\big[DS_{mj}(t)\big] \tag{6-49}$$

式中，$n_{mj}(t)$ 表示站点 m 备件 j 的维修周转量，由在修和等待维修两部分构成；$XS_{mj}(t)$ 表示正在补给的备件量；$DR_{mj}(t)$ 表示备件维修延误数量；$DS_{mj}(t)$ 表示备件补给延误数量。

令 t 时刻，站点 m 备件 j 的期望短缺数为 $EBO_{mj}(s_{mj},t)$，短缺数方差为 $VBO_{mj}(s_{mj},t)$，则

$$EBO_{mj}(s_{mj},t) = \sum_{X_{mj}=s_{mj}+1}^{\infty} (X_{mj} - s_{mj}) \cdot p\big(X_{mj}(t)\big) \tag{6-50}$$

式中，s_{mj} 表示站点 m 备件 j 的配置量；$p(X_{mj}(t))$ 表示 t 时刻备件维修供应周转量概率分布函数，当 $E[X_{mj}(t)] = V[X_{mj}(t)]$ 时，$p(X_{mj}(t))$ 服从泊松分布；当 $E[X_{mj}(t)] <$

$V[X_{mj}(t)]$时，$p(X_{mj}(t))$服从负二项分布；当 $E[X_{mj}(t)] > V[X_{mj}(t)]$时，$p(X_{mj}(t))$服从二项分布。

若备件的拆卸与更换时间忽略不计，则装备的故障停机主要由备件短缺造成。当确定备件期望短缺数后，可得站点 m 所有装备在给定观测周期内任意 t 时刻的平均可用度为

$$A_m(t) = \prod_{j \in \text{Inden}(1)} \left[1 - \text{EBO}_{mj}(s_{mj}, t) / (N_m \cdot Z_j) \right]^{Z_j} \tag{6-51}$$

式中，$j \in \text{Inden}(1)$ 表示系统中的第一层级部件。若 $\text{EBO}_{mj}(s_{mj}, t) > N_m \cdot Z_j$，则该站点的装备可用度为 0。

6.4.3　维修渠道及备件的联合配置优化模型

在多级保障体系中，基地级一般具有较强的维修能力，且维修渠道及资源足够充分，因此不需要对该级别站点的维修渠道数量进行优化，只需考虑其备件配置量是否能够满足备件库存周转需要，而在中继级和基层级，需要综合考虑维修渠道及备件的配置数量[7]。以费用为优化目标，以装备可用度为约束条件，建立如下联合配置优化模型：

$$\begin{cases} \min \text{TC} = \sum_{m=1}^{N} \sum_{j=1}^{N} s_{mj} \cdot c_j + \sum_{m \notin \text{Echelon}(1)} \sum_{j=1}^{N} \text{RM}_{mj} \cdot \text{cr}_j \\ \text{s.t} \quad A(t \mid s, \text{RM}) \geqslant A_0, \quad \forall t \in [0, T_M] \end{cases} \tag{6-52}$$

式中，TC 为总费用；s_{mj} 为站点 m 备件 j 的配置数量；c_j 为备件 j 的购置费用；RM_{mj} 为站点 m 备件 j 的维修渠道配置量；cr_j 为维修渠道购置费用；$m \notin \text{Echelon}(1)$ 为不考虑基地级的维修渠道配置；A_0 为规定的可用度指标；$A(t \mid s, \text{RM})$ 为在 t 时刻，备件配置方案为 s，维修渠道配置方案为 RM 时所形成的装备可用度。

受装备利用率和可用度的影响，各站点的备件需求率及故障件维修率随时间变化是一种非稳态过程。文献[8]中，在故障件维修率不变的情况下，选择装备利用率最高的使用阶段末期备件短缺数作为观测指标，认为维修资源充足并且不会产生故障件维修等待，计算备件需求率时没有考虑设备发生故障后不产生备件需求的影响。在不考虑站点维修能力和装备钝化的影响时，以装备利用率最高时刻末期的备件短缺数作为备件优化过程的观测值是合理的。

若考虑站点维修能力和装备钝化的影响，当维修渠道被占满时，新到故障件需要等待，因此在装备利用率最高的阶段末期，备件短缺数最大[9]。对此，按照

边际优化算法进行优化迭代过程中,得到保障资源配置方案 (s, RM) 下各时间节点的备件短缺数矩阵 $\text{EBO}=[\text{EBO}(0), \text{EBO}(1), \text{EBO}(2), \cdots, \text{EBO}(T_M)]$,取其最大值 $\text{maxEBO}(t)$ 作为观测值[10]。

备件配置方案 s 可表示为一个 $M \times J$ 矩阵,即

$$s_{M \times J} = \begin{bmatrix} s_{11} & s_{12} & \cdots & s_{1j} & \cdots & s_{1J} \\ s_{21} & s_{22} & \cdots & s_{2j} & \cdots & s_{2J} \\ \vdots & \vdots & & \vdots & & \vdots \\ s_{m1} & s_{m2} & \cdots & s_{mj} & \cdots & s_{mJ} \\ \vdots & \vdots & & \vdots & & \vdots \\ s_{M1} & s_{M2} & \cdots & s_{Mj} & \cdots & s_{MJ} \end{bmatrix}$$

维修渠道配置方案 RM 也可表示为一个 $M \times J$ 矩阵。令 $\partial_{mj}(t \,|\, \Delta s, \text{RM})$ 表示备件配置方案为 s、维修渠道配置方案为 RM、站点 m 备件 j 数量加 1 所对应的短缺数增量;$\partial_{mj}(t \,|\, s, \Delta \text{RM})$ 表示站点 m 备件 j 维修渠道数量加 1 所对应的短缺数增量。因此,有

$$\begin{cases} \partial_{mj}(t \,|\, \Delta s, \text{RM}) = \text{maxEBO}(t \,|\, s, \text{RM}) - \max \text{EBO}(t \,|\, s + \text{one}(m, j), \text{RM}) \\ \partial_{mj}(t \,|\, s, \Delta \text{RM}) = \text{maxEBO}(t \,|\, s, \text{RM}) - \max \text{EBO}(t \,|\, s, \text{RM} + \text{one}(m, j)) \end{cases} \tag{6-53}$$

式中,$\text{one}(m, j)$ 表示 m 行 j 列的元素为 1、其余均为 0 的矩阵;$\max \text{EBO}(t \,|\, s, \text{RM})$ 表示在观测周期内备件短缺数的最大值。相应的边际效益值为

$$\begin{cases} \delta_{mj}(t \,|\, \Delta s, \text{RM}) = \dfrac{\partial_{mj}(t \,|\, \Delta s, \text{RM})}{c_j} \\ \delta_{mj}(t \,|\, s, \Delta \text{RM}) = \dfrac{\partial_{mj}(t \,|\, s, \Delta \text{RM})}{\text{cr}_j} \end{cases} \tag{6-54}$$

模型优化步骤如下。

步骤 1 初始化各站点备件及维修渠道配置量,令矩阵 s 及 RM 各元素的取值为 0。

步骤 2 进行算法迭代,计算备件方案 s 及维修渠道方案 RM 中每项元素所对应的边际效益值 $\delta_{mj}(t \,|\, \Delta s, \text{RM})$ 和 $\delta_{mj}(t \,|\, s, \Delta \text{RM})$。

步骤 3 对各元素的边际效益值进行对比,将边际效益值最大值所对应的矩阵单元数量加 1,其余各单元数量保持不变。

步骤 4 判断装备可用度 A 是否满足指标,若满足指标,则算法结束;否则,

转入步骤 2，继续优化计算。

6.5　模型算法的仿真验证及应用分析

6.5.1　基于 ExtendSim 的仿真模型构建

设装备由两个部件组成，其可靠性指标分别为 $MTBF_1=300h$ 和 $MTBF_2=400h$；平均修理时间分别为 $T_1=72h$ 和 $T_2=48h$；装备在各阶段的利用率分别为 1（0～400h）、0.5（400～800h）、0.4（800～1800h）、1（1800～2200h）；维修渠道配置数量为 2；站点备件数量为 0。

采用 ExtendSim 离散事件仿真系统来构建仿真模型，主要包括：初始化模块，用于初始条件下的参数设置；备件库存量模块；装备工作状态模块；站点维修能力模块，用于设置站点维修渠道参数；任务模块；装备可用度仿真结果统计模块。

采取仿真方法计算周期内各时刻的装备可用度，首先要获取足够多的样本点，然后根据所得样本点进行评估。在第 n 次求取 $t \in [0,T]$ 时刻装备可用度的过程中，记录装备在[0,t]时间内正常工作时间 t_o，则在该次仿真中，t 时刻计算得到装备的可用度的样本值为

$$\hat{A}_n(t) = \frac{t_o}{t} \tag{6-55}$$

在进行 S_N 次仿真过程中，可得 t 时刻装备期望可用度的估计值为

$$A(t) \approx E\left[\hat{A}_n(t)\right] = \frac{\sum_{n=1}^{S_N} \hat{A}_n(t)}{S_N} \tag{6-56}$$

6.5.2　仿真结果分析

对故障件的维修周转过程进行仿真，求取每一时间样本点计算 1000 次所得的平均值。图 6-8 和图 6-9 中"*"所对应的是故障件维修周转量仿真结果与时间的关系；实线表示考虑装备钝化情况下在各时刻的故障件维修周转量；虚线表示不考虑钝化情况下的故障件维修周转量。

钝化情况得到的解析结果与仿真结果的变化趋势相同，且仿真结果在解析值之间均匀分布，这就说明在建立模型时考虑装备钝化现象更加符合实际情况。若不考虑钝化现象，则会高估备件需求，从而使计算结果产生较大误差。

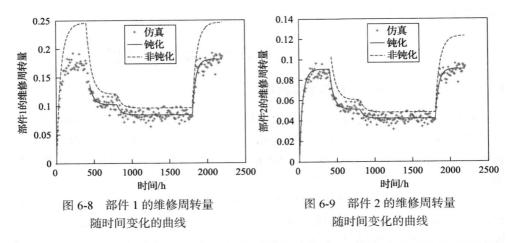

图 6-8　部件 1 的维修周转量
随时间变化的曲线

图 6-9　部件 2 的维修周转量
随时间变化的曲线

同时，可得装备可用度随时间变化的曲线如图 6-10 所示，考虑装备钝化所得到的解析结果与仿真结果变化趋势一致，若不考虑钝化现象，则会明显低估装备可用度。

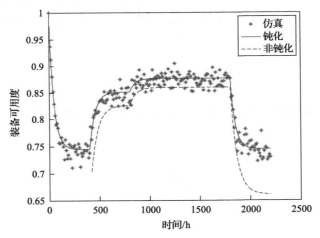

图 6-10　装备可用度随时间变化的曲线

6.5.3　模型算法应用

设保障体系由基地级站点 H_0、中继级站点 R_1、R_2 和基层级站点 J_1、J_2 和 J_3 组成，保障组织结构如图 6-11 所示。

装备系统中所属 6 个 LRU 部件单元形成串联结构，备件清单及初始保障参数如表 6-4 所示。

装备在各阶段的利用率及持续时间如表 6-5 所示。

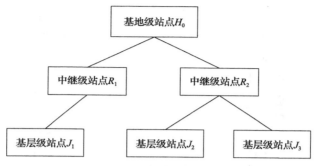

图 6-11 保障组织结构

表 6-4 备件清单及初始保障参数

备件	MTBF/h	单机数	平均修理时间/h			站点不可修复率			费用/元
			基层级	中继级	基地级	基层级	中继级	基地级	
LRU_1	600	3	72	36	48	0.7	0.2	0	23500
LRU_2	625	1	48	36	36	0.8	0.25	0	15000
LRU_3	700	2	72	24	48	0.8	0.18	0	19050
LRU_4	725	1	48	48	48	0.8	0.17	0	14000
LRU_5	800	2	24	48	24	0.8	0.22	0	11000
LRU_6	1000	2	36	48	36	0.7	0.40	0	10000

表 6-5 装备在各阶段的利用率及持续时间

参数	阶段 1	阶段 2	阶段 3	阶段 4
装备利用率	1	0.5	0.4	1
持续时间/h	0~400	400~800	800~1800	1800~2200

在各级站点的备件配置量为 0，维修渠道配置备选方案如表 6-6 所示。

表 6-6 维修渠道配置备选方案

方案	基层级 J_1	基层级 J_2	基层级 J_3	中继级 R_1	中继级 R_2
方案 1	1	1	1	1	1
方案 2	1	1	1	2	2
方案 3	2	2	2	1	1
方案 4	无限	无限	无限	无限	无限

其中，方案 4 具有无限维修总体，方案 1～方案 3 具有有限维修总体，其维修能力有限，各方案之间的可用度随时间变化关系的对比如图 6-12～图 6-16 所示。

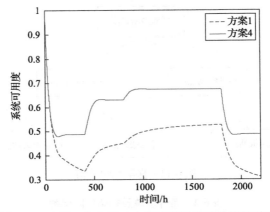

图 6-12　方案 1 与方案 4 之间可用度变化曲线的对比

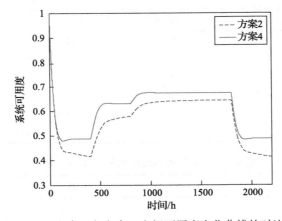

图 6-13　方案 2 与方案 4 之间可用度变化曲线的对比

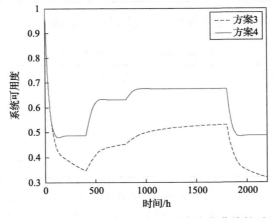

图 6-14　方案 3 与方案 4 之间可用度变化曲线的对比

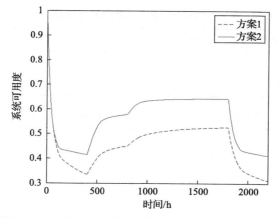

图 6-15　方案 1 与方案 2 之间可用度变化曲线的对比

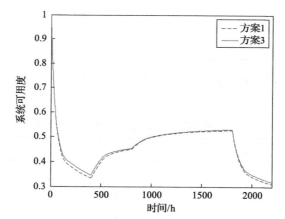

图 6-16　方案 1 与方案 3 之间可用度变化曲线的对比

由图 6-12～图 6-16 所示的变化曲线可知，在维修能力有限和具有无限维修总体两种情况下，装备时变可用度评估结果具有一定差别。方案 1 与方案 2 之间，基层级站点部署的维修渠道数量相同，但在中继级站点部署更多的维修资源能够显著提高装备可用度。

类似地，若保持中继级维修渠道配置方案相同，而在基层级维修渠道配置数量有所差别，则在各参数相同的情况下，增加基层级维修渠道配置量对装备可用度的提高不明显。

在各级站点维修渠道配置方案确定的情况下，对备件配置方案进行优化，令两种方案下的维修渠道配置量如表 6-7 所示。

设装备可用度指标为 0.9，在维修渠道配置方案 1 的条件下，计算得到的备件优化结果如表 6-8 所示。

表 6-7　两种方案下的维修渠道配置量

方案	中继级 R_1	中继级 R_2	基层级 J_1	基层级 J_2	基层级 J_3
方案 1	4	4	3	2	1
方案 2	4	5	2	2	1

表 6-8　维修渠道配置方案 1 下的备件优化结果

站点	LRU_1	LRU_2	LRU_3	LRU_4	LRU_5	LRU_6
基地级 (H_0)	0	0	0	0	0	0
中继级 (R_1)	1	0	1	0	0	0
中继级 (R_2)	2	1	2	1	2	1
基层级 (J_1)	5	3	3	3	3	3
基层级 (J_2)	4	2	2	2	2	2
基层级 (J_3)	6	2	3	2	3	3

同理，对于维修渠道配置方案 2，其对应计算得到的备件优化结果如表 6-9 所示。

表 6-9　维修渠道配置方案 2 下的备件优化结果

站点	LRU_1	LRU_2	LRU_3	LRU_4	LRU_5	LRU_6
基地级 (H_0)	0	0	0	0	0	0
中继级 (R_1)	1	0	1	0	0	0
中继级 (R_2)	2	2	1	1	1	1
基层级 (J_1)	6	3	4	3	4	4
基层级 (J_2)	3	1	2	1	2	2
基层级 (J_3)	5	2	3	2	3	3

对比表 6-8 和表 6-9 中的数据可知，设定的保障指标相同，在不同的维修渠道配置方案下，计算得到的备件优化结果会存在差异。维修渠道配置数量大，能够相应地减少备件维修周转时间，则保持较低的备件库存量就能够满足保障需求。因此，该模型算法符合实际规律。在初始优化方案的基础上，可以对备件及维修渠道数量进行调整，在可用度指标为 0.9 时，维修渠道配置费用为 4 万元，算法经过多次迭代，能够对备件及维修渠道配置数量进行联合优化计算，结果如表 6-10 所示。在优化过程中，备件期望短缺数随着保障费用的增加而降低，备件期望短缺数观测值费效比曲线如图 6-17 所示。根据备件短缺数，能够对装备可用度进行评估，其观测值费效比曲线如图 6-18 所示，算法迭代全过程历经 64 次循环，最终

表 6-10　备件及维修渠道联合配置优化结果

站点	LRU_1	LRU_2	LRU_3	LRU_4	LRU_5	LRU_6	维修渠道
基地级 (H_0)	0	0	0	0	0	0	—
中继级 (R_1)	1	0	1	0	0	0	4
中继级 (R_2)	2	1	1	1	1	1	5
基层级 (J_1)	5	2	3	3	3	3	3
基层级 (J_2)	3	1	2	1	2	2	2
基层级 (J_3)	4	2	3	2	3	2	2

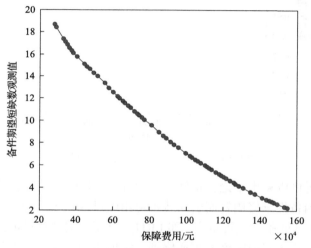

图 6-17　备件期望短缺数观测值费效比曲线

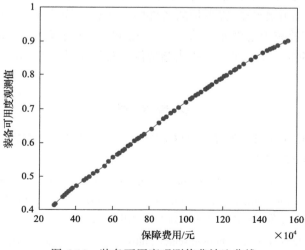

图 6-18　装备可用度观测值费效比曲线

计算得到备件及维修渠道购置总费用为 155 万元，观测周期内装备最低可用度为 0.9034，满足可用度指标要求。

在备件及维修渠道联合优化配置方案下，可以计算整个观测周期内装备可用度随时间变化的曲线，如图 6-19 所示。

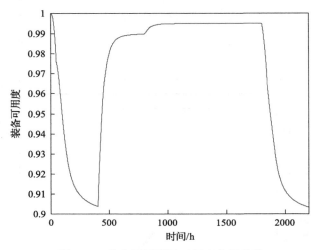

图 6-19　装备可用度随时间变化的曲线

由以上分析可以得出结论：备件主要配置在基层级，将其作为安全库存，以防止使用现场因备件维修周转而引起装备可用度过低；单机安装数高的备件其配置量大，可靠性低的备件配置量高，如 LRU_1；基层级对故障件的维修能力比中继级弱，一般只限定于对故障件的更换修理、定期检测、维护保养等。除此之外，中继级站点需要配置一定数量的备件以满足各基层级备件周转需求，同时由于备件的集聚作用，在中继级配置少量的备件即可达到同等条件下基层级所达到的保障效果，能够有效减少备件库存总量。与此同时，基地级具有最高的修理级别，其维修能力足够强，只需配置一些战储备件，常耗备件一般不需要在基地级站点存储。

参 考 文 献

[1] 阮旻智, 李庆民, 黄傲林, 等. 有限维修渠道约束下多级维修供应系统库存控制[J]. 航空学报, 2012, 33(11): 2018-2027.

[2] Diaz A, Fu M C. Models for multi-echelon repairable item inventory systems with limited repair capacity[J]. European Journal of Operational Research, 1997, 97(3): 480-492.

[3] 张野鹏, 等. 军事运筹基础[M]. 北京: 高等教育出版社, 2006.

[4] van Harten A, Sleptchenko A. On multi-class multi-server queuing and spare part management[R].

Enschede: University of Twente, 2000.

[5] 周伟, 蒋平, 刘亚杰, 等. 考虑需求相关的可修复系统备件配置模型[J]. 国防科技大学学报, 2012, 34(3): 68-73.

[6] 徐立, 李庆民, 阮旻智. 具备有限维修能力的舰船编队保障方案优化[J]. 系统工程与电子技术, 2014, 36(11): 2226-2232.

[7] Xu L. Research on joint optimization of level of repair analysis and spare parts stocks[J]. Applied Mechanics and Materials, 2014, 668-669: 1633-1636.

[8] Slay F M, Bachman T C, Kline R C. Optimizing spares support: The aircraft sustainability model[R]. Washington D.C.: Logistics Management Institute, 1996.

[9] Ettl M, Feigin G E, Lin G Y, et al. A supply network model with base-stock control and service requirements[J]. Operations Research, 2000, 48(2): 216-232.

[10] 徐立, 李庆民, 李华, 等. 舰船编队装备时变可用度评估模型及备件携行方案优化[J]. 海军工程大学学报, 2015, 27(4): 80-84.

第7章　基于维修优先权策略的备件配置优化

当故障件因保障机构的维修能力有限而出现排队等待的情况时，故障件一般按照先到先修的规则进行修理，即各故障单元具有相同的维修优先权等级。通过对可修件配置模型的分析可以发现，备件配置量的高低受该部件维修及供应周转时间的影响，当保障系统供应时间一定时，若故障件维修周转时间越短，则在一定的保障效能指标约束下，所需的备件配置量越少；反之则越高。很明显，如果设定某关重部件具有较高的维修优先权，那么该部件的维修周转时间要比先到先修规则下的短，同时会导致其他部件的维修时间增加。对于关重部件和贵重部件，若设置合理的维修优先权，则能够进一步提高装备可用度，降低备件费用。

对此，分析抢占维修优先权和非抢占维修优先权规则下的故障件维修排队模型，进一步研究维修优先权策略下的备件配置优化问题具有重要意义。

7.1　维修优先权类型的划分

根据优先权的划分规则，可将故障件维修优先权类型划分为抢占维修优先权和非抢占维修优先权[1]。

1)抢占维修优先权

故障件在排队过程中按照抢占维修优先权的规则进行排队，具有较高维修优先权的故障件到达时，若该部件在维修站点中具有较高的维修优先权，而此时正在对具有较低维修优先权的部件开展维修活动，则立即停止，并将维修渠道让给具有较高维修优先权的故障件，直到完成故障修复，因维修优先权低而造成维修活动中断的故障件再重新进行排队等待；若新到故障件不具有较高的维修优先权，则该故障件排在相邻具有较高维修优先权故障件之后，当较高维修优先权的故障件等待队列维修完毕之后，开始该故障件的维修；若对于一组具有相同维修优先权的故障件，则按照先到先修的规则开展维修活动。

2)非抢占维修优先权

故障件在排队过程中按照非抢占维修优先权的规则进行排队，具有较高维修优先权的故障件到达时，若该部件在维修站点中具有较高的维修优先权，而此时正在对具有较低维修优先权的部件开展维修活动，则该故障件进行排队等待，直到维修渠道出现空闲时开始维修；若此时排队等待的队列中还具有相同维修优先权的故障件存在，则该故障件排在该优先权队列之后，等排队列之前的故障件维修完成后再开始维修。具有相同维修优先权的故障件，按照先到先修的规则开展维修活动。

7.2　维修优先权对故障件排队的影响

将维修机构视为通用维修渠道下的多类多顾客源排队系统，设站点 m 产品 $j(j=1,2,\cdots,J)$ 的故障率(到达率)为 λ_{mj}，则所有故障件的到达率之和为

$$\Lambda_m = \sum_{j=1}^{J} \lambda_{mj} \cdot r_{mj} \tag{7-1}$$

式中，r_{mj} 为站点 m 故障件 j 的修复概率。

故障件 j 的到达率占所有故障件到达率的比例为

$$a_{mj} = \frac{\lambda_{mj} \cdot r_{mj}}{\Lambda_m} \tag{7-2}$$

设站点 m 故障件 j 的平均维修时间为 T_{mj}，则对于所有故障件，其平均维修时间为

$$\overline{T}_m = \sum_{j=1}^{J} a_{mj} \cdot T_{mj} \tag{7-3}$$

根据式(7-3)，可以得到故障件的平均维修率(单位时间内完成故障修理的次数)为

$$\mu_m = \frac{1}{\overline{T}_m} = \frac{1}{\displaystyle\sum_{j=1}^{J} a_{mj} \cdot T_{mj}} \tag{7-4}$$

站点 m 中维修渠道利用率为

$$\rho_m = \frac{1}{\mu_m} \sum_{j=1}^{J} \lambda_{mj} \cdot r_{mj} \tag{7-5}$$

假设所有 J 类故障件可划分为 D 个等级的维修优先权，优先权编号为 $d=1,2,\cdots,D$，编号越小优先权等级越高，当部件的优先权为 1 时，具有最高维修优先权。令参数 x_{md}^j 表示部件 j 在站点 m 具有维修优先权等级为 d。

对于维修优先权等级为 d 的故障件，其到达率为

$$\lambda_{m(d)} = \sum_{j=1}^{J} x_{md}^j \cdot \lambda_{mj} \tag{7-6}$$

同时，可以得到维修优先权等级为 d 的故障件的平均维修率为

$$\mu_{m(d)} = \frac{\sum_{j=1}^{J} x_{md}^{j} \lambda_{mj}}{\sum_{j=1}^{J} \frac{x_{md}^{j} \lambda_{mj}}{\mu_{mj}}} \tag{7-7}$$

对于具有多类维修优先权的排队系统，不同维修优先权的故障件在相应队列中等待维修，各等待队列中所有部件均具有相同的维修优先权，则其维修过程符合先到先修原则[2]。维修优先权排队系统如图 7-1 所示。

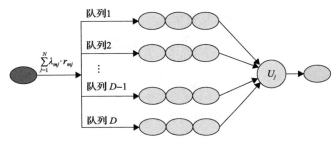

图 7-1   维修优先权排队系统

7.2.1 $M/M/1$ 排队系统中抢占维修优先权的影响

在抢占维修优先权下，优先权等级较高的部件到达之后，会导致正在修理且具有较低维修优先权等级部件的维修活动中断。定义 $p_{mc}(Q)$ 为稳态情况下站点 m 中优先权等级为 d 的故障件在修和等待维修的数量之和为 Q 的概率。对于维修优先权等级为 d 的故障件，低于 d 的故障件排队影响忽略不计，排队等待时间仅与具有相同等级的维修优先权故障件和具有更高等级维修优先权的故障件有关[3]。对于维修优先权等级为 1 的部件，它具有最高等级的维修优先权，在 $M/M/1$ 排队系统中，其平均维修时间与等待时间之和为

$$\mathrm{ST}_{m(1)} = \frac{1}{\mu_{m(1)} - \lambda_{m(1)}} \tag{7-8}$$

式中，$\mu_{m(1)}$ 为站点 m 中维修优先权为 1 的故障件的平均维修率，且有 $\mu_{m(1)} > \lambda_{m(1)}$。此时，维修优先权等级为 1 的故障件在站点 m 的平均停留数量为

$$L_{m(1)} = \frac{\lambda_{m(1)}}{\mu_{m(1)} - \lambda_{m(1)}} \tag{7-9}$$

在保障站点 m，对于维修优先权等级低于 1 的故障件，定义前 d 个维修优先权等级的故障件的维修渠道利用率为

$$\rho_{m(d)} = \sum_{j=1}^{J} \sum_{d=1}^{D} \frac{x_{md}^{j} \lambda_{mj} r_{mj}}{\mu_{mj}} \tag{7-10}$$

根据排队论，得到多类维修优先权下维修优先权等级为 d 的部件在站点 m 的平均停留(维修+等待)时间为

$$\mathrm{ST}_{m(d)} = \frac{\left(1 - \rho_{m(d)}\right)/\mu_{m(d)} + \sum_{d=1}^{d} \lambda_{m(d)} / \left(\mu_{m(d)}\right)^{2}}{\left(1 - \rho_{m(d)}\right)\left(1 - \rho_{m(d-1)}\right)} \tag{7-11}$$

7.2.2　$M/M/1$ 排队系统中非抢占维修优先权的影响

若故障件在维修排队系统中遵循非抢占维修优先权策略，则根据排队论，对于维修优先权等级为 1 的部件，在 $M/M/1$ 排队模型中，故障件维修等待时间为

$$\mathrm{TW}_{m(1)} = \frac{\Lambda_m}{\mu_m^2 \left(1 - \rho_{m(1)}\right)} \tag{7-12}$$

式中，Λ_m 为所有部件的故障率(到达率)之和。

维修优先权等级为 1 的部件在站点 m 的平均停留(维修+等待)时间为

$$\mathrm{ST}_{m(1)} = \mathrm{TW}_{m(1)} + \overline{T}_{m(1)} \tag{7-13}$$

式中，$\overline{T}_{m(1)}$ 为站点 m 中维修优先权等级为 1 的部件平均修理时间，其计算公式为

$$\overline{T}_{m(1)} = \sum_{j=1}^{J} a_{m(1)}^{j} \cdot T_{mj} \tag{7-14}$$

式中，$a_{m(1)}^{j}$ 表示站点 m 中维修优先权等级为 1 的部件 j 占该等级所有部件之和的比例，即

$$a_{m(1)}^{j} = \frac{\lambda_{m(1)}^{j} r_{m(1)}}{\sum_{j=1}^{J} \lambda_{m(1)}^{j} r_{mj}} \tag{7-15}$$

维修优先权等级为 1 的部件在维修站点 m 的平均停留数量为

$$L_{m(1)} = \sum_{j=1}^{J} \lambda_{m(1)}^{j} r_{mj} \left(\mathrm{TW}_{m(1)} + \overline{T}_{m(1)}\right) \tag{7-16}$$

对于站点 m 中维修优先权等级为 d 的故障件，其平均维修等待时间为

$$\mathrm{TW}_{m(d)} = \frac{\varLambda_m}{\mu_m^2 \left(1 - \rho_{m(d)}\right)\left(1 - \rho_{m(d-1)}\right)} \tag{7-17}$$

故障件平均停留时间为

$$\mathrm{ST}_{m(d)} = \mathrm{TW}_{m(d)} + \overline{T}_{m(d)} \tag{7-18}$$

式中，$\overline{T}_{m(d)}$ 为站点 m 中维修优先权等级为 d 的部件平均维修时间，则

$$\overline{T}_{m(d)} = \sum_{j=1}^{J} a_{m(d)}^{j} T_{mj} x_{md}^{j} \tag{7-19}$$

式中，$a_{m(d)}^{j}$ 为站点 m 中维修优先权等级为 d 的部件 j 占该等级所有部件之和的比例。其计算方法为

$$a_{m(d)}^{j} = \frac{\lambda_{mj} r_{mj} x_{md}^{j}}{\sum\limits_{j=1}^{J} \lambda_{mj} r_{mj} x_{md}^{j}} \tag{7-20}$$

同理，可得维修优先权等级为 d 的部件在站点 m 的平均停留数量为

$$L_{m(d)} = \sum_{j=1}^{J} \lambda_{m(d)}^{j} r_{mj} \left(\mathrm{TW}_{m(d)} + \overline{T}_{m(d)}\right) \tag{7-21}$$

对于维修优先权等级为 d 的单部件 j，由于同一优先权等级的部件按照先到先修原则[4]，所以其平均维修等待数量为

$$L_{m(d)}^{j} = \sum_{j=1}^{J} \lambda_{m(d)}^{j} r_{mj} \left(\mathrm{TW}_{m(d)} + \sum_{j=1}^{J} a_{m(d)}^{j} T_{mj}\right) \cdot \frac{\lambda_{mj} r_{mj}}{\sum\limits_{j=1}^{J} x_{md(j)}^{j} \lambda_{mj} r_{mj}} \tag{7-22}$$

式中，$d(j)$ 表示部件 j 的维修优先权等级。

根据 Little 公式，可得部件 j 在站点 m 的平均停留时间为

$$\mathrm{ST}_{mj} = \frac{L_{m(d)}^{j}}{\lambda_{mj} r_{mj}} \tag{7-23}$$

在抢占及非抢占维修优先权策略下，通过对排队系统的分析，能够确定故障件在维修站点的平均停留数量及维修周转时间，根据 METRIC 理论，可以对备件维修供应周转量均值及方差计算公式进行修正。

7.3　维修优先权优化方法

7.3.1　维修优先权优化方法对比分析

维修优先权分配及优化是根据备件需求和站点维修周转的实际情况，确定部件在各站点的维修优先权等级，使得在该维修优先权分配方案下能够使备件保障方案达到更高的保障效果[5,6]。一般而言，方案优选方法可归纳为以下三种。

（1）穷举法。列举出所有维修优先权分配的可行方案结果，并根据该方案进行备件配置优化，选取同等条件下备件总费用最少或保障效能最大时所对应的维修优先权分配方案，其计算流程如图 7-2 所示。

（2）嵌套法。首先产生一组互不相同的初始维修优先权分配方案，在此基础上进行备件方案优化，然后根据备件方案的优劣对优先权分配方案进行调整，调整后的结果作为下一次的输入，如此反复，直到满足条件，其流程如图 7-3 所示。

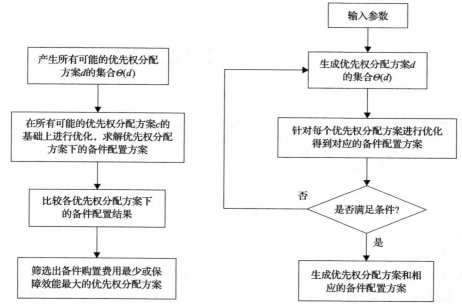

图 7-2　基于穷举法的维修优先权优化流程　　图 7-3　基于嵌套法的维修优先权优化流程

（3）分步优化法。根据维修优先权优化准则，对优先权分配方案进行优化，在此基础上进行备件方案优化，流程如图 7-4 所示。

在此，需要对穷举法、嵌套法和分步优化法的计算效率进行比较，主要从各算法复杂度的角度进行比较。算法复杂度是衡量整个算法计算效率的重要指标，指执行算法所需的工作量；在优化计算过程中，算法所需的计算时间与同等计算

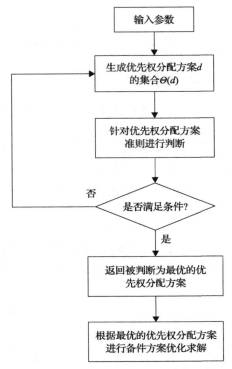

图 7-4　基于分步优化法的维修优先权优化流程

量的语句执行的次数成正比。对于穷举法，若维修优先权等级划分为 N，备件种类为 J，对于单个保障站点，其可能的优先权分配方案总数为 N^J 个，当站点数量为 M 时，需要计算的方案数为 MN^J，确定单个优先权分配方案后，需要计算当前可用度指标下所对应的备件配置方案，算法复杂度为 $O(M^2 J^2)$，则穷举法的算法复杂度为 $T_1 = O(M^3 J^2 N^J)$。若采用嵌套法，则以遗传算法为主程序开展方案的生成和优选，并在主程序中嵌套边际优化算法求得对应的备件配置方案。设嵌套法需要迭代 x 次，每轮迭代产生的种群大小为 n，则遗传算法自身的复杂度为 $O(x \cdot n \cdot \ln n)$，整个计算过程的复杂度为 $T_2 = O(x \cdot n \cdot M^2 \cdot J^2 + x \cdot n \cdot \ln n)$。对于分步优化法，若以遗传算法作为优先权优化算法，则遗传算法在计算过程中的算法复杂度为 $O(x \cdot n \cdot \ln n)$，由之前的分析可得，对备件方案进行一次边际优化的算法复杂度为 $O(M^2 J^2)$，则分步优化法的算法复杂度为 $T_3 = O(M^2 J^2 + x \cdot n \cdot \ln n)$。

　　随着部件种类和保障站点数量的增加，可能的优先权分配方案数量呈指数增长的趋势，对于单个保障站点，若可修备件种类为 J，维修优先权等级为 D，则此时可能的方案数为 $D^J - 1$。例如，若部件种类为 10，每个部件可取 3 种维修优先权等级，此时若根据穷举法求解，则可能有 59048 种分配方案，而单装设备所属备件数量多达成百上千种，在这种情况下，会造成优先权分配方案数过多而难以进行优选。嵌套法属于启发式方法，可以得到准最优方案的可行解，结果较为可靠，与穷举法相比能够显著减少可行解空间，并对优先权分配方案的调整拥有一套较为可靠的方法，但由于每进行一次优先权方案调整后都需要对备件方案进行优化，当优先权方案较多时，该方法同样面临运算效率低的问题。为了寻求快速准确的优化方法，构建合理的分步优化方法成为解决此类问题的关键。

7.3.2　维修优先权优化步骤

为了对维修优先权及备件方案进行分步优化，首先要建立优先权分配目标函数，该目标函数表示维修优先权对应的备件方案。一般情况下，各站点的库存水平与停留的故障件数量密切相关，为确保保障效能指标约束下生成最优备件方案，分配维修优先权时需要使得各维修站点中正在处理的故障件费用(停留备件费用)之和最低。对于整个保障系统，优先权优化目标函数为

$$\min C = \sum_{m=1}^{M} \sum_{j=1}^{J} c_j L_m^j \tag{7-24}$$

式中，c_j 为备件 j 的购置费用；L_m^j 为备件 j 在站点 m 中正在处理的故障件数量，包括维修等待数量和正在修理数量。

分步优化法是根据建立的目标函数，对优先权分配方案进行逐步调整的过程。选择遗传算法作为优先权分配方案生成、评估及优化的主程序，优化步骤如下。

步骤 1　初始化优先权分配方案。先生成一定规模数量的种群，再根据种群中的个体解码生成若干维修优先权矩阵集 $\Theta(d)$，其中，d 为由维修优先权等级构成的 $M \times J$ 矩阵；M 为保障站点数量，J 为备件种类数量：

$$\Theta(d) = \begin{bmatrix} d_{11} & d_{12} & \cdots & d_{1j} & \cdots & d_{1J} \\ d_{21} & d_{22} & \cdots & d_{2j} & \cdots & d_{2J} \\ \vdots & \vdots & & \vdots & & \vdots \\ d_{m1} & d_{m2} & \cdots & d_{mj} & \cdots & d_{mJ} \\ \vdots & \vdots & & \vdots & & \vdots \\ d_{M1} & d_{M2} & \cdots & d_{Mj} & \cdots & d_{MJ} \end{bmatrix}$$

步骤 2　根据式(7-24)求得各优先权矩阵所对应的目标函数值；

步骤 3　判断是否达到算法结束条件，若达到，则取目标函数值最优个体所对应的优先权矩阵，反之，转步骤 4；

步骤 4　根据个体所对应的适应度，重新生成新的种群，将每个个体进行解

码生成新的优先权矩阵集 $\Theta(d)$ ，转步骤 2。

通过智能优化算法进行优化迭代，可求得维修优先权分配方案。

7.3.3 维修优先权目标函数验证

根据抢占优先权和非抢占优先权的维修排队规则，选取 300 个不同维修优先权方案进行计算，将所得 300 个停留备件费用进行排序，按照等宽度的数值区间进行分段，将区间内的停留备件费用及备件购置费用取均值。对比情况如表 7-1 和表 7-2 所示。

表 7-1　抢占维修优先权下停留备件费用均值和备件购置费用均值的对比

区间	停留备件费用均值/万元	备件购置费用均值/万元
1	21.54	45.65
2	24.60	48.87
3	27.52	50.86
4	30.29	54.86
5	33.38	60.30
6	35.91	63.39
7	39.19	65.97
8	42.34	68.18
9	44.96	68.33
10	47.79	73.50

表 7-2　非抢占维修优先权下停留备件费用均值和备件购置费用均值的对比

区间	停留备件费用均值/万元	备件购置费用均值/万元
1	14.59	35.88
2	15.50	35.62
3	16.42	35.63
4	17.27	38.97
5	18.46	40.00
6	19.27	43.31
7	20.55	44.66
8	21.76	45.78
9	22.56	47.19
10	23.09	47.75

由表 7-1 和表 7-2 可知，在抢占和非抢占维修优先权模式下，维修站点停留备件的费用和备件购置费用的变化趋势基本一致，呈现出一一对应的关系，停留备件费用高，则在一定的保障指标约束下的备件购置费用就高；反之，则备件购

置费用低。由式 (7-24) 构造的评估指标中，停留备件费用能够较好地呈现出备件购置费用的变化趋势，通过分步优化思想能够对抢占优先权和非抢占优先权的分配方案进行优化。

7.4　考虑维修优先权的备件优化模型及求解方法

7.4.1　考虑维修优先权的备件配置模型

考虑维修优先权的备件配置模型，即分配各保障站点中故障件的维修优先权，并在优先权方案的基础上确定备件品种及数量，优化备件存储布局，在既定的保障指标约束下使保障费用最低，模型表述为

$$
\begin{cases}
\min \ \sum\limits_{m=1}^{M}\sum\limits_{j=1}^{J} c_j s_{mj} \\
\text{s.t.} \ \ A(s\,|\,d) \geqslant A_0, \ \ \text{EFR}(s\,|\,d) \geqslant \text{EFR}_0, \ \ \text{Td}(s\,|\,d) \leqslant \text{Td}_0
\end{cases}
\tag{7-25}
$$

式中，c_j 为备件 j 的购置费用；s_{mj} 为站点 m 备件 j 的配置量；$A(s\,|\,d)$、$\text{EFR}(s\,|\,d)$ 和 $\text{Td}(s\,|\,d)$ 分别为在备件方案 s 和维修优先权分配方案 d 下所对应的装备可用度、备件满足率和保障延误时间。

7.4.2　模型优化方法

维修优先权分配方案确定后，可采用边际优化算法对备件配置量进行优化。当保障系统中站点数量为 M、备件种类为 J 时，各站点备件配置量为 $M \times J$ 的矩阵 s 如下：

$$
s =
\begin{bmatrix}
s_{11} & s_{12} & \cdots & s_{1j} & \cdots & s_{1J} \\
s_{21} & s_{22} & \cdots & s_{2j} & \cdots & s_{2J} \\
\vdots & \vdots & & \vdots & & \vdots \\
s_{m1} & s_{m2} & \cdots & s_{mj} & \cdots & s_{mJ} \\
\vdots & \vdots & & \vdots & & \vdots \\
s_{M1} & s_{M2} & \cdots & s_{Mj} & \cdots & s_{MJ}
\end{bmatrix}
$$

优化步骤如下。

步骤 1　初始化备件配置量，令矩阵 $s=0$。

步骤 2　对矩阵中各元素依次加 1，同时保持其他各元素不变，计算得到的各元素的边际效益值 $\delta(s_{mj})$（$m \in [1,M], j \in [1,J]$）为

$$\delta(s_{mj} \mid d) = \frac{\sum_m^M \sum_j^J \mathrm{EBO}_{mj}(s \mid d) - \sum_m^M \sum_j^J \mathrm{EBO}_{mj}(s + \mathrm{one}(m, j) \mid d)}{c_j} \tag{7-26}$$

式中，$\mathrm{one}(m, j)$ 表示 m 行 j 列元素为 1、其余元素均为 0 的矩阵；$\mathrm{EBO}_{mj}(s \mid d)$ 为优先权分配矩阵为 d、备件配置量为 s 时的备件期望短缺数。

步骤 3　比较配置量 s 中各元素所对应的边际效益值，将最大边际效益值所对应的站点 m^* 和备件项目 j^* 所对应的配置量加 1，其他元素保持不变。

步骤 4　判断是否满足保障指标，若满足，则算法结束，生成优先权方案所对应的备件最优配置量；反之，转步骤 2。

7.4.3　模型优化分析

例 7.1　设保障系统、装备组成采用例 4.3 中的数据结构及参数。选取装备可用度作为保障效能指标，指标约束值设为 0.945，在 3 个维修优先权等级下开展优先权分配及备件配置方案优化。在抢占维修优先权策略下，优先权分配方案如表 7-3 所示。

表 7-3　抢占维修优先权策略下的优先权分配方案

站点	LRU_1	LRU_2	LRU_3	SRU_{11}	SRU_{12}	SRU_{21}	SRU_{22}	SRU_{31}	SRU_{32}
H_0	1	1	1	3	2	2	2	3	1
R_1	2	1	1	3	3	3	3	3	3
R_2	2	1	1	3	3	3	3	3	2
J_1	2	1	2	2	3	3	2	3	1
J_2	2	2	1	3	3	3	3	3	2
J_3	2	1	1	3	3	3	3	3	2

表 7-3 中的抢占维修优先权参数可作为备件配置模型的输入条件，计算得到的备件配置方案如表 7-4 所示。经过多次优化迭代，装备可用度为 0.9489，备件满足率为 0.34，保障延误时间为 174.01h，保障费用为 45.51 万元。

表 7-4　抢占维修优先权策略下的备件配置方案

站点	LRU_1	LRU_2	LRU_3	SRU_{11}	SRU_{12}	SRU_{21}	SRU_{22}	SRU_{31}	SRU_{32}
H_0	0	0	0	0	0	0	0	0	0
R_1	0	0	0	1	1	1	1	1	0
R_2	0	0	0	2	3	2	3	2	1
J_1	1	1	0	0	1	1	1	0	0
J_2	1	0	0	0	0	0	0	0	0
J_3	1	0	0	0	0	0	0	0	0

在非抢占维修优先权策略下，计算得到的优先权分配方案如表 7-5 所示。

表 7-5　非抢占维修优先权策略下的优先权分配方案

站点	LRU_1	LRU_2	LRU_3	SRU_{11}	SRU_{12}	SRU_{21}	SRU_{22}	SRU_{31}	SRU_{32}
H_0	2	1	1	3	3	2	3	3	1
R_1	2	1	1	2	3	3	2	3	1
R_2	2	1	1	3	3	3	3	3	2
J_1	2	1	3	3	3	3	1	3	1
J_2	2	1	3	3	1	1	1	1	3
J_3	3	2	1	3	3	2	3	1	1

根据表 7-5 中的优先权参数信息，计算得到的备件配置方案如表 7-6 所示。对应的装备可用度为 0.9490，备件满足率为 0.31，保障延误时间为 173.62h，保障费用为 35.79 万元。

表 7-6　非抢占维修优先权策略下的备件配置方案

站点	LRU_1	LRU_2	LRU_3	SRU_{11}	SRU_{12}	SRU_{21}	SRU_{22}	SRU_{31}	SRU_{32}
H_0	0	0	0	0	0	0	0	0	0
R_1	0	0	0	0	1	0	0	1	0
R_2	0	0	0	1	2	1	1	1	1
J_1	1	1	0	0	1	0	1	0	0
J_2	1	0	0	0	0	0	0	0	0
J_3	1	0	0	0	0	0	0	0	0

在不考虑维修优先权的情况下，即采用故障件先到先修策略，得到的备件配置方案如表 7-7 所示。对应的装备可用度为 0.9480，备件满足率为 0.34，保障延误时间为 177.31h，保障费用为 57.01 万元。

表 7-7　先到先修策略下的备件配置方案

站点	LRU_1	LRU_2	LRU_3	SRU_{11}	SRU_{12}	SRU_{21}	SRU_{22}	SRU_{31}	SRU_{32}
H_0	0	0	0	0	0	0	0	0	0
R_1	0	0	0	0	1	0	0	0	0
R_2	1	1	0	1	2	1	1	1	1
J_1	1	1	1	0	1	0	0	0	0
J_2	1	0	0	0	0	0	0	0	0
J_3	1	0	0	0	0	0	0	0	0

三种不同维修策略下生成的备件方案保障效果对比如表 7-8 所示。所得到的维修优先权分配结果及备件配置量能够满足规定的可用度指标要求，在此前提

下，保障费用在考虑维修优先权时均有较大幅度的降低，相比于先到先修策略，抢占维修优先权策略下的保障费用降低了约 20.2%，非抢占维修优先权策略下的保障费用降低了约37.2%，均能够达到降低保障费用的目的。

表 7-8　三种不同维修策略下的备件方案保障效果对比

维修策略	可用度	备件满足率	保障延误时间/h	保障费用/万元	费用差/%
先到先修	0.9480	0.34	177.31	57.01	—
抢占维修优先权	0.9489	0.34	174.01	45.51	20.2
非抢占维修优先权	0.9490	0.31	173.62	35.79	37.2

不同维修策略下的可用度费效曲线对比如图 7-5 和图 7-6 所示。

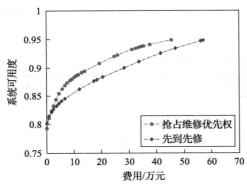

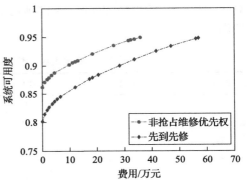

图 7-5　抢占维修优先权和先到先修
策略下可用度费效曲线对比

图 7-6　非抢占维修优先权和先到先修
策略下可用度费效曲线对比

备件短缺数费效曲线对比如图 7-7 和图 7-8 所示。

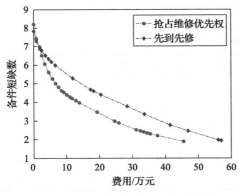

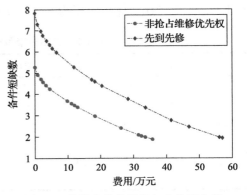

图 7-7　抢占维修优先权和先到先修
策略下备件短缺数费效曲线对比

图 7-8　非抢占维修优先权和先到先修
策略下备件短缺数费效曲线对比

备件满足率费效曲线对比如图 7-9 和图 7-10 所示。

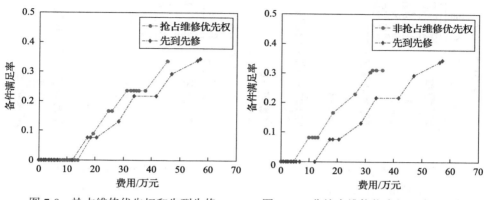

图 7-9　抢占维修优先权和先到先修　　　　　图 7-10　非抢占维修优先权和先到先修
策略下备件满足率费效曲线对比　　　　　　　策略下备件满足率费效曲线对比

保障延误时间费效曲线对比如图 7-11 和图 7-12 所示。

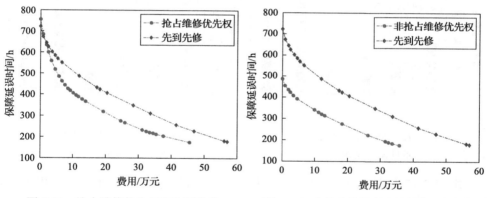

图 7-11　抢占维修优先权和先到先修　　　　　图 7-12　非抢占维修优先权和先到先修
策略下保障延误时间费效曲线对比　　　　　　策略下保障延误时间费效曲线对比

由图 7-5～图 7-12 可知，在优化过程中，如果将各站点中故障件的维修顺序以维修优先权等级相区别，并在计算过程中进行优化，那么备件在优化配置过程中，各项保障效能值均会优于先到先修策略下的值，这说明对维修优先权分配方案进行区分和优化存在一定的必要性，能够有效降低保障费用，提高保障效率。

将所有故障件按照无优先权(优先权等级全为 1)、两类维修优先权(维修优先权等级划分为 1、2)、三类维修优先权(维修优先权等级划分为 1、2、3)和四类维修优先权(维修优先权等级划分为 1、2、3、4)进行数据对比分析，通过分步优化，得到抢占和非抢占维修优先权下，保障系统中的停留备件费用的对比，如图 7-13 和图 7-14 所示；备件购置费用对比如图 7-15 和图 7-16 所示。

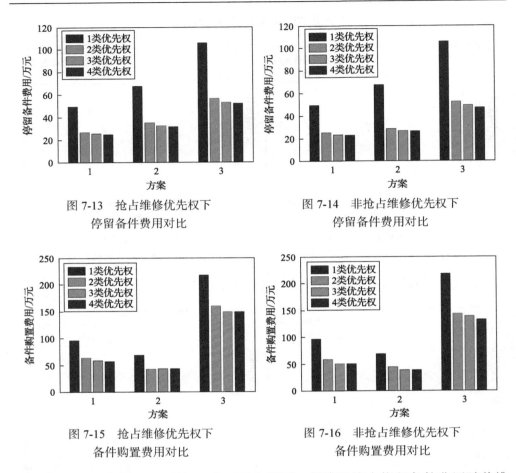

图 7-13　抢占维修优先权下　　　　　图 7-14　非抢占维修优先权下
停留备件费用对比　　　　　　　　　停留备件费用对比

图 7-15　抢占维修优先权下　　　　　图 7-16　非抢占维修优先权下
备件购置费用对比　　　　　　　　　备件购置费用对比

由图 7-13 和图 7-14 可知，在四种方案下，保障系统中停留备件费用随着维修优先权等级数量的增加而逐渐降低，说明维修优先权等级划分越细，则停留备件费用越低，相应地，备件购置费用也会随着维修优先权等级数量的增加逐渐降低（图 7-15 和图 7-16）。但实际操作中，并不意味着维修优先权等级划分得越细就越好，若维修优先权划分得过于精细，则确定故障件维修顺序和维修工作流程会变得复杂，从而增加维修部门的负担。因此，维修优先权的划分要与备件数量、种类以及维修条件进行合理调配，在实际操作层面简洁方便的情况下提高保障效益。

7.5　多维修渠道下故障件维修排队模型

7.5.1　多维修渠道下的维修优先权

按照故障件所属专业，维修部门一般划分为多个维修渠道（维修分队），如机电维修分队、电子维修分队、机械维修分队等。故障维修过程中，由于维修优先权的存在，维修等待队列可视为具有多个不同维修优先权等级的队列，设维修优先权等级为 $d=1,2,\cdots,D$，优先权编号越小，优先权等级越高。

在抢占维修优先权策略下，故障件维修活动遵循如下规则[7,8]：

(1)若故障件到达时刻存在处于空闲状态的维修渠道，则故障件直接进入空闲维修渠道开展维修活动。

(2)若维修渠道被占用，则判断等待故障件的维修优先权等级是否高于正在处理的故障件，若等待故障件的维修优先权等级高，则中断优先权等级最低的故障件的维修活动，并将维修渠道替换给维修优先权等级较高的部件，而停止维修活动的部件回到与其优先权等级相同的等待队列中，直到新的维修渠道空出。

(3)在维修优先权等级相同的等待队列中，让出维修渠道的故障件在渠道出现空缺时，按照其让出的时间顺序进行维修排序，并延续之前的维修活动。

(4)具有同等维修优先权等级的故障件在等待队列中遵循先到先修的原则。

在非抢占维修优先权策略下，故障件维修活动遵循如下规则：

(1)若故障件到达时刻存在空闲的维修渠道，则直接开展故障维修活动。

(2)若维修渠道被占满，则故障件排队进入其对应的维修优先权等级进行排队等待，直到新的维修渠道出现空余。

(3)维修渠道出现空余后，在等待队列中，按照故障件维修优先权等级排序开展维修活动。

(4)在具有相同维修优先权等级的排队等待队列中，故障件维修遵循先到先修的规则。

7.5.2　抢占维修优先权下 *M/M/c* 排队模型的近似求解

对于抢占维修优先权，若将前 d 类部件视为一个整体，则其维修周转时间与优先权等级低于 d 的部件无关。在多维修渠道下该部件的维修策略可视为符合先到先修规则，以 $R(g,\mu(d),\lambda(d),c)$ 表示优先权等级为前 d 的部件在维修率为 $\mu(d)$、到达率为 $\lambda(d)$、维修渠道数量为 c、排队规则为 g 时在保障站点的平均停留时间。排队规则主要分为三类：①先到先服务（FCFS）；②优先权服务（PR）；③非优先权服务（non priority records，NPR）。$\mu(d)$ 表示维修率的矩阵，$\mu(d)=[\mu_1,\mu_2,\mu_3,\cdots,\mu_d]$；$\lambda(d)$ 表示故障率矩阵，$\lambda(d)=[\lambda_1,\lambda_2,\lambda_3,\cdots,\lambda_d]$。

当各部件的维修率相同时，在 *M/M/c* 排队系统中，维修优先权等级为前 d 的部件平均停留时间与按照先到先修策略下的平均维修时间相同[9]，即

$$R(\text{PR},\mu(d),\lambda(d),c)=R(\text{FCFS},\mu(d),\lambda(d),c) \tag{7-27}$$

当各部件的维修时间不同时，式(7-27)不严格成立，会造成较大偏差，这是因为当维修优先权不同时，各部件的维修等待时间与 FCFS 排队规则下的维修等

待时间不同[10]。定义比率因子 η_1 为优先权等级处于前 d 的部件平均维修等待时间与不考虑维修优先权策略时的部件平均维修等待时间之比，为

$$\eta_1 = \frac{R(\text{PR},\mu(d),\lambda(d),c) - \dfrac{1}{\overline{\mu}(d)}}{R(\text{FCFS},\mu(d),\lambda(d),c) - \dfrac{1}{\overline{\mu}(d)}} \tag{7-28}$$

　　类似地，定义 $W(g,\mu(d),\lambda(d),c)$ 为维修优先权前 d 的部件平均维修等待时间，在具有多个维修渠道时，求解抢占维修优先权排队规则下的维修等待时间比较困难。可将多维修渠道排队系统等效为单维修渠道排队系统，此时单个渠道的维修率为 $c\mu(d)$，而故障件到达率不变，依然为 $\lambda(c)$，定义比率因子 η_2 为

$$\eta_2 = \frac{W(\text{PR},c\mu(d),\lambda(d),1)}{W(\text{FCFS},c\mu(d),\lambda(d),1)} \tag{7-29}$$

　　比率因子 η_1 与 η_2 均表示抢占维修优先权和先到先修规则下故障件维修等待时间比例。若各部件具有相同的维修率，或者维修率相差不大，则 η_1 和 η_2 近似相等。当各部件的维修时间相差较大时，将保障站点中的 c 个维修渠道等效为单维修渠道时会造成一定的计算误差，多维修渠道服务系统在单位时间内，维修优先等级较高的部件在修数量要多于单维修渠道服务系统，相应地，处于排队队列中等待维修的故障件数量要少。当维修渠道数量多，且具有高维修优先等级的故障件等待队列较长时，这种差别会相当明显。

　　一般情况下，不会出现在同一保障站点中具有高维修等级的故障件等待队列过长的现象，因此将 η_2 与 η_1 进行等效，具有较好的效果，即

$$\frac{W(\text{PR},\mu(d),\lambda(d),c)}{W(\text{FCFS},\mu(d),\lambda(d),c)} \approx \frac{W(\text{PR},c\mu(d),\lambda(d),1)}{W(\text{FCFS},c\mu(d),\lambda(d),1)} \tag{7-30}$$

　　对于抢占维修优先权策略下的 $M/M/1$ 排队系统，维修率为 $c\mu(d)$，例如，对于维修优先权等级为 1 的故障件，其维修时间为

$$T_1 = \frac{1}{c\mu(1) - \lambda(1)} \tag{7-31}$$

　　维修优先权等级为 k 的故障件在维修站点的停留时间为

$$\text{Tr}_k = \frac{\dfrac{1}{c\mu_k} \cdot (1 - \rho_k) + \displaystyle\sum_{i=1}^{k} \dfrac{\lambda_i}{(c\mu_i)^2}}{(1 - \rho_k)(1 - \rho_{k-1})} \tag{7-32}$$

设优先权等级位于前 d 的故障件到达率总和为 $\lambda(d)$，平均维修率为 $\bar{\mu}(d)$，则对于优先权等级位于前 d 的故障件，在维修站点的平均停留时间和平均维修等待时间分别为

$$R(\mathrm{PR}, c\mu(d), \lambda(d), 1) = \sum_{i=1}^{d} \frac{\lambda_i}{\lambda(d)} \cdot \mathrm{Tr}_i \tag{7-33}$$

$$W(\mathrm{PR}, c\mu(d), \lambda(d), 1) = \sum_{i=1}^{d} \frac{\lambda_i}{\lambda(d)} \mathrm{Tr}_i - \frac{1}{\bar{\mu}(d)} \tag{7-34}$$

在 FCFS 排队规则下，当各部件维修率 $\mu(d) = [\mu_1, \mu_2, \cdots, \mu_d]$ 时，系统中故障件数量为 Q 的概率为

$$P_Q = \begin{cases} \dfrac{1}{Q!}\left(\dfrac{\lambda(d)}{\bar{\mu}(d)}\right)^Q P_0, & Q \leqslant c \\[3mm] \dfrac{1}{c! c^{Q-c}}\left(\dfrac{\lambda(d)}{\bar{\mu}(d)}\right)^Q P_0, & Q > c \end{cases} \tag{7-35}$$

式中，P_0 表示排队系统中故障件数量为 0 的状态转移概率，计算公式为

$$P_0 = \dfrac{1}{\displaystyle\sum_{k=0}^{c-1} \dfrac{1}{k!}\left(\dfrac{\lambda(d)}{\bar{\mu}(d)}\right)^k + \dfrac{1}{c!} \cdot \dfrac{1}{1-\rho(d)} \cdot \left(\dfrac{\lambda(d)}{\bar{\mu}(d)}\right)^c} \tag{7-36}$$

式中，$\rho(d)$ 为维修渠道平均利用率。进而可以得到故障件在 $M/M/c$ 排队系统中的维修等待数量为

$$L = \sum_{Q=c+1}^{\infty} (Q-c) \cdot P_Q = \dfrac{\left(\dfrac{\lambda(d)}{\bar{\mu}(d)}\right)^c \dfrac{\lambda_0}{c \cdot \bar{\mu}(d)}}{c!\left(1 - \dfrac{\lambda(d)}{c \cdot \bar{\mu}(d)}\right)} P_0 \tag{7-37}$$

根据 Little 公式，故障件的平均维修等待时间为

$$W(\mathrm{FCFS}, \mu(d), \lambda(d), c) = \dfrac{\left(\dfrac{\lambda(d)}{\bar{\mu}(d)}\right)^c \dfrac{1}{c \cdot \bar{\mu}(d)}}{c!\left(1 - \dfrac{\lambda(d)}{c \cdot \bar{\mu}(d)}\right)} P_0 \tag{7-38}$$

式中，P_0 为系统中故障件数量为 0 的状态概率：

$$P_0 = 1 - \frac{\lambda(d)}{c \cdot \overline{\mu}(d)} \tag{7-39}$$

在 FCFS 排队规则下，若各部件维修率等效为 $c\mu(d) = [c\mu_1, c\mu_2, \cdots, c\mu_d]$，故障件的平均维修率为 $c\overline{\mu}(d)$，则系统中部件数量为 Q 的状态概率为

$$P_Q = \left[1 - \frac{\lambda(d)}{c\overline{\mu}(d)}\right]\left[\frac{\lambda(d)}{c\overline{\mu}(d)}\right]^Q \tag{7-40}$$

此时，系统中维修等待的故障件数量为

$$L_Q = \frac{\lambda^2(d)}{c\overline{\mu}(d)\left(c\overline{\mu}(d) - \lambda(d)\right)} \tag{7-41}$$

则

$$W\left(\text{FCFS}, c\mu(d), \lambda(d), 1\right) = \frac{\lambda(d)}{c\overline{\mu}(d)\left(c\overline{\mu}(d) - \lambda(d)\right)} \tag{7-42}$$

在抢占维修优先权 PR 策略下，根据式(7-30)的近似等效原则，可得

$$W\left(\text{PR}, \mu(d), \lambda(d), c\right) \approx \frac{W\left(\text{FCFS}, \mu(d), \lambda(d), c\right)}{W\left(\text{FCFS}, c\mu(d), \lambda(d), 1\right)} \cdot W\left(\text{PR}, c\mu(d), \lambda(d), 1\right)$$

$$= \frac{\lambda^{c-1}(d)\left(\displaystyle\sum_{i=1}^{d}\frac{\lambda_i}{\lambda(d)}\text{Tr}_i - \frac{1}{\overline{\mu}(d)}\right)}{(c-1)!\left(\overline{\mu}(d)\right)^{c-1}\left[\displaystyle\sum_{k=0}^{c-1}\frac{1}{k!}\left(\frac{\lambda(d)}{\overline{\mu}(d)}\right)^k + \frac{1}{c!} \cdot \frac{1}{1-\rho(d)} \cdot \left(\frac{\lambda(d)}{\overline{\mu}(d)}\right)^c\right]} \tag{7-43}$$

进一步可得维修优先权等级为前 d 的故障件在站点的平均停留时间为

$$\overline{\text{Tr}}(d) = W\left(\text{PR}, \mu(d), \lambda(d), c\right) + \frac{1}{\overline{\mu}(d)}$$

$$\approx \frac{\lambda^{c-1}(d)\left(\displaystyle\sum_{i=1}^{d}\frac{\lambda_i}{\lambda(d)}\text{Tr}_i - \frac{1}{\overline{\mu}(d)}\right)}{(c-1)!\left(\overline{\mu}(d)\right)^{c-1}\left[\displaystyle\sum_{k=0}^{c-1}\frac{1}{k!}\left(\frac{\lambda(d)}{\overline{\mu}(d)}\right)^k + \frac{1}{c!} \cdot \frac{1}{1-\rho(d)} \cdot \left(\frac{\lambda(d)}{\overline{\mu}(d)}\right)^c\right]} + \frac{1}{\overline{\mu}(d)} \tag{7-44}$$

而

$$\overline{\mathrm{Tr}}(d) = \sum_{i=1}^{d} \frac{\lambda_i \mathrm{Tr}_i}{\lambda(d)} = \frac{\lambda_d \mathrm{Tr}_d}{\lambda(d)} + \frac{\lambda(d-1)}{\lambda(d)} \sum_{i=1}^{d-1} \frac{\lambda_i \mathrm{Tr}_i}{\lambda(d-1)}$$

$$= \frac{\lambda_d \mathrm{Tr}_d}{\lambda(d)} + \frac{\lambda(d-1)}{\lambda(d)} \overline{\mathrm{Tr}}(d-1) \tag{7-45}$$

可得

$$\mathrm{Tr}_d = \frac{\lambda(d)\overline{\mathrm{Tr}}(d) - \lambda(d-1)\overline{\mathrm{Tr}}(d-1)}{\lambda_d} \tag{7-46}$$

根据式(7-44)和式(7-46)可得维修优先权等级为 d 的故障件平均停留时间。

一般情况下，设维修优先权等级为 d 的故障件由 n 类不同的部件组成，编号为 $d_1, d_2, \cdots, d_n$，由于具有同一维修优先权等级的部件在排队过程中遵循先到先修策略，则在整个排队系统中，维修优先权等级为 d 的第 i 项故障件平均停留时间为

$$\mathrm{Tr}_{di} = \mathrm{Tr}_d - \frac{1}{\mu_d} + \frac{1}{\mu_{di}} \tag{7-47}$$

式中，μ_{di} 为维修优先权等级为 d、编号为 i 的故障件维修率。

7.5.3　非抢占维修优先权下 *M/M/c* 排队模型的近似求解

在 $M/M/c$ 排队系统中，若故障件服从非抢占排队规则，当维修渠道被占用时，优先权等级较高的故障件等待队列不受低维修优先权等待队列的影响，在维修渠道出现空余时，则等待队列中具有最高维修优先权的故障件进入维修渠道开展维修[11,12]。以 $W(\mathrm{NPR}, \mu(d), \lambda(d), c)$ 表示非抢占维修优先权排队规则下，$M/M/c$ 排队系统中，部件维修率为 $\mu(d)$、故障件到达率为 $\lambda(d)$ 时，优先权等级为前 d 的故障件平均维修等待时间。

若将多维修渠道等效为单维修渠道，则故障件维修率等效为 $c\mu(d)$，故障件到达率依然为 $\lambda(d)$，等效后，维修优先权等级为前 d 的部件的平均维修时间为 $W(\mathrm{NPR}, c\mu(d), \lambda(d), 1)$。取比值 ω_1 为

$$\omega_1 = \frac{W(\mathrm{NPR}, \mu(d), \lambda(d), c)}{W(\mathrm{FCFS}, \mu(d), \lambda(d), c)} \tag{7-48}$$

　　非抢占维修优先权策略下的故障件维修等待时间与先到先修策略下的比值 ω_2 为

$$\omega_2 = \frac{W\left(\text{NPR}, c\mu(d), \lambda(d), 1\right)}{W\left(\text{FCFS}, c\mu(d), \lambda(d), 1\right)} \tag{7-49}$$

类似于前面的分析，取 $\omega_1 \approx \omega_2$，即

$$\frac{W\left(\text{NPR}, \mu(d), \lambda(d), c\right)}{W\left(\text{FCFS}, \mu(d), \lambda(d), c\right)} \approx \frac{W\left(\text{NPR}, c\mu(d), \lambda(d), 1\right)}{W\left(\text{FCFS}, c\mu(d), \lambda(d), 1\right)} \tag{7-50}$$

　　在 $M/M/1$ 排队系统中，可得第 i 类优先权等级的故障件的平均维修等待时间为

$$\text{Tw}_i = \frac{\lambda(d)}{\overline{\mu}^2(d)\left(1 - \sum_{k=1}^{i-1}\rho_k\right)\left(1 - \sum_{k=1}^{i}\rho_k\right)} \tag{7-51}$$

则

$$W\left(\text{NPR}, c\mu(d), \lambda(d), 1\right) = \frac{\sum_{i=1}^{d}\lambda_i \cdot \text{Tw}_i}{\lambda(d)} \tag{7-52}$$

　　在 FCFS 排队规则下，对于 $M/M/1$ 排队系统，优先权等级为前 d 的故障件的维修率为 $c\mu(d) = [c\mu_1, c\mu_2, \cdots, c\mu_d]$，故障件到达率为 $\lambda(d) = [\lambda_1, \lambda_2, \cdots, \lambda_d]$，则所有故障件的平均维修等待时间为

$$W\left(\text{FCFS}, c\mu(d), \lambda(d), 1\right) = \frac{\lambda(d)}{c\overline{\mu}(d)\left(c\overline{\mu}(d) - \lambda(d)\right)} \tag{7-53}$$

优先权等级为前 d 的故障件的平均维修等待时间为

$$W\left(\text{FCFS}, \mu(d), \lambda(d), c\right)$$
$$= \frac{\lambda^c(d)}{c!\left(\overline{\mu}(d)\right)^c\left(c\overline{\mu}(d) - \lambda(d)\right)\left[\sum_{k=0}^{c-1}\frac{1}{k!}\left(\frac{\lambda(d)}{\overline{\mu}(d)}\right)^k + \frac{1}{c!}\cdot\frac{1}{1-\rho(d)}\cdot\left(\frac{\lambda(d)}{\overline{\mu}(d)}\right)^c\right]} \tag{7-54}$$

维修优先权等级为前 d 的故障件的平均维修等待时间为

$$\overline{\text{Tw}}(d) = \frac{\lambda^{c-2}(d)\sum_{i=1}^{d}\lambda_i \cdot \text{Tw}_i}{(c-1)!(\overline{\mu}(d))^{c-1}\left[\sum_{k=0}^{c-1}\frac{1}{k!}\left(\frac{\lambda(d)}{\overline{\mu}(d)}\right)^k + \frac{1}{c!}\cdot\frac{1}{1-\rho(d)}\cdot\left(\frac{\lambda(d)}{\overline{\mu}(d)}\right)^c\right]} \tag{7-55}$$

则维修优先权等级为 d 的故障件的平均维修等待时间和平均停留时间分别为

$$\text{Tw}_d = \frac{\lambda(d)\overline{\text{Tw}}(d) - \lambda(d-1)\overline{\text{Tw}}(d-1)}{\lambda_d} \tag{7-56}$$

$$\text{Tr}_d = \text{Tw}_d + \frac{1}{\mu_d} \tag{7-57}$$

当优先权等级为 d 的故障件由 n 类不同故障件组成，编号为 $d_1, d_2, d_3, \cdots, d_n$ 时，由于具有同一维修优先权等级的部件在排队等待过程中遵循先到先修原则，所以在整个排队系统中，维修优先权等级为 d 的第 i 项故障件的平均停留时间为

$$\text{Tr}_{di} = \text{Tw}_d + \frac{1}{\mu_{ci}} \tag{7-58}$$

7.6　考虑维修优先权的备件及维修渠道联合优化模型

7.6.1　联合优化配置模型

首先，需要在抢占及非抢占维修优先权策略下，通过对多维修渠道排队系统进行分析，确定具有不同维修优先权等级的故障件在维修站点的平均停留数量及维修周转时间，根据 METRIC 理论，对备件维修供应周转量均值及方差的计算公式进行修正。

以装备可用度 A_0、备件满足率 EFR_0 或保障延误时间 Td_0 作为保障效能约束指标，建立的备件及维修渠道联合优化模型为

$$\begin{cases} \min \sum_{m=1}^{M}\sum_{j=1}^{J}c_j s_{mj} + \sum_{m=1}^{M}\text{Rc}\cdot\text{RM}_m \\ \text{s.t.}\ \ A(s,\text{RM}\,|\,d) \geqslant A_0,\ \ \text{EFR}(s,\text{RM}\,|\,d) \geqslant \text{EFR}_0,\ \ \text{Td}(s,\text{RM}\,|\,d) \leqslant \text{Td}_0 \end{cases} \tag{7-59}$$

式中，c_j 为部件 j 的购置费用；s_{mj} 为备件 j 的配置量；Rc 为维修渠道费用；RM_m 为站点 m 的维修渠道配置数量；$A(s, \text{RM} \mid d)$、$\text{EFR}(s, \text{RM} \mid d)$ 和 $\text{Td}(s, \text{RM} \mid d)$ 分别为在备件配置方案 s、维修优先权分配方案 d 和维修渠道配置方案 RM 下的装备可用度、备件满足率和保障延误时间。

7.6.2　维修优先权优化目标函数

设站点 m 备件 j 的故障率为 λ_{mj}，维修率为 μ_{mj}，在 $M/M/c$ 排队系统中，为了防止出现故障件排队无限长的情况，令维修渠道的配置量为 RM_m，其取值需要满足

$$\sum_{j=1}^{J} \frac{\lambda_{mj}}{\text{RM}_m \mu_{mj}} < 1 \tag{7-60}$$

则可得 RM_m 的计算公式为

$$\text{RM}_m = \text{ceil}\left(\sum_{j=1}^{J} \frac{\lambda_{mj}}{\mu_{mj}} \right) \tag{7-61}$$

式中，$\text{ceil}(\,)$ 表示对括号中的值向正无穷大取整。

取维修优先权优化目标函数为

$$\min\ C = \sum_{m=1}^{M} \sum_{j=1}^{J} c_j L_{mj} \tag{7-62}$$

式中，L_{mj} 为站点 m 备件 j 的平均停留数量。

7.6.3　模型求解方法

当备件配置方案为 s、维修渠道配置量为 RM、维修优先权分配方案为 d 时，保障系统中备件及维修渠道分别增加一项时所对应的边际效益值为

$$\begin{cases} \Delta\text{EBO}(s) = \dfrac{\text{EBO}(s, \text{RM} \mid d) - \text{EBO}(s + \text{one}(m, j), \text{RM} \mid d)}{c_j} \\[4mm] \Delta\text{EBO}(\text{RM}) = \dfrac{\text{EBO}(s, \text{RM} \mid d) - \text{EBO}(s, \text{RM} + \text{one}(m) \mid d)}{\text{cr}_m} \end{cases} \tag{7-63}$$

式中，$\Delta\text{EBO}(s)$ 表示备件数量变化时所对应的备件短缺数增量；$\Delta\text{EBO}(\text{RM})$ 表示维修渠道数量变化时所对应的备件短缺数增量；$\text{one}(m, j)$ 表示 m 行、j 列的元素

为 1，其余均为 0 的备件配置量矩阵；同理，$\mathrm{one}(m)$ 表示第 m 个元素为 1、其余为 0 的维修渠道配置量矩阵；$\mathrm{EBO}(s,\mathrm{RM}\,|\,d)$ 表示备件配置方案为 s、维修渠道配置量为 RM、维修优先权分配方案为 d 时的备件期望短缺数；c_j 表示备件购置费用；cr_m 表示维修渠道费用。

模型优化求解步骤如下：

步骤 1　初始化备件库存量及维修渠道配置量，令备件量矩阵 $s=0$，由于排队系统中队列不能为无限长，根据式(7-61)，设置合理的维修渠道配置量初始值。

步骤 2　进行算法迭代，在每一步迭代过程中，根据式(7-63)计算保障系统中备件及维修渠道分别增加一项时所对应的边际效益值。

步骤 3　选取最大的边际效益，并将其所对应的备件或维修渠道数量加 1。

步骤 4　计算保障效能指标，判断是否满足目标，若满足则算法结束，否则转入步骤 2 继续优化计算。

在算法迭代过程中，需要将费效曲线中的非凸点剔除，保证每次得到的费效曲线上的点为凸点。

7.6.4　仿真模型设计与结果分析

基于 ExtendSim 仿真平台，建立抢占排队规则和非抢占排队规则下的仿真模型分别如图 7-17 和图 7-18 所示，对每组想定参数进行 1000 次仿真计算，得到样本点，取平均值与本章所用的解析方法进行对比，得到的计算结果如表 7-9～表 7-12 所示。

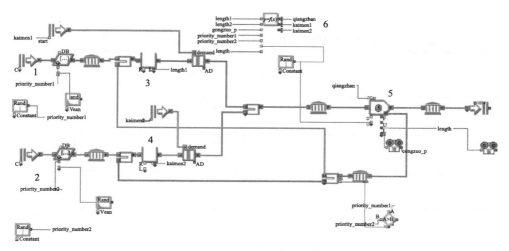

图 7-17　抢占维修优先权下的 ExtendSim 仿真模型

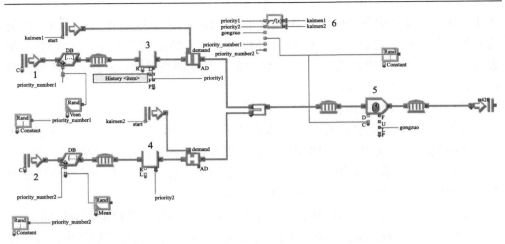

图 7-18　非抢占维修优先权下的 ExtendSim 仿真模型

以图 7-17 中抢占维修优先权下的 ExtendSim 仿真模型为例，由模块 1、2 表示故障件生成模块，模块 5 表示维修部门能够根据实际情况设置维修渠道数量，故障件生成模块中可以进行维修优先权等级的设定。维修排队过程按照抢占维修优先权的模式，由模块 6 控制。根据模块 3、4、5 能够计算备件等待数量和在修数量。

以两项备件为例，令备件需求率分别为 RM×1.6 和 RM×0.1（RM 表示维修渠道配置量），单个维修渠道对备件的平均维修率分别为 2 和 1，维修渠道利用率分别为 0.8 和 0.1。在抢占维修优先权下，备件在修数量解析值与仿真值对比如表 7-9 所示。

表 7-9　抢占维修优先权下备件在修数量解析值与仿真值对比（数据一）

维修渠道配置量 RM	维修优先权分配方案		备件 1			备件 2		
			解析值	仿真值	误差/%	解析值	仿真值	误差/%
2	1	2	4.44	4.37	1.6	3.03	2.96	2.36
	2	1	10.11	9.67	4.55	0.20	0.20	0
4	1	2	5.59	5.58	0.18	3.35	3.44	2.62
	2	1	11.07	10.85	2.02	0.40	0.40	0
6	1	2	6.87	6.86	0.15	3.55	3.45	2.90
	2	1	12.19	12.38	1.53	0.600	0.600	0
8	1	2	8.23	8.24	0.12	3.72	3.63	2.48
	2	1	13.41	13.63	1.61	0.80	0.80	0
10	1	2	9.64	9.66	0.21	3.90	3.73	4.56
	2	1	14.68	14.95	1.81	1.00	1.00	0

当备件种类和维修优先权等级为 3 时，令备件需求率分别为 3.2、0.1 和 0.2，单个维修渠道对备件的平均维修率分别为 2、1 和 1.5。在抢占维修优先权下，备件在修数量解析值与仿真值对比如表 7-10 所示（其中，RM 表示维修渠道配置量）。

表 7-10　抢占维修优先权下备件在修数量解析值与仿真值对比（数据二）

维修渠道配置量 RM	维修优先权分配方案			备件 1			备件 2			备件 3		
				解析值	仿真值	误差/%	解析值	仿真值	误差/%	解析值	仿真值	误差/%
2	1	2	3	4.44	4.42	0.45	1.07	1.01	5.94	4.43	4.29	3.26
	1	3	2	4.44	4.45	0.22	2.68	2.59	3.47	2.05	2.19	6.39
	2	1	3	6.28	6.20	1.29	0.10	0.10	0	4.47	4.19	6.68
	2	3	1	6.96	6.93	0.43	2.7	2.69	0.37	0.13	0.13	0
	3	1	2	11.99	11.95	0.33	0.10	0.10	0	0.13	0.13	0
	3	2	1	11.99	12.07	0.66	0.10	0.10	0	0.13	0.13	0
3	1	2	3	1.91	1.91	0	0.17	0.17	0	0.28	0.27	3.7
	1	3	2	1.91	1.91	0	0.20	0.19	5.26	0.25	0.25	0
	2	1	3	2.03	2.02	0.50	0.10	0.10	0	0.28	0.28	0
	2	3	1	2.06	2.04	0.98	0.20	0.19	5.26	0.13	0.13	0
	3	1	2	2.23	2.24	0.45	0.10	0.10	0	0.13	0.13	0
	3	2	1	2.22	2.21	0.26	0.10	0.10	0	0.13	0.13	0

根据表 7-10 中的结果，当维修渠道配置量为 2 时，维修渠道的利用率较高（约为 0.92），计算误差低于 7%。在计算维修优先权等级较高的备件时，会将低于该优先权等级的所有备件视为一个整体，计算过程中，没有出现误差累积的现象，各备件的计算误差相对独立。在实际中，当维修渠道利用率高于 90%时，说明维修站点任务过重，需要增加维修渠道配置量以保证故障件的维修工作正常进行。

在抢占维修优先权下，采用本章的计算方法，对维修优先权等级高的备件计算结果精确度较高，对维修优先权较低的备件计算结果精确度相对较低。对于计算结果误差，其最大值低于 5%，在可接受范围内。

在非抢占维修优先权下，以两项备件为例，令备件需求率分别为 RM×1.6 和 RM×0.1（RM 表示维修渠道配置量），单个维修渠道对备件的平均维修率分别为 2 和 1，维修渠道利用率分别为 0.8 和 0.1。备件在修数量解析值与仿真值对比如表 7-11 所示。

表 7-11　非抢占维修优先权下站点备件在修数量解析值与仿真值对比

维修渠道配置量	维修优先权分配方案		备件 1			备件 2		
			解析值	仿真值	误差/%	解析值	仿真值	误差/%
2	1	2	5.21	5.33	2.25	2.45	2.34	4.70
	2	1	9.63	9.68	0.52	0.25	0.25	0
4	1	2	6.54	6.83	4.25	2.49	2.47	0.81
	2	1	10.62	10.77	1.39	0.45	0.45	0
6	1	2	7.94	8.24	3.64	2.56	2.48	3.23
	2	1	11.77	11.85	0.68	0.64	0.64	0
8	1	2	9.37	9.69	3.30	2.57	2.54	1.18
	2	1	13.00	13.12	0.91	0.84	0.84	0
10	1	2	10.83	11.18	3.13	2.77	2.72	1.84
	2	1	14.29	14.40	0.76	1.04	1.04	0

当备件种类和维修优先权等级为 3 时，令备件需求率分别为 3.2、0.1 和 0.2，单个维修渠道对备件的平均维修率分别为 2、1 和 1.5。在抢占维修优先权下，备件在修数量解析值与仿真值对比如表 7-12 所示。

表 7-12　抢占维修优先权下备件在修数量解析值与仿真值对比

维修渠道配置量	维修优先权分配方案			备件 1			备件 2			备件 3		
				解析值	仿真值	误差/%	解析值	仿真值	误差/%	解析值	仿真值	误差/%
2	1	2	3	3.67	3.85	4.68	0.76	0.75	1.33	3.67	3.52	4.26
	1	3	2	3.67	3.80	3.42	2.06	1.95	5.64	1.72	1.71	0.58
	2	1	3	5.15	5.24	1.72	0.02	0.02	0	3.67	3.58	2.51
	2	3	1	5.90	5.95	0.84	2.06	2.02	1.98	0.05	0.05	0
	3	1	2	9.98	9.74	2.46	0.02	0.02	0	0.05	0.05	0
	3	2	1	9.98	9.65	3.42	0.03	0.03	0	0.05	0.05	0
3	1	2	3	0.44	0.46	4.35	0.03	0.03	0	0.08	0.08	0
	1	3	2	0.44	0.45	2.22	0.04	0.04	0	0.07	0.07	0
	2	1	3	0.49	0.50	2	0	0	0	0.08	0.08	0
	2	3	1	0.51	0.52	1.92	0.04	0.04	0	0.01	0.01	0
	3	1	2	0.57	0.57	0	0	0	0	0.01	0.01	0
	3	2	1	0.57	0.58	1.72	0.0073	0.01	27	0.01	0.01	0

参 考 文 献

[1] 徐立, 李庆民, 李华. 考虑多类维修优先权的多级维修供应系统库存控制[J]. 航空学报, 2015, 36(4): 1185-1192.

[2] Mitrani I, King P J B. Multiprocessor systems with preemptive priorities[J]. Performance Evaluation, 1981, 1(2): 118-125.

[3] Buzen J P, Bondi A. The response times of priority classes under preemptive resume in $M/M/m$ queues[J]. Operations Research, 1983, 31(3): 456-465.

[4] Indranil B, Raktim P. Average waiting time of customers in a priority $M/D/k$ queue with finite buffers[J]. Computers & Operations Research, 2002, 29: 327-339.

[5] Mor H B, Osogami T, Alan S W, et al. Multi-server queueing systems with multiple priority classes[J]. Queueing Systems, 2005, 51(3-4): 331-360.

[6] Kao A S, Kazmi M F, Mitchell A C. Computing steady-state probabilities of a non-preemptive priority multi-server queue[J]. ORSA Journal on Computing, 1990, 2(3): 211-218.

[7] Williams T M. Nonpreemptive multi-server priority queues[J]. The Journal of the Operational Research Society, 1980, 31(12): 1105-1107.

[8] Hanbali A A, Alvarez E M, van der Heijden M C. Approximations for the waiting time distribution in an $M/G/c$ priority queue[R]. Enschede: University of Twente, 2013.

[9] Sleptchenko A, van Harten A, van der Heijden M C. An exact solution for the state probabilities of the multi-class, multi-server queue with preemptive priorities[J]. Queueing Systems, 2005, 50: 81-107.

[10] van der Heijden M C, van Harten A, Sleptchenko A. Approximation for Markovian multi-class queues with preemptive priorities[J]. Operations Research, 2004, 32(3): 273-282.

[11] Dietmar W. Waiting times of a finite capacity multi-server model with non-preemptive priorities[J]. European Journal of Operational Research, 1997, 102: 227-241.

[12] Wagner D. Analysis of mean values of a multi-server model with non-preemptive priorities and non renewal input[J]. Stochastic Models, 1997, 13(1): 67-84.

第 8 章　维修保障资源对备件方案的影响分析

备件配置方案是否合理在很大程度上影响装备的可用度，优化备件配置量和存储结构，有利于充分利用保障费用，提高备件使用效益。除备件本身之外，维修人员、维修保障设备、工装具、技术资料以及运输条件等多种因素均会对备件保障方案产生影响[1]。由于技术资料等信息资源通常随装备或维修保障设备携带，当各站点及保障设施的位置确定后，运输时间也随之固定，因此在分析备件以外的维修保障资源影响时，主要针对维修保障设备与维修人员[2-7]。

对维修保障设备与维修人员需求进行计算时，常用的方法有利用率法、相似系统法与专家估算法等[8,9]。上述方法将维修保障设备、维修人员与备件资源的优化配置量分别进行计算，实际中，当各类维修资源配置方案改变时，应对备件资源数量进行相应的调整：当维修力量不够时，对备件资源的需求增加；反之，如果维修力量较强，那么可以用较少的备件资源满足装备的使用要求。

本章将维修保障设备、维修人员等维修资源与影响备件方案的相关参数关联起来，研究备件与维修资源之间的协同配置方法，使备件方案能随维修资源配置的改变进行调整；通过重测完好率对备件需求的影响，将检测设备与备件资源进行关联，分析维修人员数量、技术等级对备件资源配置方案的影响。

8.1　维修保障资源需求确定过程与常用方法

目前，对维修保障资源需求的定性确定主要依靠维修工作分析的结论，而对其进行定量计算的过程通常为[10]：①确定参与工作的部件及其工作时间；②预测部件维修需求；③预测维修资源需求。维修资源需求预测过程如图 8-1 所示。

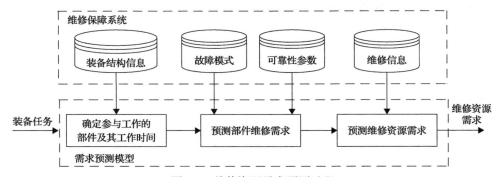

图 8-1　维修资源需求预测过程

在对维修保障资源需求的定量计算过程中，常用的方法有利用率法和排队论法。

8.1.1　基于利用率法的维修保障资源需求计算

根据图 8-1 的流程确定维修保障资源数量时，常用利用率法。该方法的核心思想是根据维修保障资源的平均利用率来计算维修资源需求数量。

以保障站点某种维修资源(可以是维修保障人员或各种维修设备等)数量的配置问题为例，记保障系统中的站点总数为 M，其中，中继级站点编号记为 M，其余 $M-1$ 表示基层级站点。中继级站点负责对基层级站点发生的故障件(记为 j)进行维修，记每个基层级部署的装备数量为 $N_m (m = 1, 2, \cdots, M-1)$ 台，第 j 项部件在装备中的安装数量为 Z_j，部件 j 的平均无故障工作时间为 MTBF_j，且故障发生的平均间隔时间服从指数分布；设部件为连续不间断工作，故障发生后采用换件维修方式进行修复，从而认为停机时间不会对故障件的产生造成影响，故障件 j 的平均维修时间记为 RCT_j。基于利用率法的维修保障资源需求计算的主要步骤如下。

(1)确定维修保障资源的维修任务总工时 TR。

对于单项部件 j，在时间 t 内恰好发生 k 次故障的概率为

$$p(k) = \frac{(\lambda_j t)^k}{k!} \mathrm{e}^{-\lambda_j t}, \quad t > 0; k = 0, 1, 2, \cdots \tag{8-1}$$

式中，$\lambda_j = 1 / \mathrm{MTBF}_j$ 表示部件的故障率。

所有 N_m 个装备在 t 时间内产生故障件数量的期望值为

$$N(t) = \sum_{m=1}^{M-1} N_m \cdot Z_j \cdot \lambda_j \cdot t \tag{8-2}$$

维修任务总工时为

$$\mathrm{TR} = N(t) \cdot \mathrm{RCT}_j \tag{8-3}$$

(2)计算维修保障资源需求量。

维修保障资源需求量为

$$c = \mathrm{TR} / (W_t \cdot \rho) \tag{8-4}$$

式中，W_t 为维修保障资源在时间 t 内的最大工作小时数；ρ 为设定维修保障资源的利用率指标。

采用利用率法可以计算各类维修保障资源需求，其计算方法简单，当发生预防性维修需求时，可以将预防性维修工时纳入考虑。但是，其计算过程没有对维

修能力进行评估，当受到条件限制而无法足额配置所需维修保障资源时，难以衡量其维修能力，如故障件实际完成维修的平均时间等，从而使备件的配置难以反映实际情况的影响。

8.1.2 基于排队论法的维修保障资源需求计算

排队论法通常用于对维修设备需求进行计算。对装备中发生故障的部件直接修复时，装备使用现场配备的维修设备数量将对装备可用度产生较大的影响。每次发生故障时的平均停机时间，等于故障件等待维修的时间与实际修理时间之和。若装备因部件发生故障而停机，在等待维修的过程中部件不再发生故障，则对于维修设备，故障源是有限的，即如果所有的装备都发生了故障，且没有得到修复，那么不会再有更多的维修任务产生。记装备数量为 N，维修设备数量为 c，则可以用 $M/M/c/\infty/N$ 排队模型来进行分析，其主要计算步骤可参见文献[11]。

然而，采用 $M/M/c/\infty/N$ 排队模型对维修设备数量进行分析有一个重要的前提，就是对故障装备进行直接修复，并且没有考虑备件的存在，仅适用于装备数量多、维修活动强度大的场合。但多数情况下，如果装备的维修任务繁重，那么通常会携带一定数量的备件，因此上述方法通常应用于一些特定的场合。

由各类维修资源延误造成的装备停机时间中，因备件供应不及时而造成延误的比例非常高[12]。因此，配置维修保障设备、维修人员等资源，一方面可以根据维修任务需求进行计算，另一方面还要考虑其对备件配置方案的影响，并对备件配置方案进行调整。

为克服上述方法的不足，在备件配置方案中体现各类维修资源的影响，采用将各类维修资源与备件的配置相结合的方式，建立协同配置模型进行分析。为了便于分析，根据维修保障设备的分类方法[13]，按用途和功能将维修保障设备分为维修设备和检测设备，并分别对维修设备、检测设备与维修保障人员对备件配置的影响进行分析，进而建立相应的协同配置模型。

8.2 维修设备与备件的协同配置方法

维修设备是修理故障件的必备工具之一，随着装备复杂程度的提高，维修设备的费用也呈现越来越昂贵的趋势，对装备维修保障费用及装备可用度都有较大的影响。

如果为某类部件所配置的维修设备数量过少，那么会在一定程度上延误故障件的修理时间，此时为了保持装备可用度，需要增加该类部件的备件数量；反之，增加维修设备数量，提高故障件的维修能力，缩短故障件的平均维修时间，从而减少对备件资源的需求。

8.2.1　故障件维修周转时间的计算

在配备合理的备件资源，并且采用换件修理的情况下，可认为装备的可用度通常保持在较高的水平，从而在等待故障件维修的时间内，装备发生故障的数量不会减少。当然，在维修设备数量严重不足时，最终会导致所有的备件被消耗殆尽，从而使得装备必须停机而等待故障件的修复。因此，在建立模型时需要求出最少的维修设备数量，在配备了该数量的维修设备与一定的备件资源后，装备能在较长时间保持较高的可用度。在建立模型时，由于假定装备的可用度保持在较高值，所以不考虑装备停机而造成故障数减少的情况。

在装备使用现场采用换件维修的方式下，更换下来的故障件送至中继级修理，因此装备现场(基层级)一般只需要简单的维修设备就能完成换件操作，而中继级需要为其配备较为齐全的维修设备，假设中继级为多个(大于 1)基层级站点提供故障件维修服务，对所配备的维修设备数量影响进行分析。由于维修设备数量 $c \geqslant 1$，而故障件不断产生，从中继级站点来看，如果故障件的维修时间服从指数分布，那么对故障件采用先到先修策略时，故障件维修过程可以采用 $M/M/c/\infty/N$ 排队模型进行分析。

记保障系统中站点数量为 M，中继级站点编号记为 M，负责对所属 $M-1$ 个基层级站点产生的故障件进行修理，记基层级站点部署的装备数量为 $N_m(m = 1, 2, \cdots, M-1)$，装备中 LRU_j 安装数量为 Z_j，故障率为 λ_j，在不考虑因换件修理而造成的装备停机时，中继级接收的送修故障件数量为所有基层级站点产生的故障件数量之和，其需求率 λ_{Mj} 为

$$\lambda_{Mj} = \sum_{m=1}^{M-1} N_m \cdot Z_j \cdot \lambda_j \tag{8-5}$$

记每台设备对 LRU_j 平均修复时间为 RCT_j，并服从参数为 $1/\mu$ 的指数分布，则维修设备的平均利用率(服务强度)为 $\rho = \lambda_{Mj}/(c\mu)$，其中，$\mu = 1/\mathrm{RCT}_j$。

因此，故障件维修排队系统的状态概率为[14]

$$P_0 = \left[\sum_{k=0}^{c-1} \frac{1}{k!}\left(\frac{\lambda_{Mj}}{\mu}\right)^k + \frac{1}{c!} \cdot \frac{1}{1-\rho} \cdot \left(\frac{\lambda_{Mj}}{\mu}\right)^c \right]^{-1} \tag{8-6}$$

$$P_n = \begin{cases} \dfrac{1}{n!}\left(\dfrac{\lambda_{Mj}}{\mu}\right)^n P_0, & 0 \leqslant n \leqslant c \\[3mm] \dfrac{1}{c! \, c^{n-c}}\left(\dfrac{\lambda_{Mj}}{\mu}\right)^n P_0, & c+1 \leqslant n \end{cases} \tag{8-7}$$

任一时刻下等待维修的故障件队列长度 L_q、故障件数量 L_s 的期望值分别为

$$\begin{cases} L_q = \sum_{n=c+1}^{\infty} (n-c) \cdot P_n = \dfrac{(c\rho)^c}{c!(1-\rho)^2} P_0 \\ L_s = L_q + \dfrac{\lambda_{Mj}}{\mu} \end{cases} \qquad (8\text{-}8)$$

平均等待时间 W_{qj} 和平均维修周转时间 TRC_j 分别为

$$W_{qj} = \frac{L_q}{\lambda_{Mj}}, \quad \mathrm{TRC}_j = \frac{L_s}{\lambda_{Mj}} \qquad (8\text{-}9)$$

上述分析的重要前提条件是 $\rho < 1$，即所有维修设备的利用率必须小于 1，否则随着时间的增加，将出现故障件队列排至无限长的情况，从而使备件资源消耗完毕，模型不再适用。由于 $\rho = \lambda_{Mj} / (c\mu)$，据此可计算维修设备的最少数量为

$$c_{\min} > \lambda_{Mj} / \mu = \lambda_{Mj} \cdot \mathrm{RCT}_j \qquad (8\text{-}10)$$

式中，维修设备的最少数量 $c_{\min}$ 是比 $\lambda_{Mj} \cdot \mathrm{RCT}_j$ 大的最小整数。当维修设备的数量大于 $c_{\min}$ 时，故障件等待队列不会排至无限远，可以在一定的时间内得到修复，从而可进一步计算故障件的修理时间，据此对备件进行配置，使装备可用度维持在指定的目标。

只考虑 LRU$_j$ 专用维修设备的影响时，由于在想定中所有的 LRU 故障件均由中继级进行修理，根据 METRIC 理论，忽略其中与 SRU 相关的项，中继级 LRU$_j$ 在修数量的期望值与方差分别为

$$E[X_{Mj}] = \lambda_{Mj} \cdot \mathrm{TRC}_j \qquad (8\text{-}11)$$

$$\mathrm{Var}[X_{Mj}] = \lambda_{Mj} \cdot \mathrm{TRC}_j \qquad (8\text{-}12)$$

8.2.2　基于费效分析的维修设备与备件协同配置模型

1. 维修设备费用与备件费用

维修设备费用记为 C_T，C_T 中包含了维修设备所需的配套技术资料、对人员进行培训等各项费用。

当维修设备数量为 c 时，对应的维修设备总费 $C_E = c \cdot C_T$。

记 LRU$_j$ 的单价为 C_j，站点 m 的备件库存量记为 s_{mj}，则备件购置费用 C_{lj} 为

$$C_{\text{I}j} = \sum_{m=1}^{M} C_j \cdot s_{mj}, \quad m = 1, 2, \cdots, M \tag{8-13}$$

当 $m = M$ 时，s_{mj} 对应中继级站点 M 的备件库存量。

2. 保障效果模型

只考虑 LRU_j 对装备可用度的影响时，对于基层级站点 $m(m = 1, 2, \cdots, M–1)$ 部署的装备，其 LRU_j 的供应可用度为

$$A_{mj} = \left[1 - \frac{\text{EBO}_{mj}}{N_m \cdot Z_j} \right]^{Z_j} \tag{8-14}$$

式中，EBO_{mj} 为基层级站点 m 中备件 LRU_j 的期望短缺数，则所有装备中 LRU_j 的平均供应可用度为

$$A_j = \frac{\displaystyle\sum_{m=1}^{M-1} N_m \cdot A_{mj}}{\displaystyle\sum_{m=1}^{M-1} N_m} \tag{8-15}$$

因此，对于 LRU_j，其维修设备与备件的协同配置模型可以表述为

$$\begin{cases} \min \quad C_{\text{E}} + C_{\text{I}j} \\ \text{s.t.} \quad A_j \geqslant A_{0j} \end{cases} \tag{8-16}$$

并满足

$$\begin{cases} c \geqslant c_{\min} \\ s_{mj} \geqslant 0, \quad m = 1, 2, \cdots, M \end{cases} \tag{8-17}$$

式中，A_{0j} 为设定的 LRU_j 供应可用度目标值。

当装备中含有多项 LRU 时，装备可用度 $A = \prod A_j$，备件总费用 $C_{\text{I}} = \prod C_{\text{I}j}$。现仅对其中一项 LRU 的维修设备影响进行分析，其设备配置费用为 C_{E}，从而式（8-16）修正为

$$\begin{cases} \min \quad C_{\text{E}} + C_{\text{I}} \\ \text{s.t.} \quad A \geqslant A_0 \end{cases} \tag{8-18}$$

式中，A_0 为设定的装备可用度目标值。

3. 模型求解步骤

为了确定维修设备数量，并以此为基础计算备件配置方案，需要分多个阶段进行求解，其主要步骤如下。

(1) 初始化参数，确定装备可用度指标值 A_0。

(2) 根据式(8-5)和式(8-10)计算维修设备数量的最小值 c_{min}。

(3) 确定 c 的取值区间，通常可以取 $c \sim [c_{min}, k_c \cdot c_{min}]$，其中，$k_c$ 为控制区间长度的参数。根据排队模型中等待时间的变化规律，当 $c_{min} < 3$ 时，令 $k_c = 3$；当 $c_{min} \geqslant 3$ 时，令 $k_c = 2$，可以在获得较优解的前提下减少计算量。

(4) 遍历 c 的所有取值，根据式(8-5)~式(8-9)计算故障件的平均维修周转时间。

(5) 根据 METRIC 理论进行求解，求解过程中需要用 c 值对应的 TRC 代替故障件平均修复时间，即在计算故障件平均在修件数时，需要考虑维修等待时间的影响。

(6) 计算各方案的总费用值 $C_E + C_I$，包括维修设备费用与备件费用，并选择总费用值最低的方案。

维修设备与备件协同配置的计算流程如图 8-2 所示。

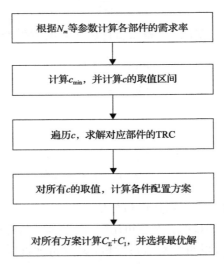

图 8-2　维修设备与备件协同配置的计算流程

8.2.3　模型算法应用

例 8.1　设有 3 艘舰船分别记为 m_1、m_2、m_3，每艘舰船上部署了 2 台/套装备，对该装备组成结构中的可修件 LRU$_1$、LRU$_2$ 进行分析，装备出现故障后，舰员(基层级)只负责进行换件修理，更换下来的故障件均送至中继级站点 M 进行维修，备件供应延误时间(包括管理延迟及运输时间)为 2 天，要求装备可用度不小于 0.95。备件相关参数如表 8-1 所示。

表 8-1 备件参数信息

备件	Z_i	MTBF/h	C_i/元
LRU$_1$	4	576	50000
LRU$_2$	2	600	60000

每台维修设备的配置费用 C_T 为 80000 元，μ 取值为 0.35。现针对 LRU$_1$ 的维修设备进行分析，LRU$_2$ 作为对比，其故障件不受维修设备数量的影响，即只要运送至中继级即可开展修理工作。

根据式(8-5)和式(8-10)可得 $c_{min} = 3$，令 $k_c = 2$，对 c 在[3, 6]的取值进行计算。根据式(8-8)和式(8-9)，对中继级的维修能力进行计算，其维修周转时间随维修设备数量 c 的变化如表 8-2 所示。

表 8-2 维修设备数量取值下对应的维修周转时间

c	3	4	5	6
TRC	21.085	3.985	3.127	2.932

当 c 取不同值时，对备件配置方案进行计算，所得方案及相应的费用、可用度计算结果如表 8-3 所示。

表 8-3 不同维修设备数量对应的备件配置方案

c	TRC	备件配置方案					备件费用/元		A_0
		备件	m_1	m_2	m_3	M	C_I	$C_E + C_{Ii}$	
3	21.085	LRU$_1$	3	3	3	25	2060000	2300000	0.9537
		LRU$_2$	2	1	1	2			
4	3.985	LRU$_1$	2	2	2	6	1020000	1340000	0.9599
		LRU$_2$	2	2	1	2			
5	3.127	LRU$_1$	2	2	2	4	920000	1320000	0.9536
		LRU$_2$	2	2	1	2			
6	2.932	LRU$_1$	2	2	2	4	920000	1400000	0.9565
		LRU$_2$	2	2	1	2			

当 c 增加时，LRU$_2$ 的维修时间不受影响，因此其库存方案没有发生较大的变化；随着 c 增加，为了使装备达到相同的可用度，LRU$_1$ 的备件数量不断下降，这是由于维修总耗时缩短，加快了故障件的修复速度，可以用更少的备件数量满足

装备的换件需求。

将维修设备的购置费用与备件费用叠加起来后,维修设备数量选取范围内的所有方案对应的费效曲线如图 8-3 所示。

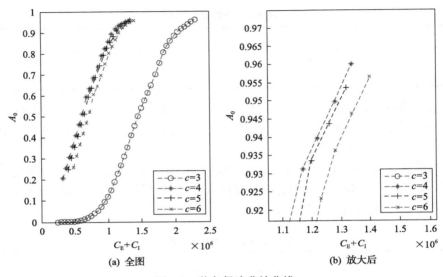

(a) 全图   (b) 放大后

图 8-3   装备保障费效曲线

由图 8-3 可见,当 $c=3$ 时,维修设备数量不足,导致等待维修的时间过长,使得备件资源占用的费用明显增加,而其他三种方案则相差较少。当 $c=4$ 时,费效曲线一直位于 $c=5$ 对应曲线的上方,将维修设备上少投入的费用分配给了备件,从而在增加一个 LRU_1 后达到了更高的可用度。

由例 8.1 可知,将维修设备费用与效能(指故障件平均等待维修时间)进行量化分析后,可将维修设备与备件资源进行整合,以最少的保障费用使装备达到所需的可用度。

维修设备的数量并不是越多越好,在算例中,当 $c=4$ 时,对应的费效曲线几乎一直位于 $c=5$ 曲线上方。根据表 8-2 中的费用数据分析,如果维修设备的配置费用较高,超过 10 万元,那么应该选择 $c=4$ 时的备件方案;当维修设备配置费用过高,如达到 104 万元以上时,最优方案变为 $c=3$ 对应的方案。这是由维修能力不足造成的,可以通过增加备件资源来弥补,这也是考虑维修设备数量影响时,对备件配置方案进行优化的基础。实际上,当 $c=3$ 时,排队等待维修的故障件数超过 18 件,加上正在维修的故障件,总数超过 21 件,因此对应的备件配置方案中,在中继级配置了 25 件 LRU_1,以维持各舰装备的正常运转。

8.3　重测完好率与检测设备影响分析

　　故障检查、检测贯穿于装备列装后的使用阶段，随着装备复杂度、集成度的提高，故障检测的难度越来越大，并且要花费大量的时间和资源，甚至成为影响装备维修性指标的主要因素。以往装备故障检测主要靠经验判断，难以满足其需要，因此配备适当的检测设备辅助维修人员进行故障检测，对于提高装备的维修保障能力非常重要。然而，检测设备也呈现出越来越复杂、昂贵等特点，受保障费用的限制，不可能在各个修理等级上将所有检测设备都配备齐全。因此，需要考虑重测完好率的影响，将检测设备与备件配置关联起来，通过建立检测设备与备件配置的费效模型，分析检测设备对备件资源方案的影响。

8.3.1　重测完好率对备件需求的影响分析

　　重测完好在各类装备和部件中都普遍存在，是指当装备的一个部件被认为发生了故障而被拆卸下来送往维修机构进行修复时，在使用多项检测仪器进行全方位的测试后，发现该部件没有发生故障，是处于完好状态的。如果所配备的检测设备不够完善，维修人员很难对装备技术状态进行全面的检查，对故障错误判断的可能性将大大增加。资料显示，波音公司错误地将部件从飞机上拆除的案例占总案例的40%；据英国航空公司分析评估，该公司每年花费在重测完好的故障件上的费用达2000万英镑；美军步兵使用的一种携带式无线电超过1/3的故障报告都被相继诊断为重测完好部件。文献[15]列出了装备中相关部件的重测完好率记录统计情况，如表8-4所示。

表 8-4　装备故障重测完好率统计

装备	故障报告数	重测完好数	重测完好率/%
通信系统	12853	4184	33
自动飞行控制系统	7607	2483	33
导航系统	17298	4808	28
导管传感器	261	162	62
温度控制器	502	260	52
水提取器	130	126	97
增压系统	130	110	85
冷凝器	195	145	74
监控/搜寻系统	1346	453	34
温度监控器阀	33	17	52

表 8-4 中的数据显示，装备系统及其零部件的重测完好数较高，大部分都超过了总故障数的一半。如果没有形成严密的故障排除流程，没有配备高性能的检测设备，那么故障件的错误检出在所难免。故障件的重测完好事件不仅会加大对备件资源的需求，还会造成装备停机。

部件的重测完好率是在一段时间内，发生错误检测的次数 N_{FA} 与同期内故障报告总数之比，记为 R_{RO}，则有

$$R_{\mathrm{RO}} = \frac{N_{\mathrm{FA}}}{N_{\mathrm{F}} + N_{\mathrm{FA}}} \times 100\% \tag{8-19}$$

式中，N_{F} 为该时间周期内的真实故障次数。

为了便于分析，将装备整套检测设备作为一个整体来衡量其对各部件的影响，即在为装备配备了一定数量的检测设备后，对所有部件的重测完好率都产生同样的影响，各部件的重测完好率均记为 R_{RO}。现只考虑检测设备对装备第一层级部件 LRU 的影响，暂不考虑装备中的 SRU。

设使用现场部署了 N_m 台/套装备，LRU_j 在装备中的安装数量为 Z_j，LRU_j 的备件需求率 λ_j 与平均故障间隔时间存在如下关系：

$$\lambda_j = \frac{Z_j \cdot N_m}{\mathrm{MTBF}_j} \tag{8-20}$$

在考虑重测完好率影响时，LRU_j 的备件需求率记为 λ_j'：

$$\lambda_j' = \lambda_j \cdot \frac{N_{\mathrm{F}} + N_{\mathrm{FA}}}{N_{\mathrm{F}}} = \lambda_j \cdot \left(\frac{N_{\mathrm{F}}}{N_{\mathrm{F}} + N_{\mathrm{FA}}} \right)^{-1} \tag{8-21}$$

由于

$$\frac{N_{\mathrm{F}}}{N_{\mathrm{F}} + N_{\mathrm{FA}}} = 1 - \frac{N_{\mathrm{FA}}}{N_{\mathrm{F}} + N_{\mathrm{FA}}} = 1 - R_{\mathrm{RO}} \tag{8-22}$$

可得

$$\lambda_j = \frac{Z_j \cdot N_m}{\mathrm{MTBF}_j (1 - R_{\mathrm{RO}})} \tag{8-23}$$

式(8-23)是在考虑部件故障重测完好率影响因素下建立的备件需求模型。

8.3.2　检测设备配置方案费效分析

鉴于检测设备的种类复杂多样，其价格千差万别，而检测效果又难以量化与建模，因此本书在探讨的过程中进行了必要的抽象和简化，并针对其配置方案进行了分析。

记平均每台检测设备的部署费用为 C_T，其中包含了检测设备购置、配套技术资料、对人员进行使用培训等费用。设对于某型装备，一套完整的检测设备数量为 n，在实际部署数量为 c 时，检测设备购置费用记为 C_E，则

$$C_E = c \cdot C_T, \quad 0 \leqslant c \leqslant n \tag{8-24}$$

当装备发生故障时，检测设备被用来开展故障排查并隔离故障件。在没有部署任何检测设备的情况下，装备故障件的重测完好率最高，记为 R_{RO_max}，$0 \leqslant R_{RO\_max} < 1$。当配套的检测设备部署完整、进行了相关人员培训并具备完善的技术资料时，重测完好率达到最小值，记为 R_{RO_min}，$0 \leqslant R_{RO\_min} < 1$。

随着检测设备数量的增加，重测完好率随之下降。当检测设备数量为 $c(c = 0, 1, 2, \cdots, n)$ 时，其对应的重测完好率 R_{RO_c} 应满足 $R_{RO\_min} \leqslant R_{RO\_c} \leqslant R_{RO\_max}$。

记重测完好率与检测设备数量之间的函数关系为

$$R_{RO\_c} = g_t(c), \quad 0 \leqslant c \leqslant n \tag{8-25}$$

则 $g_t(c)$ 具有如下性质：

(1) $g_t(c)$ 在 $0 \leqslant c \leqslant n$ 区间上取值，且随着 c 的增大，$g_t(c)$ 值单调减小。

(2) 当 c 趋近于 n 时，$g_t(c)$ 趋近于 R_{RO_min}。

$g_t(c)$ 函数的变化曲线如图 8-4 所示。

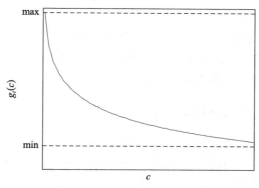

图 8-4　$g_t(c)$ 函数的变化曲线

为了求得 $g_t(c)$ 的具体表达式，需要进行长期、大量的装备实际运行并进行数据统计分析。然而，在调研中，大多数装备的故障信息采集过于简略，通常只记录了故障件的名称、编码、图号、故障时间及消耗数量等，因此难以对装备的故障情况有整体把握，对检测设备的利用与效果也难以统计。在数据采集与统计工作没有完成之前，通过假定 $g_t(c)$ 表达式来进行分析。根据 $g_t(c)$ 函数的曲线变化特点，这里采用一种指数函数来趋近：

$$R_{RO\_c} = g_t(c) = \alpha \cdot (c+1)^{\beta}, \quad \alpha > 0; \beta < 0 \tag{8-26}$$

图 8-5 给出了当 $n = 5$、$\alpha = 0.8$、$\beta = -1.1$ 时 $g_t(c)$ 函数的变化曲线。

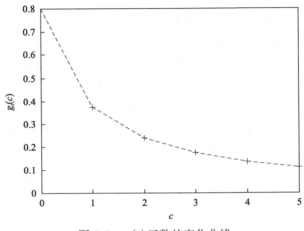

图 8-5　$g_t(c)$ 函数的变化曲线

图 8-5 中对应的 $R_{RO\_max} = 0.8$，$R_{RO\_min} = 0.1$。当检测设备数量为 0 时，根据式 (8-23)，较高的 R_{RO} 值将导致备件需求率增加。随着检测设备数量的增加，R_{RO} 值降低，并趋近于 R_{RO_min}。

函数 $g_t(c)$ 的意义在于将检测设备的数量与其效能关联起来。这样，当 c 取值固定时，可以计算其相关的部署费用；通过 $g_t(c)$ 可以估算其效能，并进一步建立检测设备费用与备件需求率之间的关系。

8.3.3　检测设备与备件的协同配置模型

随着检测设备数量的增加，设备占据的费用也增加；与此同时，重测完好率降低，导致备件需求率也降低，在保持一定的装备可用度前提下，可适量减少备件库存，从而降低备件资源费用。因此，存在一个最优的配置方案，使得在满足备件保障指标的前提下，检测设备和备件资源的总费用最少。

记 LRU_j 采购单价为 C_j，则备件购置费用 C_{Ij} 为

$$C_{Ij} = \sum_{m=1}^{M} C_j \cdot s_{mj} \tag{8-27}$$

式中，M 表示中继级站点；$m(m = 1, 2, \cdots, M-1)$ 表示基层级站点；s_{mj} 表示站点 m 处 LRU_j 的库存量，考虑到中继级备件库存，式(8-27)中的 m 取值范围为 $[1, M]$。装备中所属全部 LRU 的购置费用为

$$C_I = \sum_{j=1}^{J} C_{Ij} = \sum_{j=1}^{J} \sum_{m=1}^{M} C_j \cdot s_{mj} \tag{8-28}$$

对于基层级站点 $m(m = 1, 2, \cdots, M-1)$，LRU_j 的供应可用度为

$$A_{mj} = \left[1 - \frac{\mathrm{EBO}_{mj}}{N_m \cdot Z_j} \right]^{Z_j} \tag{8-29}$$

式中，EBO_{mj} 为站点 m 备件 j 的期望缺货数。由于装备可用度由其所属 LRU 部件供应可用度决定，所以站点 $m(m = 1, 2, \cdots, M-1)$ 处的装备可用度为

$$A_m = \prod_{j=1}^{J} A_{mj} = \prod_{j=1}^{J} \left[1 - \frac{\mathrm{EBO}_{mj}}{N_m \cdot Z_j} \right]^{Z_j} \tag{8-30}$$

基层级站点中所有装备可用度期望值为

$$A = \frac{\sum\limits_{m=1}^{M-1} N_m \cdot A_m}{\sum\limits_{m=1}^{M-1} N_m} \tag{8-31}$$

检测设备与备件的协同配置模型可以表述为

$$\begin{cases} \min & C_E + C_I \\ \text{s.t.} & A \geqslant A_0 \end{cases} \tag{8-32}$$

式中，A_0 为设定的装备可用度指标。

对模型进行求解时，根据检测设备数量 c，计算各部件的重测完好率与备件需求率，进而计算备件库存量 s_{mj}。考虑到 c 的取值范围有限，可以针对 c 的不同取值来求解备件方案，再将计算得到的所有方案进行比较，最终获得总费用最低

的最优方案。

例8.2　设岸基保障站点(中继级)M对3艘舰船进行备件保障,分别记为m_1、m_2、m_3,某型装备的装舰数量为2套,装备中所属3个子部件分别记为LRU_1、LRU_2、LRU_3。装备发生故障后,舰员级采用前换后修的维修策略,即舰员只对发生故障的部件进行备件更换,换下的故障件送往岸基保障点进行修复。其中,备件往返运输时间(申请延误)为2天,备件相关参数如表8-5所示。

表8-5　备件相关参数

备件	$MTBF_i/h$	Z_i	$C_i/元$	RCT_i/h
LRU_1	720	2	29000	10
LRU_2	700	2	30000	8
LRU_3	680	3	32500	9

为各舰船配备一套检测设备的总费用为50000元,其中包括设备购置费用、技术资料费用和人员培训费用等。

各部件重测完好率R_{RO}随所配备的检测设备数量c的变化情况如图8-5所示,即$R_{RO\_c} = \alpha \cdot (c+1)^\beta = 0.8 \cdot (c+1)^{-1.1}$,$c = 0, 1, 2, \cdots, 5$,具体数值如表8-6所示。

表8-6　不同检测设备数量对应的重测完好率

c	0	1	2	3	4	5
R_{RO_c}	0.8	0.37	0.24	0.17	0.14	0.11

根据式(8-23),可分别计算备件需求率的变化,如图8-6所示。

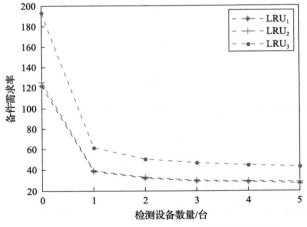

图8-6　各LRU需求率随检测设备数量的变化

图8-6中,LRU_2和LRU_1由于故障率相差不大,且安装数量均为2,所以两

者的需求率曲线也近似一致, 当 c 大于或等于 2 时, 由于重测完好率降低, 备件需求率的变化幅度也迅速减少而趋于平稳。以装备可用度指标 0.95 为例, c 取 0～5 对备件配置方案的计算结果如表 8-7 所示。

表 8-7　不同检测设备数量对应的备件配置方案

c	R_{RO}	备件方案					可用度	费用/元	
		部件	m_1	m_2	m_3	M	A_o	C_I	$C_E + C_I$
0	0.8	LRU$_1$	4	4	4	24	0.950	3629000	3629000
		LRU$_2$	4	4	4	20			
		LRU$_3$	6	6	6	32			
1	0.37	LRU$_1$	2	2	2	8	0.954	1446000	1496000
		LRU$_2$	2	2	2	7			
		LRU$_3$	3	3	2	12			
2	0.24	LRU$_1$	2	2	2	7	0.953	1257000	1357000
		LRU$_2$	2	2	2	6			
		LRU$_3$	2	2	2	10			
3	0.17	LRU$_1$	2	2	2	7	0.957	1192000	1342000
		LRU$_2$	2	2	2	6			
		LRU$_3$	2	2	2	8			
4	0.14	LRU$_1$	2	2	2	7	0.955	1162000	1362000
		LRU$_2$	2	2	1	6			
		LRU$_3$	2	2	2	8			
5	0.11	LRU$_1$	2	2	2	7	0.953	1132000	1382000
		LRU$_2$	2	1	1	6			
		LRU$_3$	2	2	2	8			

为了使装备可用度达到 0.95, 应该配置 3 台检测设备, 并按表 8-7 中对应的方案进行备件资源配置, 所需总费用为 1342000 元。

C_E、C_I 与 $C_E + C_I$ 随 c 的变化曲线如图 8-7 所示。随着 c 的增加, 部件 R_{RO} 值下降, 导致需求率下降, 备件投资减少; 与此同时, 检测设备配置费用增加, 两者之和构成了整个投资费用, 且在 $c = 3$ 处出现了拐点, 这就是所要寻求的最优方案。

针对检测设备所建立的费效模型侧重于重测完好率这一指标, 实际上检测设备对减少故障排查和定位时间、提高故障定位精度从而降低多重拆卸的比例都有较大的影响, 如果能够通过统计分析得出其相关函数, 那么就可以采用类似的方法对备件方案进行修正。本节所建立的模型仅对检测设备的影响进行了理论上

的探讨，对较为贵重的检测设备配置问题具有一定的借鉴作用。如果通过增加检

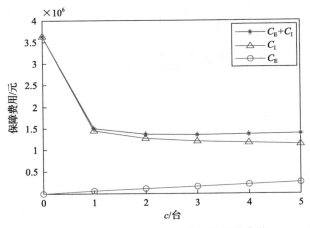

图 8-7　C_E、C_I 与 $C_E + C_I$ 随 c 的变化曲线

测设备来降低重测完好率需要付出过大的代价，那么不如通过增加备件资源数量
来达到同样的保障效果；反之，如果通过增加备件的方法代价过大，那么可以通
过增加检测设备，降低重测完好率，从而减少备件需求量。

8.4　维修保障人员技术等级的影响分析

8.4.1　相关概念及定义

装备列装并投入使用后，需要有一定数量规模，并具有一定专业技术能力的
人员从事装备的使用与维修保障工作。1986 年，美国空军约有 40 万人的规模，
其中仅装备维修保障人员就分为 106 个专业共计 13 万人，约占空军总人数的 1/3。
维修保障人员是开展装备维修保障业务工作的主体，是维修保障力量中最活跃、
最具决定性的因素，脱离了训练有素的维修保障人员，设备、技术资料、备件等
资源都将失去其存在的意义[16-18]。

装备保障人员可分为三类：承担装备使用工作的人员，即装备执掌人员；承
担装备使用保障的人员；承担装备维修保障工作的人员。确定维修保障人员的需
求非常重要，其关键是确定维修保障人员的数量、专业和技术等级。

对于不同类型的装备，其保障人员包括机械、机电、电子、武器系统等多个
专业，但对于某类具体的装备，如雷达装备，其维修保障人员的专业划分是有
明确的定义，在此不对维修保障人员的专业进行深入探讨，而认为所有分配给
某装备的维修保障人员是符合专业要求的，并且都经过了相关专业领域的学习
与培训。

对于维修保障人员的数量问题，可以分为以下两种情况进行分析。

（1）对单台装备进行维修保障的人员数量需求问题。虽然装备的结构和技术复杂性在不断增加，但是只要保持装备整体可靠性，单台装备的故障率就不会太高。实际调研的数据中，单台装备（如雷达）在正常使用过程中出现故障的次数并不多，因此如果维修保障人员掌握了应有的技能，那么就可以在较短的时间内通过换件修复或原位修理的方式排除故障，所以对维修保障人员的数量要求并不高。

（2）对多台/套装备进行维修保障的人员数量需求问题。这种情况多见于中继级和基地级维修站点。由于对故障件的修复需要经过检测、换件、调试、质量验收等多个工作流程，需要花费的时间较长；当装备数量较多时，故障件的数量也会随之增加，从而导致对人员数量需求的增加。这种情况类似于对维修设备数量的需求问题，同样可以根据利用率法对人员的数量需求问题进行评估。在对维修保障人员的年均消耗的费用进行分析后，可以对维修人员的数量及备件资源进行整合优化。与维修设备数量相比，维修保障人员的数量还受到部队编制的限制，因此在进行理论分析的基础上还要根据部队编制体制进一步调整。

对于维修保障人员的配置问题，在专业技术等级的确定上尚无明确的分析与计算方法。在这一问题上，通常根据使用与维修工作分析所得结果，并参考类似维修保障人员的专业分工，确定维修保障人员相应的技术等级。现结合对备件资源配置的影响，对不同技术等级人员的维修能力进行分析。

8.4.2　维修保障人员技术等级费效模型

维修保障人员的技术等级对装备维修保障工作的多个方面都有较大影响，随着技术等级的提高，维修保障人员的工作经验将更加丰富。首先，可以认为维修保障人员对故障设备的修复比例随技术等级的提升而增加；其次，对于一些较为简单的检测、擦拭等定期维护保养活动，技术等级较高的维修保障人员一般都能够完成，现主要对这两方面的影响进行分析。此外，维修保障人员的技术等级对故障定位、换件修复的速度等也会产生影响。

1）对原位维修率的影响

原位维修是指对故障或损坏的零部件进行调整、加工或其他技术处理，使其恢复到所要求的功能后继续使用的修理方法。例如，对精度要求不高的部件进行技术调整、焊补破损的管子、连接烧断的电线电缆等。对于可以从装备上拆卸下来的各种体积较小、内部结构复杂（如阀门、开关、柴油机的气缸头、电子装备的线路板等）的组套件的修理，尽管一般是通过更换其中的某个损坏的部件予以修复，但由于故障的组套件仍归属于零备件层次，通常被作为一个整体对待，因此也被划分为原位维修。原位维修一般需要满足如下条件：一是故障部件的价值较高，修复原件所需的费用比购置新件少；二是维修时间较短；三是维修保障人员的修理经验较为丰富或修理的工艺要求简单，并具备合适的设备与工具。

现对以维修保障人员进行原位维修为例进行分析。假定维修保障人员可划分为 G 个技术等级，维修保障人员的技术等级记为 G_r，$G_r = 1, 2, \cdots, G$，假定 G_r 越高，维修能力越强。例如，英国陆军为机械维修保障人员确定了三个技术等级，而我军的维修保障人员等级也有高、中、初级之分，若以士官等级为划分依据，则可令 $G = 6$。用原位维修率 RIP、故障修复比例 RTS 来衡量维修能力时，假定其对装备中所有的 LRU 具有同样的影响。

令维修保障人员对 LRU_j 的原位维修率记为 $\mathrm{RIP}_j(0 \leqslant \mathrm{RIP}_j \leqslant 1)$，此时装备中的 LRU 的需求率为

$$\lambda_{mj} = \frac{Z_j \cdot N_m \cdot (1 - \mathrm{RIP}_j)}{\mathrm{MTBF}_j (1 - R_{\mathrm{RO}j})} \tag{8-33}$$

式中，$m(m = 1, 2, \cdots, M\text{–}1)$ 为基层级站点的编号，其余各项参数的意义可参见式（8-23）。由式（8-33）可知，提高 RIP_j 将减少对 LRU 备件的需求。

当 G_r 增加时，RIP_j 将上升，但其通常不会增加至 1，记其增长的极限为 $\mathrm{RIP}_{j\_\max}$。当 $G_r = 1$ 时，其对应的 RIP_j 记为 $\mathrm{RIP}_{j\_\min}$，从而有 $\mathrm{RIP}_{j\_\min} \leqslant \mathrm{RIP}_j(G_r) \leqslant \mathrm{RIP}_{j\_\max}$。

记直接修复率与人员等级之间的函数关系为：$\mathrm{RIP}_j(G_r) = g_h(G_r)$，$0 \leqslant G_r \leqslant G$，则 $g_h(G_r)$ 应具有如下性质：

(1) $g_h(G_r)$ 在 $0 \leqslant G_r \leqslant G$ 区间上取值，且随着 G_r 增大，$g_h(G_r)$ 值单调增加。

(2) 在 G_r 趋近于 G 时，$g_h(G_r)$ 趋近于 $\mathrm{RIP}_{j\_\max}$。

一般而言，装备中各部件轻度损坏占装备故障总数的 30%～40%[19]，若维修保障人员的技术等级较高，且配备了完善的技术资料，经过相关培训后，一般都能够处理这些故障，则取 $\mathrm{RIP}_{j\_\max} = 0.4$，并令 $\mathrm{RIP}_{j\_\min} = 0$，实际情况中，其具体数值可以通过专家评判的方法给出。

同样地，在数据样本收集和统计工作没有完成之前，简单起见，假定 $g_h(G_r)$ 为线性函数进行分析：

$$\begin{aligned} \mathrm{RIP}_j(G_r) &= g_h(G_r) \\ &= \mathrm{RIP}_{j\_\min} + G_r \cdot \frac{\mathrm{RIP}_{j\_\max} - \mathrm{RIP}_{j\_\min}}{G - 1}, \quad 1 \leqslant G_r \leqslant G \end{aligned} \tag{8-34}$$

2）对修复率的影响

站点 m 对故障件 j 的修复率记为 RTS_{mj}。故障件修复率的另一种表达形式为

$RTS_{mj} = 1-NRTS_{mj}$，其中，$NRTS_{mj}$ 为站点 m 对故障件 j 不能修复的比例，不能修复的故障件将被送往更高层次的保障站点进行处理。

由于采用 $(s-1, s)$ 库存策略，基层级向中继级送修一个故障件后，对中继级就产生一次备件需求。因此，若基层级站点 m 对 LRU_j 备件的修复率为 RTS_{mj}，则中继级站点对 LRU_j 备件的需求率为

$$\lambda_{m_r j} = \frac{Z_j \cdot N_m \cdot (1-RTS_{mj}) \cdot (1-RIP_j)}{MTBF_j (1-R_{ROj})} \tag{8-35}$$

式中，m_r 为对基层级站点 m 进行备件供应的中继级站点。

当基层级维修保障人员的技术等级 G_r 提高时，RTS_{mj} 将增加，记其取值区间为 $[RTS_{mj\_min}, RTS_{mj\_max}]$。记故障件修复率与维修保障人员技术等级之间的函数关系为

$$RTS_{mj}(G_r) = h(G_r), \quad 0 \leqslant G_r \leqslant G \tag{8-36}$$

则 $h(G_r)$ 应具有如下性质：

（1）$h(G_r)$ 在 $0 \leqslant G_r \leqslant G$ 范围内取值；随着 G_r 增加，$h(G_r)$ 值单调递增。

（2）当 G_r 趋近于 G 时，$h(G_r)$ 趋近于 RTS_{mj_max}。

此处，同样为 $RTS_{mj}(G_r)$ 假定一个线性函数：

$$\begin{aligned} RTS_{mj}(G_r) &= h(G_r) \\ &= RTS_{mj\_min} + G_r \cdot \frac{RTS_{mj\_max} - RTS_{mj\_min}}{G-1}, \quad 1 \leqslant G_r \leqslant G \end{aligned} \tag{8-37}$$

在获取了足够的经验数据之后，通过对数据进行统计分析，可为各类装备甚至各类部件拟定不同的 $h(G_r)$ 表达式。

8.4.3　考虑维修保障人员技术等级影响的备件配置模型

在费用方面，随着维修保障人员等级的提高，其增加的费用主要来自两个方面：一是工资福利的增长；二是培训费用。此处仅对人员费用进行初步探讨，并将其统一为年均费用 $C_M(G_r)$，最低技术等级的维修保障人员的年均费用为 $C_M(1)$，$C_M(G_r)$ 随 G_r 的增加而增长，并假定其具有如下增长方式：

$$C_M(G_r) = C_M(1) + (G_r - 1) \cdot \delta_r, \quad G_r \geqslant 2 \tag{8-38}$$

式中，δ_r 为两个技术等级之间的年均费用差。由于维修保障人员的费用以年来计量，难以给出不同技术等级人员的初始配置费用，为了进行对比，在对费用进行

计算时,需要将备件的初始采购费用按使用年限 Y_s 进行平均。当不考虑维修费用、库存管理费用等时,装备中所有 LRU_j 备件资源的年均费用可按下式计算:

$$C_I = \sum_{j=1}^{J} C_{Ij} / Y_s = \sum_{j=1}^{J} \sum_{m=1}^{M} C_j \cdot s_{mj} / Y_s \tag{8-39}$$

当维修保障人员的技术等级提高时,人员费用将相应增长,但与此同时能够增加对故障件的修复率,会使备件资源需求降低,从而降低备件费用。建立与维修保障人员技术等级相关的费效模型,目的在于从保障资源费用的角度出发,考察如何将人员的技术等级与备件资源相结合,为装备提供合适的维修资源保障方案,具体有

$$\begin{cases} \min \quad C_M(G_r) + C_I \\ \text{s.t.} \quad A_o \geqslant A_0 \\ 1 \leqslant G_r \leqslant G \end{cases} \tag{8-40}$$

式中, A_o 表示装备可用度; A_0 表示规定的装备可用度指标值。

由于 G_r 的取值有限,可对 G_r 的每一种取值进行遍历,并针对 G_r 的各取值分别计算其最优备件方案,并计算维修保障人员与备件资源的年均总费用,最后从所有方案中选择最优方案。

例 8.3 设某岸基保障站点(中继级) M 对 3 艘舰船(基层级)进行备件保障,各舰船标识分别记为 m_1、m_2、m_3,某装备的装舰数量为 2 台。考察装备中所属的 5 个第一层级部件($LRU_1 \sim LRU_5$)。各部件的购置费用及可靠性相关参数如表 8-8 所示。

表 8-8 LRU 备件购置费用及可靠性相关参数

备件	MTBF	安装数 Z_i	年限 Y_s	C_i/元	维修周转时间/天			
					m_1	m_2	m_3	M
LRU_1	670	3	10	250000	5	5	5	4
LRU_2	980	2	10	300000	5	5	5	4
LRU_3	850	3	10	350000	5	5	5	4
LRU_4	730	2	10	200000	5	5	5	4
LRU_5	650	2	10	180000	5	5	5	4

从中继级站点申请备件的补给延误时间(往返运输)为 2 天,设随着人员技术等级的提高,其年均费用 C_M 相应增加,令 $\delta_r = 8$。设各部件的原位维修率 RIP 与故障修复率 RTS 的变化如表 8-9 所示。

表 8-9　人员技术等级变化的影响

G_r	1	2	3	4	5	6
C_M	40	48	56	64	72	80
RIP	0	0.08	0.16	0.24	0.32	0.4
RTS	0	0.1	0.2	0.3	0.4	0.5

将表 8-8 与表 8-9 中各部件的参数代入式(8-33)和式(8-35)，计算基层级和中继级的备件需求量，采用可修件配置模型对备件方案进行计算，并考虑维修保障人员费用，所得计算结果如表 8-10 所示。

表 8-10　不同方案下的保障费用与保障效能

G_r	可用度	年均费用/元	
	A_o	C_I	$C_M + C_I$
1	0.951	1017000	1137000
2	0.952	977000	1121000
3	0.951	904000	1072000
4	0.950	869000	1061000
5	0.962	831000	1047000
6	0.958	771000	1011000

在该想定下，$G_r = 6$ 时的总费用最低，其对应的备件配置方案如表 8-11 所示。

表 8-11　备件最优配置方案

备件	m_1	m_2	m_3	M
LRU_1	2	2	2	1
LRU_2	1	1	1	1
LRU_3	2	2	1	1
LRU_4	2	2	2	1
LRU_5	2	2	2	1

在装备规模庞大、技术密集、备件资源昂贵的情况下，配备技术等级较高的维修保障人员能够提高装备原位维修率与故障修复率，降低备件资源需求。尤其是进行任务保障时，由于携带备件资源的能力有限，携行备件难以满足需求，在该情况下，维修保障人员的技术水平影响更大。

参 考 文 献

[1] 王文峰, 刘新亮, 郭波. 综合多准则决策的保障设施选址-分派方法[J]. 系统工程理论与实践, 2008, 28(5): 148-155.

[2] Gordon H L. Stuffing and allocation of workers in an administrative office[J]. Management Science, 1998, 44(4): 75-82.

[3] Joseph L. Combining expert judgment by hierarchical modeling: An application to physical staffing[J]. Management Science, 1998, 44(2): 23-30.

[4] 李建铭. 基于设备可靠性的维修资源优化研究[D]. 上海: 上海交通大学, 2007.

[5] 刘秀峰, 金家善, 郁军. 维修保障资源优化技术研究[J]. 海军工程大学学报, 2002, 14(6): 96-99.

[6] 郑重, 徐廷学, 王相飞. 基于着色时间 Petri 网的装备维修资源确定方法[J]. 舰船科学技术, 2011, 33(2): 132-135.

[7] 王亚彬, 贾希胜, 康建设. 仿真技术在维修资源预测中的应用研究[J]. 计算机仿真, 2005, 22(7): 249-254.

[8] 陈永龙, 王玉泉, 李世英. 使用保障资源的确定方法探讨[J]. 装甲兵工程学院学报, 2003, 17(3): 59-62.

[9] 郭霖瀚, 康锐, 文佳. 以保障活动为中心的装备保障资源数量预测[J]. 航空学报, 2009, 30(5): 919-923.

[10] 张涛, 郭波, 谭跃进. 面向任务的维修资源配置决策支持系统研究[J]. 兵工学报, 2005, 26(5): 716-720.

[11] 单志伟, 等. 装备综合保障工程[M]. 北京: 国防工业出版社, 2008.

[12] 孙磊, 贾云献, 王帅. 平均保障延误时间(MLDT)建模方法研究[J]. 计算机与数字工程, 2011, 39(1): 21-25.

[13] 海军装备部. 海军舰船装备技术保障[M]. 北京: 国防大学出版社, 2008.

[14] 运筹学教材编写组. 运筹学[M]. 3 版. 北京: 清华大学出版社, 2005.

[15] Kumar V D, et al. 可靠性、维修与后勤保障——寿命周期方法[M]. 刘庆华, 宋宁哲, 等译. 北京: 电子工业出版社, 2010.

[16] 宋太亮. 装备保障性工程[M]. 北京: 国防工业出版社, 2002.

[17] 陈叶菁. 装备维修保障设计方案评估方法研究[D]. 长沙: 国防科学技术大学, 2006.

[18] 程文鑫. 鱼雷备件优化配置研究[D]. 武汉: 海军工程大学, 2008.

[19] 刘斌. 舰船装备保障资源和维修策略优化及效能评估[D]. 西安: 西北工业大学, 2006.

第9章 应急保障模式下的备件协调转运模型

传统的备件保障是一种计划性保障模式，缺乏需求推动，容易造成大量库存积压，因此转变传统的备件保障模式，采用随需应变的及时保障机制。在精确化保障要求下，装备寿命周期各阶段的备件保障不仅强调采用预期规划方法在保障初期制定科学合理的初始备件方案，还要强调备件使用、管理与保障过程中的动态协调。适应决策是针对备件保障过程中的动态不确定性而言的，尤其是在应急保障模式下，强调依据当前状态协调策略，与预期决策相对应，是一种"响应式"决策，具体是指根据系统当前库存状态给出备件保障的动态协调策略。备件精确化保障目标不可能一步到位，备件寿命周期保障的多阶段属性决定了备件保障适应决策本质上是一种多阶段动态决策，需要根据装备任务过程中备件保障系统的状态调配计划，逐步实施。开展备件协调转运研究是探索备件适应保障决策的重要方法。

鉴于备件保障在精确化管理要求下呈现出的新特点，采用基于横向转运协调机制的建模与仿真方法，对精确保障要求下装备备件适应性决策进行研究。通过备件库存系统状态转移概率模型描述备件多阶段保障过程，针对不同的横向转运策略（双向转运策略、单向转运策略）、库存共享策略（完全共享策略、不完全共享策略）及保障站点异同性分别建立相应的备件协调转运模型，通过蒙特卡罗仿真方法模拟备件保障的横向转运过程，对所建立的转运模型参数进行验证，并通过模型算法应用分析各协调转运策略对备件短缺水平的影响，旨在全面、系统、深入地分析应急保障模式下备件协调转运规划和控制。

9.1 备件库存稳态概率模型

对于一个由基地级和若干个基层级组成的备件保障系统，基地级备件的库存稳态概率不受库存策略和转运策略的影响，根据 Palm 定理，若备件的需求服从泊松分布且采用 $(s-1,s)$ 库存策略，则随机补给延误时间可以用其均值进行替换。因此，基地级对第 j 项备件的期望短缺数为

$$\text{EBO}_{0j} = \sum_{k=s_{0j}}^{\infty} \left(k - s_{0j}\right) \exp\left(-\frac{\lambda_{0j}}{\mu_{0j}}\right) \frac{\left(\lambda_{0j}/\mu_{0j}\right)^k}{k!} \tag{9-1}$$

式中，s_{0j} 为基地级第 j 项备件的库存量；λ_{0j} 为基地级备件 j 的需求率；μ_{0j} 为基地级第 j 项备件的期望到达率。设 L_{0j} 为基地级站点对第 j 项备件的补给提前期，则有 $\mu_{0j}=1/L_{0j}$。因此，根据 Little 方程可以得到基地级的平均缺货延误时间为 EBO_{0j}/λ_{0j}。

根据 Sherbrooke 提出的 VARI-METRIC 理论，可得基地级库存稳态概率模型为

$$P_0(s_{0j} - k) = \exp\left(-\lambda_{0j}/\mu_{ij}\right)\frac{\left(\lambda_{0j}/\mu_{ij}\right)^k}{k!}, \quad k = 0,1,2,\cdots \tag{9-2}$$

令 L_{ij} 为基层级站点 i 对第 j 项备件的补给提前期；μ_{ij} 为基层级第 j 项备件的期望到达率，则有 $\mu_{ij} = 1/L_{ij}$，即

$$\frac{1}{\mu_{ij}} = L_{ij} = T + \frac{EBO_{0j}}{\lambda_{0j}} \tag{9-3}$$

对于基层级站点，采用不同的库存共享策略和转运策略会影响备件在站点中的配置量，因此需要针对不同的库存共享策略和转运策略，研究相应的马尔可夫链状态转移方程，建立基于库存稳态概率的基层级备件转运模型。

9.2　基于完全共享库存策略的备件双向转运模型

研究一个由基地级和若干个基层级构成的备件保障系统，如图 9-1 所示。具体模型的假设条件如下：

(1)基层级站点之间的备件需求相互独立，且服从参数为 λ_{ij} 的泊松分布。

(2)各站点均采用连续检查的 $(s-1, s)$ 库存策略，即备件库存水平减少一个时，立刻向基地级保障站点申请补给一个。

(3)采用前换后修策略，即基层级站点只更换故障备件，故障件维修工作由基地级完成，对于基层级站点，相当于所有备件均不能在本级修复，补给提前期 L_{ij} 服从均值为 $1/\mu_{ij}$ 的指数分布。

(4)由于采用了完全共享库存策略，当基层级站点 i 出现备件短缺时，只要本级其他保障站点有备件，就可以通过横向转运方式进行补给。

(5)备件横向转运时间比从基地级常规补货所用时间短，因此备件横向转运时间可忽略不计。

(6)当所有基层级保障站点都发生备件短缺时，站点 i 的备件需求处于等待状态。

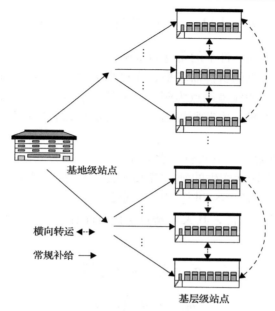

基地级站点

横向转运 ◀- ▶

常规补给 ▬▶

基层级站点

图 9-1　多点库存双向转运系统

　　假设 β_{ij} 为基层级站点 i 中关于备件 j 的需求能够被立即满足的概率；α_{ij} 为基层级保障站点 i 中关于备件 j 的需求需要通过转运满足的概率；θ_{ij} 为站点 i 对备件 j 的需求无法满足的概率，因此可以得到 $\alpha_{ij} + \beta_{ij} + \theta_{ij} = 1$。同时，假设各站点备件需求相互独立，服从参数为 λ_{ij} 的泊松分布，且 $\lambda_{0j} = \sum_{i=1}^{n} \lambda_{ij}$，其中 n 为基层级站点数量。

9.2.1　基层级备件需求率模型

1）基层级站点相同条件下的备件需求率

　　假设所有基层级保障站点均相同，则可取消变量符号中的下标 i。当基层级保障站点备件 j 有库存时，站点 i 的需求率为正常需求率 λ_j 加上从其他库存站点转运而增加的平均需求率 $\alpha_j\lambda_j / \beta_j$；当基层级无该备件库存时，其需求率是由备件短缺而产生的，等于正常的需求率 λ_j 减去由其他基层级库存转运的需求率 $\alpha_j\lambda_j / (1-\beta_j)$。因此，可以得到相同库存站点关于备件 j 的需求率模型[1]。

　　当站点中第 j 项备件有库存时，需求率为

$$g_j = \lambda_j \left(1 + \alpha_j / \beta_j\right) = \lambda_j \left(1 - \theta_j\right) / \beta_j \tag{9-4}$$

　　当站点中第 j 项备件无库存时，需求率为

$$h_j = \lambda_j \left[1 - \alpha_j / \left(1 - \beta_j \right) \right] = \lambda_j \theta_j / \left(1 - \beta_j \right) \tag{9-5}$$

2）基层级站点不同条件下的备件需求率

假设基层级各站点的备件需求率、库存水平等参数不完全相同。为了便于描述，首先以两个不同的保障站点为例，构造其需求概率模型，接着将其扩展至三个不同站点，以此类推，本节所提出的分析方法可以直接推广到具有多个站点的库存系统。

（1）两个不同站点组成的备件库存系统。

基层级站点 1 由转运产生的额外需求将依赖于站点 2 由转运请求产生的需求，因此需要对式（9-4）和式（9-5）进行相应的调整。

对基层级站点 1 而言，其关于备件 j 在有库存和无库存情况下的需求率分别为[2]

$$g_{1j} = \lambda_{1j} + \lambda_{2j} \alpha_{2j} / \beta_{1j} \tag{9-6}$$

$$h_{1j} = \lambda_{1j} \theta_{ij} / \left(1 - \beta_{1j} \right) \tag{9-7}$$

对基层级站点 2 而言，其关于备件 j 在有库存和无库存情况下的需求率分别为

$$g_{2j} = \lambda_{2j} + \lambda_{1j} \alpha_{1j} / \beta_{2j} \tag{9-8}$$

$$h_{2j} = \lambda_{2j} \theta_{ij} / \left(1 - \beta_{2j} \right) \tag{9-9}$$

（2）三个不同站点组成的备件库存系统。

当有三个不同站点时，假设其中某一站点对备件 j 提出转运申请，如果其余两个基层级站点均有库存，那么从其中任一站点发出转运的概率为 0.5。如果只有一个站点有库存，那么该站点就为转运源站点[3]。

对站点 1 而言，其对备件 j 在有库存和无库存情况下的需求率分别为

$$\begin{aligned} g_{1j} = \lambda_{1j} &+ \alpha_{2j} \lambda_{2j} \left(1 - \beta_{3j} / 2 \right) / \left(\beta_{1j} + \beta_{3j} - \beta_{1j} \beta_{3j} \right) \\ &+ \alpha_{3j} \lambda_{3j} \left(1 - \beta_{2j} / 2 \right) / \left(\beta_{1j} + \beta_{2j} - \beta_{1j} \beta_{2j} \right) \end{aligned} \tag{9-10}$$

$$h_{1j} = \lambda_{1j} \theta_{1j} / \left(1 - \beta_{1j} \right) \tag{9-11}$$

对站点 2 而言，其对备件 j 在有库存和无库存情况下的需求率分别为

$$g_{2j} = \lambda_{2j} + \alpha_{1j}\lambda_{1j}\left(1 - \beta_{3j}/2\right)\big/\left(\beta_{2j} + \beta_{3j} - \beta_{2j}\beta_{3j}\right)$$
$$+ \alpha_{3j}\lambda_{3j}\left(1 - \beta_{1j}/2\right)\big/\left(\beta_{1j} + \beta_{2j} - \beta_{1j}\beta_{2j}\right) \tag{9-12}$$

$$h_{2j} = \lambda_{2j}\theta_{2j}\big/\left(1 - \beta_{2j}\right) \tag{9-13}$$

对于站点 3 而言，其对备件 j 在有库存和无库存情况下的需求率分别为

$$g_{3j} = \lambda_{3j} + \alpha_{2j}\lambda_{2j}\left(1 - \beta_{1j}/2\right)\big/\left(\beta_{1j} + \beta_{3j} - \beta_{1j}\beta_{3j}\right)$$
$$+ \alpha_{1j}\lambda_{1j}\left(1 - \beta_{2j}/2\right)\big/\left(\beta_{2j} + \beta_{3j} - \beta_{2j}\beta_{3j}\right) \tag{9-14}$$

$$h_{3j} = \lambda_{3j}\theta_{3j}\big/\left(1 - \beta_{3j}\right) \tag{9-15}$$

9.2.2　备件库存稳态概率模型

引入转运策略，整个库存系统可以看作一个排队网络，以各基层级站点的库存水平为该点状态，则整个系统为一个多维生灭过程，可以运用状态转移方程来计算各个稳定状态的概率。由以上分析可知，相同站点是一种特殊表现形式，其稳态概率的求解方法是一致的。定义 π_l^{ij} 为站点 i 第 j 项备件库存为 l 的概率，则站点 i 中备件 j 库存状态变化是一个时间连续状态离散的马尔可夫过程，如图 9-2 所示。

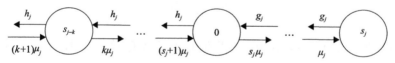

图 9-2　基于完全共享策略的站点库存转移过程

当站点的库存状态变化处于稳态时，根据图 9-2 所示的马尔可夫状态转移过程，可以得到站点 i 关于备件 j 的库存状态转移方程为

$$\pi_{s_{ij}-1}^{ij}\mu_{ij} = \pi_{s_{ij}}^{ij}g_{ij}$$

$$\pi_{s_{ij}-k+1}^{ij}g_{ij} + \pi_{s_{ij}-k-1}^{ij}(k+1)\mu_{ij} = \pi_{s_{ij}-k}^{ij}\left(g_{ij} + k\mu_{ij}\right), \quad k = 1, 2, \cdots, s_{ij} - 1 \tag{9-16}$$

$$\pi_1^{ij}g_{ij} + \pi_{-1}^{ij}\left(s_{ij}+1\right)\mu_{ij} = \pi_0^{ij}\left(h_{ij} + s_{ij}\mu_{ij}\right)$$

$$\pi_{s_{ij}-k+1}^{ij}h_{ij} + \pi_{s_{ij}-k-1}^{ij}(k+1)\mu_{ij} = \pi_{s_{ij}-k}^{ij}\left(h_{ij} + k\mu_{ij}\right), \quad k = s_{ij}, s_{ij} + 2, \cdots \tag{9-17}$$

求解上述方程，可以得到站点 i 关于备件 j 有库存的稳态概率为

$$\pi_{s_{ij}-k}^{ij} = \pi_0^{ij} \frac{s_{ij}!\left(\mu_{ij}\right)^{s_{ij}-k}}{k!\left(g_{ij}\right)^{s_{ij}-k}}, \quad k = 0,1,2,\cdots,s_{ij}-1 \tag{9-18}$$

站点 i 关于备件 j 无库存的稳态概率为

$$\pi_{s_{ij}-k}^{ij} = \pi_0^{ij} \frac{s_{ij}!\left(h_{ij}\right)^{k-s_{ij}}}{k!\left(\mu_{ij}\right)^{k-s_{ij}}}, \quad k = s_{ij},s_{ij}+1,\cdots \tag{9-19}$$

式中

$$\frac{1}{\pi_0^{ij}} = \sum_{k=0}^{s_{ij}-1} \frac{s_{ij}!\mu_j^{s_{ij}-k}}{k!\left(g_{ij}\right)^{s_{ij}-k}} + \sum_{k=s_{ij}}^{\infty} \frac{s_{ij}!\left(h_{ij}\right)^{k-s_{ij}}}{k!\mu_j^{k-s_{ij}}} \tag{9-20}$$

9.2.3　模型求解方法

对于稳态概率 π_l^{ij}，其本身是未知参数 β_{ij} 和 θ_{ij} 的函数，而两者的计算又依赖于求解的稳态概率 π_l^{ij}，因此需要增加两者的关系式来确定这些参数。

根据全概率公式确定 β_{ij}，可得

$$\beta_{ij} = \sum_{l=1}^{s_{ij}} \pi_l^{ij} \tag{9-21}$$

要确定 θ_{ij}，应首先确定站点 i 关于备件 j 没有库存时累积的补给需求数量 γ_{ij}：

$$\gamma_{ij} = \frac{\sum\limits_{l=0}^{\infty} l\pi_{-l}^{ij}}{1-\beta_{ij}} = \frac{\sum\limits_{k=s_{ij}}^{\infty} \left[\left(k-s_{ij}\right)\left(h_{ij}/\mu_j\right)^k\right]/k!}{\sum\limits_{k=s_{ij}}^{\infty} \left(h_{ij}/\mu_j\right)^k/k!} \tag{9-22}$$

式中，γ_{ij} 为 h_{ij} 的增函数，与 g_{ij} 无关。

δ_j 表示所有基层级站点都没有备件库存时的缺货数量，此时意味着整个库存系统中只有一个站点既没有库存也不存在缺货，而其余站点都存在缺货。对于相同和不同的保障站点，其缺货水平 δ_j 的确定方法有所不同，需要分别进行阐述。

1）基层级站点相同的情况

考虑整个保障系统处于即将到达无库存的情况，在这种状态下，所有基层级站点都没有备件库存，但至少存在这样一个站点，既没有库存，又不存在备件

短缺，此时其余 $n-1$ 个站点都存在累积的备件库存短缺情况，此时总的缺货水平为[4]

$$\delta_j = (n-1) \cdot \gamma_{ij} \tag{9-23}$$

2）基层级站点不同的情况

对于由两个不同基层级站点组成的保障系统，根据式 (9-17) 可得站点 1 处于即将到达或离开 0 库存的状态概率为 $\pi_0^{1j}(h_{1j} + s_{1j}\mu_j)$，站点 2 无库存的概率为 $1-\beta_{2j}$，其平均短缺数在该情况下可近似为 γ_{2j}。因此，可得 δ_j 为

$$\delta_j = \frac{\upsilon_1 \gamma_{2j} + \upsilon_2 \gamma_{1j}}{\upsilon_1 + \upsilon_2} \tag{9-24}$$

式中

$$\upsilon_1 = \pi_0^{1j}\left(h_{1j} + s_{1j}\mu_j\right)\left(1 - \beta_{2j}\right) \tag{9-25}$$

$$\upsilon_2 = \pi_0^{2j}\left(h_{2j} + s_{2j}\mu_j\right)\left(1 - \beta_{1j}\right) \tag{9-26}$$

当保障系统由三个不同站点组成时，可将式 (9-24) 推广至如下形式：

$$\delta_j = \frac{\upsilon_1\left(\gamma_{2j} + \gamma_{3j}\right) + \upsilon_2\left(\gamma_{1j} + \gamma_{3j}\right) + \upsilon_3\left(\gamma_{1j} + \gamma_{2j}\right)}{\upsilon_1 + \upsilon_2 + \upsilon_3} \tag{9-27}$$

式中

$$\upsilon_1 = \pi_0^{1j}\left(h_{1j} + s_{1j}\mu_j\right)\left(1 - \beta_{2j}\right)\left(1 - \beta_{3j}\right) \tag{9-28}$$

$$\upsilon_2 = \pi_0^{2j}\left(h_{2j} + s_{2j}\mu_j\right)\left(1 - \beta_{1j}\right)\left(1 - \beta_{3j}\right) \tag{9-29}$$

$$\upsilon_3 = \pi_0^{3j}\left(h_{3j} + s_{3j}\mu_j\right)\left(1 - \beta_{1j}\right)\left(1 - \beta_{2j}\right) \tag{9-30}$$

对于所有保障站点，如果 δ_j 为整数，那么可得 θ_{ij} 的计算公式为

$$\theta_{ij} = \sum_{i=\delta_j}^{\infty} P_i(j) \tag{9-31}$$

式中，$P_i(j)$ 为站点 i 备件 j 的库存稳态概率。通常情况下，δ_j 为非整数，可通过最接近 δ_j 的下限整数 δ_{j_min} 和上限整数 δ_{j_max}，利用线性插值法进行计算 θ_j [5]：

$$\theta_j = (\delta_{j\_max} - \delta_j) \sum_{i=\delta_{j\_min}}^{\infty} P_i(j) + (\delta_j - \delta_{j\_min}) \sum_{i=\delta_{j\_max}}^{\infty} P_i(j) \tag{9-32}$$

由于模型计算复杂，无法直接得到 β_{ij} 和 α_{ij} 的表达式。采用启发式算法对模型进行求解，在模型的求解过程中通过寻找模型参数之间的联系，将前一轮的结果作为后一轮迭代的输入，从迭代过程中得到启发，不断逼近最优解，当满足设定的结果误差容限时，迭代结束，具体算法步骤如下。

步骤 1 求解参数 β_{ij}。

①使用初值 β_{ij_1} 和 θ_{ij_1}，根据式(9-4)~式(9-15)分别求出站点 i 关于备件 j 有库存和无库存时的需求率 g_{ij} 和 h_{ij}；

②根据式(9-16)~式(9-20)计算站点库存稳态概率 π_l^{ij}；

③根据式(9-21)计算得到一个新的 β_{ij} 值，令其为 β_{ij_2}。

步骤 2 求解参数 θ_{ij}。

①根据式(9-2)计算基地级的库存稳态概率 $P_i(j)$；

②根据式(9-16)~式(9-20)计算稳态概率 π_l^{ij}；

③根据式(9-22)~式(9-27)得到一个新的 θ_{ij} 值，令其为 θ_{ij_2}。

步骤 3 采用迭代方法确定 β_j^* 和 θ_j^*。

步骤 4 如果 $|\beta_{ij\_2} - \beta_{ij\_1}| \leqslant e$ 且 $|\theta_{ij\_2} - \theta_{ij\_1}| \leqslant e$，那么算法结束，输出 β_{ij_2} 和 θ_{ij_2}，根据新的 β_j^* 和 θ_j^* 值求解基层级站点库存稳态概率 π_l^{ij}；否则，令 $\beta_{ij\_2} = \beta_{ij\_1}$，$\theta_{ij\_2} = \theta_{ij\_1}$，返回步骤 1。其中，$e$ 表示误差容限，一般取 $10^{-4} \sim 10^{-3}$。

通过完全共享库存转运策略可以有效降低备件期望短缺数，但在实际操作中可能存在以下问题：首先，在复杂保障环境下，将备件从执行任务现场转运至非任务保障现场，或将备件从短缺损失小的保障站点转运至短缺损失大的保障站点没有实际意义，并不能从根本上提高整体保障效能；其次，按照完全共享库存转运策略，某些站点可能会将全部备件库存通过转运的方式来满足其他站点需求，从而可能导致该站点自身的需求无法得到满足。因此，在本节所建立的模型基础上，分别从转运的方向性和库存共享程度对备件协调转运策略进行深化和扩展。

9.3 基于完全共享库存策略的备件单向转运模型

为了克服基于完全共享库存策略的双向转运模型所存在的局限性，本节提出一种基于完全共享库存策略的备件单向转运模型。传统的双向多点转运模型，对转运的方向性并没有具体限制。在实际情况中，确定准确的转运策略是非常复杂的，且所有保障站点间使用双向转运策略存在耗时、难于操作等问题，甚至可能会进一步增加备件短缺风险。为了降低保障系统转运工作的复杂性，优化转运的操作流程，降低备件短缺水平，如何滤去"非必要"的转运关系是多点库存系统协调转运研究领域中出现的新问题[6]。针对多站点备件单向转运问题，本书对转运的方向性加以限制，研究一个由基地级保障中心和多个基层级站点所构成的多点单向转运系统，如图 9-3 所示。

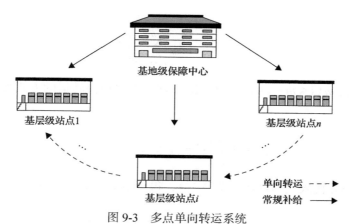

图 9-3　多点单向转运系统

具体模型补充假设如下：

（1）当基层级站点 i 发生需求且没有备件库存时，若第 $i+1$ 个站点此时的库存充足，则允许通过单向转运的方式对站点 i 进行备件补给，同样地，站点 $i+1$ 可以通过从站点 $i+2$ 转运进行备件补给。

（2）当站点 i 和站点 $i+1$ 的库存同时出现短缺时，可以通过转运的方式从站点 $i+2$ 进行备件补给。但是，反向转运，即站点 i 转运至站点 $i+1$，或从站点 $i+1$ 转运至站点 $i+2$，是不允许的。

（3）如果所有站点中的备件均不满足转运需求，那么该备件在基层级站点中发生短缺，如果基层级站点处于缺货状态，那么只能等待向基地级申请备件补给。

9.3.1　备件需求率模型

对于基层级站点 1，其只需满足自身的备件需求，并不涉及为其他站点提供转运需求，因此当站点 1 对第 j 项备件有库存时，需求率为 $g_{1j} = \lambda_{1j}$。对于其他站点 $i(i = 2, 3, \cdots, n)$，当其有备件库存时，站点 i 的备件需求率为正常需求率 λ_{ij} 加上从其他站点 $m(m < j)$ 转运而增加的需求率 $\alpha_{mj} \cdot \lambda_{mj} / \beta_{ij}$，因此可以得到站点 i 对第 j 项备件有库存时的需求率为[7]

$$g_{ij} = \lambda_{ij} + \sum_{m=1}^{i-1} \frac{\alpha_{mj} \lambda_{mj}}{\beta_{ij}} \tag{9-33}$$

对于站点 n，当其对备件 j 无库存时备件需求率为 $h_{nj} = \lambda_{nj}$。对于站点 $m(m = 1, 2, \cdots, n-1)$，无论其是否有备件库存，站点 m 的需求率等于 λ_{mj} 减去由其他站点 $i(m < i)$ 转运的需求率 $\alpha_{mj} \lambda_{mj} / (1 - \beta_{ij})$，因此可以得到站点 m 对第 j 项备件无库存时的需求率为[7]

$$h_{mj} = \lambda_{mj} - \lambda_{mj} \sum_{i=m+1}^{n} \frac{\alpha_{mj}}{1 - \beta_{ij}} \tag{9-34}$$

对于站点 $m(1 \leqslant m \leqslant i-1)$，其所需备件 j 通过单向转运的方式得到满足的概率为

$$\alpha_{mj} = \beta_{ij} \prod_{k=m}^{i-1} \left(1 - \beta_{kj}\right), \quad 1 \leqslant m < i \leqslant n \tag{9-35}$$

将式(9-35)代入式(9-33)和式(9-34)，得到单向转运策略下的备件需求率为

$$g_{ij} = \lambda_{ij} + \sum_{m=1}^{i-1} \lambda_{mj} \prod_{k=m}^{i-1} \left(1 - \beta_{kj}\right), \quad i = 1, 2, \cdots, n \tag{9-36}$$

$$h_{ij} = \lambda_{ij} \prod_{k=i+1}^{N} \left(1 - \beta_{kj}\right), \quad i = 1, 2, \cdots, n \tag{9-37}$$

9.3.2 备件库存稳态概率模型

定义 π_l^{ij} 为站点 i 中第 j 项备件库存为 l 的概率。站点 i 对备件 j 库存状态变化同样是一个时间连续状态离散的马尔可夫过程，其稳态概率方程和求解方法可参考双向转运模型，即[8]

$$\begin{cases} \pi_{s_{ij}-k}^{ij} = \pi_0^{ij} \dfrac{s_{ij}! \left(\mu_{ij}\right)^{s_{ij}-k}}{k! \left(g_{ij}\right)^{s_{ij}-k}}, & k = 0, 1, 2, \cdots, s_{ij}-1 \\[3mm] \pi_{s_{ij}-k}^{ij} = \pi_0^{ij} \dfrac{s_{ij}! \left(h_{ij}\right)^{k-s_{ij}}}{k! \left(\mu_{ij}\right)^{k-s_{ij}}}, & k = s_{ij}, s_{ij}+1, \cdots \\[3mm] \dfrac{1}{\pi_0^{ij}} = \sum_{k=0}^{s_{ij}-1} \dfrac{s_{ij}! \left(\mu_j\right)^{s_{ij}-k}}{k! \left(g_{ij}\right)^{s_{ij}-k}} + \sum_{k=s_{ij}}^{\infty} \dfrac{s_{ij}! \left(h_{ij}\right)^{k-s_{ij}}}{k! \left(\mu_j\right)^{k-s_{ij}}} \end{cases} \tag{9-38}$$

9.3.3 模型求解方法

对于单向转运策略的稳态概率 π_l^{ij}，同样采用启发式算法对模型进行求解，当满足设定的结果误差容限时，迭代结束，具体算法步骤如下：

步骤 1 首先，设 $r = 0$ 且 $\beta_{1,j(0)} = \beta_{2,j(0)} = \cdots = \beta_{n-1,j(0)} = 1$，根据式(9-36)和式(9-37)分别计算站点对备件 j 有库存和无库存时的需求率；然后，根据式(9-38)计算备件库存稳态概率初值 $\pi_{l(0)}^{nj}$，可以得到 $\beta_{n,j(0)} = \sum_{l=1}^{s_{nj}} \pi_{l(0)}^{nj}$。

步骤 2 首先，设 $r = r + 1$，将 $\beta_{2,j(r-1)}, \beta_{3,j(r-1)}, \cdots, \beta_{n,j(r-1)}$ 代入式(9-36)和式(9-37)，更新站点对备件 j 有库存和无库存时的需求率；然后，根据式(9-38)计算库存稳态概率初值 $\pi_{l(r)}^{1j}$，可以得到 $\beta_{1,j(r)} = \sum_{l=1}^{s_{1j}} \pi_{l(r)}^{1j}$。

步骤 3 首先，对于站点 $i(i = 2, 3, \cdots, n-1)$，将 $\beta_{1,j(r)}, \beta_{2,j(r)}, \cdots, \beta_{i-1,j(r)}$ 代入式(9-36)求得站点 i 对备件 j 有库存时的需求率，将 $\beta_{i+1,j(r-1)}, \beta_{i+2,j(r-1)}, \cdots, \beta_{n,j(r-1)}$ 代入式(9-37)求得站点 i 对备件 j 无库存时的需求率；然后，根据式(9-38)计算库存稳态概率初值 $\pi_{l(r)}^{ij}$，可以得到 $\beta_{i,j(r)} = \sum_{l=1}^{s_{ij}} \pi_{l(r)}^{ij}$。

步骤 4 首先，将 $\beta_{1,j(r)}, \beta_{2,j(r)}, \cdots, \beta_{n-1,j(r)}$ 代入式(9-36)和式(9-37)分别计算站点 i 对备件 j 有库存和无库存时的需求率；然后，根据式(9-38)计算库存稳态概率初值 $\pi_{l(r)}^{nj}$，可以得到 $\beta_{n,j(r)} = \sum_{l=1}^{s_{nj}} \pi_{l(r)}^{nj}$。

步骤 5 若 $\max_{1 \leqslant i \leqslant n} \left| \beta_{i,j(r)} - \beta_{i,j(r-1)} \right| \leqslant e$，则算法结束，输出 β_{ij}，根据新的 β_{ij} 值求解站点库存稳态概率 π_l^{ij}，否则返回步骤 1。其中，r 为迭代次数，e 为误差容限，一般取 $10^{-4} \sim 10^{-3}$。

9.4 基于不完全共享库存策略的备件双向转运模型

本节对采用不完全共享策略的站点库存转运系统进行研究，通过设定适当的库存持有水平 Y_j，避免在完全共享库存策略方式下存在的局限性。

假设相同站点间采用部分库存共享转运策略，即不完全共享策略，若每个站点均持有一定的库存水平 $Y_j(0 < Y_j < s_j)$，则当某站点 i 产生备件需求时，而所需备件在该站点处没有库存，且在其他站点中的库存量大于 Y_j，则随机选择其中一个站点将该备件转运至站点 i；如果某站点 i 发生备件需求，而所需备件在该站点处

没有库存，且在其他站点中的库存量均小于 Y_j，那么不采取同级站点之间的转运策略，而向基地级保障站点申领补充备件。

9.4.1 备件需求率模型

当站点对备件 j 的库存量大于 Y_j 时，其实际备件需求应该由该站点产生的需求和通过转运满足其他站点需求两部分组成；当站点对备件 j 的库存量大于 0 小于 Y_j 时，其实际需求等于该站点产生的备件需求；当站点对备件 j 的库存量小于或等于 0 时，其实际需求应该是该站点产生的备件需求减去通过由其他站点转运而满足的备件需求。因此，可以得到站点相同时关于备件 j 的需求率模型[9]。

当站点对第 j 项备件库存量大于 Y_j 时，其通过转运满足的需求量为 $\lambda_j \alpha_j / \rho_j$，因此其需求率为

$$g_j = \lambda_j \left(1 + \alpha_j / \rho_j\right) = \lambda_j \left(\rho_j + \alpha_j\right) / \rho_j \tag{9-39}$$

当站点对第 j 项备件库存量小于或等于 0 时，其由转运满足的备件需求为 $\lambda_j \alpha_j / \theta_j$，因此其备件需求率为

$$h_j = \lambda_j \left(1 - \alpha_j / \theta_j\right) = \lambda_j \left(\theta_j - \alpha_j\right) / \theta_j \tag{9-40}$$

式中，λ_j 为站点对第 j 项备件库存量大于 0 且小于等于 Y_j 时的需求率；ρ_j 为站点对备件 j 的库存量大于 Y_j 的概率，可由库存稳态概率计算求得，计算公式为

$$\rho_j = \sum_{l=Y_j+1}^{s_j} \pi_l^j \tag{9-41}$$

9.4.2 备件库存稳态概率模型

同样，在不完全共享库存策略下保障站点 i 对备件 j 的库存状态变化也是一个时间连续状态离散的马尔可夫过程，如图 9-4 所示。

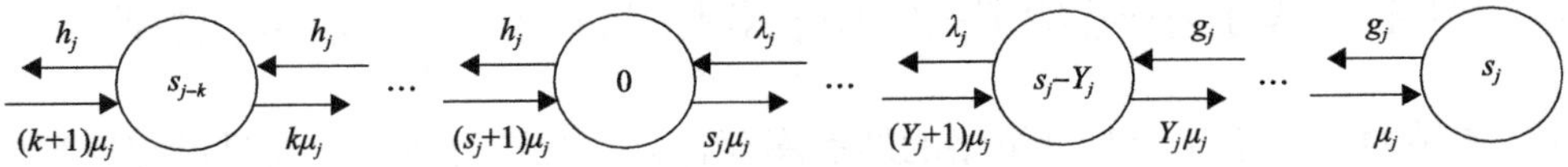

图 9-4　基于不完全共享库存策略的站点库存转移过程

当站点的库存状态变化处于稳态时，根据图 9-4 所示的马尔可夫状态转移过程可以得到站点对备件 j 的库存状态转移方程[10]：

$$\pi_{s_j}^j g_j = \pi_{s_j-1}^j \mu_j$$

$$\pi_{s_j-k}^{j}\left(g_j + k\mu_j\right) = \pi_{s_j-k+1}^{j}g_j + \pi_{s_j-k-1}^{j}\left(k+1\right)\mu_j, \quad k = 1, 2, \cdots, s_j - Y_j - 1 \qquad (9\text{-}42)$$

$$\pi_{s_j-Y_j}^{j}\left(\lambda_j + Y_j\mu_j\right) = \pi_{s_j-Y_j+1}^{j}g_j + \pi_{s_j-Y_j-1}^{j}\left(Y_j+1\right)\mu_j$$

$$\pi_{s_j-k}^{j}\left(\lambda_j + k\mu_j\right) = \pi_{s_j-k+1}^{j}\lambda_j + \pi_{s_j-k-1}^{j}\left(k+1\right)\mu_j, \quad k = s_j - Y_j, s_j - Y_j + 1, \cdots, s_j - 1$$

$$(9\text{-}43)$$

$$\pi_0^{j}\left(h_j + s_j\mu_j\right) = \pi_1^{j}\lambda_j + \pi_{-1}^{j}\left(s_j+1\right)\mu_j$$

$$\pi_{s_j-k}^{j}\left(h_j + k\mu_j\right) = \pi_{s_j-k+1}^{j}h_j + \pi_{s_j-k-1}^{j}\left(k+1\right)\mu_j, \quad k = s_j, s_j + 1, \cdots \qquad (9\text{-}44)$$

求解上述方程，可以得到站点对备件 j 的库存稳态概率为

$$\pi_{s_j-k}^{j} = \pi_0^{j}\frac{s_j!\left(\mu_j\right)^{s_j-k}}{k!\left(\lambda_j\right)^{s_j-Y_j}\left(g_j\right)^{k-Y_j}}, \quad k = 1, 2, \cdots, s_j - Y_j - 1 \qquad (9\text{-}45)$$

$$\pi_{s_j-k}^{j} = \pi_0^{j}\frac{s_j!\left(\mu_j\right)^{s_j-k}}{k!\left(\lambda_j\right)^{s_j-k}}, \quad k = s_j - Y_j, s_j - Y_j + 1, \cdots, s_j - 1 \qquad (9\text{-}46)$$

$$\pi_{s_j-k}^{j} = \pi_0^{j}\frac{s_j!\left(h_j\right)^{k-s_j}}{k!\left(\mu_j\right)^{k-s_j}}, \quad k = s_j, s_j + 1, \cdots \qquad (9\text{-}47)$$

式中

$$\frac{1}{\pi_0^{j}} = \sum_{k=0}^{s_j-Y_j-1}\frac{s_j!\left(\mu_j\right)^{s_j-k}}{k!\left(\lambda_j\right)^{s_j-k}} + \sum_{k=s_j-Y_j}^{s_j-1}\frac{s_j!\left(\mu_j\right)^{s_j-k}}{k!\left(\lambda_j\right)^{s_j-Y_j}\left(g_j\right)^{k-Y_j}} + \sum_{k=s_j}^{\infty}\frac{s_j!\left(h_{ij}\right)^{k-s_j}}{k!\left(\mu_j\right)^{k-s_j}} \qquad (9\text{-}48)$$

9.4.3　模型求解方法

对于稳态概率 π_i^{j}，其本身同样是未知参数 β_j 和 θ_j 的函数，两者的计算又依赖于需要求解的稳态概率 π_i^{j}，同理需要增加两者的关系式来确定这些参数[11]。

这里根据全概率公式确定 β_j，可得

$$\beta_j = \sum_{l=1}^{s_j-1}\pi_l^{j} \qquad (9\text{-}49)$$

当站点对备件 j 的库存量小于 0，而其他站点中备件 j 的库存量均小于或等于 Y_j 时，该站点中的备件 j 将发生缺货，因此可以得到 θ_j 的计算公式为[12]

$$\theta_j = \left(\sum_{l=s_j}^{\infty} \pi_l^j \right) \cdot \left(\sum_{l=s_j-Y_j}^{\infty} \pi_l^j \right)^{n-1} \tag{9-50}$$

当站点对备件 j 的库存量小于或等于 0，而其他站点中备件 j 的库存量大于 Y_j 时，该站点中备件 j 的需求可以通过转运得到满足[13]，即

$$\alpha_j = \left(\sum_{l=s_j}^{\infty} \pi_l^j \right) \cdot \left[1 - \left(\sum_{l=s_j-Y_j}^{\infty} \pi_l^j \right)^{n-1} \right] = 1 - \beta_j - \theta_j \tag{9-51}$$

同样采用启发式算法对模型进行求解，当满足设定的结果误差容限时，迭代结束，具体算法步骤如下。

步骤 1　求解参数 β_j：①使用初值 β_{1j} 和 θ_{1j}，根据式(9-39)~式(9-41)分别求得站点对备件 j 有库存和无库存时的需求率 g_j 和 h_j；②根据式(9-42)~式(9-48)计算站点库存稳态概率 π_l^j；③根据式(9-49)计算得到一个新的 β_j 值，令其为 β_{2j}。

步骤 2　求解参数 θ_j：①根据式(9-42)~式(9-48)计算站点库存稳态概率 π_l^j；②根据式(9-50)得到一个新的 θ_j 值，令其为 θ_{2j}。

步骤 3　采用迭代方法确定 β_j^* 和 θ_j^*。

步骤 4　若 $|\beta_{2j} - \beta_{1j}| \leqslant e$ 且 $|\theta_{2j} - \theta_{1j}| \leqslant e$，则算法结束，输出 β_{2j} 和 θ_{2j}，根据新的 β_j^* 和 θ_j^* 值求解站点库存稳态概率 π_l^j；否则，令 $\beta_{2j} = \beta_{1j}$，$\theta_{2j} = \theta_{1j}$，返回步骤 1。

9.5　基于备件库存转运策略的仿真模型及应用

9.5.1　仿真模型设计

基于库存共享和转运策略的备件库存模型，通过模型算法应用对其结果进行分析。为了说明所建模型计算方法的合理性和有效性，通过蒙特卡罗仿真方法进行模拟，并对比两种不同方法所得到的计算结果。根据模型假设，建立相应的仿真模型，其中仿真程序主要包括需求发生子模块和库存转运子模块[14]。

1)备件需求发生子模块

(1)判断下一发生事件的时间 NT 是否为备件需求到达时间，即 NT 是否与某一站点的需求发生事件的时间 NTS_i 相等。

(2)在站点 i 发生备件需求的情况下，备件需求量的大小 $DS_i > 0$，备件需求发生次数 Num_dem 增加一次。

(3)比较站点 i 的即时库存水平 EI_i 和备件需求量 DS_i 的大小，存在以下三种情况：

①当 $EI_i = 0$ 时，说明保障站点 i 已不能满足备件需求，只能转入备件转运子模块，判断是否可以通过其他站点转运的方式获得所需备件；

②当 $EI_i > 0$ 且 $EI_i > DS_i$ 时，说明站点 i 能立即满足备件需求；

③当 $EI_i > 0$ 且 $EI_i < DS_i$ 时，备件需求只能部分得到满足，转入备件转运子模块，判断剩余备件需求量是否可通过转运方式满足。

(4)根据上述三种情况，统计备件需求事件发生后 EI_i 值和 DS_i 值的大小，通过判断 DS_i 的值是否大于零，来决定是否转入转运子模块，或者转入常规备件补给子模块。

(5)产生站点 i 的下次备件需求发生时间。下次备件需求事件发生的时间为当前仿真时间与按指数分布产生的下次需求间隔时间之和。

备件需求发生子模块的仿真流程图如图 9-5 所示。

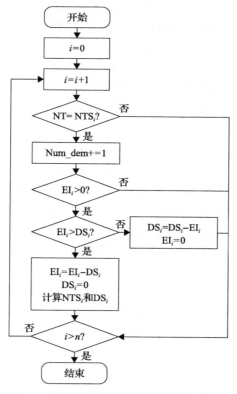

图 9-5　备件需求发生子模块的仿真流程图

在此，以基于完全共享库存策略的双向转运模型为例对仿真流程进行设计，而对于完全共享库存策略的单向转运模型和不完全共享库存策略的双向转运模型，仅需要对仿真步骤(3)中的三种假设条件做简单的更改，这里不再详述。

2)库存转运子模块

(1)在当前需求发生事件下，如果保障站点 i 的 DS_i 值大于零，那么就进入库存转运子模块。

(2)判断保障系统中其他站点的库存水平能否满足站点 i 的备件需求 DS_i。如果满足，那么由其他站点通过转运的方式提供可用备件。如果不满足，那么备件需求只能处于缺货状态，缺货的那部分备件只能通过向基地级站点申请进行常规补给，即 $RS_i = 1$。将备件需求量 DS_i 转化为常规补给数量 RL_i，再将其数值置为零，即 $DS_i = 0$。

(3)如果存在多个站点可以为保障站点 i 提供所需备件，那么采用随机方式选择转运源。

(4)转运事件发生后，会产生以下结果：

①站点 i 的备件需求全部被满足，备件需求量置为零，即 $DS_i = 0$；

②站点 i 的备件需求只能部分被满足，剩余备件需求量为 $RL_i = DS_i-TRS$，TRS 表示站点 i 能够从其他站点进行转运的备件数量，此时只能通过常规补给方式由基地级保障站点对备件进行补给；

③对于向站点 i 进行转运的源站点，需要重新计算其即时库存水平 EI_i。

(5)计算站点 i 下次备件需求发生的时间。备件需求发生时间服从指数分布，当前备件需求发生的时间加上随机产生的时间间隔变量，即为下次备件需求发生的时间。

库存转运子模块的仿真流程图如图 9-6 所示。其中，$TRS(k, i)$ 为从站点 k 转运至站点 i 的备件量，$k \neq i$。同样，在仿真模型中设 β_i 为站点 i 的备件需求能够立即被满足的概率。统计站点 i 的备件需求通过自身库存满足的次数与站点 i 需求发生次数的比例，即为需求被立即满足的概率值。设 α_i 为站点 i 的备件需求通过转运被满足的概率。统计站点 i 的备件需求通过其他站点转运的次数与站点 i 需求发生次数的比例，即为需求通过转运满足的概率值。

9.5.2 模型算法应用

例 9.1 基于完全共享库存策略的双向转运模型。

1)站点相同条件下的算例分析

考虑一个后方基地级站点对多个相同的基层级站点进行备件保障，假设系统中有 5 个基层级站点，即 $n = 5$。其中，基地级站点对基层级站点的常规备件补给

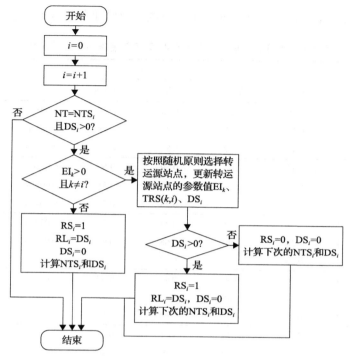

图 9-6 库存转运子模块的仿真流程图

时间 $T = 2$，为了方便计算基地级站点备件需求率可设其为 $\lambda_{0j} = 15\lambda_j$，基地级站点对第 j 项备件的补给提前期为 $L_{0j} = 1/\mu_{0j} = 0.25$，相同基层级站点间采用随机方法对转运源站点进行选择。根据转运库存系统参数的求解方法，首先得出在完全共享库存策略下站点的模型参数 β_j、α_j、θ_j 的大小，为了说明所建模型的合理性，这里采用上述的蒙特卡罗仿真方法对模型参数进行验证。基层级站点 i 对备件 j 的期望短缺数可以通过库存稳态概率 π_i^{ij} 求得，具体计算公式如下：

$$\text{EBO}_{ij} = \sum_{k=s_{ij}}^{\infty} \left(k - s_{ij} \right) \pi_{s_{ij}-k}^{ij} \tag{9-52}$$

通过式 (9-52) 可以求出转运条件下基层级站点的平均短缺水平 EBO_{ij}，并与在相同条件下采用非转运策略的基层级站点的平均短缺水平 EBI_{ij} 进行比较，根据 Palm 定理和经典 METRIC 模型，非转运情况下的备件期望短缺数为

$$\text{EBI}_{ij} = \sum_{k=s_{ij}}^{\infty} \left(k - s_{ij} \right) \exp\left(-\lambda_{ij}/\mu_{ij} \right) \frac{\left(\lambda_{ij}/\mu_{ij} \right)^k}{k!} \tag{9-53}$$

相同基层级站点在完全共享库存策略下的计算结果如表 9-1 所示。

表 9-1 相同基层级站点在完全共享库存策略下的计算结果

λ_{ij}	s_{0j}	s_{ij}	α_{ij} 解析解	α_{ij} 仿真解	β_{ij} 解析解	β_{ij} 仿真解	EBO_{ij}	EBI_{ij}
	0	1	0.26	0.26	0.73	0.72	0.00522	0.03578
0.04	1	1	0.20	0.20	0.79	0.78	0.00526	0.02240
	2	1	0.17	0.17	0.83	0.83	0.00513	0.01418
	0	1	0.35	0.35	0.59	0.60	0.02105	0.07705
0.06	2	1	0.28	0.28	0.71	0.71	0.00887	0.04001
	4	1	0.21	0.21	0.78	0.77	0.00499	0.02214
	0	1	0.39	0.38	0.48	0.50	0.07689	0.13121
0.08	4	1	0.30	0.30	0.68	0.67	0.01033	0.04786
	6	1	0.25	0.25	0.73	0.73	0.01006	0.03291
	2	1	0.40	0.40	0.47	0.47	0.07648	0.134652
0.1	4	1	0.36	0.35	0.57	0.58	0.03837	0.08722
	6	1	0.32	0.32	0.64	0.64	0.02079	0.05897
	4	2	0.30	0.30	0.65	0.65	0.05857	0.14222
0.2	4	3	0.10	0.09	0.90	0.90	0.02966	0.03577
	8	2	0.22	0.22	0.77	0.78	0.01297	0.07408
	10	3	0.31	0.30	0.60	0.62	0.14608	0.26355
0.4	10	4	0.15	0.16	0.85	0.84	0.02984	0.09584
	12	4	0.12	0.12	0.87	0.87	0.03241	0.07518
	15	4	0.31	0.30	0.55	0.56	0.27468	0.39439
0.6	20	4	0.27	0.27	0.66	0.65	0.14452	0.27437
	20	5	0.13	0.14	0.86	0.86	0.03621	0.11149
	25	5	0.28	0.27	0.62	0.62	0.24818	0.38600
0.8	25	6	0.16	0.16	0.82	0.82	0.05717	0.18146
	25	7	0.08	0.08	0.92	0.91	0.00723	0.07761

由表 9-1 可知，计算得到的模型参数值 α_{ij} 和 β_{ij} 与仿真结果具有一致性，且模型计算得到的参数值结果基本都在 20 次迭代内收敛，大部分在 5～10 次，证明所提出的模型算法合理，收敛速度较快。

在截取的算例中均有 EBO_{ij} 小于 EBI_{ij}，记 $(EBI_{ij}-EBO_{ij})/EBI_{ij}$ 为期望短缺数降低比例，则采用转运策略的基层级站点的平均库存短缺水平最大降低了 90.7%，最小降低了 17.1%，因此库存转运策略的引入可以有效地降低备件库存短缺水平，提高保障效率。

2）基层级站点不相同条件下的算例分析

考虑一个后方基地级站点对多个不同的基层级站点进行备件保障，以系统中有 3 个不同基层级站点为例，即 $n=3$。其中，基地级站点对基层级站点的常规备件补给时间 $T=2$，为了方便计算，令基地级站点备件需求率 $\lambda_{0j}=13(\lambda_{1j}+\lambda_{2j}+\lambda_{3j})/3$，设基地级站点对第 j 项备件的补给提前期为 $L_{0j}=1/\mu_{0j}=0.25$，不同基层级站点间采用随机方式选择转运源站点。采用蒙特卡罗仿真方法对模型参数 β_{ij}、α_{ij} 进行验证。同样，利用式 (9-52) 求得在转运条件下的基层级站点的备件平均短缺水平 EBO_{ij}，并与通过式 (9-53) 计算得到的非转运条件下的平均短缺水平 EBI_{ij} 进行比较，不同基层级站点在完全共享库存策略下的计算结果如表 9-2 所示。

表 9-2　不同基层级站点在完全共享库存策略下的计算结果

λ_{ij}	s_{0j}	s_{ij}	α_{ij}		β_{ij}		EBO_{ij}	EBI_{ij}
			解析解	仿真解	解析解	仿真解		
0.02		1	0.10	0.10	0.88	0.88	0.00727	0.00362
0.04	1	1	0.16	0.15	0.83	0.83	0.01030	0.01409
0.06		1	0.20	0.20	0.78	0.77	0.01196	0.03083
0.02		1	0.07	0.06	0.92	0.92	0.00394	0.00192
0.04	2	1	0.12	0.12	0.87	0.87	0.00485	0.00754
0.06		1	0.16	0.17	0.83	0.83	0.00557	0.01662
0.04		1	0.15	0.15	0.82	0.82	0.01263	0.01057
0.06	2	1	0.19	0.19	0.78	0.78	0.01556	0.02322
0.08		1	0.23	0.22	0.74	0.74	0.01760	0.04032
0.04		1	0.12	0.12	0.86	0.87	0.00853	0.00671
0.06	3	1	0.16	0.16	0.82	0.82	0.00997	0.01480
0.08		1	0.19	0.18	0.79	0.80	0.01142	0.02582
0.03		1	0.11	0.11	0.87	0.87	0.00688	0.00381
0.06	3	1	0.16	0.16	0.82	0.81	0.00997	0.01480
0.09		1	0.21	0.21	0.77	0.77	0.01173	0.03237
0.04		1	0.11	0.11	0.88	0.87	0.00446	0.00471
0.06	4	1	0.14	0.15	0.85	0.85	0.00523	0.01042
0.08		1	0.17	0.16	0.82	0.83	0.00581	0.01824
0.06		1	0.19	0.20	0.76	0.76	0.00389	0.01560
0.09	4	1	0.22	0.24	0.73	0.74	0.00504	0.03410
0.12		1	0.26	0.26	0.69	0.70	0.00598	0.05890
0.10		2	0.05	0.06	0.94	0.94	0.02019	0.00616
0.15	5	2	0.09	0.10	0.90	0.89	0.01812	0.01910
0.20		2	0.13	0.13	0.86	0.86	0.01723	0.04167

λ_{ij}	s_{0j}	s_{ij}	α_{ij}		β_{ij}		EBO_{ij}	EBI_{ij}
			解析解	仿真解	解析解	仿真解		
0.10		2	0.09	0.09	0.87	0.87	0.04072	0.00933
0.20	5	2	0.18	0.18	0.78	0.77	0.05017	0.06164
0.30		2	0.25	0.25	0.71	0.71	0.05634	0.17301
0.20		3	0.05	0.05	0.94	0.94	0.03475	0.01027
0.30	8	3	0.10	011	0.89	0.89	0.02815	0.04166
0.40		3	0.15	0.15	0.84	0.84	0.02571	0.10624
0.30		3	0.15	0.16	0.77	0.77	0.14548	0.06214
0.40	8	3	0.20	0.20	0.72	0.72	0.15954	0.16466
0.50		3	0.25	0.24	0.67	0.68	0.17216	0.29985
0.40		4	0.10	0.10	0.86	0.86	0.11284	0.04840
0.50	9	4	0.14	0.14	0.82	0.82	0.10736	0.11309
0.60		4	0.18	0.17	0.78	0.79	0.10448	0.21705
0.50		4	0.18	0.18	0.68	0.68	0.30747	0.15275
0.60	9	4	0.21	0.21	0.65	0.65	0.35045	0.35120
0.70		4	0.25	0.26	0.61	0.61	0.37448	0.47492
0.60		5	0.14	0.14	0.78	0.77	0.24558	0.12395
0.70	10	5	0.17	0.17	0.75	0.75	0.25440	0.26045
0.80		5	0.21	0.21	0.71	0.72	0.24937	0.38155

由表 9-2 可知，计算得到的模型参数值 α_{ij} 和 β_{ij} 与仿真结果具有一致性，且本节所提模型所获得的参数值结果基本都在 30 次迭代内收敛。记 $(EBI_{ij}-EBO_{ij})/EBI_{ij}$ 为期望短缺数降低比例，注意到由于各基层级站点不相同，所以其需求率也有所不同。对于三个不相同的基层级站点，备件需求率较低的站点的备件期望短缺数并未降低，这是由于在采用完全共享库存策略下，备件通过转运方式首先满足需求率较高的站点（如表 9-2 所示的基层级站点 2 和 3），使得备件需求率较高的舰员级保障站点的平均缺货水平大为降低。对于备件需求率较高的舰员级保障站点，通过采用转运策略，其平均短缺水平得到了明显降低，同时需求率越高，效益越明显。根据经验，在舰船编队环境下，备件库存调度应首先满足备件需求率较高的舰员级保障站点，进一步证明本节所提出的算法模型符合实际操作过程中的舰船编队认知规律。

例 9.2　基于完全共享库存策略的单向转运模型。

考虑一个后方基地级站点对多个基层级站点进行备件保障，以系统中有 3 个基层级站点为例，即 $n=3$。其中，基地级站点对基层级站点的常规备件补给时间

$T=2$，令基地级站点备件需求率为 $\lambda_{0j}=15\lambda_j$，基地级站点对第 j 项备件的补给提前期为 $L_{0j}=1/\mu_{0j}=1/1.2$。采用蒙特卡罗仿真方法对模型参数 α_{ij}、β_{ij} 进行验证。同理，利用式(9-52)计算得到转运方式下的基层级备件平均短缺水平 EBO_{ij}，并与通过式(9-53)求得的非转运条件下基层级站点备件平均短缺水平 EBI_{ij} 进行比较。由于模型参数较多，这里仅以相同备件需求下，即 $\lambda_{ij}=15$，基层级站点的不同库存水平 s_{ij} 对备件满足率和短缺数的影响为例进行说明，完全共享库存策略下单向转运计算结果如表 9-3 所示。

表 9-3　完全共享库存策略下单向转运计算结果

站点编号	s_{ij}	α_{ij}		β_{ij}		EBO_{ij}	EBI_{ij}	$(EBI_{ij}-EBO_{ij})/EBI_{ij}$
		解析解	仿真解	解析解	仿真解			
1		0.76	0.76	0.59	0.57	1.1329		0.6012
2	16	0.40	0.38	0.28	0.26	3.2293	2.8411	−0.1366
3		0.16	0.18	0.16	0.17	4.8328		−0.7010
1		0.85	0.84	0.69	0.68	0.7822		0.6470
2	17	0.52	0.50	0.39	0.39	2.3832	2.2161	−0.0754
3		0.21	0.23	0.21	0.23	4.2157		−0.9023
1		0.91	0.90	0.76	0.76	0.5522		0.6722
2	18	0.64	0.62	0.50	0.49	1.6745	1.6848	0.0061
3		0.27	0.30	0.27	0.30	3.5440		−1.1035
1		0.95	0.94	0.81	0.80	0.4007		0.6787
2	19	0.75	0.72	0.62	0.61	1.1317	1.247	0.0925
3		0.35	0.36	0.35	0.37	2.8294		−1.2690
1		0.98	0.96	0.85	0.83	0.2965		0.6698
2	20	0.84	0.83	0.71	0.69	0.7464	0.8979	0.1688
3		0.45	0.47	0.45	0.48	2.1170		−1.3577
1		0.99	0.97	0.89	0.88	0.2212		0.6481
2	21	0.91	0.87	0.79	0.76	0.4523	0.6286	0.2805
3		0.56	0.59	0.56	0.59	1.4682		−1.3357
1		0.99	0.98	0.89	0.89	0.1643		0.6160
2	22	0.95	0.93	0.85	0.82	0.3139	0.4278	0.2662
3		0.68	0.71	0.68	0.71	0.9337		−1.1828
1		1.00	0.98	0.93	0.91	0.1193		0.5782
2	23	0.98	0.97	0.90	0.88	0.2018	0.2829	0.2867
3		0.78	0.76	0.78	0.75	0.5432		−0.9201
1		1.00	0.98	0.95	0.93	0.0836		0.5400
2	24	0.99	0.97	0.93	0.91	0.1276	0.1817	0.2979
3		0.87	0.84	0.87	0.84	0.2913		−0.6027

站点编号	s_{ij}	α_{ij}		β_{ij}		EBO_{ij}	EBI_{ij}	$(EBI_{ij}-EBO_{ij})/EBI_{ij}$
		解析解	仿真解	解析解	仿真解			
1		1.00	0.98	0.97	0.96	0.0559		0.5073
2	25	1.00	0.98	0.96	0.94	0.0778	0.1135	0.3129
3		0.92	0.89	0.92	0.89	0.1463		−0.2892
1		1.00	0.99	0.98	0.96	0.0352		0.4882
2	26	1.00	0.98	0.97	0.95	0.0454	0.0689	0.3405
3		0.96	0.93	0.96	0.94	0.0704		−0.0220
1		1.00	0.99	0.99	0.97	0.0208		0.4875
2	27	1.00	0.99	0.98	0.97	0.0250	0.0406	0.3858
3		0.98	0.96	0.98	0.96	0.0330		0.1878

由表 9-3 可知，模型参数值 α_{ij} 和 β_{ij} 与仿真结果具有一致性，模型参数值在 20 次迭代内收敛。同样记 $(EBI_{ij}-EBO_{ij})/EBI_{ij}$ 为期望短缺数降低比例，由于在转运过程中对转运的方向性进行了限制，所以需要对各个站点进行单独分析。

(1) 对于站点 1，通过转运方式其备件短缺情况得到了明显改善，相比于非转运模式，平均短缺水平最大降低了 67.9%，最小降低了 48.8%。

(2) 对于站点 2，由于其既可以通过站点 3 向其进行转运满足备件需求，又需要作为站点 1 的转运源。因此，当站点 2 自身的库存水平较低、备件需求较高时，相比于非转运模式，其备件短缺水平并无明显的降低(反而有可能出现升高的特殊情况)。随着库存水平的增加，采用转运策略其备件短缺水平明显降低，且库存水平越高，效果越明显。本例 12 组数据中，仅第 1、2 组数据中的备件短缺数有所增加，剩余 10 组数据都表明随着库存水平升高，备件短缺数逐渐降低，相比于非转运模式，其备件短缺数量最高降低了 38.6%。

(3) 对于站点 3，除了需要满足自身备件需求，还要作为站点 1 和 2 的转运源，因此相比于非转运模式，其备件短缺数量有所升高。

通过以上分析可知，基于完全共享库存策略的单向转运模型的应用存在一定局限性。该模型比较适用于将所需备件从非任务站点转运至任务站点、从备件短缺损失小的站点转运至备件短缺损失大的站点。

例 9.3 基于完全共享库存策略的双向转运模型。

考虑一个基地级站点对多个相同的基层级站点进行备件保障，设系统中有 3 个基层级站点，即 $n=3$。其中，基地级站点对基层级站点的常规备件补给时间 $T=2$，为了方便计算基地级站点备件需求率可设其为 $\lambda_{0j}=15\lambda_j$，基地级站点对第 j 项备件的补给提前期为 $L_{0j}=1/\mu_{0j}=0.25$，相同基层级站点间采用随机方式选择转运源站点。根据模型参数的求解方法，首先计算在完全共享库存策略下基层级站点

参数 α_{ij} 和 β_{ij},为了说明模型的合理性,采用蒙特卡罗仿真方法对模型参数进行验证。同样,利用式 (9-52) 求得在转运模式下的基层级平均短缺水平 EBO_{ij},并与通过式 (9-53) 计算得到的非转运模式下基层级站点平均短缺水平 EBI_{ij} 进行比较。相同基层级站点在部分共享库存策略下的转运计算结果如表 9-4 所示。

表 9-4 相同基层级站点在部分共享库存策略下的转运计算结果

λ_{ij}	s_{0j}	s_{ij}	Y_{ij}	α_{ij}		β_{ij}		EBO_{ij}	EBI_{ij}
				解析解	仿真解	解析解	仿真解		
0.30	8	3	1	0.19	0.19	0.79	0.78	0.02722	0.10317
0.30	8	3	2	0.06	0.06	0.93	0.93	0.06288	0.10317
0.35	8	3	1	0.27	0.28	0.68	0.67	0.09129	0.19202
0.35	8	3	2	0.11	0.11	0.88	0.88	0.11744	0.19202
0.40	9	3	1	0.31	0.31	0.57	0.57	0.18185	0.28809
0.40	9	3	2	0.16	0.16	0.83	0.84	0.22437	0.28809
0.45	9	4	1	0.22	0.21	0.75	0.75	0.07287	0.18316
0.45	9	4	2	0.09	0.09	0.91	0.91	0.13676	0.18316
0.50	9	4	1	0.27	0.27	0.65	0.66	0.16193	0.28520
0.50	9	4	2	0.14	0.13	0.85	0.86	0.24251	0.28520
0.55	10	4	1	0.31	0.31	0.55	0.55	0.26743	0.38779
0.55	10	4	2	0.18	0.18	0.80	0.81	0.31773	0.38779
0.60	10	4	1	0.34	0.34	0.43	0.43	0.45295	0.53913
0.60	10	4	2	0.23	0.23	0.72	0.72	0.50258	0.53913
0.65	10	5	1	0.27	0.27	0.63	0.62	0.22986	0.36833
0.65	10	5	2	0.15	0.14	0.83	0.83	0.29051	0.36833
0.70	11	5	1	0.30	0.30	0.55	0.57	0.34760	0.47488
0.70	11	5	2	0.19	0.18	0.78	0.79	0.41273	0.47488
0.75	11	6	1	0.23	0.23	0.71	0.71	0.17680	0.32809
0.75	11	6	2	0.13	0.13	0.86	0.86	0.25157	0.32809
0.80	11	6	1	0.27	0.27	0.62	0.62	0.29423	0.44365
0.80	11	6	2	0.16	0.16	0.81	0.82	0.36812	0.44365
0.85	12	7	1	0.19	0.19	0.77	0.77	0.13494	0.29281
0.85	12	7	2	0.11	0.11	0.89	0.89	0.21028	0.29281
0.90	12	7	1	0.23	0.23	0.69	0.70	0.22851	0.39322
0.90	12	7	2	0.14	0.14	0.85	0.84	0.30672	0.39322

由表 9-4 可知,模型参数值 α_{ij} 和 β_{ij} 与仿真结果具有一致性,虽然模型参数值的迭代收敛次数有所增加,但基本保证在 30 次内即可得到收敛。将表 9-4 中采用转运策略和非转运策略得到的备件平均短缺水平进行比较,可以看出算例中所有

的备件短缺水平都有所降低。同样记$(EBI_{ij}-EBO_{ij})/EBI_{ij}$为期望短缺数降低比例，可以发现在相同条件下，随着库存水平Y_{ij}的增加，$(EBI_{ij}-EBO_{ij})/EBI_{ij}$逐渐变小。这是因为随着$Y_{ij}$的增大，基层级站点可以用于转运的备件不断减少，所以转运机制对备件短缺的规避作用也在减小，备件的平均短缺水平有所增加。

参 考 文 献

[1] Axsater S. Modelling emergency lateral transshipments in inventory systems[J]. Management Science, 1990, 36(11): 1329-1338.

[2] 张光宇, 李庆民, 郭璇. 基于横向转运策略的可修备件多点库存建模方法[J]. 系统工程与电子技术, 2012, 34(7): 1424-1429.

[3] 张光宇, 李庆民, 葛恩顺. 可修备件的多点库存转运建模与优化方法[J]. 海军工程大学学报, 2013, 25(5): 52-58, 63.

[4] 霍佳震, 李虎. 零备件库存多点转运的批量订货模型与算法[J]. 系统工程理论与实践, 2007, 27(12): 62-67.

[5] 《数学手册》编写组. 数学手册[M]. 北京: 高等教育出版社, 2010.

[6] 张光宇, 李庆民, 李华. 零备件的多点库存单向转运模型与算法[J]. 航空学报, 2013, 34(5): 1092-1100.

[7] 代旻, 张宣, 陈云翔. 基于模糊语言的信息系统事前评价模型[J]. 计算机工程与设计, 2007, 28(13): 3036-3038.

[8] Liu J, Lee C G. Evaluation of inventory policies with unidirectional substitutions[J]. European Journal of Operational Research, 2007, 182(1): 145-163.

[9] 温涛. 基于共享与转运策略的供应链成员横向合作研究[D]. 上海: 上海交通大学, 2009.

[10] 刘任洋, 李庆民, 李华. 基于横向转运策略的可修件三级库存优化模型[J]. 航空学报, 2014, 35(12): 3341-3349.

[11] 阮旻智, 刘任洋. 随机需求下多层级备件的横向转运配置优化模型[J]. 系统工程理论与实践, 2016, 36(10): 2689-2698.

[12] 刘任洋, 黎放, 李庆民, 等. 基于横向转运策略的不完全修复件库存配置与订购模型[J]. 航空学报, 2015, 36(6): 1964-1974.

[13] 阮旻智, 刘任洋. 基于横向转运策略的多级库存配置建模与优化[J]. 中国工程科学, 2015, 17(5): 106-112.

[14] 杨华. 装备制造企业服务备件联合库存管理优化研究[D]. 天津: 天津大学, 2009.

第10章　串件拼修对策下的备件配置优化

装备使用阶段，保障现场可根据其维修条件实施具体的串件拼修对策，对于同型号装备且具有通用性的备件项目，采用串件拼修对策能够在现有的管理体系、维修保障模式以及保障资源配置下，使装备的战备完好性和可用度达到上限[1]。经典 METRIC 理论是用于求解稳态条件下的备件配置优化，当装备任务强度随时间变化时，例如，空军战斗机从平时到战时过渡期内飞行时间的突变，之后将是飞行量较低的持续作战期，在这种非稳态条件下，串件拼修问题通常被提出。目前，国外较先进的备件动态库存分析模型 Dyna-METRIC、ASM（aviation support model）、分配与送修的动态管理模型（distribution and repair in variable environments, DRIVE），其假设前提都是在装备使用现场（飞行基地）对 LRU 实施了具体的串件拼修对策，该对策已被美国空军和海军沿用多年，取得了较好的效果。实战证明，串件拼修对策是进一步提高装备战备水平的有效途径。

Fisher 等[2,3]分析了在维修保障过程中选择串件拼修对策的最佳条件，并以航空备件为背景，开发并建立了相应的仿真模型对串件拼修对策的性能进行测试；Byrkett[4]和 Salman 等[5]建立了串件拼修对策下装备可用度评估模型，并对其维修保障能力进行了分析；李羚玮等[6]研究了面向任务的串件拼修问题并提出了基于遗传算法的模型求解方法。上述列举文献都是针对完全串件系统展开研究，没有考虑由串件项目和非串件项目组成的混合系统以及系统部件的多层次结构，并且在串件对策下会进一步引发关于备件库存适应性及动态管理等问题。

针对这些问题，本书建立串件系统、非串件系统、不完全串件系统的可用度评估模型，研究串件拼修对策下的最优备件方案的确定方法及分析流程，进而放宽模型中"完全串件"假设条件，分别针对串件部件和非串件部件组成的装备系统，建立两种战备完好性指标下的库存分配模型，并将横向库存转运调整作为预防库存滞留的资产均衡手段，与库存分配模型集成，最终形成适应性库存动态管理模型。

10.1　串件拼修问题描述及其特点分析

串件拼修是将发生短缺的备件项目统一集中在尽可能少的装备系统中的一种维修策略。如图 10-1 所示，假设在没有备件库存的情况下，同型号的 3 个设备发生故障，其故障由其所属的 LRU 故障所致，通过设备 1 与设备 2 之间进行 LRU_2

串件，设备 1 与设备 3 之间进行 LRU$_3$ 串件，串件拼修后能够将所有的故障单元集中在设备 1 中，同时，能够迅速使设备 2 和设备 3 恢复正常。选择串件拼修的前提条件是同型号装备具有通用性的备件项目，并且故障单元的维修时间大于其拆卸安装时间。随着制造工艺水平的发展以及装备保障性设计要求的不断提高，新研制的装备一般都具有较高的集成度和通用性，其大多数关键性备件都具有新开发的插件系统，这使得备件的拆卸和更换更加容易进行，为实施串件拼修创造了良好的条件。

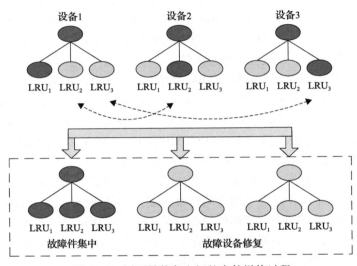

图 10-1 同型号装备之间的串件拼修过程

串件拼修对策能够在有限的维修资源约束及特定的保障模式下，使装备的战备水平达到上限。在日常维修管理工作中，维修机构可能不会对故障单元实施具体的串件策略，在战时或紧急任务情况下，受维修保障资源携带能力的限制，串件拼修对策经常被提出。Sherbrooke 对美国乔治空军基地的机群进行试验，给出了串件和非串件两种不同对策下的备件最优配置方案，比较了两种方案下的装备可用度并对其进行了分析。分析结果表明，按非串件对策得出的备件方案具有较强的鲁棒性(抗干扰性)，在实际情况中，无论选择串件对策与否，其保障效果都比较好；按串件对策计算得出的备件方案，在维修机构未采用串件对策时，保障效果会变得相当差。因此，当确定初始备件方案时，一般按非串件(换件修理)对策进行，在装备使用或任务阶段，可根据维修机构所采用的具体串件策略，对该对策下的备件保障能力进行分析，进而能够对初始备件方案进行调整和完善。

10.2　串件拼修对策下装备可用度评估及备件优化分析

10.2.1　非串件系统

对于非串件系统，当部件发生故障时，只能通过现有备件库存或向上级申请补给的方式获取备件，从而完成对故障单元的换件修理，不能通过与其他系统之间进行串件而将故障单元集中。装备可用度取决于其所属的第一层级单元 $LRU_j (j \in Inden(1))$ 短缺量大小，则保障现场站点 $m (m \in Echelon(N))$ 的装备可用度为

$$A_m = \prod_{j \in Inden(1)} \left(1 - EBO_{mj} / N_m \right) \tag{10-1}$$

若考虑系统中部件 j 的单机安装数 $Z_j > 1$，则式（10-1）变为[7]

$$A_m = \prod_{j \in Inden(1)} \left[\sum_{y=0}^{N_m Z_j} \frac{\begin{bmatrix} N_m Z_j - y \\ Z_j \end{bmatrix}}{\begin{bmatrix} N_m Z_j \\ Z_j \end{bmatrix}} \cdot p(BO_{mj} = y) \right] \tag{10-2}$$

式中，$p(BO_{mj} = y)$ 表示站点 m 的备件 j 短缺数为 y 的概率；$\begin{bmatrix} N_m Z_j - y \\ Z_j \end{bmatrix} = \dfrac{(N_m Z_j - y)!}{Z_j!(N_m Z_j - y - Z_j)!}$ 表示当备件 j 的短缺数为 y 时，系统中可用部件 j 对 Z_j 的组合数；$\begin{bmatrix} N_m Z_j \\ Z_j \end{bmatrix} = \dfrac{(N_m Z_j)!}{Z_j!(N_m Z_j - Z_j)!}$ 表示所有装备中的部件 j 对 Z_j 的组合数。

令 D_{nc} 为非串件项目故障而导致装备停机的数量，在任一随机时间内，系统停机数量 D_{nc} 的概率分布函数为

$$p(D_{nc} = d) = \begin{bmatrix} N_m \\ d \end{bmatrix} \cdot (1 - A_m)^d A_m^{N_m - d} \tag{10-3}$$

装备系统停机数量 $D_{nc} \leqslant y$ 的累积概率分布函数为

$$G(D_{nc} \leqslant y) = \sum_{d=0}^{y} P(d) \tag{10-4}$$

10.2.2　串件系统

在串件拼修对策下，备件短缺能够在同型号装备之间进行协调整合，若第 j

个项目短缺数满足 $\mathrm{BO}_j \leqslant yZ_j$，则由该项目故障而导致装备停机的数量 $D_c \leqslant y$。对于装备中的所有项目，必须同时满足 $\mathrm{BO}_j \leqslant yZ_j$，$j=1,2,\cdots,J$，则装备停机数量 $D_c \leqslant y$ 的累积概率分布函数为

$$
\begin{aligned}
G(D_c \leqslant y \mid s) &= P\left[\bigcap_{j=1}^{J}(\mathrm{BO}_j \leqslant yZ_j) \mid s\right] \\
&= P\left[\bigcap_{j=1}^{J}(X_j \leqslant yZ_j + s_j)\right]
\end{aligned}
\tag{10-5}
$$

式中，$s = \{s_1, s_2, \cdots, s_j, \cdots, s_J\}$ 为备件库存量集合；X_j 为备件 j 的维修供应周转量，由于 X_j 之间相互独立，所以停机数量 D_c 的累积概率分布函数和概率密度函数分别为

$$
G(D_c \leqslant y \mid s) = \prod_{j=1}^{J} P(X_j \leqslant yZ_j + s_j)
\tag{10-6}
$$

$$
g(y) = G(D_c \leqslant y) - G(D_c \leqslant y - 1)
\tag{10-7}
$$

装备停机数量的期望值为

$$
E[D_c] = \sum_{y=0}^{n} y \cdot g(y) = n \cdot G(n) - \sum_{y=0}^{n-1} G(y)
\tag{10-8}
$$

式中，n 为正整数，n 的取值可以大到使累积概率分布函数 $G(n)$ 近似等于 1，并满足 $n \leqslant N_m$。串件系统的期望可用度可以表示为所有装备中完好装备数占装备总数的百分比：

$$
A_c = \frac{N_m - E[D_c]}{N_m} \times 100\%
\tag{10-9}
$$

10.2.3　不完全串件系统

装备组成结构中的部件，并不是所有的项目都能够进行串件，例如，美国空军 F-16 战机携行战备配套的 176 项 LRU 中，有 44 项(约占 25%)属于难串件项目；而 F-15 战机的 237 项 LRU 中，有 45 项(约占 19%)属于难串件项目[8]。

在一个由非串件项目和串件项目组成的混合系统中，令 $j = 1, 2, \cdots, J_{nc}$，$0 < J_{nc} \leqslant J$，表示非串件项目；$j = J_{nc}-1, J_{nc}+1, \cdots, J$，表示串件项目；$D_{nc}$ 表示非串件项目故障而导致系统停机的数量；D_c 表示串件项目故障而导致系统停机的数量；D 表示所有项目故障而导致系统停机的总数。因此，有

$$
D = \max\{D_{nc}, D_c\}
\tag{10-10}
$$

由于系统中的非串件项目和串件项目发生故障的数量相互独立，所以 D 的累积概率分布函数为[9]

$$
\begin{aligned}
G(D \leqslant y \mid s) &= G(D_{nc} \leqslant y \mid s, D_c \leqslant y \mid s) \\
&= G(D_{nc} \leqslant y) \cdot G(D_c \leqslant y)
\end{aligned}
\tag{10-11}
$$

式中，D_{nc} 和 D_c 的累积概率分布函数分别按式(10-4)和式(10-6)进行计算，如果 $\mathrm{EBO}_{mj} \ll N_m Z_j$，那么装备可用度的计算公式可近似表示为

$$
\begin{aligned}
A_m &\approx \prod_{j \in j_{nc}} \exp(-\mathrm{EBO}_{mj} / N_m) \\
&= \exp\left[-\left(\sum_{j=1}^{N} \mathrm{EBO}_{mj} \right) / N_m \right]
\end{aligned}
\tag{10-12}
$$

由非串件项目故障造成系统停机数 D_{nc} 的均值和方差可分别近似为

$$
E[D_{nc}] \approx \sum_{j \in j_{nc}} \mathrm{EBO}_j
\tag{10-13}
$$

$$
\mathrm{Var}[D_{nc}] \approx \sum_{j \in j_{nc}} \mathrm{VBO}_j
\tag{10-14}
$$

利用方差 $\mathrm{Var}[D_{nc}]$ 与均值 $E[D_{nc}]$ 的比值，$p(D_{nc})$ 可根据泊松分布、负二项分布或者二项分布进行计算。

计算不完全串件系统的期望可用度时，首先根据式(10-3)确定由非串件项目而造成系统停机数量 D_{nc} 的概率分布函数 $p(D_{nc})$，若 $\mathrm{EBO}_{mj} \ll N_m Z_j$，则根据式(10-13)和式(10-14)计算 $\mathrm{Var}[D_{nc}]/E[D_{nc}]$ 的比值来确定 $p(D_{nc})$，利用式(10-4)计算装备系统停机数量的累积概率分布函数 $G(D_{nc} \leqslant y)$；然后根据式(10-6)计算由串件项目造成系统停机数量的累积概率分布函数 $G(D_c \leqslant y)$，根据式(10-11)确定不完全串件系统的停机总数的累积概率分布函数 $G(D \leqslant y)$；最后根据式(10-8)计算装备停机数量的期望值 $E[D]$。此时，不完全串件系统的期望可用度为

$$
A = \frac{N_m - E[D]}{N_m} \times 100\%
\tag{10-15}
$$

10.2.4 多层级串件系统

一般情况下，装备使用现场只对第一层级部件 LRU 实施串件，若考虑装备系统组成的多层次结构问题，LRU 所属的分组件 SRU 也具备串件的条件，则需要将串件系统的模型扩展为多层级。设某 LRU_j 所属的分组件为 $\mathrm{SRU}_i(i \in \mathrm{Sub}(j))$，$i \in I_{nc}$ 表示非串件的 SRU 项目，$i \in I_c$ 表示能够串件的 SRU 项目。由于 LRU 故障是

由其所属的 SRU 发生故障导致的，所以等待 SRU 的维修或供应补给都会造成对 LRU 维修时间的延误，针对该项 LRU 及其 SRU 的产品树结构，可以得到因等待可串件 SRU 项目而造成 LRU 维修延误数量 y 的稳态概率分布函数[10]为

$$P_c(Y \leqslant y) = \prod_{i \in I_c} P_i(X_i \leqslant s_i + Z_i y) \qquad (10\text{-}16)$$

式中，X_i 为 SRU$_i$ 的维修供应周转量；$P_i(X_i)$ 为 SRU$_i$ 维修供应周转量的概率分布函数。令 LRU 维修供应周转量 X_j 的概率分布函数为 $P_j(x)$，则 LRU 短缺数 $\leqslant n$ 的概率分布函数为

$$\psi_c(n) = \sum_{x=0}^{n+s_j} \left[P_j(X_j = x) \cdot P_c(Y \leqslant n + s_j - x) \right] \qquad (10\text{-}17)$$

由非串件 SRU 项目造成对 LRU 短缺数概率分布函数的计算方法为：首先确定 LRU$_i$ 维修供应周转量 X_j 的均值和方差，根据方差与均值的比值确定 X_j 的概率分布函数 $P_r(X_j)$；然后计算 LRU 短缺数的概率分布密度函数：

$$\varphi_{nc}(\text{BO} = n) = \begin{cases} \displaystyle\sum_{X_j=0}^{s_j} P_r(X_j), & n = 0 \\ P_r(X_j = s_j + n), & n > 0 \end{cases} \qquad (10\text{-}18)$$

根据式(10-18)的概率分布密度函数可得 LRU 短缺数 $\leqslant n$ 的累积概率分布函数为

$$\psi_{nc}(n) = \sum_{x=0}^{n} \varphi_{nc}(\text{BO} = x) \qquad (10\text{-}19)$$

对该项 LRU 及其所属的所有 SRU 而言，LRU 短缺总数 $\leqslant n$ 的概率分布函数为

$$\psi(n) = \psi_c(n) \cdot \psi_{nc}(n) \qquad (10\text{-}20)$$

根据上述方法，可以计算系统中所有 LRU$_j$ 的短缺分布函数 Ψ_j，用 Ψ_j 代替式(10-6)中的 P，并根据式(10-11)～式(10-15)可以得到系统的期望可用度。

10.2.5　串件拼修对策下备件优化分析流程

首先，确定备件的初始配置方案，在换件维修方式下得出的备件方案具有较强的鲁棒性，而按串件拼修对策计算得到的方案鲁棒性较差。因此，可以按换件方式确定备件的初始配置量，在保证系统可用度指标的前提下，使备件费用最低，其优化模型的建立及求解可根据经典 METRIC 理论。串件拼修对策下备件方案的

优化分析流程如图 10-2 所示。首先，按照换件方式确定备件的初始配置方案；然后，根据装备使用现场所采用的串件拼修对策来计算装备的平均停机数量、期望可用度，对保障效能进行评估和分析；最后，设定仿真参数和仿真流程，采用仿真方法对解析模型的计算结果进行评估和验证，通过分析和比较解析结果和仿真结果，对备件方案进行调整，从而确定最终方案。

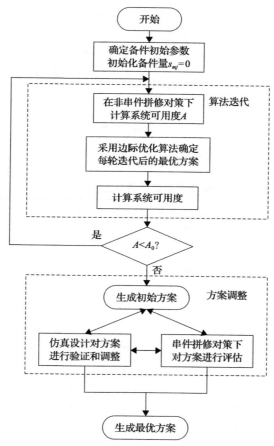

图 10-2　串件拼修对策下备件方案的优化分析流程

例 10.1　假设由一个基地级站点(H_0)、三个基层级站点(J_1、J_2、J_3)组成的两级保障系统，对部署在基层级站点的装备保障效能进行分析并确定其备件的最优方案，装备在基层级站点的部署数量 N_m 分别为 18、12、15。装备系统的组成结构如图 10-3 所示。其中，系统所属的第一层级部件 LRU 在现场具备了串件的条件。

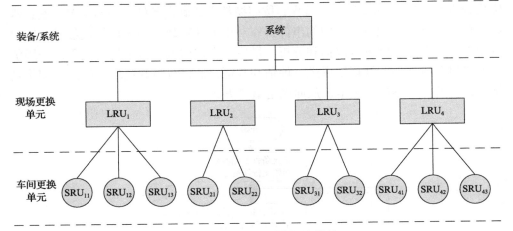

图 10-3　装备系统的组成结构

装备备件清单及其相关参数如表 10-1 所示。

表 10-1　装备备件清单及其相关参数

备件	故障间隔时间 MTBF$_j$/h	安装数 Z_j	原位维修率 RIP$_j$	占空比 DC$_j$	重测完好率 RtOK$_j$	维修周转时间 T_j/天	采购单价 C_j/元
LRU$_1$	345	1	0.2	0.8	0.1	10	113400
LRU$_2$	565	2	0.2	0.8	0.1	11	78800
LRU$_3$	495	1	0.2	0.8	0.1	13	53400
LRU$_4$	345	3	0.2	0.8	0.1	9	92300
SRU$_{11}$	2400	2	0.1	0.7	0.2	5	16700
SRU$_{12}$	1800	1	0.1	0.7	0.2	7	38800
SRU$_{13}$	2100	1	0.1	0.7	0.2	7	19300
SRU$_{21}$	2000	1	0.1	0.7	0.2	8	11200
SRU$_{22}$	2600	2	0.1	0.7	0.2	4	9700
SRU$_{31}$	1800	2	0.1	0.7	0.2	5	6700
SRU$_{32}$	2200	1	0.1	0.7	0.2	3	8800
SRU$_{41}$	1300	2	0.1	0.7	0.2	7	12300
SRU$_{42}$	3100	1	0.1	0.7	0.2	6	21800
SRU$_{43}$	2800	1	0.1	0.7	0.2	7	18800

在保障周期内，规定整个保障系统中的装备可用度 A 不低于 0.9。根据串件拼修对策下的备件优化分析流程，首先按换件方式确定备件的初始配置量，如表 10-2 所示。

表 10-2　非串件对策下的初始备件配置方案

备件	H_0	J_1	J_2	J_3
LRU_1	3	2	1	1
LRU_2	4	3	2	2
LRU_3	3	2	2	2
LRU_4	7	8	5	6
SRU_{11}	2	0	0	1
SRU_{12}	2	0	0	0
SRU_{13}	3	1	0	1
SRU_{21}	4	1	1	1
SRU_{22}	3	1	1	1
SRU_{31}	3	1	1	1
SRU_{32}	2	0	0	0
SRU_{41}	9	2	1	1
SRU_{42}	3	1	1	1
SRU_{43}	5	1	1	1

在初始备件保障方案下，基层级站点中部署的装备可用度分别为：$A_{j1}=0.9206$、$A_{j2}=0.8881$、$A_{j3}=0.8907$，整个保障系统中所有装备平均可用度 $A=0.90196$、保障费用 $C=549.3$ 万元，最优费效变化曲线如图 10-4 所示。

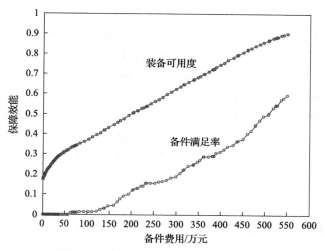

图 10-4　备件方案的最优费效变化曲线

得到初始备件方案后，根据装备现场所采用的不同串件策略，对装备可用度进行评估和分析。表 10-3 给出了不同串件对策下装备可用度可达到的实际值。其中，下标 $j1$、$j2$、$j3$ 分别表示三个基层级站点；串件拼修对策中，1 表示串件、0

表示不串件，例如，0110 表示对装备中的 LRU_2 和 LRU_3 进行串件，而 LRU_1 和 LRU_4 不进行串件。

表 10-3   不同串件对策下的装备可用度评估

串件对策	站点 A_{f1}	站点 A_{f2}	站点 A_{f3}	保障系统 A_x	仿真评估结果	结果偏差
1000	0.9285	0.8989	0.9024	0.91188	0.91275	0.09%
0110	0.9327	0.8962	0.9027	0.91296	0.91440	0.16%
1100	0.9351	0.9056	0.9116	0.91941	0.91965	0.03%
1110	0.9370	0.9071	0.9134	0.92119	0.92121	0.02‰
1111	0.9454	0.9260	0.9316	0.93563	0.93565	0.02‰

在装备使用现场，可根据自身的维修能力和维修条件对故障单元实施串件拼修对策，实施串件后，可以相应地提高装备可用度，例如，在完全串件拼修对策(1111)下，保障系统中的装备可用度可达到 0.93563，相比非串件拼修对策而言，可在原有基础上(0.90196)提高近 3.4 个百分点，从而使"串件拼修能够在同等保障条件下使装备可用度达到上限"这一结论得到验证。在装备使用过程的不同阶段，可根据当前备件方案的状态信息，对方案进行动态调整，从而使保障效能达到最佳。

10.3   串件拼修对策下备件动态分配及送修调度模型

当装备因任务变动或装备部署数量增减时，需求率会发生较大变化，在传统的备件管理模式下，容易造成库存堆积或装备可用度降低。这就需要在保障系统日常运作时，依据系统状态信息反馈，动态调整各站点备件库存水平。目前，较为典型的是美国空军所用的航空部附件分配与送修动态管理模型 DRIVE，用于解决串件拼修对策下两级备件保障系统日常库存管理和故障件送修问题。现场试验表明[11]，面对战时保障需求，在相同的备件保障方案下能够有效提高装备战备完好水平。DRIVE 模型虽然能有效解决军事需求动态变化所带来的维修资源适应性配置问题，但还存在故障件送修和备件分配相互耦合、库存调节能力不足等问题，需要进一步改进。

10.3.1   问题描述及模型相关概念

1. 保障过程描述

所有装备均部署在使用现场(operational site，OS)。若装备发生故障，则采用换件维修的方式，拆卸故障单元 LRU。如果现场有该项 LRU 备件库存，那么就使用备件替换故障件；如果现场没有库存，那么采用串件拼修对策，从已损坏装备上拆卸可用 LRU 并替换故障件；如果上述两种情况均不存在，那么就发生一次 LRU 短缺（空缺），并计入使用现场资产状态。备件动态库存分配及送修调度过程如图 10-5 所示。使用现场备件申请采用$(s-1, s)$库存策略，即送修一件就向后方申请一件，并在每个分配决策周期开始向后方修理厂报告一次当前资产状态。

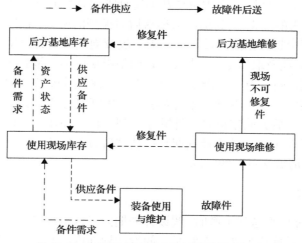

图 10-5　备件动态库存分配及送修调度过程

　　LRU 故障件在使用现场有一定的修复率，如果现场不能维修，那么就将其送往后方基地（Depot）修理厂进行维修。由装备层次结构可知，LRU 故障是由所属分组件 SRU 故障导致的，如果有 SRU 备件库存，那么使用库存替换故障件；如果没有库存，那么采用串件拼修对策，从已坏 LRU 上拆卸可用 SRU 并替换故障件；如果上述两种情况均不存在，那么故障件 LRU 就成为待修件，并计入使用现场资产状态。

　　后方基地在安排故障件维修顺序（送修决策）和使用现场备件申请满足顺序（库存分配决策）时不采用先到先服务（FCFS）原则，按照以下过程进行。

　　1）故障件送修过程

　　在修理决策周期开始，对每个修理渠道运行一次送修模型。模型根据整个保障系统的资产状态和修理计划期内的备件需求情况，按优先级递减顺序列出该修理周期待修理备件的优先级排序表。在修理决策周期内，后方基地接收现场送修的故障件，并按照优先级排序表安排维修。

　　2）库存分配过程

　　在分配决策周期开始，后方基地对每类 LRU 产品进行一次分配。模型根据使用现场的资产状态和分配计划期末达到保障目标的概率，按优先级递减顺序列出该分配周期使用现场的优先级排序表。在分配决策周期内，当该类修复件有库存时，后方基地按照优先级排序表，将修复件发送到发出备件申请的使用现场。

2. 模型概念

(1)决策周期及取值范围。决策周期是指两次运行资源分配优先级排序模型的时间间隔，由管理者具体指定。决策周期越短，模型对整个保障系统内的资源调度就越充分。然而，实际工作中资产数据统计需要花费时间，管理者掌握到的最终数据都是"过去的数据"。为消除数据滞后对模型的影响，同时满足决策周期必须足够大，模型中将数据滞后设定为一天，决策周期设定为每星期一次。

(2)决策计划期及取值范围。决策计划期是指从做出决策到决策发生作用的时间，与决策作用的目标有关。例如，当后方决定修理故障件 j 时，只有故障件修理完成并发送到任一使用现场，才会对装备可用度目标产生影响。故障件 j 的送修计划期就是从"后方确定待修理件顺序"到"任一使用现场申请被交付"的时间。同理，使用现场 l 的分配计划期是指从"后方确定待分配使用现场顺序"到"使用现场 l 申请被交付"的时间。

3. 模型假设

(1)库存分配模型迭代求解时，假设计划期内发送的故障件在计划期结束前发送到下级站点；送修模型迭代求解时，假设计划期内维修的故障件在计划期结束前完成维修，并发送到下级站点；两个模型均忽略使用现场的换件维修时间。上述假设导致的误差会在下次模型运行时得到弥补。

(2)一定时间周期内，备件故障数服从负二项分布；不同备件间故障数、短缺数相互独立[8]。

(3)使用现场维修采用串件拼修对策，即维修时将 LRU 空缺(短缺)集中在最少的装备上；将 SRU 空缺(短缺)集中到最少的 LRU 上。

(4)为避免模型过于烦琐，使用现场备件申请延误时间只与使用现场的地理位置有关，与备件种类无关；后方基地修理厂 LRU、SRU 的维修渠道不交叉。

10.3.2　备件库存分配模型

1. 装备战备完好性

衡量备件保障的各种效能指标中，常用的有战备完好性、备件满足率、装备期望可用度。在串件拼修对策下，库存分配模型中使用现场 l 的战备完好性通常采用计划期末装备停机数 D_l 不大于指定值 y_l 的概率 $P(D_l \leqslant y_l)$ 来衡量。库存分配模型将根据战备完好性指标，确定不同使用现场的分配优先级排序值。

由于备件空缺(短缺)能够在装备之间进行集中整合，所以当且仅当装备中所有 LRU 项目计划期末短缺数满足 $BO_{jl} \leqslant y_l Q_j$ 时(j 表示 LRU 项目编号)，装备停机数 $D_l \leqslant y_l$。因此，使用现场 l 的战备完好性 A_l 可表示为

$$A_l = P(D_l \leqslant y_l) = \prod_{j \in \text{LRU}} P(\text{BO}_{jl} \leqslant y_l Q_j) \tag{10-21}$$

对整个保障系统而言，战备完好性为所有使用现场战备完好性之积，对其取对数后得

$$\ln A = \sum_{l \in \text{OP}} \sum_{j \in \text{LRU}} \ln[P(\text{BO}_{jl} \leqslant y_l Q_j)] \tag{10-22}$$

式中，OP 表示装备使用现场。由式(10-22)可知，系统战备完好性指标具有可分离相加性，只需对任一使用现场 l 中任一单元 LRU_j 的 $P(\text{BO}_{jl} \leqslant y_l Q_j)$ 进行推导。

根据使用现场 l 分配计划期开始 LRU_j 短缺数 BO_{jl}^0、计划期内累积可用库存量 s_{jl}、计划期内发送到后方的故障件数 X_{jl} 和 SRU 故障造成的待维修件数 Z_{jl}，可得计划期末 LRU_j 短缺数 BO_{jl} 为

$$\text{BO}_{jl} = X_{jl} + Z_{jl} + \text{BO}_{jl}^0 - s_{jl} \tag{10-23}$$

将其代入式(10-21)，等号右边有

$$P(\text{BO}_{jl} \leqslant y_l Q_j) = P(X_{jl} + Z_{jl} \leqslant y_l Q_j + s_{jl} - \text{BO}_{jl}^0) \tag{10-24}$$

式中，X_{jl} 和 Z_{jl} 为相互独立的随机变量，式(10-24)等号右边可改写为卷积形式：

$$\begin{aligned}
&\sum_{\tau=0}^{y_l Q_j + s_{jl} - \text{BO}_{jl}^0} P(Z_{jl} = \tau) P(X_{jl} \leqslant y_l Q_j + s_{jl} - \text{BO}_{jl}^0 - \tau) \\
&= \sum_{\tau=0}^{y_l Q_j + s_{jl} - \text{BO}_{jl}^0} f_{Z_{jl}}(\tau) F_{X_{jl}}(y_l Q_j + s_{jl} - \text{BO}_{jl}^0 - \tau)
\end{aligned} \tag{10-25}$$

式中，$F_{X_{jl}}$ 为 X_{jl} 的累积概率分布函数；$f_{Z_{jl}}$ 为 Z_{jl} 的概率密度函数。

2. 分配计划期内发送后方基地故障件分布

使用现场 l 发送到后方基地的故障件由两部分组成：一是使用现场无法修理的 LRU_j；二是现场修理 LRU_j 时换下的 SRU 故障件。根据模型假设，计划期内发送到后方基地的故障件 LRU_j 数量 X_{jl} 服从负二项分布，其均值与计划期内需求率 λ_{jl} 的关系为

$$E[X_{jl}] = \lambda_{jl} \cdot \text{NRTS}_{jl} \tag{10-26}$$

式中，NRTS_{jl} 为 LRU_j 不能在使用现场 l 维修的概率。为此，先计算计划期内故障件数均值。根据后方基地分配决策周期 T_F、使用现场 l 向后方申请备件的延误时

间 OST_l，可得使用现场 l 分配计划期均值 $H_{\text{FP}l}$ 为

$$H_{\text{FP}l} = 0.5T_{\text{F}} + \text{OST}_l \tag{10-27}$$

根据计划期范围 $H_{\text{FP}l}$，使用现场 l 的装备配置数量 N_l、LRU_j 的单机安装数 Q_j、计划期内装备在使用现场每天平均工作时间 DW_l、LRU_j 的平均故障间隔时间 MTBF_j、占空比 DC_j，可推导出计划期内 LRU_j 在使用现场的需求率 λ_{jl} 及其分组件 SRU_k 需求率 λ_{kl}：

$$\lambda_{jl} = (\text{DW}_l \cdot H_{\text{FP}l} \cdot \text{DC}_j \cdot Q_j \cdot N_l) / \text{MTBF}_j \tag{10-28}$$

$$\lambda_{kl} = \lambda_{jl} \cdot R_{kj} \cdot (1 - \text{NRTS}_{jl}) \tag{10-29}$$

式中，R_{kj} 为 LRU_j 分组件 SRU_k 的更换率因子，其计算公式为

$$R_{kj} = (\text{DC}_k \cdot Q_k \cdot \text{MTBF}_k) / \text{MTBF}_j \tag{10-30}$$

模型对负二项分布差均比的估计采用非线性回归估计模型。该模型将一段时间内的故障数差均比和故障数均值联系起来，有

$$\text{VTMR} = 1 + 0.14 \cdot \text{MEAN}^{0.5} \tag{10-31}$$

至此，使用现场 l 计划期内发送到后方基地的故障件 LRU_j 数量 X_{jl} 的累积概率分布函数为

$$F_{X_{jl}}(x) = \sum_{\tau=0}^{x} \begin{bmatrix} a + \tau - 1 \\ \tau \end{bmatrix} b^{\tau} (1-b)^a \tag{10-32}$$

式中，参数 a、b 可根据负二项分布函数的定义进行计算，需求差均比为

$$V_{jl} = 1 + 0.14 \cdot E[X_{jl}]^{0.5} \tag{10-33}$$

同理，可得使用现场 l 计划期内发送到后方基地的 SRU_k 故障件 z_{kl} 的累积概率分布函数为

$$F_{z_{kl}}(z) = \sum_{\tau=0}^{z} \begin{bmatrix} a + \tau - 1 \\ \tau \end{bmatrix} b^{\tau} (1-b)^a \tag{10-34}$$

3. 分配计划期内待修故障件分布

设部件 LRU_j 包含 n 种 SRU 分组件，计划期内由 SRU 故障造成的待修 LRU_j

数量为 Z_{jl}。根据 SRU_k 单机安装数 Q_k、计划期内累积可用库存 s_{kl}、计划期初始短缺数 BO_{kl}^0，在串件拼修对策下，包含这些短缺的 LRU_j 待修件数量 Z_{kjl}^0 为

$$Z_{kjl}^0 = \left[\frac{BO_{kl}^0 + Q_k - 1}{Q_k} \right] \tag{10-35}$$

式中，运算符 [·] 表示取整。计划期初始阶段，SRU_k 短缺造成的 LRU_j 待维修数量 Z_{jl}^0 为

$$Z_{jl}^0 = \max_{k=1,2,\cdots,n} (Z_{kjl}^0) \tag{10-36}$$

设计划期内 SRU_k 的故障数为 z_{kl}、计划期内由 SRU_k 故障造成的待修 LRU_j 数为 Z_{kjl}，则有

$$P(Z_{kjl} \leqslant z) = P(z_{kl} \leqslant Q_k \cdot Z_{jl}^0 - BO_{kl}^0 + s_{kl}^0 + Q_k \cdot z) \tag{10-37}$$

因此，计划期内由 SRU_k 故障造成的 LRU_j 待维修件数 Z_{jl} 的累积概率分布为

$$P(Z_{jl} \leqslant z) = \prod_{k=1}^{n} P(Z_{kjl} \leqslant z) \tag{10-38}$$

Z_{jl} 的累积概率密度函数为

$$f_{Z_{jl}}(0) = P(Z_{jl} = 0) \tag{10-39}$$

$$f_{Z_{jl}}(z) = P(Z_{jl} \leqslant z) - P(Z_{jl} \leqslant z-1), \quad z \geqslant 1 \tag{10-40}$$

至此，联立式(10-24)～式(10-40)，可以对任一使用现场 l 中部件 LRU_j 的 $P(BO_{jl} \leqslant y_l Q_j)$ 进行计算。

4. SRU 组件包的分配

当使用现场存在待维修的 LRU_j 故障件时，发送其需要的 SRU 组件包即可改善使用现场的 LRU 库存。然而，LRU 多为可修贵重件，因此使用现场的短缺应尽快得到补充。因此，当确定对使用现场分配一件 LRU 备件后，后方基地应按照"先处理待修 LRU_j 所需 SRU 组件包、后处理 LRU 完整件"的顺序进行分配。

在串件拼修对策下，LRU_j 待修件所需 SRU 备件数可按由少到多排列，将需要 SRU 备件数最少的待修件定义为最小待修件。按下列步骤，以由少到多的顺序确定使用现场 l 所有待修件所需 SRU 备件种类和数量。

(1) 对于分组件 SRU_k，根据式(10-35)计算包含当前短缺 BO_{kl} 的 LRU_j 待修件

数量 Z_{kjl}, $k = 1, 2,\cdots, n$。

(2)根据式(10-36)计算包含所有分组件 SRU 短缺$\{BO_{kl} | k=1, 2,\cdots, n\}$的 LRU 待修件数量 Z_{jl}。

(3)将 Z_{jl} 与$\{Z_{kjl}\}$中的元素逐个进行比较。若存在 k_0 使得 $Z_{k_0,jl} = Z_{jl}$,则最小待维修件中包含分组件 SRU_{k_0} 的空缺,短缺数为 $BO_{k_0l} - Q_{k_0}(Z_{jl} - 1)$。找出最小待维修件的所有 SRU 空缺后并记录,补齐并更新$\{BO_{kl} | k=1, 2,\cdots, n\}$。重复步骤(1)~(3),直到所有 SRU 短缺数为 0。

10.3.3　故障件送修调度模型

库存分配模型是针对现有的备件资产情况下,用于改善使用现场的战备完好性,而故障件修复状态将会影响备件在整个保障系统内的库存周转,因此需要对其待修故障件进行优先级排序,使有限的维修资源得到充分利用,模型使用"送修周期内可用维修时间"作为维修资源的量化标准。

由计划期概念的定义可知,故障件 j 的送修计划期就是从"确定待修件顺序"到"任一使用现场申请被交付"的时间。当使用现场的申请延误时间与备件种类无关时,所有故障件的送修计划期均值相同,此时,后方基地的送修计划期均值 H_{RP} 为

$$H_{RP} = 0.5T_R + OST \tag{10-41}$$

式中,T_R 为后方基地修理周期;OST 为使用现场备件申请延误时间均值。至此,后方基地的故障件送修模型可描述为:在维修周期内可用维修时间下,确定故障件的维修优先级排序,使送修计划期内各项备件满足率达到最大,目标函数表达式为

$$\prod_{j\in\{\text{Faulty Items}\}_m} \text{EFR}_j(s_j) = \prod_{j\in\{\text{Faulty Items}\}_m} P(X_j \leqslant s_j - BO_j^0) \tag{10-42}$$

式中,$\{\text{Faulty Items}\}_m$ 为维修渠道 m 内所有待修故障件集合;s_j 为送修计划期内累积可用库存;BO_j^0 为计划期开始时刻各使用现场备件 j 的短缺数之和;X_j 为计划期内各使用现场备件 j 的故障数之和,其服从负二项分布。当备件为 LRU_j 时,X_j 的均值为

$$E[X_j] = \sum_{l\in OP} \lambda_{jl} \tag{10-43}$$

当备件为 LRU_j 的分组件 SRU_k 时,X_k 的均值为

$$E[X_k] = \sum_{l\in OP} \lambda_{jl} \cdot R_{kj} \tag{10-44}$$

根据目标函数和备件修理时间，确定同一维修渠道内故障件的维修优先级排序值是送修调度模型的关键。故障件送修模型仍采用边际分析法，将故障件 j 修复所带来的库存变化的边际效益 V_j 作为故障件 j 的维修优先级排序值。由目标函数表达式和修理时间 T_j 可知，边际效益 V_j 的表达式为

$$V_j = \frac{1}{T_j}\{\ln[\mathrm{EFR}_j(s_j+1)] - \ln[\mathrm{EFR}_j(s_j)]\} \tag{10-45}$$

利用边际分析法，确定同一维修渠道内不同备件维修优先级排序值的步骤如下。

（1）计算当前累积可用库存 s_j 下各备件的满足率 $\mathrm{EFR}_j(s_j)$。

（2）根据边际效益 V_j 的表达式，计算各备件增加一件时的边际效益。

（3）选择边际效益值最大的故障件作为优先维修的故障件，并将其库存 s_j 增加一件。

（4）重复步骤（2）、（3）直至累积修理时间超过两倍维修周期可用维修时间。

选择两倍维修周期可用维修时间为迭代结束条件的原因是：进行送修安排时，允许因为没有相应故障件而将某次维修顺延，选择两倍维修周期可用维修时间能够保证修理周期内有足够的维修活动。

设后方修理厂有一条 LRU 通用维修渠道，根据上述步骤生成的 LRU 故障件送修优先级排序如表 10-4 所示。字段"Priority"表示 LRU 的送修优先级；"LRU TYPE"表示待修 LRU 的种类；"EFR"表示该 LRU 计划期内的满足率；"Rep Time"表示该 LRU 的维修时间；"Rep Time CUM"表示当前记录的累计花费的修理时间；"LRU CUM"表示该 LRU 的累计出现次数。

表 10-4　LRU 故障件送修优先级排序

Priority	LRU TYPE	EFR	Rep Time	Rep Time CUM	LRU CUM
1	2	0.6093	11	11	1
2	3	0.7080	12	23	1
3	2	0.8297	13	36	2

10.3.4　备件库存分配及送修调度仿真模型

通过仿真模型设计，能够将建立的备件分配、送修优先级排序模型嵌入其中，并进行评估和验证。在仿真模型中，装备保障过程除备件库存分配、送修调度外，其他环节与 VARI-METRIC 理论相同，仿真流程如图 10-6 所示。使用现场中部件 j 单位时间内的随机故障数为整个仿真模型的驱动事件，其产生机制采用如下方式：设单位时间内的随机故障数 X_{jt} 服从泊松分布，根据 t 时刻装备的工作时间和部件 j 的可靠性参数计算其平均故障率。抽取 $(0,1)$ 区间内的均匀随机变量 U，则

X_{jt} 为满足 $P(X_{jt} \leqslant k+1) > U$ 的最小 k 值：

$$X_{jt} = \min\{k \in N \mid P(X_{jt} \leqslant k+1) > U\} \qquad (10\text{-}46)$$

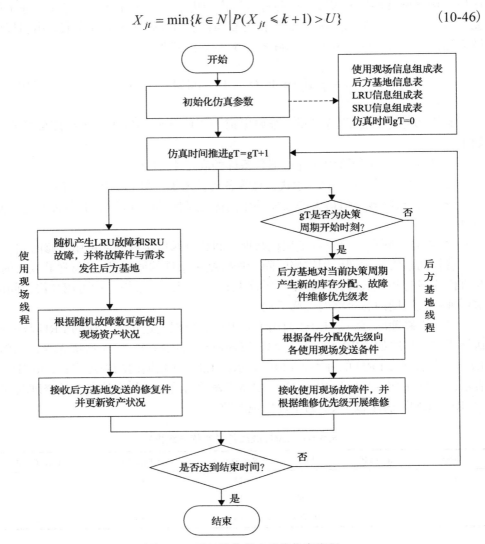

图 10-6　两级维修供应系统仿真流程

例 10.2　设两级备件保障系统由一个后方基地（Depot）和三个使用现场（OP₁、OP₂、OP₃）组成。后方基地修理厂拥有配套的 LRU、SRU 维修条件，装备在使用现场的部署数量分别为[20，15，18]。装备所属备件清单及保障信息参数如表 10-5 所示。其中，$NRTS_{j,OP}$ 表示备件在使用现场的不可修复率。

运行 VMETRIC 软件分别生成整个保障系统中装备期望可用度 A_o 为 0.7667、0.8045、0.8550、0.8961 时的初始备件方案，如表 10-6 所示。表中，"X/X/X/X"表示四种可用度目标下的备件库存水平。

表 10-5　备件清单及保障信息参数

备件项目	$MTBF_j$	Z_j	DC_j	T_j	$NRTS_{j,OP}$	C_j
LRU_1	345	1	0.8	10	0.43	103400
LRU_2	565	2	0.8	11	0.72	77800
LRU_3	495	1	0.8	13	0.75	55400
LRU_4	345	3	0.8	9	0.54	93300
SRU_{11}	2400	2	0.7	5	1	15700
SRU_{12}	1800	1	0.7	7	1	40800
SRU_{13}	2100	1	0.7	7	1	18300
SRU_{21}	2000	1	0.7	8	1	10200
SRU_{22}	2600	2	0.7	4	1	9600
SRU_{31}	1800	2	0.7	5	1	7700
SRU_{32}	2200	1	0.7	3	1	8900
SRU_{41}	1300	2	0.7	7	1	13300
SRU_{42}	3100	1	0.7	6	1	22800
SRU_{43}	2800	1	0.7	7	1	19800

表 10-6　不同可用度目标下备件库存水平

备件项目	后方基地	现场 1	现场 2	现场 3
LRU_1	0/0/1/2	0/0/1/1	0/0/0/1	0/0/1/1
LRU_2	2/3/3/3	1/2/2/3	0/1/1/2	1/1/2/2
LRU_3	2/3/3/3	1/1/2/2	1/1/1/2	1/1/1/2
LRU_4	0/4/5/6	0/3/4/5	0/2/3/4	0/3/4/5
SRU_{11}	1/1/1/1	0/0/0/1	0/0/0/0	0/0/0/0
SRU_{12}	0/1/1/1	0/0/0/0	0/0/0/0	0/0/0/0
SRU_{13}	1/1/1/1	0/0/0/0	0/0/0/0	0/0/0/0
SRU_{21}	2/2/2/2	0/0/0/1	0/0/0/1	0/0/0/0
SRU_{22}	2/2/2/2	0/1/1/1	0/0/1/1	0/0/0/1
SRU_{31}	2/2/2/2	0/1/1/1	0/0/0/1	0/0/0/1
SRU_{32}	1/1/1/1	0/0/0/0	0/0/0/0	0/0/0/0
SRU_{41}	6/7/7/7	1/1/1/2	1/1/1/1	1/1/1/1
SRU_{42}	1/1/1/1	0/0/0/1	0/0/0/0	0/0/0/0
SRU_{43}	2/2/2/2	0/0/0/1	0/0/0/0	0/0/0/0

　　将这四种备件方案输入仿真模型，采用备件分配、送修优先级排序后，运行 1000 个单位时间,得到整个保障系统装备可用度 A_o 随时间变化的曲线,如图 10-7～图 10-10 所示。

　　故障件维修顺序以及不同站点申请交付顺序采用 FCFS 原则，这是经典 METRIC 模型的重要假设前提。因此，利用 VMETRIC 软件生成的备件方案反映了长期使用上述原则后装备可用度的期望值。根据蒙特卡罗仿真原理建立的仿真模型除备件分配、送修调度外，其余保障过程与 VMETRIC 相同。仿真模型的长期运行结果为采用优先级排序后装备期望可用度近似值。四种备件方案下，装备期望可用度对比如表 10-7 所示。

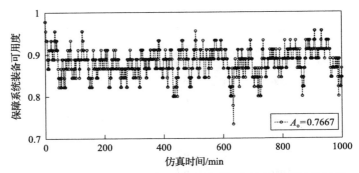

图 10-7　方案 1 对应的装备可用度随时间变化的仿真试验结果

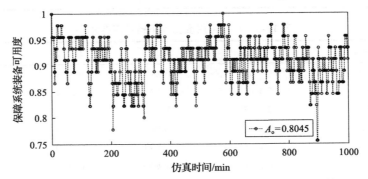

图 10-8　方案 2 对应的装备可用度随时间变化的仿真试验结果

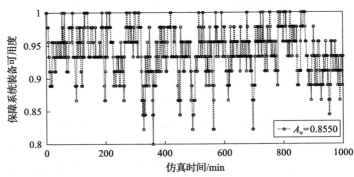

图 10-9　方案 3 对应的装备可用度随时间变化的仿真试验结果

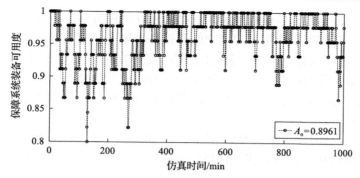

图 10-10　方案 4 对应的装备可用度随时间变化的仿真试验结果

表 10-7　不同分配原则下的装备期望可用度

方案	FCFS 原则	送修优先级	变化/%
方案 1	0.7667	0.8802	14.8
方案 2	0.8045	0.9101	13.1
方案 3	0.8550	0.9404	10.0
方案 4	0.8961	0.9624	7.4

由表 10-7 中的数据可知，无论是高可用度还是低可用度对应的备件方案，使用备件分配、送修优先级排序后的保障系统可用度相比于传统 FCFS 原则均有明显提高，且随着可用度目标的降低，改善效果更加明显。这是因为模型每次决策时根据系统最新状态进行资源分配调整，具有一定的全系统资产调配作用，在低资产状况下更能发挥模型的优越性。

10.4　串件拼修对策下备件库存动态管理模型

DRIVE 模型主要包括备件库存分配模型和故障件送修调度模型。其中，库存分配模型要求装备所属部件必须满足完全串件拼修假设条件，并采用计划期末装备停机数概率作为目标函数。装备系统中既包括串件部件又包括非串件部件，此外尽管设计的备件库存分配模型具有一定的资源重分配作用，但当使用现场因任务变动出现需求率下降时，其多余库存将滞留该站点。这就要求在设计备件库存动态管理模型时，将各站点库存之间的横向调度也考虑在内。对此，将 DRIVE 模型扩展至一般装备，针对串件部件和非串件部件，建立基于计划期末期望可用度（end-of-horizon availability，EHA）和计划期末装备停机数不大于允许值的概率（end-of-horizon probability of having tolerant number or fewer devices down，EHP）的后方基地库存分配模型，将使用现场横向库存调度作为均衡备件资源分布、预防需求下降导致库存滞留的资产预分配手段。根据 Dyna-METRIC 仿真框架，设计一个可扩展的蒙特卡罗仿真模型，对多种库存管理策略进行分析。

本节建立备件库存动态管理模型的假设条件如下。

(1)模型迭代求解时，假设当前计划期内发生的备件运送任务均在计划期结束前完成。该假设导致的误差会在下次模型运行时得到弥补。

(2)一定时间周期内，备件故障数服从负二项分布；不同备件之间的故障数、短缺数相互独立。

(3)模型运行时要求根据使用现场的资产状态进行决策，因此假设后方修理厂能够掌握决策周期开始时各使用现场的装备停机数、备件库存状况及待修故障件。

10.4.1　保障效能评估模型

在完全串件系统中，由于部件短缺能够在同型号装备以及通用部件之间进行集中整合，可以方便地将使用现场 LRU 备件短缺数与装备停机数联系起来，因此 DRIVE 模型在库存分配时根据 EHP 确定不同使用现场的分配优先级排序值。但是对于非串件部件，不能根据备件短缺数直接计算装备故障数，通常以 EHA 为保障效能评判指标。

设 D_l 为使用现场 l 在分配计划期末的装备停机数，N_l 为使用现场 l 的装备部署数量，由可用度定义可知，使用现场 l 计划期末的期望可用度 A_{ol} 为

$$A_{ol} = 1 - \frac{E[D_l]}{N_l} \tag{10-47}$$

式中，$E[D_l]$可表示为

$$
\begin{aligned}
E[D_l] &= \sum_{D=0}^{\infty} [D \cdot P(D_l = D)] \\
&= P(D_l = 1) + 2P(D_l = 2) + 3P(D_l = 3) \\
&\quad + \cdots \\
&= P(D_l = 1) + P(D_l = 2)\ + P(D_l = 3) \\
&\quad + \cdots \\
&\quad + P(D_l = 2)\ + P(D_l = 3) \\
&\quad + \cdots \\
&\quad + P(D_l = 3) \\
&\quad + \cdots
\end{aligned}
\tag{10-48}
$$

$$E[D_l] = \sum_{D=0}^{\infty} P(D_l > D) = \sum_{D=0}^{\infty} [1 - P(D_l \leqslant D)] \tag{10-49}$$

式(10-49)为式(10-48)中无穷级数按行加和的结果。因 D_l 不可能大于使用现场 l 的装备配置数 N_l，故式(10-49)可转化为

$$E[D_l] = \sum_{D=0}^{N_l} [1 - P(D_l \leqslant D)] = N_l - \sum_{D=0}^{N_l} P(D_l \leqslant D) \tag{10-50}$$

将式(10-50)代入式(10-47)，有

$$A_{ol} = \frac{1}{N_l} \sum_{D=0}^{N_l} P(D_l \leqslant D) \tag{10-51}$$

由式(10-51)可知，求解 A_{ol} 转化为求解 D_l 的累积概率分布函数 $P(D_l \leqslant D)$。

设 D_{ncl} 为计划期末包含非串件 LRU 短缺的故障装备数，D_{cl} 为计划期末包含串件 LRU 短缺的故障装备数。

(1)当 $D_{cl} \leqslant D_{ncl}$ 时，串件 LRU 短缺能够完全集中到包含非串件 LRU 短缺的故障装备上，则有 $D_l = D_{ncl}$。

(2)当 $D_{cl} > D_{ncl}$ 时，串件 LRU 短缺可以集中到 D_{ncl} 个包含非串件 LRU 短缺的故障装备上，余下的 $D_{cl} - D_{ncl}$ 个故障装备仅包含串件 LRU 短缺，则有 $D_l = D_{ncl} + D_{cl} - D_{ncl}$。

因此，$D_l = \max(D_{ncl}, D_{cl})$，其累积概率分布函数可写为

$$P(D_l \leqslant D) = P(D_{ncl} \leqslant D) P(D_{cl} \leqslant D) \tag{10-52}$$

设 $\mathrm{Sub}(\mathrm{sys})$ 为装备所属 LRU 集合，$\mathrm{Sub}_c(\mathrm{sys})$ 为串件 LRU 集合，$\mathrm{Sub}_{nc}(\mathrm{sys})$ 为非串件 LRU 集合，$\mathrm{Sub}(\mathrm{sys}) = \mathrm{Sub}_c(\mathrm{sys}) \cup \mathrm{Sub}_{nc}(\mathrm{sys})$。下面分别对累积分布函数 $P(D_{ncl} \leqslant D)$ 和 $P(D_{cl} \leqslant D)$ 进行推导。

1. 计划期末包含非串件 LRU 短缺的故障装备数

计划期末包含非串件 LRU 短缺的故障装备数 D_{ncl} 服从二项分布 $B(N_l, P_{ncl})$，其中，N_l 为使用现场 l 装备总数，P_{ncl} 为任一装备上存在非串件 LRU 短缺的概率。一般情况下分配计划期较短，从而使 P_{ncl} 较小，因此 D_{ncl} 近似服从 $\mu_{jncl} = N_l \cdot P_{ncl}$ 的泊松分布，其累积概率分布为

$$P(D_{ncl} \leqslant d) = \exp(-\mu_{ncl}) \cdot \sum_{x=0}^{d} \frac{(\mu_{ncl})^k}{k!} \tag{10-53}$$

根据模型假设条件，不同部件之间的短缺数相互独立，可得 P_{ncl} 的计算公式为

$$P_{ncl} = 1 - \prod_{j \in \mathrm{Sub}_{nc}(\mathrm{sys})} \left(1 - \frac{\mathrm{EBO}_{jl}}{N_l Q_j}\right)^{Q_j} \tag{10-54}$$

式中，Q_j 为 LRU_j 的装机数；EBO_{jl} 为计划期末 LRU_j 的期望短缺数。由幂级数展开

可知, 当 $x \ll 1$ 时, $\ln(1-x) \approx -x$。当可用度在 70% 以上时, 相应地 $\text{EBO}_{jl} / (N_l Q_j) \ll 1$, 做如下近似:

$$\left(1 - \frac{\text{EBO}_{jl}}{N_l Q_j}\right)^{Q_j} = \exp\left[Q_j \cdot \ln\left(1 - \frac{\text{EBO}_{jl}}{N_l Q_j}\right)\right] \approx \exp\left[-\frac{\text{EBO}_{jl}}{N_l}\right] \tag{10-55}$$

因此, P_{ncl} 可近似为

$$P_{ncl} \approx 1 - \exp\left[\frac{-\left(\sum_{j \in \text{Sub}_{nc}(\text{sys})} \text{EBO}_{jl}\right)}{N_l}\right] \tag{10-56}$$

计划期末 LRU_j 的短缺数 BO_{jl} 可表示为

$$\text{BO}_{jl} = \begin{cases} X_{jl} + Z_{jl} + \text{BO}_{jl}^0 - s_{jl}, & X_{jl} + Z_{jl} > s_{jl} - \text{BO}_{jl}^0 \\ 0, & X_{jl} + Z_{jl} \leqslant s_{jl} - \text{BO}_{jl}^0 \end{cases} \tag{10-57}$$

式中, BO_{jl}^0 为使用现场 l 分配计划期初 LRU_j 的短缺数; s_{jl} 为计划期内累积可用库存; Z_{jl} 为计划期内新增 SRU 短缺造成的 LRU_j 待修故障件数; X_{jl} 为计划期内预计发送到后方的 LRU_j 故障件数。BO_{jl} 的均值为

$$\text{EBO}_{jl} = \sum_{x=1}^{\infty} x \cdot P(X_{jl} + Z_{jl} = s_{jl} - \text{BO}_{jl}^0 + x) \tag{10-58}$$

随机变量之和 $X_{jl} + Z_{jl}$ 的累积概率分布 $P(X_{jl} + Z_{jl} \leqslant y)$ 可改写为如下卷积形式:

$$P(X_{jl} + Z_{jl} \leqslant y) = \sum_{\tau=0}^{y} P(X_{jl} = \tau) P(Z_{jl} \leqslant y - \tau) \tag{10-59}$$

若 X_{jl} 服从负二项分布, 则计划期内 LRU_j 在使用现场的需求率 λ_{jl} 为

$$\lambda_{jl} = \frac{\text{DC}_j \cdot H_{\text{FP}l} \cdot Q_j \cdot N_l \cdot \int_{H_{\text{FP}l}} \text{DW}_l(t)\mathrm{d}t}{\text{MTBF}_j} \tag{10-60}$$

式中, $H_{\text{FP}l}$ 为使用现场 l 分配计划期均值; $\text{DW}_l(t)$ 为计划期内装备在使用现场的平均强度; MTBF_j 为平均故障间隔时间; DC_j 为占空比。

设后方修理厂分配决策周期为 T_F、使用现场 l 向后方基地申请备件的延误时间为 OST_l, 则式 (10-60) 中的 $H_{\text{FP}l}$ 为

$$H_{\text{FP}l} = 0.5T_{\text{F}} + \text{OST}_l \tag{10-61}$$

设 NRTS_{jl} 为故障件 LRU_j 在使用现场 l 不能修复的概率，则 X_{jl} 的均值为

$$E[X_{jl}] = \lambda_{jl} \cdot \text{NRTS}_{jl} \tag{10-62}$$

X_{jl} 差均比由下式计算：

$$\text{VTMR}_{X_{jl}} = 1 + 0.14 \times E[X_{jl}]^{0.5} \tag{10-63}$$

则有

$$P(X_{jl} = \tau) = \begin{bmatrix} a + \tau - 1 \\ \tau \end{bmatrix} b^{\tau}(1-b)^a \tag{10-64}$$

设 D_{jl} 为计划期末包含 SRU 短缺的 LRU_j 待修故障件数量、D_{jl}^0 为计划期初包含 SRU 短缺的 LRU_j 待修故障件数，则 Z_{jl} 满足

$$Z_{jl} = D_{jl} - D_{jl}^0 \tag{10-65}$$

其累积概率分布 $P(Z_{jl} \leqslant z)$ 可改写为

$$P(Z_{jl} \leqslant z) = P(D_{jl} \leqslant z + D_{jl}^0) \tag{10-66}$$

至此，若 D_{jl} 的累积概率分布 $P(D_{jl} \leqslant d)$ 已知，则式（10-53）～式（10-66）联立可求得 $P(D_{ncl} \leqslant D)$。

2. 计划期末包含串件 LRU 短缺的故障装备数

由于串件 LRU 短缺能够在同型号装备和通用部件之间进行集中整合，因此当装备中所有串件 LRU 计划期末短缺数满足 $\text{BO}_{jl} \leqslant D \cdot Q_j$ 时，有装备停机数 $D_{cl} \leqslant D$，则

$$P(D_{cl} \leqslant D) = \prod_{j \in \text{Sub}_c(\text{sys})} P(\text{BO}_{jl} \leqslant D \cdot Q_j) \tag{10-67}$$

将式（10-67）代入 $P(\text{BO}_{jl} \leqslant D \cdot Q_j)$，有

$$P(\text{BO}_{jl} \leqslant D \cdot Q_j) = P(X_{jl} + Z_{jl} \leqslant D \cdot Q_j + s_{jl} - \text{BO}_{jl}^0) \tag{10-68}$$

式（10-68）可改写为卷积形式，即

$$P(X_{jl} + Z_{jl} \leqslant D \cdot Q_j + s_{jl} - \mathrm{BO}_{jl}^0)$$

$$= \sum_{\tau=0}^{D \cdot Q_j + s_{jl} - \mathrm{BO}_{jl}^0} P(X_{jl} = \tau) P(Z_{jl} \leqslant D \cdot Q_j + s_{jl} - \mathrm{BO}_{jl}^0 - \tau) \tag{10-69}$$

式中，X_{jl} 的概率分布 $P(X_{jl} = \tau)$、Z_{jl} 的累积概率分布 $P(Z_{jl} \leqslant z)$ 与包含串件 LRU 短缺的故障装备数的计算方法相同，同样，若 D_{jl} 的累积概率分布 $P(D_{jl} \leqslant d)$ 已知，则可求得 $P(D_{cl} \leqslant D)$。

3. 计划期末包含 SRU 短缺的 LRU 待修故障件数

由前面的分析可知，如果得到使用现场 l 计划期末 LRU 待修故障件数 D_{jl} 的累积概率分布 $P(D_{jl} \leqslant d)$，那么可以求得 D_{cl}、D_{ncl} 的累积概率分布。设 D_{jcl}/D_{jncl} 分别为计划期末包含串件/非串件 SRU 短缺的 LRU$_j$ 待修故障件数。类似式（10-52），可得 D_{jl} 的累积概率分布函数为

$$P(D_{jl} \leqslant d) = P(D_{jncl} \leqslant d) \cdot P(D_{jcl} \leqslant d) \tag{10-70}$$

根据模型假设条件，故障 LRU 最多只含一个非串件 SRU 短缺，则有

$$D_{jncl} = \sum_{k \in \mathrm{Sub}_{nc}(j)} \mathrm{BO}_{kl} \tag{10-71}$$

对单站点而言，当 SRU 故障相互独立时，多个 SRU 短缺加权和形成的随机变量可用差均比判断其分布类型，差均比等于 1 时为泊松分布，差均比大于 1 时为负二项分布。因此，D_{jncl} 均值/方差为 $\mathrm{Sub}_{nc}(j)$ 内 SRU$_k$ 均值/方差之和，分布类型根据差均比进行选择。

设 X_{kl} 为计划期内站点 l 发送到后方基地的 SRU$_k$ 故障件数，BO_{kl}^0 为计划期初 SRU$_k$ 的短缺数，s_{jl} 为计划期内 SRU$_k$ 的累积可用库存，则 BO_{kl} 可用下式表示：

$$\mathrm{BO}_{kl} = \begin{cases} X_{kl} + \mathrm{BO}_{kl}^0 - s_{kl}, & X_{kl} > s_{kl} - \mathrm{BO}_{kl}^0 \\ 0, & X_{kl} \leqslant s_{kl} - \mathrm{BO}_{kl}^0 \end{cases} \tag{10-72}$$

式中，BO_{kl}^0 为计划期初 SRU$_k$ 的短缺数；s_{kl} 为计划期内累积可用库存；X_{kl} 为计划期内预计发送到后方基地的 SRU$_k$ 故障件数，服从负二项分布。BO_{jl} 的均值、二阶原点矩、方差分别为

$$\mathrm{EBO}_{kl} = \sum_{x=1}^{\infty} x \cdot P(X_{kl} = s_{jl} - \mathrm{BO}_{kl}^0 + x) \tag{10-73}$$

$$E[\text{BO}_{kl}]^2 = \sum_{x=1}^{\infty} x^2 \cdot P(X_{kl} = s_{jl} - \text{BO}_{kl}^0 + x) \tag{10-74}$$

$$\text{VBO}_{kl} = E[\text{BO}_{kl}]^2 - (\text{EBO}_{kl})^2 \tag{10-75}$$

由此可得 X_{kl} 的期望为

$$E[X_{kl}] = \lambda_{jl} \cdot \text{DC}_k \cdot Q_k \cdot \text{MTBF}_k \cdot (1 - \text{NRTS}_{jl}) / \text{MTBF}_j \tag{10-76}$$

式中，下标 j 表示 LRU；k 表示 LRU_j 所属的 SRU。X_{kl} 的分布概率为

$$P(X_{kl} = \tau) = \begin{bmatrix} a + \tau - 1 \\ \tau \end{bmatrix} b^\tau (1-b)^a \tag{10-77}$$

类似串件 LRU 短缺与装备停机数的关系，可得计划期末包含串件 SRU 短缺的待修故障件数 D_{jcl} 分布满足

$$P(D_{jcl} \leqslant d) = \prod_{k \in \text{Sub}_c(j)} P(\text{BO}_{kl} \leqslant d \cdot Q_k) \tag{10-78}$$

由式（10-72）中的随机变量之间的关系可得

$$P(D_{jcl} \leqslant d) = \prod_{k \in \text{Sub}_c(j)} P(X_{kl} \leqslant d \cdot Q_k + s_{kl} - \text{BO}_{kl}^0) \tag{10-79}$$

式（10-79）等式右边 X_{kl} 的累积概率分布函数可由式（10-77）加和得到。至此，将式（10-53）～式（10-79）联立，即可求得使用现场 l 计划期末装备停机数 D_l 的分布 $P(D_l \leqslant D)$。将一组 $\{P(D_l \leqslant D), D = 0, 1, 2, \cdots, N_l\}$ 代入式（10-51）可得使用现场 l 计划期末期望可用度 A_{ol}。

4. 待修故障件所需 SRU 组件包

当使用现场存在待修故障件时，可以发送 SRU 组件包来改善使用现场的 LRU 库存。设 LRU_j 包含 n 种 SRU 分组件，且 LRU_j 待修故障件所需最小 SRU 组件包为 MSP_{jl}(min SRU package)，所需最小非串件 SRU 组件包为 MSP_{jncl}，所需最小串件 SRU 组件包为 MSP_{jcl}。

规定串件 SRU 短缺向包含非串件 SRU 短缺的故障 LRU 集中时，根据一定顺序进行覆盖，如将其优先集中至 MTBF 最小的 SRU 所对应的故障 LRU 上。按以下步骤确定 MSP_{jl} 中 SRU 的种类和数量。

（1）设分组件 SRU_k 的单机安装数为 Q_k，计算包含当前短缺 BO_{kl} 的待修故障

件数量 $D_{kjcl}(k=1, 2, \cdots, n)$：

$$D_{kjcl} = \frac{\mathrm{BO}_{kl} + Q_k - 1}{Q_k} \tag{10-80}$$

(2) 计算包含所有串件 SRU 的待修故障件数量 D_{jcl}：

$$D_{jcl} = \max_{k=1,2,\cdots,n}(D_{kjcl}) \tag{10-81}$$

(3) 将 D_{jcl} 与 $\{D_{kjcl}\}$ 中的元素逐个进行比较，若存在 k^* 使得 $D_{k^*jcl} = D_{jcl}$，则 MSP_{jl} 包含 SRU_{k*} 的空缺，其数量为 $\mathrm{BO}_{k^*l} - Q_{k^*}(D_{jcl} - 1)$。记录 MSP_{jl} 中所有 SRU 的种类和数量。

(4) 在集合 $\{\mathrm{BO}_{kl} > 0 \mid k \in \mathrm{Sub}_{nc}(j)\}$ 中选出 MTBF 最大的 SRU_k，因故障 LRU 最多只含一个非串件 SRU 短缺，故 MSP_{jncl} 包含该组件且数量为 1。

(5) 当 $D_{jcl} > D_{jncl}$ 时，$\mathrm{MSP}_{jl} = \mathrm{MSP}_{jcl}$；当 $D_{jcl} < D_{jncl}$ 时，$\mathrm{MSP}_{jl} = \mathrm{MSP}_{jncl}$；当 $D_{jcl} = D_{jncl}$ 时，$\mathrm{MSP}_{jl} = \mathrm{MSP}_{jncl} + \mathrm{MSP}_{jcl}$。

10.4.2　不完全串件拼修对策下备件配置优化模型

现场试验表明[11]，根据使用现场 LRU 库存增加边际效益 V_{jl} 得到的排序方案，能够有效提高保障效能。为此，对计划期末 EHP 及 EHA 的边际效益公式进行推导。

设 s_{jl} 为计划期内使用现场 l 中 LRU_j 的累积可用库存；$P(D_l \leqslant D)$ 为库存序列 $\{s_{jl}\}$ 的函数，用 $P(D_l \leqslant D|\{s_{jl}\})$ 表示；$D_{\max,l}$ 为最大允许值。若使用 EHP 为保障效能指标，则

$$\ln A = \sum_{l \in \mathrm{OP}} \ln[P(D_l \leqslant D_{\max,l} \mid \{s_{jl}\})] \tag{10-82}$$

则边际效益 V_{jl} 的表达式为

$$V_{jl} = \Delta \ln A = \ln[P(D_l \leqslant D_{\max,l} \mid s_{jl}+1)] - \ln[P(D_l \leqslant D_{\max,l} \mid s_{jl})] \tag{10-83}$$

当 $j \in \mathrm{Sub}_{nc}(\mathrm{sys})$ 时，有

$$V_{jl} = \ln[P(D_{ncl} \leqslant D_{\max,l} \mid s_{jl}+1)] - \ln[P(D_{ncl} \leqslant D_{\max,l} \mid s_{jl})] \tag{10-84}$$

当 $j \in \mathrm{Sub}_c(\mathrm{sys})$ 时，有

$$V_{jl} = \ln[P(\mathrm{BO}_{jl} \leqslant D_{\max,l} \mid s_{jl}+1)] - \ln[P(\mathrm{BO}_{jl} \leqslant D_{\max,l} \cdot Q_j \mid s_{jl})] \tag{10-85}$$

若使用 EHA 为保障效能指标，则

$$A = \frac{\sum\limits_{l \in \text{OP}} N_l \cdot A_{ol}}{\sum\limits_{l \in \text{OP}} N_l} \tag{10-86}$$

边际效益 V_{jl} 可近似用可用装备数增量表示为

$$V_{jl} = \Delta A_{ol} \cdot N_l = N_l \sum_{D=0}^{N_l} [P(D_l \leqslant D \mid s_{jl} + 1) - P(D_l \leqslant D \mid s_{jl})] \tag{10-87}$$

对式 (10-87) 中等号右边中括号内部分进行如下变换：

$$\begin{aligned}
&P(D_l \leqslant D \mid s_{jl} + 1) - P(D_l \leqslant D \mid s_{jl}) \\
&= \exp[\ln P(D_l \leqslant D \mid s_{jl} + 1)] - \exp[\ln P(D_l \leqslant D \mid s_{jl})]
\end{aligned} \tag{10-88}$$

因 $\Delta \exp[\ln f(x)]$ 有微分近似：

$$\begin{aligned}
\Delta \exp[\ln f(x)] &\approx \frac{\mathrm{d}}{\mathrm{d}x}[\exp[\ln f(x)]] \cdot \Delta x \\
&= \exp[\ln f(x)] \cdot [\ln f(x)]' \cdot \Delta x \\
&\approx f(x) \cdot \Delta[\ln f(x)]
\end{aligned} \tag{10-89}$$

故有

$$\begin{aligned}
&\exp[\ln P(D_l \leqslant D \mid s_{jl} + 1)] - \exp[\ln P(D_l \leqslant D \mid s_{jl})] \\
&\approx P(D_l \leqslant D \mid s_{jl}) \cdot \{\ln[P(D_l \leqslant D \mid s_{jl} + 1)] - \ln[P(D_l \leqslant D \mid s_{jl})]\}
\end{aligned} \tag{10-90}$$

后方基地发送备件库存时，各使用现场优先级排序的确定步骤如下。

(1) 计算当前累积库存下各使用现场计划期末的保障效能，已达到目标值的使用现场不再参与优先级排序。

(2) 根据 V_{jl} 计算公式，计算使用现场各 LRU 增加一件时的边际效益，找出最大值 $V_{\max}$。

(3) 设 $V_{\max}$ 对应的站点和备件项目标识分别为 l_0、j_0，在分配排序表中增加一条记录，并将站点 l_0 备件项目 j_0 的累积库存增加一件。若站点 l_0 的待修故障件数 $D_{j_0 l_0} > 0$，则计算 LRU_{j_0} 待修故障件的最小 SRU 组件包，补齐并更新 $\{\text{BO}_{k l_0} \mid k \in \text{Sub}(j_0)\}$。

(4) 重复上述步骤直至所有使用现场的保障效能指标均达到目标值，最终得到不区分备件种类的分配排序表。

以可用度为目标函数，根据上述步骤生成的库存分配排序表如表 10-8 所示。

表 10-8　库存分配排序表

优先级	LRU 编号	使用站点编号	需求	可用度
1	1	3	101	0.6863
2	2	3	1	0.7287
3	1	4	1	0.7606

将表 10-8 中 LRU 编号相同的记录按顺序提取出来，就得到各类 LRU 的库存分配优先级排序，以 LRU_1 为例，其库存分配优先级排序表如表 10-9 所示。

表 10-9　LRU_1 库存分配优先级排序表

优先级	LRU 编号	使用站点编号	需求	可用度
1	1	3	101	0.6863
2	1	4	1	0.7606

分两步生成表 10-9 是因为不完全串件拼修下边际效益值的计算公式不具备分离可加性，不能像串件拼修时直接在同类产品内对各使用现场进行排序。

10.4.3　使用现场之间的备件横向调度模型

后方基地修理厂运行库存分配模型时根据现场资产状态反馈，进行优先级排序，能够在一定程度上调节备件资源分布。但是，当某些使用现场因任务变动出现需求率下降时，其多余库存仍将滞留在该站点。这就需要在运行分配模型前，先在各使用现场之间进行备件库存调整，以均衡各站点的资产水平。使用横向调度后，使用现场 l 中 LRU_j 计划期内累积可用库存 s_{jl} 要加上计划期初"其他站点发给本站点的备件数"，减去"本站点发给其他站点的备件数"。

设使用现场 l 的战备完好性目标值下限为 $\rho_{L,l}$，最低战备完好性要求为上限 $\rho_{U,l}$，则使用现场计划期末保障效能指标高于上限 ρ_U 的组成集合为 OP_U，指标值低于下限 $\rho_{L,l}$ 的组成集合为 OP_L。若 OP_U、OP_L 均不为空集，则在使用现场之间进行库存横向调度。

首先，按以下步骤生成备件横向调出排序表。①计算 OP_U 中各使用现场 LRU 减少一件时的边际效益，并找出最小值 $V_{\min}$。②设 $V_{\min}$ 对应的站点和备件项目标识分别为 l_0、j_0，在备件横向调出排序表中增加一条记录，并将站点 l_0 中备件项目 j_0 的累积库存减少一件。③计算站点 l_0 在当前累积库存下的保障效能，若低于上限 $\rho_{U,l}$，则移出 OP_U。④重复步骤①~步骤③，直至 OP_U 为空集。所得备件横向调出排序表如表 10-10 所示。

表 10-10　备件横向调出排序表

优先级	LRU 编号	使用站点编号	可用度
1	3	1	0.9882
2	1	2	0.9835
3	3	2	0.9801

其次，按以下步骤生成备件横向调入排序表。①计算 OP_L 中各使用现场 LRU 增加一件时的边际效益，并找出最大值 V_{max}；②设 V_{max} 对应的站点和备件项目标识分别为 l_0、j_0，在备件横向调入排序表中增加一条记录，并将站点 l_0 中备件项目 j_0 的累积库存增加一件；③计算站点 l_0 在当前累积库存下的保障效能，若高于下限 $\rho_{L,l}$，则移出 OP_L；④重复步骤①~步骤③，直至 OP_L 为空集。所得备件横向调入排序表如表 10-11 所示。

表 10-11　备件横向调入排序表

优先级	LRU 编号	使用站点编号	可用度
1	1	3	0.6863
2	2	3	0.7287
3	1	4	0.7606

每个分配周期内仅进行一次库存横向调度，其过程如下：分配周期开始，在运行库存分配模型前，根据各使用现场资产状况生成备件调入、调出排序表。从调入排序表中的第一条记录 R_1^{in} 开始，在调出排序表中，按优先级排序查看是否有记录满足其备件需求，若存在记录 R_*^{out}(LRU TYPE) = R_1^{in}(LRU TYPE)，则将 R_*^{out}(OP ID)/R_1^{in}(OP ID) 中相应备件项目的计划期内累积可用库存减少/增加一件，并删除记录 R_1^{in} 和 R_*^{out}。若调出排序表中没有一条记录能够满足 R_1^{in} 的需求，则执行调入排序表中下一条记录。

10.4.4　备件库存预分配

由于库存横向调度只在使用现场之间进行，调度后有些使用现场保障效能仍可能低于下限 $\rho_{L,l}$，因此在进行备件库存调度前，还要纠正站点间资产分布不平衡的状况，对资产状况过低的站点优先分配。若备件横向调度执行后，集合 OP_L 仍不为空集，则按如下步骤生成库存预分配排序表：

①从 OP_L 中选出保障效能最低的站点 l_0；

②计算使用现场 l_0 各 LRU 增加一件时的边际效益，并找出最大值 V_{max}；

③设 V_{max} 对应备件标识为 j_0，在预分配排序表中增加一条关于 l_0、j_0 的记录；

④计算站点 l_0 在当前累积库存下的期望可用度，若高于下限 $\rho_{L,l}$，则移出 OP_L，重复步骤①~步骤④，直至 OP_L 为空集。

设使用现场 OP_3、OP_4 的可用度下限为 0.75，根据上述步骤生成的库存预分配排序表如表 10-12 所示。分配周期内备件申请排序先执行预分配排序，再执行分配排序。

表 10-12　库存预分配排序表

优先级	LRU 编号	使用站点编号	需求	可用度
1	1	3	110	0.6863
2	2	3	1	0.7287

10.4.5　库存动态管理仿真模型

根据 Dyna-METRIC 原理，对仿真模型进行扩展，使其能够对多种库存管理策略进行分析，备件库存动态管理仿真流程如图 10-11 所示。仿真开始时，根据

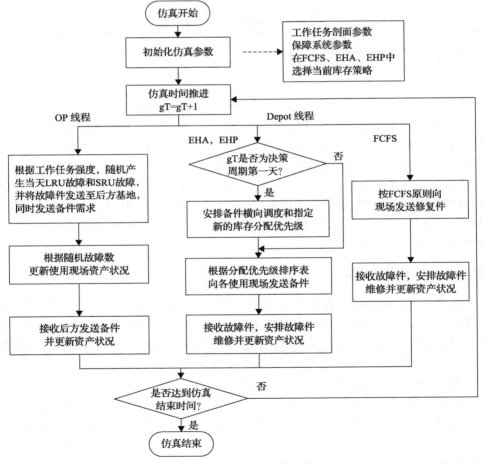

图 10-11　备件库存动态管理仿真流程

需要选择库存管理模型，并初始化仿真参数。仿真过程中，使用现场线程完成随机故障抽取、故障件运输、备件接收、驱动模型运转，后方基地线程在决策周期初运行库存分配模型，进行横向库存调度；在决策周期内，根据使用现场排序安排备件发送，并接收使用现场发来的故障件，更新后方基地资产状况。

例 10.3　设两级保障系统由后方基地（Depot）、三个装备使用现场（OP_1、OP_2、OP_3）组成，装备在各使用现场的部署数量分别为 20、15、18。使用现场有高、中、低三种强度的工作模式，每周平均开机工作时间 HW 分别为 60h、40h 和 20h。OP_1、OP_2、OP_3 每执行 4 周就变换一次工作模式，执行顺序分别为"高中低""中低高""低中高"，使用现场工作任务剖面如图 10-12 所示。

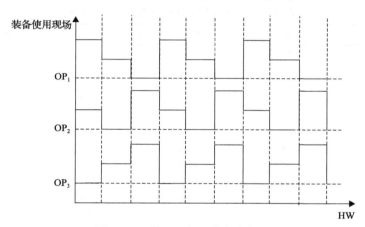

图 10-12　使用现场工作任务剖面

装备系统所属备件清单及保障信息参数如表 10-13 所示。

表 10-13　备件清单及保障信息参数

备件项目	$MTBF_j$	Z_j	DC_j	T_j	$NRTS_{j,OP}$	单价/元	是否串件
LRU_1	445	1	0.8	11	0.57	120700	否
LRU_2	565	2	0.8	10	0.63	76800	是
LRU_3	495	1	0.8	12	0.67	55400	否
LRU_4	375	3	0.8	10	0.55	93300	是
SRU_{11}	2500	2	0.7	5	1	15700	是
SRU_{12}	1700	1	0.7	7	1	40800	否
SRU_{13}	2200	1	0.7	7	1	18300	否
SRU_{21}	2100	2	0.7	8	1	10200	是
SRU_{22}	2500	1	0.7	4	1	9600	否
SRU_{31}	1900	2	0.7	5	1	7700	是

备件项目	$MTBF_j$	Z_j	DC_j	T_j	$NRTS_{j,OP}$	单价/元	是否串件
SRU_{32}	2300	1	0.7	3	1	8900	否
SRU_{41}	1400	2	0.7	7	1	13300	是
SRU_{42}	3200	2	0.7	6	1	22800	是
SRU_{43}	2700	1	0.7	7	1	19800	否

运用 VMETRIC 软件，在装备期望可用度指标 Config.A_o 为 0.8148、0.8607、0.9146 时计算生成备件配置方案，如表 10-14 所示。

表 10-14　不同可用度目标下的备件库存水平

备件项目	基地	使用现场 1	使用现场 2	使用现场 3
LRU_1	0/2/2	1/1/1	0/0/1	0/1/1
LRU_2	2/2/4	1/2/3	1/1/2	1/2/2
LRU_3	2/3/4	1/2/2	1/1/2	1/1/2
LRU_4	3/4/5	3/4/5	2/3/4	3/3/5
SRU_{11}	1/1/1	0/0/1	0/0/0	0/0/0
SRU_{12}	1/1/1	0/0/1	0/0/0	0/0/0
SRU_{13}	1/1/1	0/0/0	0/0/0	0/0/0
SRU_{21}	1/2/2	0/0/1	0/0/1	0/0/0
SRU_{22}	2/3/2	1/1/1	0/1/1	0/0/1
SRU_{31}	2/2/2	1/1/1	0/0/1	0/0/1
SRU_{32}	1/2/1	0/0/1	0/0/0	0/0/1
SRU_{41}	5/6/6	1/1/2	1/1/1	1/1/1
SRU_{42}	1/1/2	0/0/1	1/0/0	0/0/1
SRU_{43}	2/2/1	1/0/1	0/1/0	0/0/1

将上述备件方案分别输入 FCFS、EHA 和 EHP 三个库存管理仿真模型中，运行 1000 天后，整个保障系统中装备可用度随时间变化的曲线如图 10-13～图 10-15 所示，不同库存分配模型下装备期望可用度对比如表 10-15 所示。

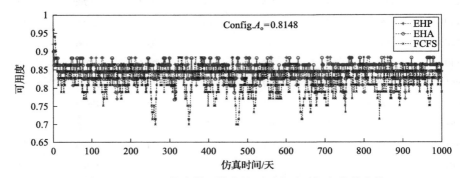

图 10-13　FCFS 仿真模型输出的可用度随时间变化的曲线

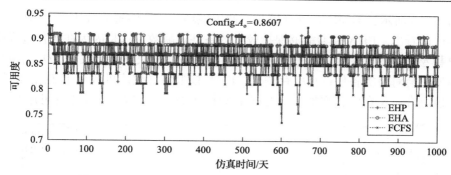

图 10-14　EHA 仿真模型输出的可用度随时间变化的曲线

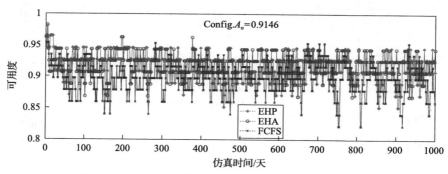

图 10-15　EHP 仿真模型输出的可用度随时间变化的曲线

表 10-15　不同库存分配模型下的装备可用度

方案	VMETRIC 模型	FCFS 模型	EHP 模型	变化/%	EHA 模型	变化/%
方案 1	0.8148	0.7955	0.8424	5.9	0.8480	6.6
方案 2	0.8607	0.8407	0.8718	3.7	0.8752	4.1
方案 3	0.9146	0.8915	0.9165	2.8	0.9200	3.2

由此可见，与备件方案的目标可用度相比，FCFS 模型的保障效能有所降低，这是因为 VMETRIC 软件是在各站点备件需求率不变的假设下优化备件库存量。仿真模型中使用现场需求动态变化，在高强度工作模式下，备件库存不能满足可用度目标；在低强度任务下，库存量超过需求量，又不能用于改善其他站点的资产状况。与 FCFS 模型相比，备件库存动态管理模型的保障效能有明显提高，且当库存水平较低时，改善效果更加明显。这是因为横向调度策略均衡了各站点备件资产水平，备件库存预分配模型又根据保障性指标进行了资源分配调整，具有较强的重分配作用，在站点需求率变动和资产较少时更能体现该模型的优势。

为了进一步比较 EHP、EHA 模型的效果，设定仿真时间为 1000 天，并对使用现场 OP_1 全部 LRU 短缺数之和进行统计，不同库存方案下备件短缺数仿真结果如图 10-16 所示，不同库存管理模式下使用现场 1 的备件短缺数如表 10-16 所示。由表可以看出，EHA 模型能够保持较低的备件短缺数。这是因为在优化过程中，EHP 模型仅考虑了 $P(D_l \leq D_{\max,l})$ 的影响，若某备件短缺不会导致 $D_l > D_{\max,l}$ 发生，则模型不会对该类备件进行库存调度。EHA 模型将导致停机数小于 $D_{\max,l}$ 的备件短缺也综合考虑在内，增加了调度排序表中记录数，当后方基地库存可用时，就

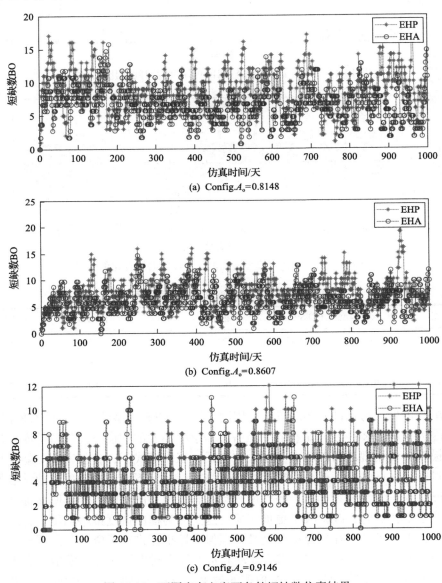

图 10-16　不同库存方案下备件短缺数仿真结果

表 10-16　不同库存管理模式下使用现场 1 的备件短缺数

方案	EHP 模型	EHA 模型
方案 1	8.561	7.710
方案 2	7.411	6.038
方案 3	5.054	3.772

会发送备件降低使用现场短缺数。对于非串件部件，短缺数较低意味着故障装备数较少、可用度增大；对于串件部件，短缺数较低还意味着串件拼修次数较少，使用现场的维修工作量和拆装部件带来的报废风险降低。

参 考 文 献

[1] Shah J, Avittathur B. The retailer multi-item inventory problem with demand cannibalization and substitution[J]. International Journal of Production Economics, 2007, 106(1): 104-114.

[2] Fisher W W, Brennan J J. The performance of cannibalization policies in a maintenance system with spares, repair, and resource constraints[J]. Naval Research Logistics Quarterly, 1986, 33(1): 1-15.

[3] Fisher W W, Brennan J J. Model for cannibalization policy performance comparisons in a complex maintenance system[C]. Proceedings of the Summer Computer Simulation Conference, San Diego, 1985: 585-589.

[4] Byrkett D L. Units of equipment available using cannibalization for repair-part support[J]. IEEE Transactions on Reliability, 1985, 34(1): 25-28.

[5] Salman S, Cassady C R, Pohl E A, et al. Evaluating the impact of cannibalization on fleet performance[J]. Quality and Reliability Engineering International, 2007, 23(4): 445-457.

[6] 李羚玮, 张建军, 张涛, 等. 面向任务的拼修策略问题及求解算法[J]. 系统工程理论与实践, 2009, 29(7): 97-104.

[7] 何志德, 宋建社, 马秀红. 武器装备战时备件保障能力评估[J]. 计算机工程, 2004, 30(10): 38-39.

[8] Sherbrooke C C. Optimal Inventory Modeling of Systems: Multi-Echelon Techniques[M]. 2nd ed. Boston: Artech House, 2004.

[9] 阮旻智, 李庆民, 彭英武, 等. 串件拼修对策下多级维修供应的装备系统可用度评估[J]. 航空学报, 2012, 33(4): 658-665.

[10] 阮旻智, 李庆民, 彭英武, 等. 不完全串件下多层次系统备件方案优化及其可用度评估[J]. 南京理工大学学报(自然科学版), 2012, 36(5): 886-891.

[11] Miller B L, Abell J B. DRIVE(distribution and repair in variable environments): Design and operation of the ogden prototype[R]. Santa Monica: RAND Corporation, 1992.

第11章　面向任务的装备携行备件配置优化

面向任务的装备携行备件配置优化是根据给定的任务想定、保障对象和保障系统，对装备任务期间携带的备件资源进行科学合理的配置，优化备件保障方案，以满足装备任务需求。

装备任务剖面、保障对象（装备）和保障系统之间的关系如图 11-1 所示，三者构成了一个相互作用、相互影响的复杂系统。保障系统在任务前进行备件规划和保障方案决策，在任务驱动下，装备进入任务状态，装备在任务期间发生故障并产生备件需求时，保障系统为装备提供保障支持。

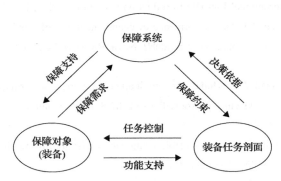

图 11-1　保障系统、保障对象（装备）及装备任务剖面之间的关系

对此，针对装备典型任务，分析任务的特点及保障模式，从而建立任务模型。在装备任务约束下，用几种典型的任务保障模式，包括自主保障、伴随保障、定期支援保障、区域化保障等，对装备携行备件资源方案进行规划，建立携行备件优化模型。

11.1　装备任务描述及任务建模

任务是在统一的指挥和协调下，充分运用辖区内各武器装备，共同参与、协同完成作战、训练、演习等军事行动，强调任务过程中各作战单元之间的整体性和协同性。任务是装备使用和保障系统运转的驱动因素，首先需要对装备任务进行分析和描述。

11.1.1 装备任务概述

1. 任务特点

装备任务具有典型的层次逻辑性、整体协同性和动态阶段性特点，是典型的复杂任务，下面对装备任务的特点进行分析。

1）层次逻辑性

装备任务一般由多个装备系统协调配合、共同完成，装备任务可分解为多个单元任务，各单元任务的完成情况决定了装备系统任务目标能否成功完成。同理，单元任务可以继续分解为多个子单元任务。由此可见，装备任务具有层次逻辑性的特点。

2）整体协同性

装备任务作为一个整体，常常由多类任务构成。例如，对于海上舰船编队，任务中通常包括防空反导、反潜、对海/岸攻击等多类子任务，强调编队内各子任务的协同性和全局任务的整体性。特别是在网络中心战条件下，指挥所利用计算机、通信和网络技术，将各作战单元的警戒探测系统、指挥控制系统和武器系统联成网络，从而实现作战信息共享，统一协调战斗行动，并在网络数据链的支持下，各作战单元在任务过程中互联、互通、互操作，共享信息资源，跨区域和平台开展指挥控制，使得任务的整体协同性特点更为突出。

3）动态阶段性

任务周期全过程是典型的多阶段任务，通常分为兵力部署和展开阶段、作战阶段和返回撤离阶段，每个阶段的目标不同，各装备的任务配置结构和任务成功条件也不相同，兵力部署和展开阶段与返回撤离阶段要求部队保持基本的机动性、通信和警戒探测能力，而在作战阶段要求所有装备系统技术状态能够满足任务需要，任何一个阶段任务的成败都决定了整个任务的成败。由此可见，装备任务具有动态阶段性特点。

2. 基于任务的保障模式

装备任务的多样性使装备保障决策和组织实施面临严峻的挑战，单一固定的保障模式难以满足任务的需要，因此需要根据任务特点、保障环境、条件等采用合理的保障模式，以提高保障效率。通过对任务强度和任务范围进行分析，将任务保障模式主要分为自主保障模式、伴随保障模式、前沿保障模式、定期保障模式和横向调度保障模式。

1）自主保障模式

自主保障模式是指在没有伴随保障力量编入和其他保障部门支援的情况下，

主要依靠任务系统自身携带的保障资源进行保障。当任务持续时间短、强度较低、任务区域离保障基地较近时，一般采用自主保障模式，如日常的军事科目训练、装备试验等。

2) 伴随保障模式

伴随保障模式是指编入伴随保障力量，在装备任务期间成立临时中继级保障机构，实现中继级和基层级两级维修保障。当任务持续时间相对较长、任务区域远离后方时，通常采用伴随保障模式，如舰艇编队出访、执行远海护航等任务。

3) 前沿保障模式

前沿保障模式是指战时或紧急任务下为避免保障系统遭敌打击和破坏，在战场外的安全区域设置前沿保障点承担中继级维修保障任务。在战时任务持续时间长、强度大、保障任务重的情况下，可采用前沿保障模式。

4) 定期保障模式

定期保障模式是指保障基地每隔一定周期对前沿部队或者前沿保障站点实施保障。定期保障主要是在距离较远或者保障任务不是很重的情况下根据任务保障需求组织实施。

5) 横向调度保障模式

横向调度保障模式是指除各层次保障机构的逐级保障之外，同级保障机构之间可以进行资源的横向调度。在本级出现备件库存缺货并且上级难以在短时间对其进行供应的情况下，可采用横向调度保障模式。

11.1.2　任务描述

根据装备任务的层次逻辑性、整体协同性和动态阶段性的特点，分别从任务层次结构、任务关系和任务属性三个方面对任务进行描述。

1. 任务层次结构

与军事概念建模中使命任务分解的原则不同，装备保障人员不关心某一时刻的作战行为，而是关心装备系统在一定任务时间内的完好程度以及对任务成功的影响。因此，在进行任务分解时，应主要考虑具有持续性状态的任务。由于任务的复杂性，通过引入元任务[1]中的持续性元任务概念来对各层级任务进行描述。

1) 元任务

元任务是能够实现装备单元任务中某个独立的任务子目标或目的，互不包含、不可再分的最小持续性任务。

2) 单元元任务

单元元任务是能够实现作战单元任务中某个独立的任务子目标或目的，互不包含、不可再分的最小持续性任务。

以舰艇编队为例，编队元任务是编队任务的一部分，元任务集合是实现编队任务目标的基础和必要条件。同理，舰艇单元元任务是舰艇单元任务的一部分，舰艇单元元任务集合是实现舰艇单元任务目标的基础和必要条件。舰艇单元元任务通常与舰艇装备系统和设备的关联关系相对固定，装备系统和设备为舰艇单元元任务提供功能支持。根据编队任务—编队元任务—舰艇单元任务—舰艇单元元任务的层次分解方法，将顶层的编队任务目标向下层逐级进行分解，直至分解到舰艇单元元任务，从而构成一个完整的任务树，舰艇编队典型任务层次结构如图 11-2 所示。由图可见，编队任务层次结构是典型的聚合和解聚的过程，上层任务群是下层任务群的目标，下层任务群为上层任务群提供底层支持。

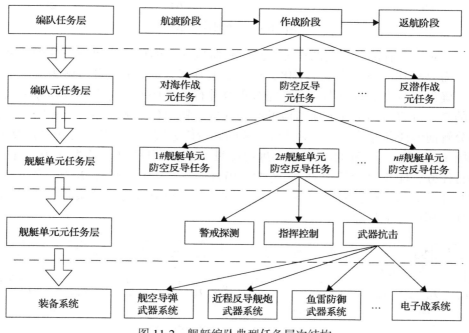

图 11-2　舰艇编队典型任务层次结构

2. 任务关系

在建立装备任务层次结构的基础上，需要进一步分析相同层次任务之间的时序关系，以及不同层次任务之间的逻辑约束关系。

1) 时序关系

任务之间的时序关系主要包括串行关系和并行关系。其中，串行关系是指多任务之间是顺序执行的，只有在上个任务结束之后，下个任务才能够执行，如图 11-3（a）和图 11-3（b）所示。并行关系是指多个任务之间有交集，任务时间有部分重叠或者完全重叠，如图 11-3（c）～图 11-3（g）所示，T_{As} 和 T_{Bs} 分别表示任务 A

与任务 B 的开始时间，T_{Ae} 和 T_{Be} 分别表示任务 A 与任务 B 的结束时间。

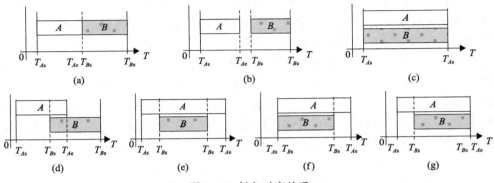

图 11-3　任务时序关系

在时序上有部分重叠的任务会给下一阶段任务的可靠性建模与分析带来困难，需要对其进一步分解和细化，将时序上有部分重叠的任务分解为若干个时序，确保该时序上只有串行或者完全重叠并行的子任务，与多阶段任务理论不同的是，分解后的子任务所对应的装备配置结构和任务成功条件是相同的，并与分解前的任务保持一致。对部分重叠的并行任务按照上述分解方法进行改进，如图 11-4 所示。以图 11-4(a)为例进行说明，改进后任务 A 分解为 A_1 和 A_2 两个串行任务，任务 B 分解为 B_1 和 B_2 两个串行任务，其中，A_2 与 B_1 为完全重叠的并行任务关系。任务时序关系的改进描述为任务可靠性逻辑关系联合及任务可靠性建模奠定了基础。

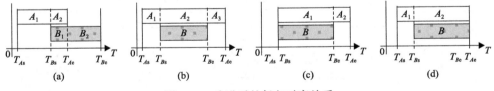

图 11-4　改进后的任务时序关系

2)任务可靠性逻辑关系

下一层级任务集合对上一层级任务集合的影响主要通过任务之间的可靠性逻辑关系来进行描述。任务可靠性框图是任务之间可靠性逻辑关系的一种表示方法，通过建立任务可靠性框图，可以直观地对同一层次任务之间的逻辑关系以及对上一层次任务的成败影响进行描述。任务可靠性逻辑关系主要包括串联关系、并联关系、表决关系、冷冗余关系等，在任务之间、装备之间存在功能互补或替代等复杂关系情况下，不能用简单的串联、并联等可靠性逻辑关系进行描述。因此，需要引入替代关系模型与和联关系模型进行描述[2]。任务可靠性逻辑关系如图 11-5 所示。

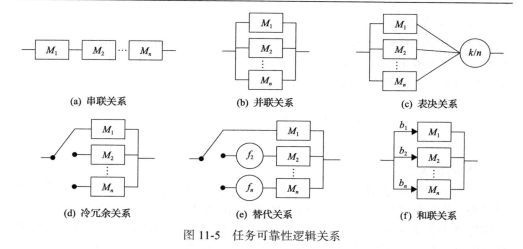

图 11-5　任务可靠性逻辑关系

（1）串联关系。

设上一层级任务 M 由下一层级任务 $M_1, M_2, \cdots, M_n$ 构成，只有 n 个任务全部成功，任务 M 才能成功，只要任意一个任务失败，任务 M 就会失败，此时上下层任务之间为串联关系，其任务成功概率计算模型为

$$P_M = \prod_{i=1}^{n} P_{M_i} \tag{11-1}$$

式中，P_M 为上层任务 M 的成功概率；P_{M_i} 为下层任务 M_i 的成功概率。

（2）并联关系。

设上一层级任务 M 由下一层级任务 $M_1, M_2, \cdots, M_n$ 构成，只要任意一个下层任务成功，任务 M 就成功，只有当所有下一层级任务全部失败，任务 M 才失败，此时上下层任务之间为并联关系，其任务成功概率计算模型为

$$P_M = 1 - \prod_{i=1}^{n}\left(1 - P_{M_i}\right) \tag{11-2}$$

（3）表决关系。

设上一层级任务 M 由下一层级任务 $M_1, M_2, \cdots, M_n$ 构成，只要下层任务中有 k 个或者 k 个以上任务成功，则任务 M 成功，此时上下层任务之间为表决关系，为了便于表示，设 $P_{M_1} = P_{M_2} = \cdots = P_{M_n} = p$，则表决关系的任务成功概率计算模型为

$$P_M = \sum_{j=k}^{n} C_n^j p^j (1-p)^{n-j} \tag{11-3}$$

(4) 冷冗余关系。

设上一层级任务 M 由下一层级任务 $M_1, M_2, \cdots, M_n$ 构成，下层任务 M_1 首先执行任务，若失败则执行任务 M_2，依此类推，若 n 个任务全部失败，则任务 M 失败，此时上下层任务之间形成冷冗余关系，其任务成功概率计算模型为

$$P_M = \sum_{i=1}^{n} P_{M_i} \cdot \prod_{j=0}^{i-1}(1 - P_{M_j}), \quad P_{M_0} = 0 \tag{11-4}$$

(5) 替代关系。

设上一层级任务 M 由下一层级任务 $M_1, M_2, \cdots, M_n$ 构成，下层任务 M_1 首先执行任务，若失败则执行任务 M_2，由于任务 M_2 的效能与任务 M_1 相比差距较大，不能像冷冗余关系一样完全替代，需要引入一个降低功能系数 f 表示替代之后任务效能降低，此时上下层任务之间为替代关系，其任务成功概率计算模型为

$$P_M = \sum_{i=1}^{n} f_i \cdot P_{M_i} \cdot \prod_{j=0}^{i-1}(1 - P_{M_j}), \quad P_{M_0} = 0; f_1 = 1 \tag{11-5}$$

式中，f_i 表示下层任务 M_i 的功能降低系数。

(6) 和联关系。

设上一层级任务 M 由下一层级任务 $M_1, M_2, \cdots, M_n$ 构成，任务 M_i 对任务 M 成功的贡献大小均能够通过一定的权重系数进行定量描述，此时上下层任务之间为和联关系，其任务成功概率计算模型为

$$\begin{cases} P_M = \sum_{i=1}^{n} b_i \cdot P_{M_i} \\ \sum_{i=1}^{n} b_i = 1 \end{cases} \tag{11-6}$$

式中，b_i 为下层任务 M_i 的权重系数。

3. 任务属性

在任务分解和任务关系分析的基础上，按照任务—元任务—单元任务—单元元任务四个层次对任务属性进行抽象描述。

编队任务可以抽象描述为

BM::= {N, BMID, T, BAMIDS, Rule, SU}

式中，N 表示元任务名称；BMID 表示元任务标识；T 表示元任务的时间参数集合，$T = \{T_{start}, T_{length}, T_{end}\}$，$T_{start}$ 表示元任务的开始时间，T_{length} 表示元任务的持续时间，

T_{end} 表示元任务的结束时间；BAMIDS 表示达到元任务目标的所有元任务集合；Rule 表示元任务成功的规则；SU 表示编队维修保障系统。

单元任务可以抽象描述为

UM.: = {N, UMID, T, WU, UAMIDS, Rule, SU}

式中，N 表示单元任务名称；UMID 表示单元任务标识；T 表示单元任务的时间参数集合，$T = \{T_{start}, T_{length}, T_{end}\}$，$T_{start}$ 表示单元任务的开始时间，T_{length} 表示单元任务的持续时间，T_{end} 表示单元任务的结束时间；WU 表示单元名称；UAMIDS 表示为完成单元任务目标的所有单元任务集合；Rule 表示单元任务成功的规则；SU 表示单元的维修保障系统。

单元元任务可以抽象描述为

UAM.: = {N, UAMID, T, EFSS, Rule}

式中，N 表示单元元任务名称；UAMID 表示单元元任务标识；T 表示单元元任务的时间参数集合，$T=\{T_{start}, T_{length}, T_{end}\}$，$T_{start}$ 表示单元元任务的开始时间，T_{length} 表示单元元任务的持续时间，T_{end} 表示单元元任务的结束时间；EFSS 表示为实现单元元任务目标提供功能支持的装备集合；Rule 表示单元元任务成功的规则。

通过自上而下对任务进行分解和描述，明确了多层任务之间、任务与装备系统之间、保障对象与保障单元之间的关系，鉴于任务之间关系的传播性，进而可以自底向上进行逻辑计算，为建立任务可靠性模型奠定基础。

11.1.3　基于扩展 IDEF3 的任务描述方法

通过对任务层次结构、任务关系和任务属性进行描述，使其符合保障系统的输入要求。由于任务具有层次逻辑性、整体协同性和动态阶段性的特点，需要采用标准化、图形化的建模辅助方法。IDEF3[3]是一种描述活动和过程流程的可视化建模工具，借助类型多样的交汇点可以清楚地描述任务之间的逻辑和时序关系，同时行为单元(unit of behavior，UOB)也可以支持任务的属性描述和任务的层次化描述。运用 IDEF3 方法能够方便地建立任务过程模型，进而提高任务描述的准确性。

为了丰富 IDEF3 方法的表述能力，通过引入替代型图元与和联型图元对 IDEF3 方法进行扩展，使其适用于复杂任务过程的描述。基于扩展 IDEF3 的任务描述方法图元语义如表 11-1 所示，基于扩展 IDEF3 的任务描述方法支持对任务属性、任务层次化结构、时序关系和逻辑关系进行描述。

以舰艇编队任务层次结构为例，对基于扩展 IDEF3 的任务描述方法进行说明。编队执行航渡、作战和返航三个阶段任务，其中，在作战阶段首先执行对潜作战任务，然后同时执行对空作战任务和对海作战任务，对空作战任务由两艘舰艇承担，对空作战任务要求警戒探测、指挥与控制和武器抗击等舰艇单元元任务相互协同。

表 11-1　基于扩展 IDEF3 任务描述方法的图元语义

图元	名称	语义说明
任务单元	任务单元	表示任务单元，具有任务属性
&	并行与型	交汇点前的所有任务必须同时完成
O	并行或型	交汇点前的所有任务必须一条或多条完成
k/n	并行表决型	交汇点前的 n 个任务中至少有 k 个完成
C	冷备份型	交汇点前先执行第一个任务，若失败，则执行下一个任务，直至最后一个任务完成
S	替代型	交汇点前先执行第一个任务，若失败，则执行下一个任务，直至最后一个任务完成
V	和联型	交汇点前的所有任务必须一条或多条通过一定任务权重完成
→	连接线	任务之间的串行关系

基于扩展 IDEF3 的舰艇编队任务描述模型如图 11-6 所示。由图可见，基于扩展 IDEF3 的方法可以清楚、准确地对编队任务层次关系、逻辑关系和时序关系进行描述，说明了该方法的适用性和有效性。

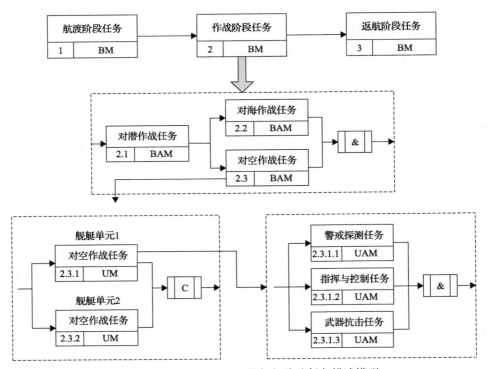

图 11-6　基于扩展 IDEF3 的舰艇编队任务描述模型

11.2　多约束下装备携行备件配置优化方法

平时保障条件下，备件保障方案规划一般是以装备可用度或备件满足率为约束条件，以费用为优化目标，在满足规定的保障效能指标下，使备件费用最低。在装备任务条件下，随任务携行的备件资源受携行能力及存储空间的限制，在该情况下，需要综合考虑各项非经济性因素，如备件的质量、体积、数量规模等，因此基于任务的携行备件保障方案规划会涉及多项约束条件[4]，需要综合考虑这些经济性和非经济性因素。

11.2.1　多约束下携行备件配置优化模型

建模的基本思路是在备件方案的费效比分析的基础上，通过引入拉格朗日乘子[5]，将备件的单位质量和单位体积约束转化为费用约束，通过调整约束指标和拉格朗日乘子[6]，对各项指标进行权衡，在满足设定的所有约束条件下，使备件的配置方案达到最优。在装备可用度、备件质量、体积的约束下，所建立的携行备件配置优化模型如式(11-7)～式(11-10)所示，其中，目标函数为

$$\min C = \sum_{j=1}^{J} c_j s_j \tag{11-7}$$

约束条件为

$$A = \prod_{j \in \mathrm{Inden}(1)} \left[1 - \mathrm{EBO}(s_j \mid X_j)/(Z_j N) \right]^{Z_j} \geqslant A_0 \tag{11-8}$$

$$\sum_{j=1}^{J} s_j m_j \leqslant M_0 \tag{11-9}$$

$$\sum_{j=1}^{J} s_j v_j \leqslant V_0 \tag{11-10}$$

式(11-7)中，j 表示备件项目编号，s_j 表示备件 j 的配置数量，c_j 表示备件 j 的购置费用；式(11-8)表示装备可用度约束条件，其中 A_0 表示设定的可用度约束指标，EBO 表示备件期望短缺数，Z_j 表示备件 j 的单机安装数量，N 表示装备部署数量；式(11-9)表示备件质量约束条件，其中 m_j 表示第 j 项备件的单位质量，M_0 表示携行备件资源的总质量约束指标；式(11-10)表示备件体积约束条件，其中 v_j 表示第 j 项备件的单位体积，V_0 表示携行备件资源的总体积约束指标。

11.2.2　模型求解方法

通过引入拉格朗日乘子，将备件费用、质量、体积统一转化为备件资源规模约束：

$$r_j = c_j + \lambda_{\mathrm{m}} m_j + \lambda_{\mathrm{v}} v_j \tag{11-11}$$

式中，λ_{m} 为质量因子；λ_{v} 为体积因子。当 $\lambda_{\mathrm{m}} = \lambda_{\mathrm{v}} = 0$ 时，备件资源规模的约束条件中只考虑费用。当 λ_{m} 和 λ_{v} 不为零时，可通过拉格朗日约束因子 λ_{m} 和 λ_{v}，将备件费用、质量、体积统一转化为资源规模约束 r_j 后，可将式(11-8)写为

$$A(r_1, r_2, \cdots, r_j, \cdots) = \prod_{j \in \mathrm{Inden}(1)} A_j(r_j) = \prod_{j \in \mathrm{Inden}(1)} \left[1 - \mathrm{EBO}(r_j)/(Z_j N) \right]^{Z_j} \tag{11-12}$$

令当前备件资源组合为 $r = (r_1, r_2, \cdots, r_j, \cdots, r_J)$，在此基础上，增加一个备件项目 j 后的资源组合为 $r' = (r_1, r_2, \cdots, r_j', \cdots, r_J)$，对式(11-12)等号两端取对数可得

$$
\begin{aligned}
\Delta A &= \ln A(r_1, r_2, \cdots, r_j', \cdots, r_J) - \ln A(r_1, r_2, \cdots, r_j, \cdots, r_J) \\
&= Z_j \ln\left(1 - \frac{\mathrm{EBO}(r_j')}{Z_j N} \right) + \sum_{j \in \mathrm{Inden}(1), j \notin r'} Z_j \ln\left(1 - \frac{\mathrm{EBO}(r_j)}{Z_j N} \right) \\
&\quad - Z_j \ln\left(1 - \frac{\mathrm{EBO}(r_j)}{Z_j N} \right) - \sum_{j \in \mathrm{Inden}(1), j \notin r'} Z_j \ln\left(1 - \frac{\mathrm{EBO}(r_j)}{Z_j N} \right) \\
&= \ln A(r_j') - \ln A(r_j)
\end{aligned} \tag{11-13}
$$

根据边际优化算法在每一轮迭代过程中得到的可用度增量除以备件资源总规模，得到边际效益值 δ：

$$\delta = \frac{\ln A(r_j') - \ln A(r_j)}{r_j' - r_j} \tag{11-14}$$

通过比较算法迭代过程中各项备件的边际效益值 δ_j，将最大值 $\max(\delta_j)$ 所对应的备件项目加 1，依此循环，直到满足所有指标约束，算法结束。

11.2.3　初始约束因子的确定及动态更新策略

针对多约束下的优化策略问题，一般是通过引入拉格朗日约束因子来设定各项约束条件的权系数[7]，但各指标值之间不处于同一个量纲范围，增加了确定初始约束因子的难度，并且在优化过程中，约束因子会随着算法迭代过程进行数值更新。因此，需要寻求合理的方法确定初始约束因子及其动态更新策略。记初始

质量因子为 λ_{m0}，初始体积因子为 λ_{v0}，其确定方法如下：

（1）在不考虑备件的质量和体积约束时，通过边际优化算法计算得到一组备件配置方案 s_0，$s_0 = (s_1, s_2, \cdots, s_J)$。

（2）在方案 s_0 的基础上，计算该方案所对应的备件总费用、总质量和总体积，分别记为 $C(s_0)$、$M(s_0)$ 和 $V(s_0)$。

（3）根据计算得到的 $C(s_0)$、$M(s_0)$ 和 $V(s_0)$ 来确定初始因子，其确定方法如下：

$$\lambda_{m0} = C(s_0)/M(s_0) \tag{11-15}$$

$$\lambda_{v0} = C(s_0)/V(s_0) \tag{11-16}$$

确定初始因子 λ_{m0} 和 λ_{v0} 后，计算得到另一组备件方案，记为 s，$s = (s_1, s_2, \cdots, s_J)$。若该方案所对应的备件总质量超过了设定的指标，则需要增加 λ_m 的值，同理，若对应的备件总体积超过了设定的指标，则需要增加 λ_v 的值。其增量的确定方法为[8]

$$\Delta\lambda_m = \frac{M(s) - M_0}{M_0} \cdot \lambda_{m0} \tag{11-17}$$

$$\Delta\lambda_v = \frac{V(s) - V_0}{V_0} \cdot \lambda_{v0} \tag{11-18}$$

式中，M_0 和 V_0 分别为设定的约束指标。若得到的备件方案所对应的质量或体积仍然超过了设定的约束条件，则可在当前 λ_m 和 λ_v 的基础上，通过式（11-17）和式（11-18）对其数值进行调整。

在既定的备件费用、质量和体积约束下，可能会出现一种特殊情况，即无论怎样调整因子 λ_m 和 λ_v，都不能得到一组满足所有约束条件的解，在此情况下，需要重新设定条件，可适当降低可用度指标 A_0，或增加质量指标 M_0 和体积指标 V_0。

例 11.1　设某舰船导航设备的装舰数量 $N = 3$，在舰船出航任务准备阶段，需要对该设备的随舰携行备件方案进行规划，使舰船在执行任务过程中，舰上能够有充足的备件以保证设备的故障维修，方案的约束指标中需要考虑备件费用、质量和体积，设备备件清单及相关参数如表 11-2 所示。在实装数据中，该项设备的备件清单包含 200 多项备件，这里只列举了一些关键备件。

首先，确定初始约束因子，令 $\lambda_m = \lambda_v = 0$，在不考虑备件的质量和体积约束下，通过优化计算得到一组备件方案，记为 s_0。在该方案下，装备可用度 $A(s_0) = 0.9567$，备件费用 $C(s_0) = 129.32$ 万元，备件质量 $M(s_0) = 358.6\text{kg}$，备件体积 $V(s_0) = 0.5376\text{m}^3$。因此，可以得到初始质量及体积约束因子 $\lambda_{m0} = C(s_0)/M(s_0) = 0.3606$，$\lambda_{v0} = C(s_0)/V(s_0) = 240.55$。

表 11-2　备件清单及相关参数

备件	MTBF_j /h	Z_j	T_j /天	c_j /万元	m_j /kg	$v_j \times 10^{-3}/\mathrm{m}^3$
LRU_1	371.1	1	10	11.34	25.3	68.3
LRU_2	571.4	2	11	7.88	17.7	21.7
LRU_3	514.3	1	13	5.34	7.6	4.6
LRU_4	421.6	1	9	9.23	37.5	45.5
SRU_{11}	1400	2	5	1.67	7.2	15.2
SRU_{12}	2800	1	7	3.88	2.1	9.3
SRU_{13}	1100	1	7	1.93	6.4	4.5
SRU_{21}	2000	1	8	1.12	1.8	3.8
SRU_{22}	1600	2	4	0.97	4.6	6.6
SRU_{31}	1800	2	5	0.67	0.9	8.4
SRU_{32}	1200	1	3	0.88	2.3	2.8
SRU_{41}	1300	2	7	1.23	12.8	15.1
SRU_{42}	2100	1	6	2.18	9.4	7.7
SRU_{43}	2800	1	7	1.88	6.2	5.2

设备件质量约束指标 $M_0 = 350\mathrm{kg}$，体积约束指标 $V_0 = 0.53\mathrm{m}^3$，如果不考虑备件的质量和体积约束，那么计算得到的 $M(s_0) > M_0$，$V(s_0) > V_0$，由此可以看出备件的质量和体积均未满足约束条件。引入初始约束因子 λ_{m0} 和 λ_{v0}，计算得到另一组备件方案，记为 s，在该方案下，装备可用度 $A(s) = 0.9562$，备件费用 $C(s) = 131$ 万元，备件质量 $M(s) = 343.3\mathrm{kg}$，备件体积 $V(s) = 0.5252\mathrm{m}^3$。由于 $A(s) > A_0$、$M(s) < M_0$ 且 $V(s) < V_0$，各项指标均满足设定的约束条件，因此方案 s 为计算得到的最终备件方案。

不同约束条件下的最优备件配置方案如表 11-3 所示，方案 1 为费用约束方案，其中仅考虑了备件费用约束条件；方案 2 为质量约束方案，其中仅考虑了备件质量约束条件；方案 3 为体积约束方案，其中仅考虑了备件体积约束条件；方案 4 考虑了所有约束条件。

表 11-3　不同约束条件下的最优备件配置方案

备件	方案 1	方案 2	方案 3	方案 4
LRU_1	3	3	3	3
LRU_2	4	4	4	4
LRU_3	4	4	5	4
LRU_4	3	3	3	3
SRU_{11}	1	1	1	1

续表

备件	方案 1	方案 2	方案 3	方案 4
SRU_{12}	0	1	1	1
SRU_{13}	1	1	2	1
SRU_{21}	1	2	1	1
SRU_{22}	2	1	1	1
SRU_{31}	1	1	0	1
SRU_{32}	1	1	0	1
SRU_{41}	2	1	1	1
SRU_{42}	1	1	1	1
SRU_{43}	1	1	1	1

根据优化结果，可以得到各方案下所对应的装备可用度(表 11-4)。在 4 种方案中，只有方案 2 和方案 4 的各项指标满足所有约束条件，但方案 4 的备件费用($C(4) = 131$ 万元)小于方案 2 的备件费用($C(2) = 132.12$ 万元)，因此方案 4 为最优方案。

表 11-4　不同约束条件下的备件方案效果分析

备件方案	结果分析	A	C/万元	M/kg	$V \times 10^{-3}/m^3$
方案 1	计算结果	0.9567	129.32	358.6	0.5376
	是否满足条件	是	—	否	否
方案 2	计算结果	0.9579	132.12	345.1	0.529
	是否满足条件	是	—	是	是
方案 3	计算结果	0.9585	136.72	354.1	0.5231
	是否满足条件	是	—	否	是
方案 4	计算结果	0.9562	131	343.3	0.5252
	是否满足条件	是	—	是	是

不同约束条件下的备件方案费效曲线如图 11-7 所示，根据费效曲线，能够为备件方案的各项约束指标值的设定范围提供依据。例如，以备件的质量约束为例(图 11-7(b))，当装备可用度 A 达到其规定的指标 0.95 时，备件总质量为 345.1kg，因此设定的质量约束指标必须满足 $M_0 \geqslant 345.1$kg，若 $M_0 < 345.1$kg，则必须调整可用度指标 A_0 来满足约束条件。

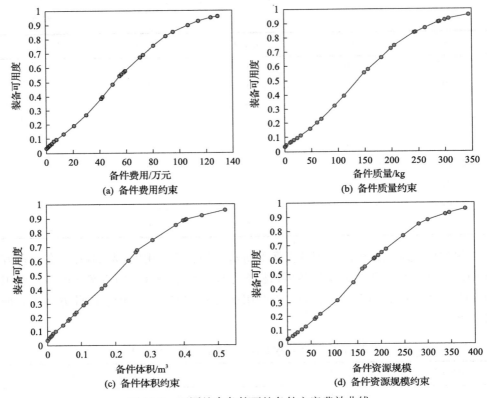

图 11-7 不同约束条件下的备件方案费效曲线

11.3 自主保障模式下作战单元携行备件动态配置模型

作战单元是部队执行作战任务、实现战术目标的军事实体(如舰艇编队、坦克团、飞行大队等),一般由若干个具有独立作战能力的基本作战单元组成(如单舰平台)。装备任务期间,在没有伴随保障机构和后方保障支援的情况下,作战单元只能依靠自身的保障力量实行自主保障,在该模式下,故障设备维修能力和备件供应能力有限,一般仅局限于对 LRU 进行独立更换和简单故障的处理。

在非任务情况下,备件方案规划主要依赖于长期稳态的假设前提,长期意味着永远(无限长),稳态意味着备件消耗和供应补给处于平衡状态。在装备任务期间,当备件消耗率高于备件供应率时,备件库存系统状态将失去平衡,是一种典型的非稳态系统。

11.3.1 考虑需求相关的备件维修状态模型

装备任务期间,同型号的多套设备之间一般形成冷备份状态,而装备中同型号的多个部件之间处于热备份状态，在任务规定的时间内，装备故障将产生备件需求，若故障导致装备停机，则在装备停机时间内不会出现新的故障，因此也不会产生新的备件需求，此称为装备钝化或备件需求的相关性[9]。令装备中第 j 项部件的平均寿命用 MTBF_j 表示，则任一时刻 t 的备件需求率为

$$\lambda_j(t) = N_j \cdot \frac{1}{\mathrm{MTBF}_j} \cdot A(t-1) \qquad (11\text{-}19)$$

式中，$A(t-1)$ 为装备在 $t-1$ 时刻的可用度；N_j 为部件 j 在装备中的装机数。

对备件稳态库存平衡方程进行拓展，可得任意时刻 t 备件库存平衡方程为

$$s = \mathrm{OH}(t) + \mathrm{DI}(t) - \mathrm{BO}(t) \qquad (11\text{-}20)$$

式中，$\mathrm{OH}(t)$ 为 t 时刻备件现有库存数；$\mathrm{DI}(t)$ 为 t 时刻备件处于修理待补给数量；$\mathrm{BO}(t)$ 为 t 时刻备件短缺数量。

在 t 时刻，备件维修供应周转量主要由在修和不可修的故障件构成，其中，在修故障件会在未来某一时间通过修复作为新的备件使用，不可修故障件数量会在任务期间不断积累增加，待任务结束后新的备件才能得到补给。

设 $P_j(r,t)$ 表示故障件 j 在 r 时刻开始进行修理、在 t 时刻仍未修好的概率，TR_j 表示故障件 j 的平均维修时间，根据动态 Palm 定理，$P_j(r,t)$ 服从均值为 $1/\mathrm{TR}_j$ 的指数分布：

$$P_j(r,t) = \mathrm{e}^{-(t-r)/\mathrm{TR}_j} \qquad (11\text{-}21)$$

则 t 时刻故障件 j 在修数量 RP_j 的期望值为

$$E\left[\mathrm{RP}_j(t)\right] = \int_0^t P_j(s,t)\lambda_j(s) \cdot r_j \mathrm{d}s \qquad (11\text{-}22)$$

式中，r_j 为故障件 j 的修复概率。式 (11-22) 是在修故障件数量的通用计算公式，一般情况下，修理时间取常数，则故障件在 r 时刻开始修理，t 时刻仍然在修的概率为

$$P_j(r,t) = \begin{cases} 1, & r + \mathrm{TR}_j \geqslant t \\ 0, & r + \mathrm{TR}_j < t \end{cases} \qquad (11\text{-}23)$$

若 $t > \mathrm{TR}_j$，则 t 时刻平均在修故障件数量为

$$E\left[\mathrm{RP}_j(t)\right] = \int_{t-\mathrm{TR}_j}^t \lambda_j(s) \cdot r_j \mathrm{d}s \qquad (11\text{-}24)$$

若 $t \leqslant \mathrm{TR}_j$，则 t 时刻平均在修故障件数量为

$$E\left[\mathrm{RP}_j(t)\right] = \int_0^t \lambda_j(s) \cdot r_j \mathrm{d}s \tag{11-25}$$

综合式（11-24）和式（11-25），可得 t 时刻在修故障件数量为

$$E\left[\mathrm{RP}_j(t)\right] = \int_{\max(t-\mathrm{TR}_j,0)}^t \lambda_j(s) \cdot r_j \mathrm{d}s \tag{11-26}$$

对于不可修备件，t 时刻累积的故障件数量 NRP_j 的均值为

$$E\left[\mathrm{NRP}_j(t)\right] = \int_0^t \lambda_j(s) \cdot (1-r_j) \mathrm{d}s \tag{11-27}$$

令 t 时刻备件需求服从泊松分布，则在修故障数量和不可修故障件数量均服从泊松分布，因此 t 时刻备件维修供应周转量均值为

$$E\left[X_j(t)\right] = E\left[\mathrm{RP}_j(t)\right] + E\left[\mathrm{NRP}_j(t)\right] \tag{11-28}$$

11.3.2　非稳态条件下的装备可用度评估

备件期望短缺数是衡量保障效果的关键指标，是计算装备可用度的基础。装备任务期间，开展换件维修且更换备件的时间忽略不计，t 时刻，现场库存若不能满足备件需求，则发生一次备件短缺，在自主保障模式下，短缺时间将一直持续到故障件被修复，在故障件不能修复且没有备件库存的情况下，短缺时间将一直持续到任务结束。

令 t 时刻作战单元 l 备件 LRU_j 的库存量为 s_{lj}，根据备件短缺数的定义有

$$B(x \mid s, t) = \begin{cases} x - s, & x > s \\ 0, & x \leqslant s \end{cases} \tag{11-29}$$

式中，x 为备件需求量；s 为备件库存量。t 时刻备件 j 的期望短缺数的计算公式为

$$\begin{aligned} \mathrm{EBO}_j(t) &= 1 \cdot \mathrm{Pr}_j\{x = s+1, t\} + 2 \cdot \mathrm{Pr}_j\{x = s+2, t\} + \cdots \\ &= \sum_{x=s+1}^{\infty} (x-s) \cdot \mathrm{Pr}_j\{x, t\} \end{aligned} \tag{11-30}$$

式中，$\mathrm{Pr}_j\{x, t\}$ 为备件 j 供应周转量为 x 的概率分布函数。

备件短缺数方差的计算公式为

$$\mathrm{VBO}_j(t) = E[\mathrm{BO}_j(t)]^2 - [\mathrm{EBO}_j(t)]^2 \tag{11-31}$$

对于概率分布函数 $\mathrm{Pr}_j\{x,t\}$，当 $E[X_j(t)] = V[X_j(t)]$ 时，$\mathrm{Pr}_j\{x,t\}$ 服从泊松分布；当 $E[X_j(t)] < V[X_j(t)]$ 时，$\mathrm{Pr}_j\{x,t\}$ 近似为负二项分布；当 $E[X_j(t)] > V[X_j(t)]$ 时，$\mathrm{Pr}_j\{x,t\}$ 近似为二项分布。

在非稳态条件下，装备可用度是在某一段时间内可用度的均值，因此需要计算该时段内任意时刻的装备可用度。

对于串联结构系统，$0 \sim t$ 时间段内 LRU 的可用度为

$$A_j(t) = \frac{1}{t} \cdot \int_0^t \left[1 - \mathrm{EBO}(s_j, t)/N_j\right]^{N_j} \cdot \mathrm{d}t \tag{11-32}$$

对于冗余结构系统，若 t 时刻 LRU_j 的最小工作数为 k_j，则 LRU 构成的冗余结构单元可用度为

$$G_j\left(x \leqslant N_j - k_j, t\right) = \sum_{x=0}^{N_j - k_j} \mathrm{BO}_j(x, t) \tag{11-33}$$

则 t 时刻装备可用度为

$$A(t) = \prod_j \frac{1}{t} \cdot \int_0^t G_j\left(x \leqslant N_j - k_j, t\right) \cdot \mathrm{d}t \tag{11-34}$$

例 11.2　对装备所属的 3 个部件单元进行分析，备件参数如表 11-5 所示。采用解析法和仿真法对装备任务可用度进行评估。

表 11-5　备件参数

备件	MTBF/h	装机数	最小工作数
LRU_1	600	1	1
LRU_2	600	2	2
LRU_3	600	3	3

根据备件保障流程，采用基于离散事件的蒙特卡罗方法构建仿真模型体系[10,11]。可将备件保障过程分为三类事件：故障件修理事件、备件入库事件、故障更换事件。其仿真流程如图 11-8 所示，仿真次数设置为 500。

在携带一定备件数量的情况下，采用解析法和仿真法计算得到的可用度结果如表 11-6 所示。由表可知，在考虑备件需求相关性时，计算得到的可用度结果与仿真结果相对误差较小。

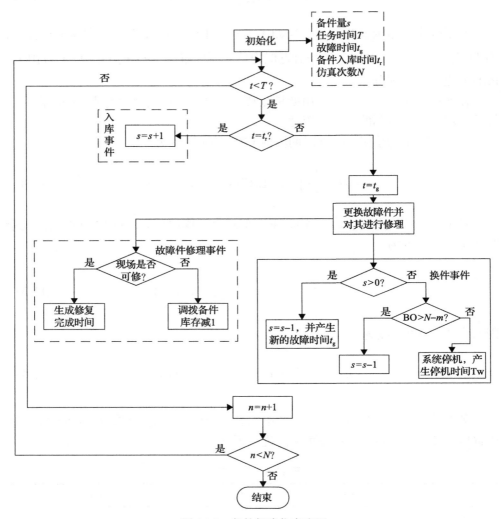

图 11-8　备件保障仿真流程

表 11-6　不同方法计算得到的可用度结果

备件	备件数量	仿真值	不考虑备件需求相关性		考虑备件需求相关性	
			解析值	误差/%	解析值	误差/%
LRU$_1$	0	0.530	0.415	21.7	0.55	3.8
LRU$_2$	1	0.590	0.490	16.9	0.58	1.7
LRU$_3$	2	0.610	0.505	17.2	0.60	1.6

11.4　伴随保障模式下面向多阶段任务的携行备件配置模型

当任务持续时间长、装备工作强度大且任务区域远离后方时，可以在作战单元中编入伴随保障力量，成立伴随保障单元，承担临时中继级保障任务。对于长期任务，需要考虑任务的动态性，需要将任务周期分解为不同的任务阶段。此外，还需要考虑装备系统级、部件级的冗余性特点，对于组成结构复杂、集成度较高的装备，如飞行器、舰船动力装置、雷达阵面等，一般采用冗余结构设计，用以满足系统任务可靠性指标。

人们在该技术领域开展了相关的理论研究工作，例如，薛陶等[12]研究了在考虑备件报废情况下，冷备份冗余系统两级单层可修复备件优化模型；刘任洋等[13]提出了任意寿命分布单元表决系统的备件需求量解析算法；文献[14]对面向对象建模的 Petri 网进行了扩展，建立了多任务阶段失效模型；卢雷等[15]研究了冷冗余系统初始备件配置方法；张永强等[16]以远海训练任务的舰船编队为背景，采用蒙特卡罗仿真和并行粒子群算法，对携行备件优化方法进行了研究。

上述列举的文献没有考虑冗余系统任务剖面对携行备件方案及系统任务成功概率的影响，并且对备件方案评估及其优化结果的合理性方面缺乏有效的验证。对此，本书在现有的研究基础上，考虑阶段性任务剖面的影响，建立伴随保障模式下作战单元冗余系统携行备件动态配置模型，并对模型算法的有效性进行验证。

11.4.1　基于等效寿命的冗余系统备件需求率

在不考虑人员、工装具、技术资料等维修资源约束下，伴随保障单元对装备故障件具有一定的修复能力，修复后的故障件可作为新的备件进行轮换使用。伴随保障模式下的备件维修及供应流程如图 11-9 所示，对于装备现场不可修备件，可送往伴随保障单元维修机构进行修理，当现场发生备件短缺时，可以通过伴随保障单元进行备件供应补给。

令 i 表示作战单元编号（$i=1, 2, \cdots, I$）；$i=0$ 表示伴随保障单元；j 表示备件项目编号（$j=1, 2, \cdots, J$）；T 表示任务周期；$t(t \in T)$ 表示任务阶段（$t=1, 2, \cdots$）。对于冗余结构部件，可采用一种等效寿命件的方法将其视为单部件来处理。

若 LRU_j 在系统中形成冗余结构，则将其等效为单部件，用 LRU_j^* 表示，其等效后的物理结构如图 11-10 所示。

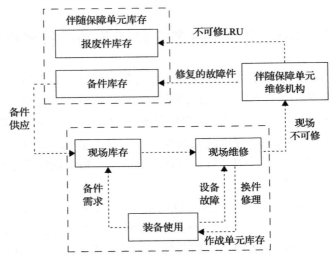

图 11-9　伴随保障模式下的备件维修及供应流程

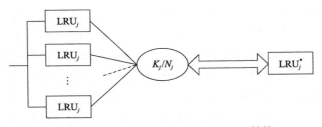

图 11-10　冗余系统等效寿命后的物理结构

等效后 LRU_j^* 在 t 时刻的寿命值为[17]

$$\text{MTBF}_j^*(t)=\text{MTBF}_j \cdot \sum_{i=0}^{N_{ij}-K_{ij}(t)} \frac{1}{N_{ij}-i} \qquad (11\text{-}35)$$

式中，$K_{ij}(t)$ 为在 t 时刻，确保作战单元 i 正常工作所需的 LRU_j 完好数量，$K_{ij}(t)$ 会随任务阶段 t 而变化；N_{ij} 为 LRU_j 的冗余数量；MTBF_j 为单个 LRU_j 的平均寿命。

　　式(11-35)的物理含义是将多个 LRU_j 部件构成的冗余结构系统寿命值等效为单部件(用 LRU_j^* 表示)来处理，例如，当 $N_{ij}=K_{ij}=3$ 时，表示 3 个 LRU_j 部件形成串联关系，任何一个 LRU_j 故障都将导致系统失效，则等效后的寿命值为 $\text{MTBF}_j^* = \text{MTBF}_j/3$；当 $N_{ij}=3$、$K_{ij}=2$ 时，表示 3 个 LRU_j 中至少有 2 个完好才能保证系统正常运行，则等效后的寿命值为 $\text{MTBF}_j^*=5\text{MTBF}_j/6$；当 $N_{ij}=3$、$K_{ij}=1$ 时，表示 3 个 LRU_j 形成并联关系，只要有 1 个完好就能保证系统正常运行，则等效后的寿命值为 $\text{MTBF}_j^*=11\text{MTBF}_j/6$。

　　令 $\text{Inden}(j)$ 表示部件 j 在系统中的层级数，对于第一层级部件 LRU_j，即

Inden$(j)=1$，作战单元 i 在 t 时刻的需求率为

$$\lambda_{ij}(t)=\frac{\mathrm{DC}_j \cdot \mathrm{TW}_m(t)}{\mathrm{MTBF}_j^*(t)} \tag{11-36}$$

式中，DC_j 为占空比；$\mathrm{TW}_m(t)$ 为系统在任务阶段 t 时刻的累积工作强度。当 Inden$(j)>1$ 时，j 为 LRU 子部件 SRU，则作战单元在 t 时刻对部件 j 的需求率为

$$\lambda_{ij}(t)=\lambda_{i,\mathrm{Aub}(j)}(t) \cdot \left(1-\mathrm{NR}_{i,\mathrm{Aub}(j)}\right) \cdot q_{ij} \tag{11-37}$$

式中，$\mathrm{Aub}(j)$ 为 j 的母体；$\mathrm{NR}_{i,\mathrm{Aub}(j)}$ 为作战单元 i 不能对故障件 j 的母体进行修复的概率；q_{ij} 为部件 j 的故障隔离概率。

对于伴随保障单元 $i(i=0)$，其备件需求率包括两项：一是其所保障的作战单元不能完成故障件修理的数量之和，该部分需要送到保障单元进行修理；二是对故障件 j 的母体 $\mathrm{Aub}(j)$ 进行修理时产生对备件 j 的需求，则

$$\lambda_{ij}(t)=\sum_{i\neq0}\lambda_{ij}(t) \cdot \mathrm{NR}_{ij} + \lambda_{i,\mathrm{Aub}(j)}(t) \cdot \left(1-\mathrm{NR}_{ij}\right)q_{ij} \tag{11-38}$$

等效后的 LRU_j^* 平均维修时间 MTTR_j^*、单价 C_j^* 及体积 V_j^* 分别为

$$\begin{cases} \mathrm{MTTR}_j^*=\dfrac{\displaystyle\int_0^T \left(N_{ij}-K_{ij}(t)+1\right)\mathrm{d}t}{T} \cdot \mathrm{MTTR}_j \\[4mm] C_j^*=\dfrac{\displaystyle\int_0^T \left(N_{ij}-K_{ij}(t)+1\right)\mathrm{d}t}{T} \cdot C_j \\[4mm] V_j^*=\dfrac{\displaystyle\int_0^T \left(N_{ij}-K_{ij}(t)+1\right)\mathrm{d}t}{T} \cdot V_j \end{cases} \tag{11-39}$$

式中，$K_{ij}(t)$ 表示 t 时刻确保作战单元 i 装备正常工作所需 LRU_j 的完好数量；N_{ij} 表示 LRU_j 的冗余数量；MTTR_j、C_j、V_j 分别表示冗余系统中 LRU_j 单部件的平均维修时间、单价和体积。由于 LRU 属于现场更换单元，所以不考虑其所属的 SRU 冗余，等效后 SRU 的计算方法与 LRU 类似。上述建立的备件需求率模型中，主要考虑任务期间系统故障所产生的备件需求。战损条件下的备件需求具有明显的突发性和随机性特征，并且影响因素众多，建模过程复杂，因此暂不考虑战损的影响。

11.4.2　基于任务的携行备件动态配置模型

设 $P_j(r;t)$ 为故障件 j 在 r 时刻开始修理，在 t 时刻仍未修好的概率，MTTR_j 为

作战单元 i 故障件 j 的平均维修时间。根据动态 Palm 定理[18]，$P_j(r,t)$ 服从均值为 $1/\text{MTTR}_j$ 的指数分布：

$$P_j(r,t) = \text{e}^{-\frac{t-r}{\text{MTTR}_j}} \qquad (11\text{-}40)$$

在 t 时刻，故障件 j 在修数量服从均值为 $E[\text{XR}_{ij}(t)]$ 的泊松分布[18]，即

$$E\left[\text{XR}_{ij}(t)\right] = \int_0^t \lambda_{ij}(r) \cdot \left(1 - \text{NR}_{ij}\right) P_j(r,t)\text{d}r \qquad (11\text{-}41)$$

令 OT_{ij} 为伴随保障单元的备件供应补给时间，则在 t 时刻，正在补给的备件数量服从均值为 $E[\text{XS}_{ij}(t)]$ 的泊松分布，即

$$E\left[\text{XS}_{ij}(t)\right] = \int_{t-\text{OT}_{ij}}^t \lambda_{ij}(t) \cdot \text{NR}_{ij}\text{d}t \qquad (11\text{-}42)$$

对故障件 j 进行修理时，会因等待其子部件 $k(k\in\text{Sub}(j))$ 维修而造成故障件 j 修理延误，该部分可用故障件 j 所属子部件 k 的短缺数之和来近似。在 t 时刻，故障件 j 修理延误数量期望值 $E[\text{DR}_{ij}(t)]$ 为

$$E\left[\text{DR}_{ij}(t)\right] = \sum_{k\in\text{Sub}(j)} h_{ik}(t) \cdot \text{EBO}_{ik}(s_{ik},t) \qquad (11\text{-}43)$$

式中，$k\in\text{Sub}(j)$ 为 j 的子部件集合；$\text{EBO}_{ik}(s_{ik},t)$ 表示 t 时刻备件配置量为 s_{ik} 时的期望短缺数；$h_{ik}(t)$ 为备件维修延误短缺数分配比例因子，其计算公式为

$$h_{ik}(t) = \frac{\lambda_{ij}(t) \cdot \left(1 - \text{NR}_{ij}\right) \cdot q_{ik}}{\lambda_{i,\text{Sub}(j)}(t)} \qquad (11\text{-}44)$$

式中，$\lambda_{i,\text{Sub}(j)}(t)$ 为 t 时刻 j 的子部件 k 的需求率；q_{ik} 为子部件 k 的故障隔离概率。当子部件 k 发生短缺时，其短缺总数会因比例因子 h_{ik} 而造成故障件 j 修理延误，该短缺总数分布概率服从二项分布[19]。因此，故障件 j 的修理延误数量方差为

$$V\left[\text{DR}_{ij}(t)\right] = \sum_{k\in\text{Sub}(j)} \left[h_{ik}^2(t) \cdot \text{VBO}_{ik}(s_{ik},t) \right. \\ \left. + h_{ik}(t) \cdot \left(1 - h_{ik}(t)\right) \cdot \text{EBO}_{ik}(s_{ik},t) \right] \qquad (11\text{-}45)$$

式中，$\text{VBO}_{ik}(s_{ik},t)$ 表示 t 时刻备件配置量为 s_{ik} 时的短缺数方差。

不考虑岸基保障，则任务期间对伴随保障单元补给的备件数量为 0。作战单元 i 在 t 时刻备件 j 的补给延误数量期望值为

$$E\left[\mathrm{DS}_{ij}(t)\right] = f_{ij}(t) \cdot \mathrm{EBO}_{0j}(s_{0j},t) \tag{11-46}$$

式中，$\mathrm{EBO}_{0j}(s_{0j},t)$ 表示 t 时刻备件配置量为 s_{0j} 时的期望短缺数；同理，$f_{ij}(t)$ 为备件补给延误短缺数分配比例因子，其计算公式为

$$f_{ij}(t) = \frac{\lambda_{ij}(t) \cdot \mathrm{NR}_{ij}}{\lambda_{0j}(t)} \tag{11-47}$$

式中，$\lambda_{0j}(t)$ 表示 t 时刻伴随保障单元对备件 j 的需求率。当伴随保障单元发生备件短缺时，对作战单元 i 以比例因子 $f_{ij}(t)$ 造成备件补给延误，该短缺数概率服从二项分布[19]。因此，备件补给延误数量方差为

$$\begin{aligned} V\left[\mathrm{DS}_{ij}(t)\right] &= f_{ij}^2(t) \cdot \mathrm{VBO}_{0j}(s_{0j},t) \\ &\quad + f_{ij}(t) \cdot \left(1 - f_{ij}(t)\right) \cdot \mathrm{EBO}_{0j}(s_{0j},t) \end{aligned} \tag{11-48}$$

式中，$\mathrm{VBO}_{0j}(s_{0j},t)$ 表示 t 时刻备件配置量为 s_{0j} 时的短缺数方差。

备件维修供应周转量主要由在修故障件数量、备件补给数量、修理延误数量以及补给延误数量四部分构成。在 t 时刻，备件维修供应周转量均值、方差分别为

$$\begin{aligned} E\left[X_{ij}(t)\right] &= E\left[\mathrm{XR}_{ij}(t)\right] + E\left[\mathrm{XS}_{ij}(t)\right] \\ &\quad + E\left[\mathrm{DR}_{ij}(t)\right] + E\left[\mathrm{DS}_{ij}(t)\right] \end{aligned} \tag{11-49}$$

$$\begin{aligned} V\left[X_{ij}(t)\right] &= E\left[\mathrm{XR}_{ij}(t)\right] + E\left[\mathrm{XS}_{ij}(t)\right] \\ &\quad + V\left[\mathrm{DR}_{ij}(t)\right] + V\left[\mathrm{DS}_{ij}(t)\right] \end{aligned} \tag{11-50}$$

令 t 时刻作战单元 i 备件 j 的期望短缺数为 $\mathrm{EBO}_{ij}(s_{ij},t)$，则

$$\mathrm{EBO}_{ij}(s_{ij},t) = \sum_{X_{ij}=s_{ij}+1}^{\infty} (X_{ij} - s_{mj}) \cdot p\left(X_{ij}(t)\right) \tag{11-51}$$

式中，$p(X_{ij}(t))$ 表示备件维修供应周转量概率分布函数，当 $E[X_{ij}(T_1)]=V[X_{ij}(T_1)]$ 时，$p(X_{ij}(t))$ 服从泊松分布；当 $E[X_{ij}(T_1)]<V[X_{ij}(T_1)]$ 时，备件维修供应周转量可近似为负二项分布；当 $E[X_{ij}(T_1)]>V[X_{ij}(T_1)]$ 时，备件维修供应周转量近似为二项分布。

11.4.3　优化目标函数设计

令作战单元 i 中第 z 个装备在 t 时刻完成任务的概率为 $\rho_{iz}(t)$、可用度为 $A_{iz}(t)$，则定义

$$\rho_{iz}(t) = \begin{cases} A_{iz}(t), & z \in \text{Mission}(t,z) \\ 1, & z \notin \text{Mission}(t,z) \end{cases} \tag{11-52}$$

式中，$\text{Mission}(t,z)$ 表示 t 时刻系统完成任务所需的设备集合。令作战单元 i 在 t 时刻完成任务的概率为 $\rho_i(t)$，则 t 时刻整个作战单元的任务成功概率 $\rho_s(t)$ 为

$$\rho_s(t) = \prod_{i=1}^{I} \prod_{z=1}^{Z} \rho_{iz}(t) \tag{11-53}$$

通过等效寿命转换的方法，可将系统中的冗余结构等效为串联结构，因此作战单元 i 中的装备 z 在 t 时刻的可用度为

$$A_{iz}(t) = \prod_{j \in (\text{Inden}(j)=1)} \left[1 - \text{EBO}\left(s_{ij}, t\right) \right] \tag{11-54}$$

式中，$j \in (\text{Inden}(j)=1)$ 表示装备 z 中第一层级部件 LRU 的集合。

考虑到任务携行能力和备件存储空间的限制，将装备可用度、备件质量和体积作为约束条件。因此，携行备件配置优化目标函数为

$$\min C = \sum_{i=0}^{I} \sum_{j=1}^{J} c_j s_{ij} \tag{11-55}$$

$$\text{s.t.}\ \ \min\left(\rho_s(t)\right) \geqslant \rho_0 \tag{11-56}$$

$$\sum_{i=0}^{I} \sum_{j=1}^{J} s_{ij} m_j \leqslant M_0 \tag{11-57}$$

$$\sum_{i=0}^{I} \sum_{j=1}^{J} s_{ij} v_j \leqslant V_0 \tag{11-58}$$

式中，s_{ij} 为备件的任务携行量；$i=0$ 为保障单元；$i \neq 0$ 为作战单元；c_j 为备件费用；ρ_0 为规定的任务成功概率指标；m_j 为备件 j 的质量；M_0 为质量约束指标；v_j 为备件 j 的体积；V_0 为体积约束指标。

对于多阶段任务下的携行备件模型求解，同样可引入拉格朗日因子，设 λ_c 为费用约束因子，γ_m 为质量约束因子，η_v 为体积约束因子，令 $\lambda_c=1$。r_j 为备件 j 的规模总成组合，表示备件费用、体积、质量等因素的加权之和，则定义

$$r_j = \lambda_c c_j + \gamma_m m_j + \eta_v v_j \tag{11-59}$$

令当前备件配置方案下，备件资源规模总成组合为 $r_i = (r_{i1}, r_{i2}, \cdots, r_{ij}, \cdots, r_{iJ})$，该方案下，作战单元 i 备件 j 数量加 1 后，备件资源规模总成组合变为 $r_i' = (r_{i1}, r_{i2}, \cdots, r_{ij}', \cdots, r_{iJ})$，对式 (11-53) 等号两端取对数，可得到 r' 与 r 关于 $\rho_s(t)$ 的一阶差分方程：

$$
\begin{aligned}
\Delta \rho_s(r_{ij}, t) &= \ln \rho_s(r_i', t) - \ln \rho_s(r_i, t) \\
&= \ln \rho_s(r_{ij}', t) + \sum_{i=1}^{I} \sum_{z=1}^{Z} \sum_{j \notin r'} \ln \left(1 - \mathrm{EBO}(r_{ij})\right) \\
&\quad - \ln \rho_s(r_{ij}, t) - \sum_{i=1}^{I} \sum_{z=1}^{Z} \sum_{j \notin r'} \ln \left(1 - \mathrm{EBO}(r_{ij})\right) \\
&= \ln \rho_s(r_{ij}', t) - \ln \rho_s(r_{ij}, t)
\end{aligned}
\tag{11-60}
$$

将备件方案保障效能（任务成功概率）增量与备件资源规模总成增量之比定义为边际效益值 δ_{ij}：

$$\delta_{ij} = \frac{\ln \rho_s(r_{ij}', t) - \ln \rho_s(r_{ij}, t)}{r_{ij}' - r_{ij}} \tag{11-61}$$

模型算法优化迭代过程中，通过比较每项备件的边际效益值 δ_{ij}，将最大值 $\max(\delta_{ij})$ 所对应的备件配置数量加 1，依此递推循环，直到满足规定的指标约束，算法结束。

例 11.3　以地对空作战训练任务为例，任务系统由三个地对空作战平台（作战单元）和一个维修保障分队（伴随保障单元）组成，地对空作战平台由警戒雷达系统、防空武器系统及电子战防御系统构成。

根据备件在系统中的层次结构，将其划分为 LRU 和 SRU。对于同一类型故障件，作战单元之间的维修能力相同，备件清单及相关初始保障参数如表 11-7 所示。

表 11-7　备件清单及相关初始保障参数

所属装备	备件名称	结构码	部件类型	备件初始 RMS 参数						
				MTBF/h	MRT$_0$/h	MRT$_i$/h	NR$_0$	NR$_i$	M/kg	V/m^3	$C \times 10^4$/元
警戒雷达系统	功放组合	1	LRU	1200	32	16	0.35	0.75	39	0.9	7.2
	稳压板	1.1	SRU	1300	12	8	0.25	0.75	3	0.5	2.6
	驱动组件	1.2	SRU	1700	12	8	0.3	0.6	7	0.4	3.4
	信号处理单元	2	LRU	1350	16	12	0.3	0.65	12	0.3	8.1
	取样板	2.1	SRU	1500	12	6	0.3	0.7	4	0.15	3.5
	输出驱动板	2.2	SRU	1600	8	6	0.35	0.65	7	0.15	4.6

所属装备	备件名称	结构码	部件类型	备件初始 RMS 参数							
				MTBF/h	MRT$_0$/h	MRT$_i$/h	NR$_0$	NR$_i$	M/kg	V/m^3	$C\times10^4$/元
防空武器系统	火控单元	3	LRU	1000	36	32	0.35	0.75	18	0.4	5.7
	接口转换组合	3.1	SRU	1350	12	12	0.25	0.75	2	0.22	1.2
	I/O 控制器	3.2	SRU	1500	12	12	0.4	0.6	0.5	0.22	3.1
	发控单元	4	LRU	1000	12	12	0.25	0.7	12	0.5	8.4
	CPU 模块	4.1	SRU	1200	12	8	0.3	0.7	0.5	0.35	4.3
	时统板	4.2	SRU	1250	12	8	0.35	0.65	3	0.01	3.2
电子战防御系统	天线阵列	5	LRU	875	42	40	0.25	0.75	24	2.2	7.8
	接口电路板	5.1	SRU	1000	12	6	0.35	0.65	1	0.15	4.6
	微波模块	5.2	SRU	1300	24	18	0.3	0.6	3	0.1	2.6
	显控单元	6	LRU	1250	16	16	0.3	0.7	9	0.5	7.5
	电源模块	6.1	SRU	1400	8	6	0.35	0.5	2	0.15	3.4
	显控板	6.2	SRU	1780	12	12	0.3	0.7	1	0.05	2.2

设任务周期为 30 天，规定任务成功概率不小于 0.95，携行备件体积不超过 26.5m^3，质量不超过 530kg。根据任务过程中各系统之间的工况要求，可将任务周期分解为四个任务阶段，包括：

(1)战前准备阶段，接受上级命令，并到达指定的作战区域。由于该阶段会随时受到空中目标威胁，所以警戒雷达系统和电子战防御系统需要保持完好状态。

(2)防空作战阶段，定期开展对多批次空中目标进行威胁等级预判、目标定位、运动参数分析，并进行火力射击。

(3)电子战防御阶段，对突防的空中威胁辐射源进行电子干扰。

(4)撤离阶段，作战任务结束后，返回基地。

系统任务剖面如图 11-11 所示，各阶段任务的持续时间分别为 8 天、4 天、6 天、12 天。任务阶段系统工况及冗余要求如表 11-8 所示。

根据模型算法的求解步骤，令 $\gamma_m = \eta_v = 0$，通过模型求解得到费用约束下的最优备件方案 s_0，此时系统任务成功概率 $\rho_s(s_0) = 0.9563$，备件费用 $C(s_0) = 262.5$ 万元，质量 $M(s_0) = 559.5$kg，体积 $V(s_0) = 30.18$m^3。利用该数据，将约束因子 γ_m 及 η_v 进行归一化处理，得到初始值分别为

$$\gamma_{m0} = C(s_0)/M(s_0) = 262.5/559.5 \approx 0.47$$

$$\eta_{v0} = C(s_0)/V(s_0) = 262.5/30.18 \approx 8.7$$

由于规定的指标 $M_0 = 530$kg、$V_0 = 26.5$m^3，所以方案 s_0 中携行备件质量和体积

表 11-8　任务阶段系统工况及冗余要求

任务阶段	装备名称	开始时刻/天	持续时间/天	安装数/套	最小工作数
战前准备阶段	警戒雷达系统	0	8	3	2
	防空武器系统	—	—	2	—
	电子战防御系统	—	—	4	—
防空作战阶段	警戒雷达系统	8	4	3	3
	防空武器系统	9	3	2	2
	电子战防御系统	—	—	4	—
电子战防御阶段	警戒雷达系统	12	5	3	2
	防空武器系统	—	—	2	—
	电子战防御系统	14	4	4	3
撤离阶段	警戒雷达系统	18	12	3	1
	防空武器系统	—	—	2	—
	电子战防御系统	18	8	4	1

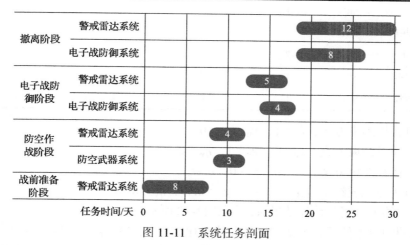

图 11-11　系统任务剖面

均未满足条件。通过引入 γ_m 及 η_v，重新计算得到另一组备件方案，记为 s，该方案下，系统任务成功概率 $\rho_s(s)=0.9508$，携行备件费用 $C(s)=271$ 万元，质量 $M(s)=514\text{kg}$，体积 $V(s)=25.1\text{m}^3$。各项指标均满足设定的约束条件，因此方案 s 为优化计算得到的最终结果。

通过调整各约束因子的值，能够在不同的约束条件下计算生成最优携行备件方案，如表 11-9 所示。

表 11-9 不同约束条件下的携行备件方案优化结果

备件项目	类型	费用约束方案	质量约束方案	体积约束方案	规模总成约束方案
功放组合	LRU	4	4	7	4
稳压板	SRU	4	4	1	4
驱动组件	SRU	0	1	0	1
信号处理单元	LRU	3	4	4	4
取样板	SRU	1	4	4	2
输出驱动板	SRU	0	0	1	0
火控单元	LRU	3	2	3	3
接口转换组合	SRU	1	4	0	1
I/O 控制器	SRU	0	4	0	1
发控单元	LRU	3	3	3	3
CPU 模块	SRU	1	5	1	1
时统板	SRU	1	4	4	1
天线阵列	LRU	7	4	4	4
接口电路板	SRU	1	5	4	4
微波模块	SRU	4	5	5	4
显控单元	LRU	7	7	7	7
电源模块	SRU	1	4	4	4
显控板	SRU	1	4	4	4

(1) 费用约束方案：$\lambda_c = 1$，$\gamma_m = \eta_v = 0$。

(2) 质量约束方案：$\lambda_c = 0$，$\gamma_m = 1$，$\eta_v = 0$。

(3) 体积约束方案：$\lambda_c = 0$，$\gamma_m = 0$，$\eta_v = 1$。

(4) 规模总成约束方案：$\lambda_c = 1$，$\gamma_m = 0.47$，$\eta_v = 8.7$。

不同约束方案的计算结果对比如图 11-12 所示。

不同约束条件下各方案的费效曲线对比如图 11-13 所示，曲线上的所有点都表示当前条件下的最优结果，通过该曲线便于对备件方案优化计算全过程进行控制，能够辅助决策者对各项指标参数的敏感性进行分析。该曲线能够为备件方案约束指标的设定范围提供依据。

采用两种方法对模型结果进行验证：一种是 VMETRIC 软件，另一种构建的仿真模型体系。VMETRIC 是面向稳态条件下的备件优化工具，它不能处理多阶段任务下的备件动态优化，对此将装备任务周期分解为多个阶段，将前一个阶段的优化输出结果作为下一个阶段的输入，通过对各阶段备件保障效果分析处理来

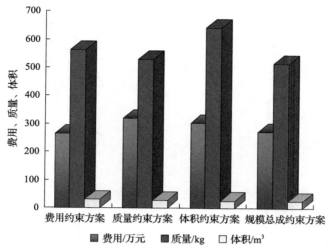

图 11-12　不同约束方案的计算结果对比

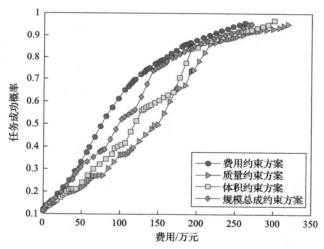

图 11-13　不同约束条件下各方案的费效曲线对比

评价模型计算结果。仿真模型体系是在基于离散事件系统（ExtendSim）的仿真环境下实现的，构建的仿真模型体系如图 11-14 所示，其中包括备件需求模块、故障修理模块、备件周转运送模块、保障效能指标评估模块、统计模块等。

采用 VMETRIC 验证时，将模型计算得到的方案结果作为输入条件，计算得到方案评估结果。采用基于 ExtendSim 的仿真模型体系进行验证时，为保证计算结果趋于稳定，随机产生 200 组备件需求数，设定仿真次数 $N=1000$ 次，仿真时钟按事件发生的逻辑顺序进入相应流程控制。

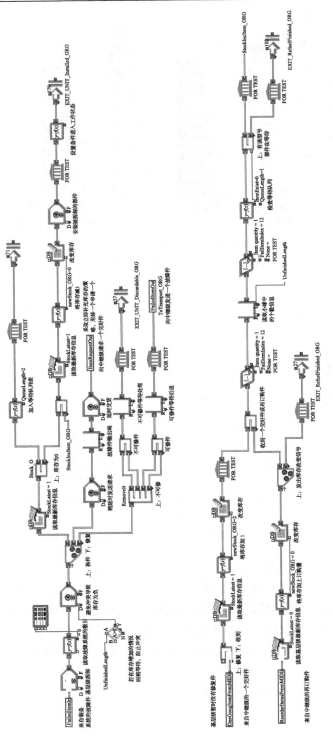

图11-14 基于ExtendSim的备件仿真模型体系

表 11-10 给出了模型验证结果，与仿真验证结果之间的偏差均小于 3%，模型结果误差在合理的控制范围之内，这在一定程度上验证了模型的正确性。

表 11-10　系统任务成功概率验证结果

测试项目	本书结果	VMETRIC 结果	仿真结果	偏差/%
费用约束方案	0.9563	0.9654	0.9826	2.8
质量约束方案	0.9503	0.9599	0.9745	2.5
体积约束方案	0.9662	0.9801	0.9889	2.3
规模总成约束方案	0.9508	0.9603	0.9763	2.7

相比仿真评估结果而言，模型计算结果普遍偏低，并且随着系统任务成功概率的减小，结果偏差会逐渐增大，因此模型计算得到的结果属于相对保守的方案。

11.5　定期保障模式下的装备携行备件配置模型

针对平时保障条件下，备件供应补给模式主要基于以下两类情况：①针对需求量低、价格高的关重件，一般采用 $(s-1, s)$ 库存策略，在该策略下，备件缺少一件则向上级申领一件，解决该类问题的经典方法为 METRIC 系列模型族；②对于需求量高、价格低的零部件，一般采用 (R, Q) 库存策略，当备件的库存水平下降至 R 时，则向上级订购 Q 件该备件，解决该类问题的理论方法为供应链协同控制论。在装备任务期间，装备工作强度大、持续时间长，装备随机故障率和备件需求高，再加上任务期间运输补给条件有限，难以开展连续的实时保障，若采用 $(s-1, s)$ 或 (R, Q) 库存策略，会增加备件补给和运输工作量，工作效率低；采用定期补给策略能够在确保备件补给工作效率的同时，根据任务需要为各作战单元预置一定数量的备件，进一步提高备件方案的鲁棒性。

目前，对于定期补给下备件保障问题的研究相对较少，针对该问题，以保障单元对多个任务单元开展定期保障为背景，研究保障单元备件补给方案和作战单元备件配置方法。

11.5.1　多层级备件的单层级等效建模

定期保障模式下的备件两级供应流程如图 11-15 所示。在考虑故障件报废的情况下，保障延误主要包括备件在维修、运输过程中产生的"周转延误"以及备件被完全消耗后产生的"永久延误"[20]。由于一定范围内的维修时间会被充足的备件数量或较小的修复概率所"掩盖"，所以维修时间的存在并不一定会产生保障延误，从而对保障效果(可用度)造成影响。即使由维修时间导致的保障延误发生了，延误时间也并不一定很长，所以对保障效果的影响较小。

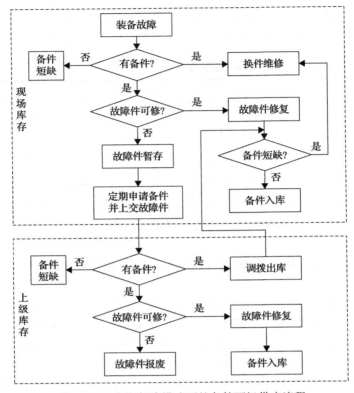

图 11-15 定期保障模式下的备件两级供应流程

受维修条件限制，装备现场级的维修能力通常较弱，只能对一些相对简单的故障进行排查和维修，因此修复概率一般较小，针对简单故障情况的维修时间也不会太长。与此同时，为了保证任务的顺利完成，现场级一般会配备较为充足的备件以达到规定的可用度指标。以上条件均在很大程度上弱化了维修时间因素的影响，使备件报废因素成为产生保障延误、影响保障效果的决定性因素，故在建立装备现场级的备件库存模型时，采用忽略维修时间的近似处理方法，将多层级备件模型等效为单层级备件模型。

由分析多层级装备的维修过程可知，由于子部件 SRU 完全用于维修故障的母体部件 LRU，所以若能提前对所配置的 SRU 能够成功修复的故障 LRU 数量进行有效预估，就可以实现 SRU 备件向 LRU 备件的等效折算，从而将多层级备件问题转化为仅包含 LRU 的单层级备件问题。

令 j 表示 LRU 备件项目编号，当 LRU_j 发生故障时，故障原因是其所属的某个子部件 $\text{SRU}_l(l\in\text{Sub}(j))$ 故障所致的条件概率为

$$q_{jl} = \frac{Z_l \cdot \text{MTBF}_j}{\text{MTBF}_l} \tag{11-62}$$

式中，Z_l 为 SRU_l 的单机安装数量；$MTBF_{j/l}$ 为平均故障间隔时间。

在对 LRU_j 进行修理时，并不考虑维修时间，只有当导致 LRU_j 故障的子部件不可修时，才造成对应子备件的消耗。因此，对作战单元 i 故障件 LRU_j 进行维修时，维修一次所消耗各子部件 $SRU_l(l \in Sub(j))$ 的数量为

$$\Delta s_{li} = \begin{cases} q_{jl}(1-r_{li})r_{ij}, & s_{li} \geqslant 1 \\ q_{jl}(1-r_{li})r_{ij}\, s_{li}, & s_{li} < 1 \end{cases} \tag{11-63}$$

式中，r_{li} 为故障件 SRU_l 的修复概率；r_{ij} 为故障件 LRU_j 的修复概率；s_{li} 为备件当前的库存量。

LRU_j 维修完成后的备件增加量为

$$\Delta s_{ij} = \sum_{l \in Sub(j)} \Delta s'_{li} \tag{11-64}$$

式中

$$\Delta s'_{li} = \begin{cases} q_{jl}r_{ij}, & s_{li} \geqslant 1 \\ q_{jl}r_{ij}\, s_{li}, & s_{li} < 1 \end{cases} \tag{11-65}$$

下面通过模拟 SRU 对 LRU 的换件维修过程，给出基于 SRU 备件折算的 LRU 累积备件增加量的计算流程：

(1) 令 LRU_j 备件累积增加量 $\Delta s'_{li} = 0$，初始可用 LRU_j 的备件数量 $s_{ij\_av} = s_{ij} + 1$（s_{ij_av} 包括备件和部件本身）。

(2) 若装备发生一次故障，则消耗一项 LRU_j 备件，$s_{ij\_av} = s_{ij\_av} - 1$。

(3) 若可用 LRU_j 数量 $s_{ij\_av} \leqslant 0$，则算法结束，得到 LRU_j 的累积备件增加量 $\Delta s'_{li}$；否则进入步骤(4)。

(4) 利用 $SRU_l(l \in Sub(j))$ 备件对其维修产生新的 LRU_j 备件，得到当前 LRU_j 的累积备件增加量和可用数量分别为 $\Delta s'_{ij} = s_{ij} + \Delta s_{ij}$、$\Delta s_{ij\_av} = s_{ij\_av} + \Delta s_{ij}$。

(5) 更新当前各子备件库存量 $s_{li} = s_{li} - \Delta s_{li}(l \in Sub(j))$，并转入步骤(2)。

若装备部署数量为 N_i，则由上述计算流程得到的等效备件数量还需要在各装备之间平均分配。因此，最终等效后的 LRU_j $(j \in Inden(1))$ 备件数量为

$$s_{eij} = \frac{s_{ij} + \Delta s'_{ij}}{N_i} \tag{11-66}$$

等效平均寿命为

$$MTTF_{ej} = \frac{MTBF_j}{Z_j} \tag{11-67}$$

11.5.2　定期补给下的装备可用度评估模型

在定期保障模式下，一般不考虑保障单元的维修能力，直接报废现场无法修复的故障件。保障单元以时间间隔 ΔT 定期对各作战单元进行备件补给，假设装备在各补给阶段的计划工作时间分别为 $T(1), T(2), \cdots, T(k), \cdots, T(K)$，补给数量分别为 $Q_{ij}(1), Q_{ij}(2), \cdots, Q_{ij}(k), \cdots, Q_{ij}(K-1)$。

对于第一阶段，即从任务开始至第一个补给周期到达前，由于其期望初始备件数量就是各站点备件配置数量，所以利用等效折算方法易求得作战单元 i，LRU_j 的初始等效备件数量为 $s_{eij}(1)$，则第一阶段各作战单元的装备期望工作时间为

$$E_i(1) = \int_0^{T(1)} \left(\prod_{j \in \text{Inden}(1)} R_{ij}(x, s_{eij}(1)) \right) \mathrm{d}x \tag{11-68}$$

式中，$R_{ij}(x, s_{eij}(1))$ 为作战单元 i 中 LRU_j 在初始等效备件数量 $s_{eij}(1)$ 下的可靠度函数，即

$$R_{ij}(x, s_{eij}(1)) = 1 - \frac{\int_0^x x^{s_{eij}(1)} \mathrm{e}^{-t/\text{MTTF}_{ej}} \mathrm{d}t}{\text{MTTF}_{ej}^{(s_{eij}(1)+1)} \Gamma(s_{eij}(1) + 1)} \tag{11-69}$$

对于第二阶段，即第一个补给周期到达后至第二个补给周期到达前，其期望初始备件数量由第一阶段消耗的备件数量和本阶段获得的补给数量决定。前一阶段消耗的备件数量则与备件层级有关。对于 LRU_j，其第一阶段的平均备件消耗量由两部分构成。

一是因 LRU_j 不可修复而报废的数量：

$$s_{ij\_\text{scrap1}}(1) = \lambda_{ij}(1 - r_{ij}) E_i(1) \tag{11-70}$$

二是 LRU_j 可修复，但缺少相应子部件 $\text{SRU}_l (l \in \text{Sub}(j))$ 导致其消耗的数量：

$$s_{ij\_\text{scrap2}}(1) = \lambda_{ij} r_{ij} E_i(1) \sum_{l \in \text{Sub}(j)} \left((1 - R_{li}(T(1), s_{li})) q_{jl} \right) \tag{11-71}$$

式中，$R_{li}(T(1), s_{li})$ 表示第一阶段 ΔT 时间内作战单元 i 中 SRU_l 在初始备件数量 s_{li} 下的可靠度，即不缺备件的概率。为了便于求解，将 SRU_l 等效为不可修件，平均寿命为 $1/(\lambda_{li}(1 - r_{li}))$，则有

$$R_{li}(T(1), s_{li}) = 1 - \frac{\lambda_{li}(1 - r_{li})^{(s_{li}+1)} \cdot \int_0^{T(1)} x^{s_{li}} \mathrm{e}^{-\lambda_{li}(1 - r_{li})x} \mathrm{d}x}{\Gamma(s_{li} + 1)} \tag{11-72}$$

因此，LRU$_j$ 在本阶段的期望初始备件数量为

$$s_{ij}(2) = s_{ij} - \left(s_{ij\_scrap1}(1) + s_{ij\_scrap2}(1)\right) + Q_{ij}(1) \tag{11-73}$$

对于 SRU$_j$，平均消耗量为

$$s_{ij\_scrap}(1) = \lambda_{lj} r_{lj} q_{lj}(1 - r_{ij}) E_i(1) \tag{11-74}$$

故 SRU$_j$ 在本阶段的期望初始备件数量为

$$s_{ij}(2) = s_{ij} - s_{ij\_scrap}(1) + Q_{ij}(1) \tag{11-75}$$

同样，根据期望初始备件数量可以计算各作战单元 LRU$_j$ 的初始等效备件数量 $s_{eij}(2)$，从而得到第二阶段装备的期望工作时间为

$$E_i(2) = \int_{T(1)}^{T(1)+T(2)} \left(\prod_{j \in \text{Inden}(1)} R_{ij}(x, s_{eij}(2))\right) dx \tag{11-76}$$

依此类推，对于第 k 个阶段，LRU$_j$ 的期望初始备件数量为

$$s_{ij}(k) = s_{ij}(k-1) + Q_{ij}(k-1) - \left(s_{ij\_scrap1}(k-1) + s_{ij\_scrap2}(k-1)\right) \tag{11-77}$$

式中

$$s_{ij\_scrap1}(k-1) = \lambda_{ij}(1 - r_{ij}) \cdot E_i(k-1) \tag{11-78}$$

$$s_{ij\_scrap2}(k-1) = \lambda_{ij} r_{ij} \cdot E_i(k-1) \cdot \sum_{l \in \text{Sub}(j)} \left(\left(1 - R_{li}\left(T(k-1), s_{li}(k-1)\right)\right) q_{lj}\right) \tag{11-79}$$

$$R_{li}\left(T(k-1), s_{li}(k-1)\right) = 1 - \frac{\lambda_{li}(1 - r_{li})^{(s_{li}(k-1)+1)} \cdot \int_0^{\Delta T} x^{s_{li}(k-1)} e^{-\lambda_{li}(1-r_{li})x} dx}{\Gamma\left(s_{li}(k-1)+1\right)} \tag{11-80}$$

SRU$_j$ 在该阶段的期望初始备件数量为

$$s_{ij}(k) = s_{ij}(k-1) - s_{ij\_scrap}(k-1) + Q_{ij}(k-1) \tag{11-81}$$

式中

$$s_{ij\_scrap}(k-1) = \lambda_{lj} r_{lj} q_{lj}(1 - r_{ij}) \cdot E_i(k-1) \tag{11-82}$$

通过计算初始等效备件数量 $s_{eij}(k)$，得到第 k 阶段装备的期望工作时间为

$$E_i(k) = \int_{\sum_{j=1}^{k-1} T(j)}^{\sum_{j=1}^{k} T(j)} \left(\prod_{j \in \text{Inden}(1)} R_{ij}(x, s_{eij}(k)) \right) dx \tag{11-83}$$

最终可以得到的装备可用度为整个任务期间的总工作时间与总计划工作时间之比：

$$A_i = \frac{\sum_{k=1}^{K} E_i(k)}{\sum_{k=1}^{K} T(k)} \tag{11-84}$$

例 11.4　假设由一艘综合保障船 (d) 对三艘任务舰船 $(i_1 、 i_2 、 i_3)$ 进行定期补给保障，任务周期设为 3 个月，装备在三艘任务舰船的计划工作时间相同，第一个月为 300h，第二个月为 480h，第三个月为 240h，不考虑综合保障船对故障件进行修理。装备在三艘作战舰船的部署数量分别为 1、3、2。现要求制定备件保障方案，使任务期间装备平均可用度不低于 0.95。备件清单及相关参数如表 11-11 所示。

表 11-11　备件清单及相关参数

备件	结构码	MTBF$_j$/h	安装数 Z_j	单价 c_j/元
LRU$_1$	1	683	1	150000
LRU$_2$	2	333	1	200000
LRU$_3$	3	600	1	300000
SRU$_{11}$	1.1	2200	2	40000
SRU$_{12}$	1.2	1800	1	70000
SRU$_{21}$	2.1	1500	2	55000
SRU$_{22}$	2.2	1200	2	45000
SRU$_{31}$	3.1	2000	2	100000
SRU$_{32}$	3.2	3000	2	50000

对于备件补给量的确定，通常的策略是根据备件报废/消耗情况，补充相应的消耗数量，从而使各站点恢复初始库存水平。然而，备件消耗在实际中呈现出随机性特征，导致备件补给量无法事先确定，故该策略仅适用于视情补给。当备件补给数量需要在执行任务前事先确定时，通过分析，虽然备件消耗量是随机的，但其趋于一稳定的均值，即备件平均消耗量是可以预先估计的。因此，给出一种基于备件平均消耗量的补给数量事先确定方法，即将本阶段平均备件消耗量取整

后作为下一阶段的备件补给量。取整方式为：第一次补给量按第一阶段的平均消耗量四舍五入(或向上)取整，之后每一次补给量则通过前面各阶段的平均消耗量之和四舍五入(或向上)取整后减去之前的补给量之和获得。

　　分别考虑四舍五入取整和向上取整两种方式确定备件补给量，采用边际优化算法计算三艘任务舰船的携行备件方案，结果如表 11-12 所示，配置方案的最优费效曲线如图 11-16 和图 11-17 所示。

　　各任务阶段的备件平均消耗量如表 11-13 所示，其中，以标识符 $s_{ij1\_scrap}(1)$ 为例，下标 i_1 表示舰船 1；"(1)"表示任务阶段 1，其他同理。

表 11-12　各任务舰船的携行备件配置方案

备件	四舍五入取整			向上取整		
	i_1	i_2	i_3	i_1	i_2	i_3
LRU_1	3	7	5	2	6	4
LRU_2	3	11	7	3	11	6
LRU_3	3	7	5	2	7	5
SRU_{11}	1	2	2	0	2	1
SRU_{12}	0	2	1	0	1	0
SRU_{21}	1	2	2	0	2	1
SRU_{22}	2	2	2	1	2	1
SRU_{31}	1	2	2	0	1	1
SRU_{32}	1	2	1	0	1	1

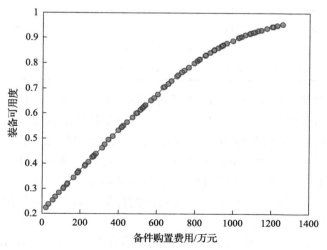

图 11-16　最优费效曲线(补给量采用四舍五入取整)

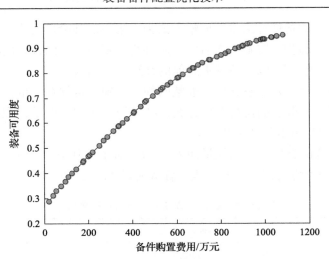

图 11-17　最优费效曲线(补给量采用向上取整)

表 11-13　任务阶段内各成员舰船备件平均消耗量

备件项目	$s_{ij1\_scrap}(1)$		$s_{ij1\_scrap}(2)$		$s_{ij2\_scrap}(1)$		$s_{ij2\_scrap}(2)$		$s_{ij3\_scrap}(1)$		$s_{ij3\_scrap}(2)$	
	解析法	仿真法	解析法	仿真法	解析法	仿真法	解析法	仿真法	解析法	仿真法	解析法	仿真法
LRU_1	0.29	0.31	0.46	0.50	0.85	0.88	1.32	1.40	0.57	0.62	0.88	1.03
LRU_2	0.64	0.64	1.01	1.01	1.87	1.92	2.89	3.11	1.25	1.29	1.93	2.05
LRU_3	0.38	0.44	0.60	0.77	1.11	1.16	1.72	1.81	0.74	0.75	1.15	1.22
SRU_{11}	0.07	0.06	0.10	0.09	0.20	0.22	0.30	0.31	0.13	0.14	0.20	0.21
SRU_{12}	0.04	0.04	0.07	0.07	0.13	0.12	0.20	0.21	0.09	0.10	0.13	0.13
SRU_{21}	0.10	0.09	0.15	0.15	0.28	0.31	0.44	0.44	0.19	0.20	0.29	0.30
SRU_{22}	0.10	0.10	0.15	0.14	0.29	0.31	0.44	0.45	0.19	0.21	0.30	0.31
SRU_{31}	0.06	0.06	0.10	0.11	0.19	0.21	0.29	0.29	0.13	0.12	0.19	0.21
SRU_{32}	0.04	0.04	0.06	0.05	0.11	0.11	0.17	0.18	0.07	0.08	0.11	0.12

表 11-13 给出了利用仿真法统计得到的备件平均消耗量。仿真法中需要分别设置统计剩余备件数量和短缺数量的变量。统计备件短缺数是因为仅查看剩余备件数量(剩余备件数量最少为 0)无法反映出备件的短缺状态。备件短缺数的统计方法为当需要某项备件而直至任务结束都无法满足时，该项备件短缺数量+1，最终的剩余备件数量则为实际剩余备件数量与短缺数量之差，结果为负说明备件发生短缺。由对比结果可以看出，本章解析法的计算结果与仿真法的统计结果较为接近，从而验证了该方法的准确性。

综合保障船对各成员舰在任务阶段内的补给方案如表 11-14 所示，采用两种方式对补给量计算结果进行处理：一种是四舍五入取整；另一种是向上取整。

表 11-14　任务阶段内备件补给方案

备件项目	$Q_{ij1}(1)$		$Q_{ij1}(2)$		$Q_{ij2}(1)$		$Q_{ij2}(2)$		$Q_{ij3}(1)$		$Q_{ij3}(2)$	
	四舍五入取整	向上取整	四舍五入取整	向上取整	四舍五入取整	向上取整	四舍五入取整	向上取整	四舍五入取整	向上取整	四舍五入取整	向上取整
LRU_1	0	1	1	0	1	1	1	2	1	1	0	1
LRU_2	1	1	1	1	2	2	3	3	1	2	2	2
LRU_3	0	1	1	0	1	2	2	1	1	1	1	1
SRU_{11}	0	1	0	0	0	1	1	0	0	1	0	0
SRU_{12}	0	1	0	0	0	1	0	0	0	1	0	0
SRU_{21}	0	1	0	0	0	1	1	0	0	1	0	0
SRU_{22}	0	1	0	0	0	1	0	0	0	1	0	0
SRU_{31}	0	1	0	0	0	1	0	0	0	1	0	0
SRU_{32}	0	1	0	0	0	1	0	0	0	1	0	0

　　为了便于对比，表 11-15 给出了两种取整方式下优化算法的计算结果对比。从总体上看，两种取整方式下的备件总费用和装备可用度均较为接近，费效比相当；具体来看，向上取整方式减少了任务舰船的备件配置数量，但同时也增加了综合保障船的备件携带数量。因此，两种取整方式无法评价孰优孰劣，实际应用中可视情况决定。

表 11-15　两种取整方式下优化算法的计算结果对比

取整方式	迭代次数	成员舰备件购置费用/元	保障船备件补给费用/元	备件总费用/元	保障系统可用度
四舍五入取整	79	1260.5	454	1714.5	0.9554
向上取整	61	1083.5	598	1681.5	0.9523

　　需要说明的是，文献[20]对忽略维修时间下的误差进行了详细分析，此处不再对忽略维修时间的可行性及其带来的误差进行分析。

11.6　面向区域化保障下的装备携行备件配置模型

11.6.1　区域化保障概述

　　对于跨地区执行任务的军事装备，采用区域化保障模式能够进一步提高保障的时效性，缩短备件供应时间，提高保障效率。尤其是对于海军舰船装备，由于作战舰船海上活动范围广、航行区域跨度大，当舰船由一个海域航行至另一个海域时，对其保障的岸基基地可能发生变化，保障体系也随之发生改变，因此跨区域执行任务的装备，其保障模式和保障链结构呈现出动态性的特点。例如，美国海军航母战斗群在本土附近执行任务时，由本土岸基保障基地对其实施保障，当其远离本土到亚太地区执行任务时，将由分布在全球范围内的海外保障站点进行保障。

在传统的备件保障模式下，保障体系结构基本上是固定不变的，而在面向区域化的保障模式下，装备跨区域活动会造成保障结构的改变，因此研究具有动态保障链结构下的装备携行备件配置优化问题，对面向区域化保障任务下的备件保障规划具有重要意义。

装备在执行跨区域任务过程中，设其分别在 L_1、L_2、$\cdots$、L_n 区域执行任务，在 L_1、L_2、$\cdots$、L_n 区域执行任务时对应的后方基地保障站点分别为 H_1、H_2、$\cdots$、H_n，不同区域对应的保障模式如图 11-18 所示。当在 L_1 区域执行任务时，若装备发生故障，则拆换的故障件送往 H_1 站点进行修理，同时向 H_1 站点发出备件申请；当在 L_1 区域执行完任务进入 L_2 区域时，岸基保障站点变为 H_2，此时若装备对站点 H_1 产生的备件需求处于运输途中，即使进入 L_2 区域后，在 L_1 区域产生的备件需求依旧由站点 H_1 进行补给。

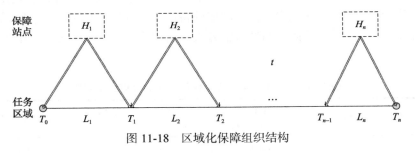

图 11-18　区域化保障组织结构

针对装备在执行跨区域任务下，保障结构发生变更时的备件保障流程，做如下假设：

（1）装备在同一区域执行任务时，区域内任何一点与后方基地保障站点之间距离的变化所造成的备件供应时间忽略不计，即备件往返运输时间恒定。

（2）不考虑后方基地保障站点之间的备件横向补给。

（3）任务期间，装备现场仅具备 LRU 换件修理能力，拆换的故障件需送往后方基地保障站点进行修理。

（4）不允许备件在产生需求区域以外的保障站点进行保障。

（5）关键重要备件均采用 $(s-1, s)$ 库存策略。

11.6.2　区域化保障模式下的备件供应模型

1. 后方保障站点备件供应模型

在装备位于第 n 个区域执行任务期间，设该区域执行任务周期为 (T_{n-1}, T_{n-2})，在此期间由后方保障站点 H_n 进行保障。

当装备在 L_n 区域执行任务时，备件保障体系由装备现场（基层级，记为 i）和后方保障站点 H_n 组成，需要计算后方保障站点 H_n 的备件（备件项目编号记为 j）再供应周转量，令 t 时刻后方保障站点 H_n 在修故障件数量为

$$\text{RP}_{H_{nj}}(t) = \sum_{\max(T_{n-1}+1,t-\text{RT}_n)}^{t} \lambda_{ij}(t) \cdot \left(1 - r_{ij}\right) \cdot r_{H_{nj}} \tag{11-85}$$

式中，$\lambda_{ij}(t)$ 为 t 时刻备件需求率；r_{ij} 为基层级站点中备件可修复率；$r_{H_{nj}}$ 为后方保障站点备件可修复率；RT_n 为故障件维修周转时间。t 时刻不可修故障件数量为

$$\text{NRP}_{H_{nj}}(t) = \sum_{\max(T_{n-1}+1,t-\text{RT}_n)}^{t} \lambda_{ij}(t) \cdot \left(1 - r_{ij}\right) \cdot \left(1 - r_{H_{nj}}\right) \tag{11-86}$$

因此，后方保障站点 H_n 的备件再供应周转量均值为

$$E\left[X_{H_{nj}}(t)\right] = \text{RP}_{H_{nj}}(t) + \text{NRP}_{H_{nj}}(t) \tag{11-87}$$

由于后方保障站点再供应周转量服从均值和方差相同的泊松分布，可计算 t 时刻后方保障站点 H_n 中备件期望短缺数 $\text{EBO}_{H_{nj}}(t)$。

2. 基层级保障站点备件供应模型

在 L_n 区域，基层级备件供应周转量由两部分组成：一是在补给中的备件数量；二是因后方保障站点 H_n 出现备件短缺而造成的供应延误数量。

若任务单元处于 L_{n-1} 区域边界，则由 L_{n-1} 区域进入 L_n 区域时，在补给中的备件可能会来自两个后方保障站点 H_n 和 H_{n-1}，即在 L_{n-1} 区域产生的备件需求还未运送至基层级站点 i 时，任务单元已经由 L_{n-1} 区域进入了 L_n 区域。因此，当由一个区域进入另一区域时，处于补给途中的备件分为两部分：一部分是在 L_{n-1} 区域产生的备件需求，该部分由后方保障站点 H_{n-1} 进行供应；另一部分是在 L_n 区域产生的备件需求，该部分由后方保障站点 H_n 进行供应。在 L_n 区域，基层级保障站点到后方保障站点 H_{n-1} 的运输时间为 $\text{OST}(n-1)$；在 L_{n-1} 区域，基层级保障站点到后方保障站点 H_n 的运输时间为 $\text{OST}(n)$，则任意 t 时刻在补给中的备件数量如下。

（1）当 $\text{OST}(n-1) > \text{OST}(n)$ 时，有

$$
\mathrm{XS}_{ij}(t) = \begin{cases} \displaystyle\sum_{t=T_{n-1}+1}^{t} \lambda_{ij}(t) + \sum_{t=t-\mathrm{OST}(1)}^{T_{n-1}} \lambda_{ij}(t), & t < T_{n-1} + \mathrm{OST}(n) \\[2mm] \displaystyle\sum_{t=t-\mathrm{OST}(n)}^{t} \lambda_{ij}(t) + \sum_{t=t-\mathrm{OST}(n-1)}^{T_{n-1}} \lambda_{ij}(t), & T_{n-1} + \mathrm{OST}(n) \leqslant t < T_{n-1} + \mathrm{OST}(n-1) \\[2mm] \displaystyle\sum_{t=t-\mathrm{OST}(n)}^{t} \lambda_{ij}(t), & T_{n-1} + \mathrm{OST}(n-1) \leqslant t \end{cases}
$$

$$(11\text{-}88)$$

(2) 当 $\mathrm{OST}(n-1) < \mathrm{OST}(n)$ 时，有

$$
\mathrm{XS}_{ij}(t) = \begin{cases} \displaystyle\sum_{t=T_{n-1}+1}^{t} \lambda_{ij}(t) + \sum_{t=t-\mathrm{OST}(1)}^{T_{n-1}} \lambda_{ij}(t), & t < T_{n-1} + \mathrm{OST}(n) \\[2mm] \displaystyle\sum_{t=T_{n-1}+1}^{t} \lambda_{ij}(t), & \mathrm{OST}(n-1) \leqslant t < T_{n-1} + \mathrm{OST}(n) \\[2mm] \displaystyle\sum_{t=t-\mathrm{OST}(n)}^{t} \lambda_{ij}(t), & T_{n-1} + \mathrm{OST}(n) \leqslant t \end{cases} \quad (11\text{-}89)
$$

11.6.3　跨区域后的剩余备件计算模型

当任务单元从一个区域跨入另一个区域时，由于跨区域后的后方保障站点发生变化，计算该区域的备件期望短缺数时，需要计算进入该区域时基层级站点的剩余备件数量，而剩余备件数量与其在之前区域的初始备件量及消耗量有关，采取逐步递推的方法，依次求取在每个区域执行任务后的剩余备件数，进而归纳出在任一区域的剩余备件数通用计算模型，推导过程如下。

T_1 时刻，基层级站点 i 中剩余备件数为 y_1，在 T_2 时刻剩余备件数为 $y_2 (y_2 \leqslant y_1)$ 的概率为

$$\eta'_{i2}(y_2, y_1, T_2) = \eta_{i1}(y_1, T_1) \cdot P_{i2}(y_1 - y_2, T_2) \tag{11-90}$$

当 T_1 时刻基层级站点 i 的剩余备件数 y_1 在 $[y_2, s_{ij}]$ 取任意值时（s_{ij} 为初始备件数），T_2 时刻剩余备件数均可能为 y_2。因此，T_2 时刻剩余备件数为 y_2 的概率 $\eta_{i2}(y_2, T_2)$ 是 T_1 时刻剩余备件数大于 y_2 且在 T_2 时刻剩余备件数为 y_2 的概率求和，即

$$\eta_{i2}(y_2, T_2) = \sum_{y_1=y_2}^{s_{ij}} \eta_{i2}(y_1, y_2, T_2) \tag{11-91}$$

因此，T_2 时刻剩余备件期望值为

$$s_{ij}(T_2) = \sum_{k=y_2}^{s_{ij}} \left[\eta_{i2}(k, T_2) \cdot k \right] \tag{11-92}$$

T_2 时刻剩余备件数为 y_2 时，T_3 时刻剩余备件数为 y_3 的概率为

$$\eta'_{i3}(y_3, y_2, T_3) = \eta_{i2}(y_2, T_2) \cdot P_{i3}(y_2 - y_3, T_3) \tag{11-93}$$

因此，T_3 时刻剩余备件数为 y_3 的概率为

$$\eta_{i3}(y_3, T_3) = \sum_{y_2 = y_3}^{y_1} \eta'_{i3}(y_2, y_3, T_3) \tag{11-94}$$

期望剩余备件数 $s_{ij}(T_3)$ 为

$$s_{ij}(T_3) = \sum_{k=1}^{s_{ij}} \left[\eta_{i3}(k, T_3) \cdot k \right] \tag{11-95}$$

依此类推，令 T_{n-2} 时刻剩余备件数为 y_{n-2} 的概率为 $\eta_{i(n-2)}(y_{i(n-2)}, T_{n-2})$，则当 T_{n-2} 时刻剩余备件数为 y_{n-2} 时，T_{n-1} 时刻剩余备件数为 y_{n-1} 的概率为

$$\eta'_{i(n-1)}(y_{n-2}, y_{n-1}, T_{n-1}) = \eta_{i(n-2)}(y_{i(n-2)}, T_{n-2}) \cdot P_{i(n-1)}(y_{n-2} - y_{n-1}, T_{n-1}) \tag{11-96}$$

T_{n-1} 时刻剩余备件数为 y_{n-1} 的概率为

$$\eta_{i(n-1)}(y_{n-1}, T_{n-1}) = \sum_{y_{n-2} = y_{n-1}}^{y_{n-3}} \eta'_{i(n-1)}(y_{n-2}, y_{n-1}, T_{n-1}) \tag{11-97}$$

T_{n-1} 时刻剩余备件期望值为

$$s_{ij}(T_{n-1}) = \sum_{k=y_{n-1}}^{s_{ij}} \left[\eta_{i(n-1)}(k, T_{n-1}) \cdot k \right] \tag{11-98}$$

11.6.4　模型优化算法设计

T_{n-1} 时刻剩余备件数为 y 时，t 时刻基层级站点 i 中备件期望短缺数为

$$\text{EBO}'_{ij}(y \mid t) = \sum_{x=y+1}^{\infty} \left[(x - y) \cdot \text{Pr}_{ij}(x, t) \right], \quad T_{n-1} < t \leqslant T_n \tag{11-99}$$

T_{n-1} 时刻剩余备件数为 y 的概率为 $s_{ij}(y, T_{n-1})$，若初始备件携带量为 s_{ij}，则 t

时刻备件期望短缺数为

$$\text{EBO}_{ij}(t) = \sum_{y=1}^{s_{ij}} \left[\text{EBO}'_{ij}(y \mid t) \cdot s_{ij}(y, T_{n-1}) \right], \quad T_{n-1} < t \leqslant T_n \quad (11\text{-}100)$$

根据备件期望短缺数，可以计算装备可用度。

任务期间，不考虑备件购置费用，主要考虑备件存储空间约束条件，建立的携行备件方案优化模型为

$$\min \ V = \sum_{j=1}^{N} \left(v_j \cdot s_{ij} + \sum_{h=1}^{n} v_j \cdot s_{hj} \right)$$

$$\text{s.t.} \begin{cases} \sum_{j=1}^{N} s_{ij} \cdot v_j \leqslant V_{i0} \\ \min(A(t)) \geqslant A_0 \end{cases} \quad (11\text{-}101)$$

式中，v_j 为备件 j 的体积；s_{ij} 为基层级站点 i 中备件 j 的初始配置量；s_{hj} 为后方保障站点 h 中备件 j 的初始配置量；V_{i0} 为基层级备件存储体积约束指标；$A(t)$ 为任务时间 t 时刻的装备可用度；A_0 为整个任务期间要求的可用度指标值。

当备件保障结构随区域变化发生改变时，不能直接采用边际优化算法，若单独确定每项 LRU 的边际效益值，则会忽略前一阶段剩余备件对后一阶段的影响。在整个跨区域任务期间，按照后方保障站点的先后顺序，对算法进行改进。算法步骤如下。

步骤 1 分配装备可用度指标。将装备可用度指标 A_0 进行分解，分配给 LRU 的可用度指标为 $\sqrt[J]{A_0}$，其中，J 表示装备中所属 LRU 种类数。

步骤 2 初始化备件量。第一个任务区域时段为 $0 \sim T_1$，在确定的 LRU 可用度指标下，将后方保障站点 H_1 和基层级备件量初始化为 0，计算后方保障站点备件量 $s_{h1j} = 0, 1, 2, \cdots$ 时 LRU 可用度，并将每增加一个备件时的边际效益值 $\delta = \Delta A / \Delta V$ 计入矩阵 B_{11}，直至 LRU 可用度值达到 $\sqrt[J]{A_0}$；后方保障站点备件量为 0 时，计算基层级站点备件量 $s_{ij} = 0, 1, 2, \cdots$ 时 LRU 可用度值，同时记录每增加一个备件时的边际效益值 $\delta = \Delta A / \Delta V$，将其计入矩阵 A_{11}，直到所有 LRU 可用度值达到 $\sqrt[J]{A_0}$。

步骤 3 确定最优备件方案。设第 j 项备件配置数量为 x 的边际效益值为 δ_{jx}，确定初始边际效益值矩阵 $[\delta_{11}, \delta_{21}, \cdots, \delta_{j1}, \cdots]$，取后方保障站点 H_1 和基层级站点边际效益值矩阵的第一项放入矩阵 C_1，$C_1 = [A_{11}(1), A_{12}(1), \cdots, B_{11}(1), B_{12}(1), \cdots]$，对矩阵 C_1 中边际效益值最大时对应的备件项目数量加 1，同时计算装备可用度 A、备件体积 V，并将最大值从矩阵 C_1 和矩阵 A、B 中删除。

步骤 4 计算装备可用度。若 $A < A_0$，则继续执行步骤 3。若 $A > A_0$，则将此时

得到的备件方案记为 Scheme(1)，并执行步骤 5 中 $n=2$ 的情况。将第 n 个区域优化得到的备件方案记为 Scheme(n)。

步骤 5　优化第 n 区域备件方案。若 $V_j \geqslant V_0$，则算法结束。若 $V_j < V_0$，则在 $n-1$ 区域计算得到的备件优化方案 Scheme($n-1$) 的基础上，按照步骤 3 和步骤 4 的方法，计算得到 n 个区域备件优化方案 Scheme(n)。

11.6.5　算例分析

设某舰艇在 L_1、L_2、L_3 三个海域执行任务，三个海域对应的岸基保障站点分别为 H_1、H_2、H_3。根据任务计划，在三个海域执行任务时间段分别为 0～1500h、1501～3000h、3001～5000h，各海域与岸基保障站点之间的运输时间如表 11-16 所示。

表 11-16　各海域至岸基保障站点的运输时间

站点/区域	L_1/h	L_2/h	L_3/h
H_1	100	300	550
H_2	300	100	300
H_3	550	300	100

以该舰艇中的某型设备为例，设备装舰数量为 1 套，对应的备件清单如表 11-17 所示。

表 11-17　备件清单信息

备件	可靠性 MTBF/h	安装数 N	维修时间 RT/天	修复概率 r	体积 V/m³
LRU_1	600	1	8	0.6	0.5
LRU_2	750	1	6	0.57	0.8
LRU_3	1000	1	12	0.6	1
LRU_4	2000	1	21	0.58	1.5
LRU_5	1500	1	15	0.59	2

由于该舰艇的备件携行能力有限，要求随舰携带的备件总体积不超过 10m³，令装备可用度指标分别为 0.4、0.65、0.8、0.9，通过优化计算得到 4 种约束条件下的备件携行方案如表 11-18 所示，并依次记为备件方案 A、B、C 和 D，以岸基保障站点 H_1 的备件方案 A 为例，(1, 1, 0, 0, 0) 表示 LRU_1 和 LRU_2 的数量为 1，其余为 0。

方案优化过程中的可用度变化曲线如图 11-19 所示。方案 A、B、C、D 所对应的装备可用度分别为 0.4、0.6、0.8、0.9，携行备件总体积分别为 5.8m³、7.1m³、9.1m³、9.4m³。

表 11-18　4 种约束条件下的备件携行方案

站点	方案 A	方案 B	方案 C	方案 D
J	(1,1,1,1,1)	(2,2,1,1,1)	(4,2,2,1,1)	(3,3,2,1,1)
H_1	(1,1,0,0,0)	(1,1,1,1,0)	(1,1,1,1,1)	(1,1,1,1,1)
H_2	(0,1,1,0,0)	(1,0,0,0,1)	(0,1,0,1,1)	(1,1,0,0,1)
H_3	(0,0,0,1,1)	(0,1,0,1,0)	(1,0,1,0,0)	(1,0,2,3,2)

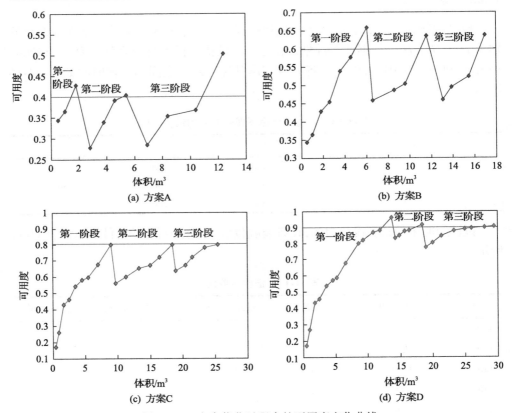

图 11-19　方案优化过程中的可用度变化曲线

　　由图 11-19 可知，在不同的可用度指标约束下，装备可用度曲线变化分为 3 个阶段：第一阶段（0～1500h），舰艇进入第一个海域，装备可用度随着算法迭代不断提高，当达到或超过可用度指标时，计算生成第一阶段的备件方案；第二阶段（1501～3000h），舰艇进入第二个海域，在第一阶段得到的备件方案基础上，根据第一阶段的消耗情况，开始优化第二阶段的备件方案，当舰艇跨入第二个海域时，装备工况要求及保障条件发生了变化，导致装备可用度急剧下降，从而使可用度变化曲线呈阶梯状上升；第三阶段（3001～5000h），在第二阶段优化得到的备件方案基础上，根据第二阶段的备件消耗情况，计算生成整个任务期间的备件方案。

根据备件保障流程，对其进行过程仿真并验证模型数据结果，仿真流程如图 11-20 所示，其中，包括备件入库事件、故障件维修事件、备件更换事件。当仿真运行 100 次时，得到的装备可用度仿真值与解析值对比曲线如图 11-21 所示。

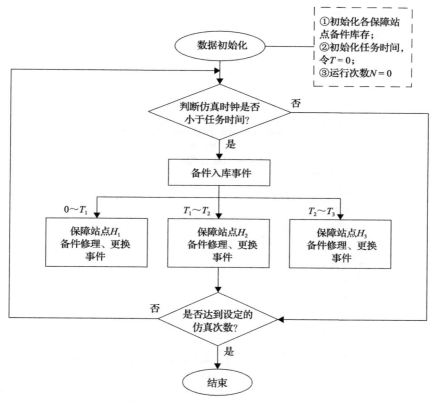

图 11-20 备件仿真流程图

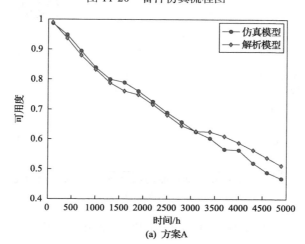

(a) 方案A

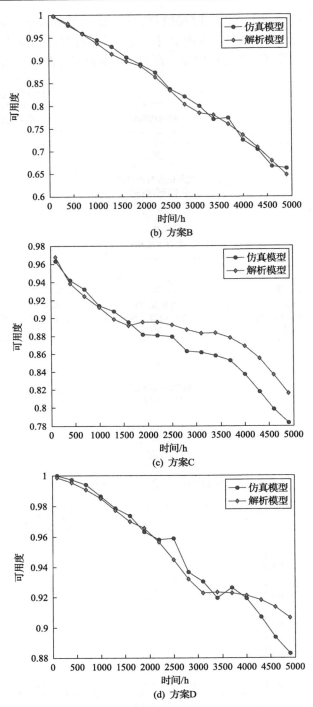

图 11-21　备件方案仿真值与解析值对比曲线

由图 11-21 可知，备件方案的解析值与仿真值变化趋势一致，且两者之间的误差很小，因此模型计算结果是合理的。

在上述跨区域任务想定模式下，由多个后方基地保障站点构成一个动态保障体系，现通过与单个后方基地构成的固定保障体系进行比较，从而分析保障效果。舰艇在整个任务期间面向不同的海域时，均由一个后方保障站点（以站点 H_1 为例）进行备件供应补给，则其保障体系结构变化如图 11-22 所示。

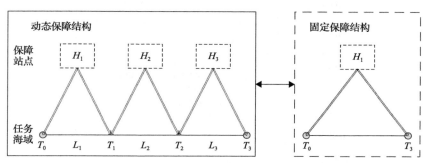

图 11-22 保障模式的转换

将表 11-18 中三个后方保障站点（H_1、H_2 和 H_3）备件数相加，作为固定保障模式下后方保障站点（以 H_1 为例）的初始备件方案，整个任务期间，由站点 H_1 对跨海区的舰艇提供备件保障，转换后的备件方案如表 11-19 所示。

表 11-19 H_1 站点保障下的备件方案

备件	方案 A		方案 B		方案 C		方案 D	
	舰艇	保障站点	舰艇	保障站点	舰艇	保障站点	舰艇	保障站点
LRU_1	1	1	2	2	4	2	3	3
LRU_2	1	2	2	2	2	2	3	2
LRU_3	1	1	1	1	2	2	2	3
LRU_4	1	1	1	2	1	2	1	4
LRU_5	1	1	1	1	1	2	1	4

将舰艇、后方保障站点 H_1、H_2、H_3 构成的备件保障体系用 (j, H_1, H_2, H_3) 表示，记为保障模式 I。在整个任务期间仅由保障点 H_1、H_2 或 H_3 与舰艇本级构成的保障体系，分别用 (j, H_1)、(j, H_2)、(j, H_3) 表示，并依次记为保障模式 II、III 和 IV。

在表 11-19 所示的不同备件方案下，装备可用度随时间变化的曲线如图 11-23 所示。

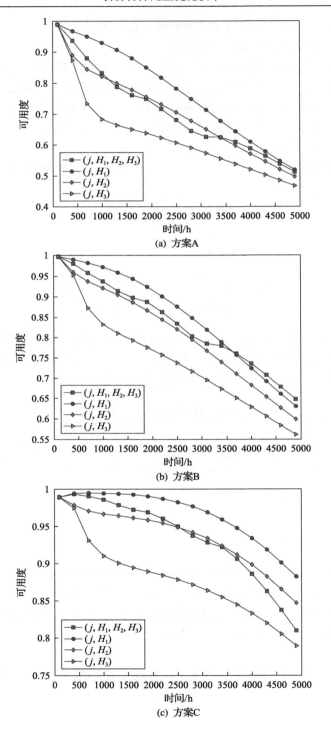

(a) 方案A

(b) 方案B

(c) 方案C

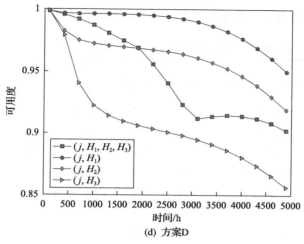

图 11-23　装备可用度随时间变化的曲线

（1）对比保障模式 Ⅰ (j, H_1, H_2, H_3) 和保障模式 Ⅱ (j, H_1) 的装备可用度变化情况。舰艇在第一个海域（0～1500h），由于保障模式 Ⅱ 中站点 H_1 各项备件数量均高于保障模式 Ⅰ，在供应时间相同的情况下，保障模式 Ⅱ 下的装备可用度要高于保障模式 Ⅰ。当舰艇进入第二个海域（1501～3000h）后，由于保障模式 Ⅱ 中后方保障站点 H_1 与舰艇距离增加，备件供应时间是同等情况下保障模式 Ⅰ 的 3 倍，且随着备件的消耗，保障模式 Ⅱ 中后方保障站点 H_1 备件数量减少，所以保障模式 Ⅰ 与模式 Ⅱ 下装备可用度接近；当进入第三个海域后，由于站点 H_1 的供应时间是站点 H_3 的 3 倍，所以两种保障模式下装备可用度越来越接近。

（2）对比保障模式 Ⅰ (j, H_1, H_2, H_3) 和保障模式 Ⅲ (j, H_2) 的装备可用度变化情况。舰艇在第一个海域时，由于保障站点 H_1 的备件供应时间小于保障站点 H_2 的备件供应时间，且两种保障模式下舰艇携行备件方案相同，所以在保障站点 H_2 第一批备件到达舰艇前，保障模式 Ⅰ 下的装备可用度高于保障模式 Ⅲ，随着任务时间的推进，当站点 H_2 的备件供应完成后，两种保障模式下的装备可用度差别逐渐缩小。

（3）在保障模式 Ⅱ 下，由于保障站点 H_1 至舰艇的备件供应时间变化趋势为"小-中-大"，所以舰艇在三个海域的装备可用度随时间下降越来越快；在保障模式 Ⅲ 中，保障站点 H_2 至舰艇的备件供应时间变化趋势为"中-小-中"，因此舰艇在三个海域的装备可用度下降趋势呈现"两边快，中间平"；在保障模式 Ⅳ 中，保障站点 H_3 至舰艇的备件供应时间变化趋势为"大-中-小"，装备可用度随时间下降速度呈现"先快后慢"的趋势。

下面针对不同的保障模式，采用离散仿真法统计备件需求次数，根据后方保障站点与舰艇之间的供应规则，计算备件运输成本。

计算得到的备件平均运输次数如表 11-20 所示。

表 11-20　装备可用度为 0.9 时的备件平均运输次数

保障模式	任务时域	LRU_1	LRU_2	LRU_3	LRU_4	LRU_5	总计
I	0~1500h	21.90	17.70	14.10	6.60	8.90	69.20
	1501~3000h	20.50	16.50	12.70	6.50	8.30	64.50
	3001~5000h	23.30	18.30	14.00	7.30	9.10	72.00
II	0~1500h	21.50	18.20	12.10	6.70	9.66	68.16
	1501~3000h	19.96	16.20	11.49	6.36	8.60	62.61
	3001~5000h	18.30	15.60	10.40	5.70	7.90	57.80
III	0~1500h	20.60	16.30	12.00	6.50	8.20	63.70
	1501~3000h	18.50	14.40	11.00	6.30	7.50	57.57
	3001~5000h	17.60	14.60	10.90	5.50	7.70	56.28
IV	0~1500h	17.70	14.30	11.00	5.50	7.40	55.90
	1501~3000h	16.50	13.20	10.00	5.00	7.00	51.50
	3001~5000h	17.70	14.00	10.00	5.10	7.00	53.80

根据备件供应时间确定备件运输成本，设运输时间 100h 的成本为 y，则保障模式 I 的备件运输成本为 $69.20 \times y + 64.50 \times y + 72.00 \times y$；保障模式 II 的备件运输成本为 $68.16 \times y + 62.61 \times 3y + 57.80 \times 5.5y$；保障模式 III 的备件运输成本为 $63.70 \times 3y + 57.57 \times y + 56.28 \times 3y$；保障模式 IV 的备件运输成本为 $55.90 \times 5.5y + 51.50 \times 3y + 53.80 \times y$。计算得到的不同保障模式下的备件运输成本如表 11-21 所示。

表 11-21　不同保障模式下的备件运输成本

项目名称	保障模式 I	保障模式 II	保障模式 III	保障模式 IV
运输成本/元	205.4	573.9	417.5	515.63
装备可用度	0.9	0.95	0.92	0.855

由表 11-21 可知，保障模式 II、III、IV 的备件运输成本比保障模式 I 高。通过分析可以得到如下结论。

(1) 在由单个保障站点进行保障的固定保障模式下，舰艇执行任务的海域先后顺序对装备可用度有一定影响，后方保障站点的备件库存能够统筹利用，因此对提高备件保障能力发挥了一定作用。

(2) 由多个保障站点实时区域化保障时，各个后方保障站点的备件资源不能完全共享，但在不同的区域中，备件供应的时效性较强、备件运输费用低，尤其是在任务区域范围广、跨度大的情况下，这一优势更加凸显。

参 考 文 献

[1] 杨建军, 胡涛, 黎放. 基于元任务的舰船总体任务可靠性建模方法[J]. 造船技术, 2009, (1): 12-14, 38.

[2] 张路青. 舰载作战系统任务可靠性模型研究[J]. 舰船电子工程, 2003, 23(5): 9-12.

[3] 陈禹六. IDEF 建模分析和设计方法[M]. 北京: 清华大学出版社, 1999.

[4] 蔡芝明, 金家善, 李广波. 多约束下随船备件配置优化方法[J]. 系统工程理论与实践, 2015, 35(6): 1561-1566.

[5] Kline R C, Bachman T C. Estimating spare parts requirements with commonality and redundancy[J]. Journal of Spacecraft and Rockets, 2007, 44(4): 977-984.

[6] Sherbrooke C C. Optimal Inventory Modeling of Systems: Multi-Echelon Techniques[M]. 2nd ed. Boston: Artech House, 2004.

[7] 蔡芝明, 金家善, 陈砚桥, 等. 多约束下编队随船备件配置优化方法[J]. 系统工程与电子技术, 2015, 37(4): 838-844.

[8] 阮旻智, 李庆民, 张光宇, 等. 多约束下舰船装备携行备件保障方案优化方法[J]. 兵工学报, 2013, 34(9): 1144-1149.

[9] Lau H C, Song H W, See C T, et al. Evaluation of time-varying availability in multi-echelon spare parts systems with passivation[J]. European Journal of Operational Research, 2004, 170(1): 91-105.

[10] 程文鑫, 陈立强, 龚沈光, 等. 基于蒙特卡罗法的舰船装备战备完好性仿真[J]. 兵工学报, 2006, 27(6): 1090-1094.

[11] 郭霖瀚, 康锐. 基本作战单元修复性维修保障过程建模仿真[J]. 北京航空航天大学学报, 2007, 33(1): 27-31.

[12] 薛陶, 冯蕴雯, 秦强. 考虑报废的 K/N 冷备份冗余系统可修复备件优化[J]. 华南理工大学学报(自然科学版), 2014, 42(1): 41-46.

[13] 刘任洋, 李庆民, 王慎, 等. 任意寿命分布单元表决系统备件需求量的解析算法[J]. 系统工程与电子技术, 2016, 38(3): 714-718.

[14] Wu X Y, Wu X Y. Extended object-oriented Petri net model for mission reliability simulation of repairable PMS with common cause failures[J]. Reliability Engineering & System Safety, 2015, 136: 109-119.

[15] 卢雷, 杨江平. k/N(G)结构系统初始备件配置方法[J]. 航空学报, 2014, 35(3): 773-779.

[16] 张永强, 徐宗昌, 孙寒冰, 等. 基于蒙特卡洛仿真和并行粒子群优化算法的携行备件优化[J]. 兵工学报, 2016, 37(1): 122-130.

[17] 张志华. 可靠性理论及工程应用[M]. 北京: 科学出版社, 2012.

[18] 阮旻智, 周亮. 面向任务的作战单元携行备件配置优化方法[J]. 兵工学报, 2017, 38(6): 1178-1185.

[19] Nowicki D, Randall W S, Ramirez-Marquez J E. Improving the computational efficiency of metric-based spares algorithms[J]. European Journal of Operational Research, 2012, 219(2): 324-334.

[20] 李华, 李庆民, 刘任洋. 任务期内多层级不完全修复件的可用度评估[J]. 系统工程与电子技术, 2016, 38(2): 476-480.

第12章 面向任务的备件保障过程建模与方案评估

在既定的备件保障方案下，装备保障能力受各种条件的约束和影响，如保障模式、任务环境以及装备现场的维修条件等，呈现出明显的动态性和阶段性特征，通过备件保障活动分解和过程推演，建立评估模型，能够对装备保障能力进行综合评价，提取影响装备保障能力提高的瓶颈因素，对其进行敏感性分析，通过实时调整备件保障方案以适应新的保障需求，形成备件保障规划的整体解决方案，实现备件资源的优化再生。

对此，针对面向任务的备件保障过程建模与保障方案评估开展研究，通过对备件保障活动进行分解，构建备件保障过程模型，在此基础上，构建装备保障能力评估指标体系和基于任务成功性的备件保障方案评估模型。

12.1 备件保障过程建模

装备保障系统在结构上具有层次化特点，这种层次性使得保障系统中各级别的备件保障业务处理具有较强的相似性。例如，备件保障业务处理流程包括以下事件：备件订单到达、备件申领、运输、交付、故障件修理、故障件修复和存储等。在各个保障级别的业务处理中，这些事件具有并发性、顺序性、持续性和离散性等特点，各保障级别之间也存在自下而上的备件申领流程和故障件送修流程，以及自上而下的备件供应流程。

针对以上这些特征的离散事件业务过程，Petri 网作为一种建模工具已经被广泛用于描述这类离散动态模型，它有图形化表达的形式语义，也有严格的数学定义和精确的语法与语义定义，而且表达方式比较直观易懂，是有效的图形分析工具，能够较好地描述具有不确定和随机特征的复杂系统[1]。

同时具有以上特点的维修保障系统非常适合采用 Petri 网来进行建模分析。通过分析可知，保障系统是由很多相互作用的子系统和子模块组成的复杂离散事件动态系统，如果单纯地利用普通 Petri 网描述，那么存在着系统模型描述庞大且复杂的问题[2]，因此引入高级的层次赋时着色 Petri 网（hierarchy timed colored Petri net，HTCPN）进行建模，通过构建复杂变迁来简化主 Petri 网，力求在体现系统构造及运行流程的同时，降低系统建模的复杂性，使模型变得直观、简单，并有利于模型分析和仿真实现。

12.1.1　层次赋时着色 Petri 网概述

由于普通 Petri 描述复杂系统时存在状态空间爆炸、可重用性差等问题，有必要对其进行扩展，具体包括以下方面[3-9]。

(1) 在 Petri 网上加上时间概念(如将时间概念加在库所或者变迁上)，就成为赋时 Petri 网，时间概念加在变迁上，可以为其加入时钟触发器和最大延迟时间。

(2) 在 Petri 网中进行层次性扩展，使其具有层次性(如层次化概念加在库所或者变迁上)，层次扩展后的 Petri 网有父模型和子模型之分，并成为层次 Petri 网。父模型可以在较高的层次上描述业务过程，而子模型则可以在较低的层次上描述业务过程的细节，因此将变迁按系统层次划分为两种：基本变迁和子网变迁。基本变迁表示子任务，子网变迁表示复合任务，具有内部结构、行为和状态，在基本 Petri 网基础上为子网模型增加 BEGIN 和 END 两个库所和初始变迁 Tin 与终止变迁 Tf 两个瞬时变迁(执行时间为零)，BEGIN 库所表示子网的开始，END 库所表示子网的结束。将子网代替子网变迁时找到子网的初始变迁 Tin 和终止变迁 Tf 之间的 Petri 网，就能够代替上一层 Petri 网中相应的等待细化的子网变迁。

(3) 在 Petri 网中引入颜色概念，着色扩展主要体现在托肯对象上，使得库所和变迁能表示同一种类的对象和变化，而此网就成为着色 Petri 网。着色网不仅能减轻 Petri 网空间爆炸，使模型简化，而且简单易用，丰富了其表达能力。着色网中，托肯表示不同的值，不同颜色的托肯代表不同的实体(如维修人员、备件、维修设备等)，变迁激发依赖托肯的值，而托肯又由变迁改变，通过着色网可以表示不同类型值的变化情况。

赋时 Petri 网、层次 Petri 网和着色 Petri 网三者合并，即形成更高级的、描述性能更强的层次赋时着色 Petri 网，简称 HTCPN。这里给出 HTCPN 的扩展形式化定义：一个 HTCPN 是一个多元组，HTCPN = (S, SN, SA, PN, PT, PA, FS, FT, PP, R, r_0, C)，其中：

(1) S 是页(pages)的有限集合，其中，每一页 $s \in S$ 是一个非层次的时间着色 Petri 网 TCPN，且每一页网的元素是两两互不相交，即

$$\forall s_1, s_2 \in S: s_1 \neq s_2 \Rightarrow (P_{S1} \cup T_{S1} \cup A_{S1}) \cap (P_{S2} \cup T_{S2} \cup A_{S2}) = \varnothing$$

(2) SN $\subseteq T$ 是层次变迁的集合。

(3) SA 是页分配函数，是从 SN 定义到 S 的函数，而且任何页不是自身页的子页。

(4) PN $\in P$ 是端口节点的集合。

(5) PT 是端口类型函数，是从 PN 定义到{in, out, I/O, general}的函数。

(6)PA 是端口分配函数,是从 SN 定义的插座节点和端口节点的如下二元关系:

①插座节点和端口节点对应:

$$\forall t \in \mathrm{SN}: \mathrm{PA}(t) \subseteq X(t) \times \mathrm{PN}_{\mathrm{SA}(t)}$$

②插座节点具有对应的类型:

$$\forall t \in \mathrm{SN} \quad \forall (p_1, p_2) \in \mathrm{PA}(t): [\mathrm{PT}(p_2) \neq \mathrm{general} \Rightarrow \mathrm{ST}(p_1, t) = \mathrm{PT}(p_2)]$$

③对应的节点具有相同的颜色和初始表达式:

$$\forall t \in \mathrm{SN} \quad \forall (p_1, p_2) \in \mathrm{PA}(t): [C(p_1) = C(p_2) \wedge I(p_1) = I(p_2)]$$

(7)FS$\subseteq P_s$ 是一个有限联合集,联合集里的元素具有相同的颜色和初始表达式:

$$\forall \mathrm{fs} \in \mathrm{FS} \quad \forall p_1, p_2 \in \mathrm{fs}: [C(p_1) = C(p_2) \wedge I(p_1) = I(p_2)]$$

(8)FT 是联合类型函数,是从联合集定义到{global, page, instance}的函数。页联合节点集合和局部联合节点集合同属于一个页:

$$\forall \mathrm{fs} \in \mathrm{FS}: [\mathrm{FT}(\mathrm{fs}) \neq \mathrm{global} \Rightarrow \exists s \in S: \mathrm{fs} \subseteq P_s]$$

(9)PP 是根页的多元集合。

(10)R 是一系列时间标识。

(11)r_0 是初始时间,$r_0 \in \mathrm{R}$。

(12)C 是颜色集合,对一个库所来讲,$C(P) = \{a_{i,1}, a_{i,2}, \cdots, a_{i,u_i}\}$, $u_i = |C(p_i)|$, $i = 1, 2, \cdots, n$。

用 HTCPN 来建立保障系统模型的好处是可以用其层次性实现简洁层次化的建模,用其时间特性弥补 Petri 网性能分析的不足,用颜色来区别资源的不同。

12.1.2 基于 HTCPN 的建模思路

为了有效地运用 HTCPN 进行建模,需要建立相应的建模步骤和方法,本节提出一种建立在层次化、模块化和标准化基础上的 HTCPN 建模思路,以适应系统运行过程的不断变化,而构建新的系统运行过程只需要调整模块和修改模块来完成,从而实现了系统的柔性。

1. 层次化

一个系统具有很好的层次性,维护起来也会更方便,同时建模与仿真也相对独立。这里将装备保障过程分为整体结构层、保障系统层、保障功能层、保障操作层。

(1)整体结构层：主要关注装备保障的整体结构，了解装备与保障系统之间的保障过程链，即包括装备故障的产生、故障件维修级别分析、修复的装备正常使用，目的是建立装备运行与装备保障的关系，从整体上提高装备保障流程的衔接。

(2)保障系统层：主要关注装备保障系统内部的保障过程以及子系统之间内部的协作，包括故障件送修、备件订单申请、备件供应，目的是建立各级保障子系统之间工作环节的衔接，从保障系统的整体角度分析装备保障过程。

(3)保障功能层：主要关注保障子系统内部工作过程以及子系统内各个保障活动之间的协作，包括故障件的修理、修复件的存储、备件订单的处理、备件装载和配送等保障活动，目的是建立各个保障活动之间的衔接，从保障活动的局部来分析保障过程。

(4)保障操作层：主要关注保障活动操作实施情况，包括库存控制管理、维修人员开展的维修作业、备件配送活动执行等，目的是从保障实体角度来分析保障过程。

2. 模块化

在系统构成越来越复杂的情况下，模块化使得系统建模更为迅捷，通过建立标准模块，可以很快为新的保障系统进行建模，当系统发生改变时，也不必重新构造每一个模型，可以很快生成新的模型。对此，模块应具备以下特点。

(1)可再造性：强调系统各模块单元之间的独立性和作为一个独立系统功能上的完整性。

(2)可重用性：指构成系统链接的模块可以被应用在不同的环境中，是一个可替换的单元，能够实现"即插即用"的独立对象，以便根据需要进行模块的组合。

(3)可扩充性：指构成系统中模块的数量无限制，可以根据需要增加或减少。

3. 标准化

标准化的前提是装备保障流程和各保障活动的工作过程要合理，每一个模块要标准化，具有标准化的输入/输出端口，进而装备保障流程所包含的每一个活动都可以标准化。运用模块化、层次化、标准化的建模方法，装备保障系统可以被细化为多个层次的模型，能对装备保障过程局部及内部结构进行更详细的分析，从而避免了分析整个系统的复杂性。综合上述分析，基于 HTCPN 的保障系统建模的步骤如下[10,11]。

(1)明确装备保障过程中各个实体流的输入输出，即各个保障级别中物流和信息流的输入/输出关系。

（2）根据各实体流所经过的步骤，画出装备保障的整体结构实体流程图。

（3）进行层次划分，分为整体结构层、保障系统层、保障功能层、保障操作层，并确定各层的实体流以及输入/输出关系。

（4）自顶向下，依次对各层进行 Petri 网建模。在 HTCPN 描述的系统模型中，库所节点记录构成系统各实体的状态，变迁节点表示系统状态的改变，变迁的发生时间表示状态改变所需时间，库所与变迁之间的输入与输出关系则表示系统状态改变的条件与结果。

（5）确定各层的基本变迁和子网变迁类型。子网变迁包括保障系统层、保障功能层、保障操作层三种类型，它们之间可以嵌套，也可以并列在一个模型中，对其需要确定相应的输入/输出库所。

（6）确定各层库所包含的托肯数量及其类型。通常是装备处于正常、故障、待修状态，备件订单处于申请、处理、批复等状态，备件处于准备、装载、运输、交付等状态，故障件处于送修、在修、修复等状态。在各种状态下，各个库所包含的托肯表示处于该状态下的实体，而这些实体有多少种类型就用多少种颜色表示。

（7）确定各层的各种变迁及其类型，此处变迁是指基本变迁。对于系统状态变化时间短暂、执行时间几乎看作零的变迁，可以将其看作瞬时变迁。例如，若装备故障是在某一瞬时时刻发生，则这个变迁为瞬时变迁。若等待备件供应，则这个变迁为时间变迁，在各层模型中，瞬时变迁和时间变迁会因各个库所中托肯的状态变化而大量存在。

（8）连接库所和变迁，建立各层时间着色 Petri 网模型。完成后的 HTCPN 系统模型，仍然需要分析和对比步骤（3）的各层模型，保证各层模型的输入/输出端口的正确性。

12.1.3　基于 HTCPN 的保障系统模型

通过保障系统的功能结构以及基于 HTCPN 的系统建模思路，可以认为系统模型主要由四层模型构成，分别是保障顶层模型、维修供应模型、业务处理模型、操作模块模型。

1. 保障顶层模型

根据装备保障流程构建的基于 Petri 网的保障顶层模型如图 12-1 所示，表 12-1 定义了保障系统主 Petri 网各库所及其变迁的意义。

图 12-1 中，T6 是保障系统层的维修供应过程的子网变迁，T3、T7 分别是保障操作层表示原位修理和换件修理活动的子网变迁。当装备发生故障后，将进入维修过程，包括原位修理和换件修理两部分，在这两类活动中，将涉及维修人员、

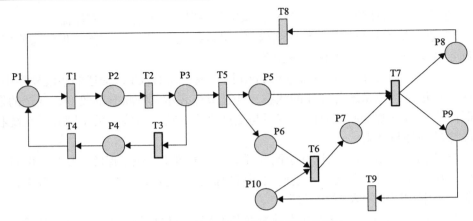

图 12-1　基于 Petri 网的保障顶层模型

表 12-1　保障系统主 Petri 网各库所及其变迁的意义

库所	意义	变迁	意义
P1	装备正常	T1	装备发生故障
P2	装备故障	T2	故障信息采集与故障分析
P3	经过基层级检测的故障设备	T3	基层级对故障设备进行原位修复
P4	原位修复的设备	T4	装配
P5	等待换件修理的故障设备	T5	提出换件修理申请
P6	备件申请订单	T6	维修供应及保障过程
P7	备件到货	T7	基层级换件修理
P8	换件修复的故障设备	T8	装配
P9	更换下的故障件	T9	故障件维修级别分析

备件的使用。备件申请和故障件的送修等业务将进入维修供应过程，修复后的装备被装配后返回部队。另外，经过维修级别分析，没有修复价值的故障件则进行报废处理，因为这种情况比较简单，而且不会影响主网模型的描述，因此此处没有考虑报废。

2. 维修供应模型

故障件维修及备件供应过程主要是对备件订单申请、备件供应和故障件维修业务进行处理，分别涉及基层级、中继级、基地级保障子系统的业务功能，构建的基于 Petri 网的维修供应模型如图 12-2 所示，表 12-2 定义了模型中各库所及其变迁的意义。

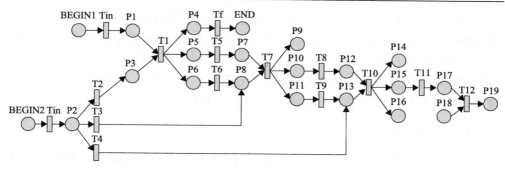

图 12-2　基于 Petri 网的维修供应模型

表 12-2　维修供应过程主 Petri 网各库所及其变迁的意义

库所	意义	变迁	意义
P1	申请的备件到货	T1	基层级保障系统业务处理
P2	待修故障件	T2	运送故障件至基层级
P3	到达基层级的故障件	T3	运送故障件至中继级
P4	到达装备现场的备件	T4	运送故障件至基地级
P5	向中继级提交的备件订单	T5	发送订单至中继级
P6	向中继级送修的故障件	T6	运送故障件至中继级
P7	到达中继级的订单	T7	中继级保障系统业务处理
P8	到达中继级的故障件	T8	发送备件订单至基地级
P9	基层级备件订单被满足	T9	运送故障件至基地级
P10	向基地级提交的订单	T10	基地级保障系统业务处理
P11	向基地级送修的故障件	T11	发送备件订单至供货单位
P12	到达基地级的备件订单	T12	供货单位订单业务处理
P13	到达基地级的故障件		
P14	中继级订单被满足		
P15	向供货单位提交的订单		
P16	报废的故障件		
P17	到达供货单位的备件订单		
P18	供货单位备件		
P19	基地级订单被满足		

图 12-2 中，T1、T7、T10 分别是保障功能层中表示基层级保障、中继级保障、基地级保障的子网变迁，T2、T3、T4、T6、T9 分别是保障操作层中表示故障件送修到各级保障系统表示运输活动的子网变迁，T12 是保障操作层中表示供货单

位处理备件订单和备件供应表示供应活动的业务处理子网变迁。P2 表示故障件将
进入各级进行修理，它是以一定概率获得托肯，若 P2 获得托肯，则 T2、T3、T4
依概率分别将托肯传给 P3、P8、P13 中的一个，此处描述的是，经过修理级别分
析的故障件被决定送至哪一级进行维修，对于 T1、T7、T10 子网变迁，它们需要
处理备件订单和送修故障件，分别拥有多个入口和出口。

3. 业务处理模型

本级业务处理主要是对本级中的备件订单申请、供应和故障件维修的业务处
理，分别涉及具体的备件订单处理活动、库存控制管理活动和装备维修活动。

由于各级业务处理过程具有较强的相似性，这里仅给出基层级保障的业务处
理模型，如图 12-3 所示，表 12-3 定义了模型中各库所及其变迁的意义。

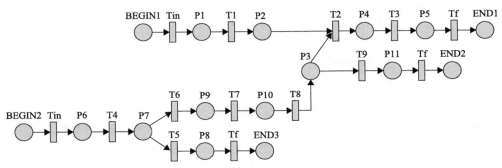

图 12-3　基于 Petri 网的保障业务处理模型

表 12-3　基层级保障过程的 Petri 子网各库所及其变迁的意义

库所	意义	变迁	意义
P1	备件订单	T1	基层级订单处理
P2	基层级批复的订单	T2	基层级备件申领
P3	基层级储备	T3	备件到达修理现场
P4	准备完毕的更换单元	T4	基层级故障件检测
P5	到达修理现场的备件	T5	故障件准备送中继级修理
P6	到达基层级的故障件	T6	故障件准备在基层级修理
P7	经基层级检测的故障件	T7	基层级故障件修理
P8	中继级待修故障件	T8	基层级修复件存储
P9	基层级准备修理的故障件	T9	基层级库存管理
P10	基层级修复的故障件		
P11	基层级仓库订单		

图 12-3 中，T2、T7、T9 分别是保障操作层中表示备件供应、故障件维修、

库存控制管理活动的子网变迁。T3、T5 表示保障操作层中故障件运送至中继级运输活动的子网变迁，P7 表示故障件经过检测后，选择进入基层级修理，它是以一定概率获得托肯，若 P7 获得托肯，则 T6、T5 依概率分别将托肯传给 P9、P8 中的一个。基层级业务处理模型有两个入口，分别是 P1、P6，当它们获得表示订单、故障件的托肯后，将分别送入基层级仓库和维修部门进行处理。对于已经修复的故障件，则通过 T8 进行储备。

4. 操作模块模型

操作模块模型主要是对各个保障子系统内保障单位实体的保障活动进行建模，主要涉及维修部门、仓库、运输单位以及生产供货单位的维修活动、库存活动、运输活动等。操作模块模型中的变迁主要由基本变迁构成，一般来说，不可再分，操作模块模型是构成系统模型的基本元素，操作模块模型的模块化和标准化为构建更为复杂的保障系统提供了基础。

由于涉及的保障活动多，操作模块模型包括众多类型，如故障件维修模块模型、备件库存控制模块模型、备件运输模块模型等。对于保障系统的建模，可以以操作模块模型为基础，对各层模型进行模块化处理，根据问题分析的需要，逐层将下级模型挂在同一个上层模型，就可以得到一个完整的保障系统模型。为了实现多个型号装备维修保障需求，可对不同类型的装备、故障件以及备件订单和备件供应用颜色集表示，且对应的变迁采用不同的输入输出触发函数和变迁时间延迟。

12.2　装备保障能力评估指标体系

12.2.1　指标选取原则

装备保障能力指标体系从保障对象、保障力量、保障模式等方面对整个保障系统的能力进行评价，评价指标是评价目标的体现，评价指标的确定对整个评价起到关键性的作用，评价指标选择不当将会导致整个评价工作的失败。因此，建立全面合理的评价指标是评价装备保障能力的前提，通过建立指标体系，发现保障系统中(此处主要针对备件保障相关)存在的主要问题和短板，进而在实际中加以修订和完善。在建立评估指标体系时，要把握以下原则。

(1)评价指标的客观性原则。

在选择评估指标时一定要站在客观的立场上，所选择的指标要真正反映出装备保障能力的客观面貌，不应掺入任何个人的意愿，为建立公正客观的评估方法奠定基础。

(2)评价指标的系统性原则。

评估指标体系应能全面系统地反映装备保障能力各方面的特征和综合情况，从中抓住主要因素，既能反映直接效果又能反映间接效果，以保证综合评估工作的全面性和可信度。

(3)评价指标的完备性原则。

在选定保障指标时，不同的指标反映保障活动的不同方面，所有的指标组合在一起应能完整、全面地反映装备保障的各个方面，既能反映装备维修保障是否快速高效，又能反映保障工作的整体效应。简单来说，就是针对装备保障实际情况进行全面评价。

(4)评价指标的互斥性原则。

各评价指标之间不能相容，即不能相互代替或包含。有些指标反映的内容可能出现交叉，但相关并不等于相容，指标体系中允许相关指标的存在，但不允许相容指标的并存。

(5)评价指标的简明性原则。

从理论上讲，指标越细越全面，反映客观现实也越准确。但是，随着指标量的增加，带来的数据收集和加工处理的工作量将成倍增长，而且指标分得过细，难免发生指标与指标的重叠，甚至发生相互对立的现象，这反而给综合评价带来不便。在选择评估指标时应尽量做到简单明了，避免混乱，能从复杂的信息中理清头绪抓住关键，以便减少工作量，便于计算分析，使评估工作易于进行。

(6)评价指标的规范性原则。

评价指标必须与军队的条令条例和规章制度的要求相一致，在选择指标时，应尽量选择研究范围内的规范化指标，使其可以汇总相加或相乘，以便收集整理数据资料和对指标的理解。

(7)评价指标的可操作性原则。

在各指标子系统中，存在较多难以定量、精确计算或获取的数据。因此，在构建评价指标体系时，应挑选一些易于计算、容易取得并且能够在要求水平上很好地反映装备保障实际情况的指标，使得所构建的指标体系具有较强的可操作性。

(8)评价指标的层次性原则。

装备保障是由多个保障部门在众多保障资源(人员、设备、备件、设施等)的支持下由一系列相关的维修保障活动组成的。其中有一些活动是不可分的或者是可以直接执行的，称为基本活动单元，而有些活动是可以进一步划分成为基本活动单元的组合，它实际上也是一个业务过程，是该活动所属过程的子过程。过程与子过程是两个不同的层面，由于各层面研究对象的功能不同，所需指标也就有所不同，指标具有层次性。

(9)评价指标的科学性原则。

具体指标的选取要有科学依据，指标应目的明确、定义准确。规范定量指标的计算及其含义，规范资料数据来源，同时所运用的计算方法和模型也必须科学规范，这样才能保证评价结果的真实性和客观性。

(10)评价指标组合的不唯一性原则。

评价指标组合的不唯一性是指针对具体实施过程中评价指标的组合不是唯一的，但针对具体过程选定的一个指标组合中，其指标应尽可能不重复，当然这种不唯一性并不影响评价指标的完备性。

12.2.2　评价指标体系构建

对装备保障能力进行综合评价，需要在得到所有相关要素的评价指标后，建立层次化结构，采用科学的方法进行评估。例如，在系统评估中常用的层次分析法就是一种非常实用的多准则决策方法，它不仅层次清晰，而且分析过程相对简洁。其思想是首先把复杂的问题分解为各个因素，再将这些因素按支配关系分组形成有序的递阶层次结构，通过两两比较的方式确定同层次中诸因素的相对重要性，然后综合决策者的判断，确定决策诸方案相对重要的顺序，从而给出最终的评判结果。

根据装备保障指标体系中各指标所属类型，将不同的指标划分成三个层次：目标层、准则层和指标层，如图 12-4 所示。

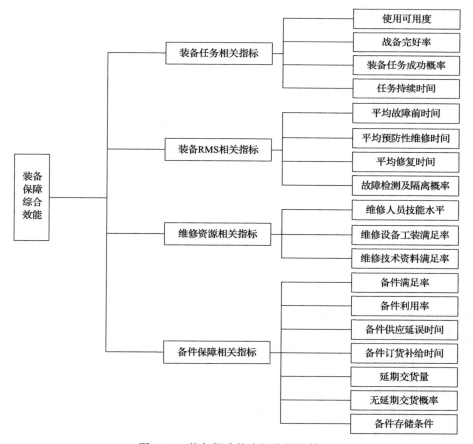

图 12-4　装备保障能力评价指标体系

其中，目标层是结构模型的最高层次，或称为理想结果层，用于描述评价目的，采用装备保障综合效能作为目标层（设为 A）。准则层（设为 B）由反映目标层的指标构成，由每个子系统的项目组成，此处由装备任务相关指标 B1、装备 RMS相关指标 B2、维修资源相关指标 B3、备件保障相关指标 B4 组成。指标层 C 是结构模型的最底层，用来反映各准则层的具体内容，保障指标体系可选指标集如表 12-4 所示。

表 12-4　保障指标体系可选指标集

目标层(A)	准则层(B)	指标层(C)	符号
装备保障综合效能(A1)	装备任务相关指标(B1)	使用可用度	C1
		战备完好率	C2
		装备任务成功概率	C3
		任务持续时间	C4
	装备 RMS 相关指标(B2)	平均故障前时间	C5
		平均预防性维修时间	C6
		平均修复时间	C7
		故障检测及隔离概率	C8
	维修资源相关指标(B3)	维修人员技能水平	C9
		维修设备工装满足率	C10
		维修技术资料满足率	C11
	备件保障相关指标(B4)	备件满足率	C12
		备件利用率	C13
		备件供应延误时间	C14
		备件订货补给时间	C15
		延期交货量	C16
		无延期交货概率	C17
		备件存储条件	C18

12.2.3　底层指标计算方法

1. 装备任务相关指标

装备任务指标一般不能通过解析计算得到，而需要建立仿真模型通过统计得到，它是衡量装备保障能力的重要决策依据，装备任务指标用来定量描述在预定装备水平和保障水平下，任务被执行的程度，根据考察角度的不同，其又分为任务成功率、任务执行效率、累计执行任务时间。

（1）任务成功率表示装备执行任务时的成功概率。

$$任务成功率 = \frac{完成任务的次数}{总的任务次数} \tag{12-1}$$

（2）任务执行效率表示任务成功性在时间效率上的度量。

$$任务执行效率 = \frac{实际执行任务时间}{实际执行任务时间 + 任务挂起时间} \tag{12-2}$$

（3）累计执行任务时间反映装备持续执行任务的能力，该指标为仿真过程统计量。

2. 装备 RMS 相关指标

（1）平均故障前时间又称为平均失效时间（mean time to failure，MTTF）。其定义为

$$\text{MTTF} = \int_0^\infty t f(t)\mathrm{d}t = \int_0^\infty R(t)\mathrm{d}t \tag{12-3}$$

这就是由 $f(t)$ 定义的概率密度函数的期望或均值，表示产品（装备单元或组件）首次失效前时间间隔的期望值。根据装备是否可维修，MTTF 表示的含义有所不同：若产品不可修，则 MTTF 表示产品的平均寿命，并且是一个非常重要的合同可靠性参数；若产品可修，则 MTTF 表示首次失效前时间的均值。

（2）平均修复时间。维修时间的不同可能是源于不同的故障模式，也可能是源于维修人员技能水平、经验的差异。为了描述这种不确定性，可以将维修时间看作随机变量，用连续随机变量 T 表示故障单元的修复时间，令其概率密度函数为 $h(t)$，则它的累积分布函数为

$$P_r\{T \leqslant t\} = H(T) = \int_0^t h(s)\mathrm{d}s \tag{12-4}$$

平均修复时间的计算公式为

$$\text{MTTR} = \int_0^\infty t h(t)\mathrm{d}t = \int_0^\infty (1 - H(t))\mathrm{d}t \tag{12-5}$$

3. 维修资源相关指标

维修资源包括维修设备、工装具、维修人员以及维修技术资料等（这里不考虑

备件)。维修资源满足率表示当发生维修需求时，能够满足需求的平均概率，即

$$\text{维修资源满足率} = \frac{\text{需求被满足的次数}}{\text{需求发生的总次数}} \tag{12-6}$$

维修资源利用率表示维修资源的利用效率，即

$$\text{维修资源利用率} = \frac{\text{维修资源被使用的时间}}{\text{维修资源被使用的时间} + \text{维修资源闲置时间}} \tag{12-7}$$

仿真模型统计维修资源随时间的状态变化情况，根据相应统计值，可计算维修保障资源利用率。

4. 备件保障相关指标

(1) 备件满足率表示当发生需求时，现场储备的备件能够满足需求的平均概率，即

$$\text{备件满足率} = \frac{\text{产生需求时被满足的次数}}{\text{需求总次数}} \tag{12-8}$$

(2) 备件利用率表示备件利用效率，即

$$\text{备件利用率} = \frac{\text{实际使用的数量}}{\text{备件储备总数量}} \tag{12-9}$$

(3) 延期交货量(number of backorders，NBO)定义为不能满足需求的备件数，是衡量库存满足需求程度的指标。在整个寿命周期内，NBO 的值随机变化，这就意味着在整个周期内 NBO 的变化是一个随机过程。当已知备件需求量的概率函数 $P(n)$ 时，NBO 的计算公式为

$$\text{NBO} = \sum_{n=s}^{\infty} (n-s) \cdot p(n) = \sum_{n=0}^{\infty} n \cdot p(n+s) \tag{12-10}$$

式中，s 为备件库存量。

(4) 无延期交货概率(probability of no backorder，PNB)表示在每个库存点不存在延期交货的时间比率。对于一组库存点，PNB 是作为所有库存点 PNB 的乘积来计算的，即

$$\text{PNB} = \sum_{n=0}^{s} p(n) \tag{12-11}$$

式中，s 为备件库存量。

（5）短缺风险（risk of shortage，ROS）定义为不能立即满足需求（延期交货）的概率，它对每个库存点进行计算，给定一个库存大小，ROS 可以定义为

$$\text{ROS} = \text{ROS}_R(s-k) + q' \cdot p_R(s-k-1) \tag{12-12}$$

式中，$\text{ROS}_R = \sum_{n=s}^{\infty} p_R(n) = \sum_{n=0}^{\infty} p_R(n+s)$，$p_R(n)$ 为备件需求量的分布函数。

12.3　基于任务成功性的备件保障方案评估

备件保障方案评估是通过选择合理的指标体系和评估方法备件保障方案进行系统性、综合性评价，其目的在于根据评估结果能够对既定的方案进行修订和完善。备件保障方案主要包括备件配置量策略、库存控制策略、供应策略等，通过对保障方案的评估和修正，使其满足装备保障要求。

12.3.1　备件保障方案评估实施步骤及流程

备件保障方案评估实施步骤如图 12-5 所示，主要包含两方面内容：一方面，对指标体系中的单项指标进行计算，每一个指标从特定角度对备件保障方案进行考量；另一方面，对整个系统进行综合性评价，通过仿真的手段分析装备任务模式下，给定的保障方案能否满足任务需求，同时通过这种反馈对保障方案进行调整和优化。

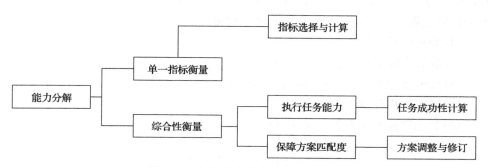

图 12-5　备件保障方案评估实施步骤

备件保障方案是装备维修保障活动中有关备件使用的指导性文件，保障方案的制定及评估流程如图 12-6 所示。在拟定初始备件保障方案的基础上，首先细化并给出一些备选方案，利用合适的评估方法对备选使用保障方案进行评估并给出最优的保障方案建议。

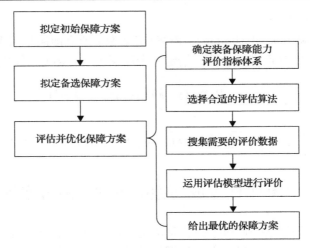

图 12-6　保障方案的制定及评估流程

　　对装备保障能力进行综合评价与分析对获取高质量保障方案具有重要作用。其基本思路如下：在分析保障对象及保障任务特点的基础上，首先提出装备保障方案的评估指标体系，然后根据搜集的评估数据并选择合适的评估模型进行评估，最后给出最优保障方案建议。其中，提出合理的保障方案评估指标体系以及选择合适的评估模型是决定评估结果是否准确的关键所在。

12.3.2　基于 TOPSIS 的方案评估模型

　　逼近理想解排序法(techique for order preference by similarity to ideal solution，TOPSIS)通过计算备选方案与正理想点和负理想点的距离，进而获得方案与理想点的相对接近度，确定方案优劣。具体步骤如下：

　　(1)确定评估指标体系。

　　(2)收集实际数据，得到评估矩阵。

　　(3)标准化矩阵，将各指标转化到 0～1。

　　(4)确定各指标权重。

　　(5)利用指标权重调整评估矩阵：

$$X = \begin{bmatrix} x_{11} & x_{12} & \cdots & x_{1n} \\ x_{21} & x_{22} & \cdots & x_{2n} \\ \vdots & \vdots & & \vdots \\ x_{m1} & x_{m2} & \cdots & x_{mn} \end{bmatrix}$$

　　(6)确定正负理想点 Z^+、Z^-：

$$\begin{cases} Z^+ = [z_1^+, z_2^+, \cdots, z_n^+] \\ Z^- = [z_1^-, z_2^-, \cdots, z_n^-] \end{cases} \tag{12-13}$$

式中，z_n^+、z_n^- 分别为矩阵 X 中各列最优值和最差值。

(7)计算各方案与正负理想点的距离：

$$\begin{cases} S^+ = \sqrt{\sum_{j=1}^{n} \left(x_{ij} - z_j^+\right)^2} \\ S^- = \sqrt{\sum_{j=1}^{n} \left(x_{ij} - z_j^-\right)^2} \end{cases} \tag{12-14}$$

(8)计算各方案与理想点的相对接近度：

$$H_i = \frac{S_i^+}{S_i^- + S_i^+}, \quad i = 1, 2, \cdots, m \tag{12-15}$$

相对接近度越大，方案越优。

12.3.3　基于任务成功性仿真的备件保障方案调整

构建基于装备任务成功性仿真模型是对给定的备选保障方案进行任务持续能力仿真评估，通过对仿真模型的输出数据进行分析，找出备选保障方案的薄弱环节并进行调整和改进，以达到保障方案的优化再生，进一步提高面向装备任务的保障能力，是一个典型带有反馈性质的螺旋式决策迭代过程。图 12-7 给出了基于任务成功性仿真的备件保障方案调整过程。

(1)制定初始保障方案(该方案可通过优化模型生成)，并将其载入任务成功性仿真模型。

(2)载入任务信息、装备信息和保障信息等仿真输入数据，设置仿真评价指标，运行仿真模型。

(3)仿真模型运行完毕，存储仿真原始输出数据，按照指定的评价指标，利用统计法对仿真输出数据进行统计和加工，并进行评估分析。

(4)分析结果，得出结论。如果结论符合要求，那么写出分析报告，否则根据指标的高低排序，提出保障方案的改进建议，对初始保障方案进行调整，并转入步骤(2)再次进行仿真分析。

由上述步骤可知，基于任务成功性仿真的备件保障方案优化流程是反复迭代、不断递进和完善的过程。

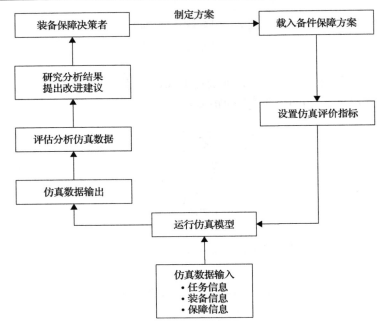

图 12-7　基于任务成功性仿真的备件保障方案调整过程

参 考 文 献

[1] 袁崇义. Petri 网原理[M]. 北京: 电子工业出版社, 1998.

[2] 林闯. 随机 Petri 网和系统性能评价[M]. 北京: 清华大学出版社, 2000.

[3] 王岩磊, 陈春良, 韩昕锋, 等. 基于 HTCPN 的飞机维修保障过程建模与仿真[J]. 计算机工程与应用, 2007, 43(29): 235-238.

[4] 张涛, 武小悦, 谭跃进. Petri 网在系统可靠性分析中的应用[J]. 电子产品可靠性与环境试验, 2003, 21(1): 60-65.

[5] 安毅生, 李人厚. 对象化模糊 Petri 网的任务协同分配建模与推理[J]. 计算机辅助设计与图形学学报, 2006, 18(5): 709-714.

[6] 张建强, 张涛, 郭波. 基于 Petri 网的维修保障流程多层次仿真模型研究[J]. 兵工自动化, 2003, 22(4): 14-17.

[7] 张建强, 张涛, 郭波, 等. 基于嵌入 Petri 网的 GERTS 维修保障流程仿真模型研究[J]. 系统仿真学报, 2004, 16(8): 1641-1644.

[8] 张涛, 张凤林, 武小悦, 等. 维修保障流程的通用仿真模型研究[J]. 系统仿真学报, 2003, 15(8): 1184-1187.

[9] 张涛, 张凤林, 谭跃进. 流程仿真的多层次 PERT-Petri 网模型[J]. 系统工程与电子技术, 2004, 26(1): 48-51.

[10] Wang L C. An integrated object-oriented petri net paradigm for manufacturing control systems[J]. International Journal of Computer Integrated Manufacturing, 1996, 9(1): 73-87.

[11] Hong J E, Bae D H. Software modeling and analysis using a hierarchical object-oriented petri net[J]. Information Sciences, 2000(1-4): 133-164.

第13章 备件优化模型软件设计与实现

在备件模型的开发及应用方面，国外在成熟的备件保障理论和优化模型的基础上，相继开发了 VMETRIC、OPUS10、SIMLOX、Tempo 等通用化的备件优化决策及评估工具，近些年被广泛应用于各军兵种装备采办、保障资源优化、动态配送与调度、保障效能评估、全寿命保障费效分析等领域，取得了较好的效果，并产生了良好的军事效益、经济效益。我国在该领域还停留在理论研究层面上，没有开发出具有自主知识产权、通用、开放的备件优化决策平台。

在开展备件保障规划理论研究的基础上，本书充分借鉴美国 VMETRIC、瑞典 OPUS10 等模型软件的开发设计思路，自主开发了一套面向通用化的备件集成优化与分析模型软件，能够在不同的维修作业体系、存储供应模式下，对复杂装备系统开展备件资源集成优化分析，不仅能够运用于各军兵种装备备件保障规划中，还可以推广应用至其他民用领域。通过介绍模型软件的设计思路和主要功能用途，能够为备件保障规划模型的工程化开发与应用提供思路和借鉴。

13.1 国外备件一体化保障决策平台概况

在基于备件保障决策模型理论研究及工程应用的基础上，通过不断完善装备保障数据包和模型接口，国外相继开发了先进的备件一体化保障决策支持平台，下面以美国 TFD 公司和瑞典 SYSTECON 公司为例，介绍其研制的一体化保障决策平台的基本功能。

13.1.1 美国 TFD 一体化保障决策平台

美国 TFD 公司开发的备件模型体系及一体化保障决策平台之间的数据关系如图 13-1 所示。作为系统之间的桥梁和纽带，EAGLE 是一款功能强大的综合保障数据平台，能够采集、存储、分析处理装备寿命周期内的各种保障信息，为保障决策分析工具提供数据接口，辅助开展装备保障性分析评估和保障决策，主要包括装备可靠性/维修性/测试性分析工具包 ASENT、修理级别分析 (equipment designer's cost analysis system, EDCAS)、装备维修管理信息系统 (maintenance management information system, MMIS)、基于全寿命的费效分析工具 (monterey activity-based analytical platform, MAAP)、备件配置优化与保障方案评估 (vari multi-echelon technique for recoverable item control, VMETRIC)、供应链优化与全资产可视化管理系统(supply chain optimization, SCO)。最终,形成装备保障规划的整体解决方案[1]。

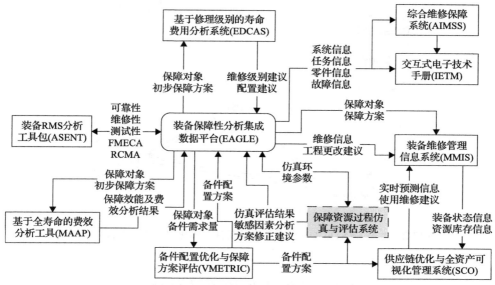

图 13-1 美国 TFD 一体化保障决策平台数据结构关系

13.1.2 瑞典 SYSTECON 一体化保障决策平台

瑞典 SYSTECON 公司开发的备件一体化保障决策平台是一款集装备维修数据分析(MADCAT)、备件配置优化与费效分析(OPUS10)、装备全寿命保障费用分析(CATLOC)及备件保障过程仿真与评估(SIMLOX)等功能为一体的软件工具包[2-5],软件平台体系结构如图 13-2 所示。

其中,MADCAT 能够对外部数据源进行分析和处理,为 OPUS10 和 CATLOC 提供参数输入;OPUS10 在功能上类似于 VMETRIC,用来计算备件最优配置方案;CATLOC 在功能上类似于 MAAP,用来对装备全寿命保障费用进行分析;SIMLOX 则是一款独具特色且功能强大的过程仿真工具,用来对 OPUS10 计算生成的初始备件保障方案进行过程推演与仿真评估分析,并根据仿真结果对方案进行调整和修订。

目前,瑞典 SYSTECON 公司及美国 TFD 公司开发的模型软件工具经过长期的数据积累和对核心模型的改进,其性能和可信度不断提高,被广泛应用于军事、航空航天及商业等领域。大量实践表明,SYSTECON 一体化保障决策平台为用户节约高达 50%的备件保障费用的同时，还能够显著提高装备的可用性(20%～30%)。

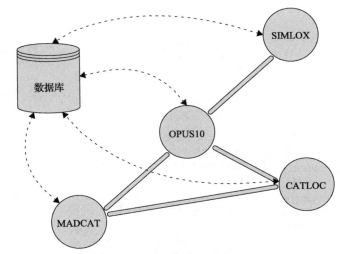

图 13-2　瑞典 SYSTECON 公司开发的备件一体化保障决策平台体系结构

13.2　备件优化模型软件概述

13.2.1　主要功能用途

备件优化模型软件的研制目标是：构建备件需求预测、配置优化、采购方案优化、费效分析、保障方案评估等模型库，开展模型软件界面设计、数据库设计、数据接口设计，完成软件功能开发，主要包括备件目录管理、装备构型管理、保障站点管理、保障模式管理、任务想定管理、备件优化运行管理、结果分析与展示等功能模块，在给定的维修作业体系、备件存储供应模式、保障环境及任务想定下，针对多种类型的复杂装备系统，能够预测和分析备件品种及数量，优化备件存储结构及布局，生成备件配置方案、备件采购方案、对备件全寿命保障费用进行预测和分析，提高装备保障效益。模型软件的主要功能用途包括以下方面：

(1)用于装备维修器材管理部门，为开展备品备件 RMS 数据采集、消耗数据统计、备件需求分析提供方法手段。

(2)用于装备保障业务部门，为开展备件配置优化、仓储布局及存储结构优化、备件采购方案优化提供决策支持。

(3)用于高等院校及科研院所，为从事备件保障规划研究人员开展备件保障方案制定、案例分析、模型数据测试、备件保障费效分析提供试验验证工具。

13.2.2　模型软件建设总体思路

考虑到备件模型软件开发需要大量的装备可靠性、维修性、保障性数据和备件优化相关模型及算法作为支撑，因此模型软件建设分解为三个关键步骤，基本思路如图 13-3 所示。

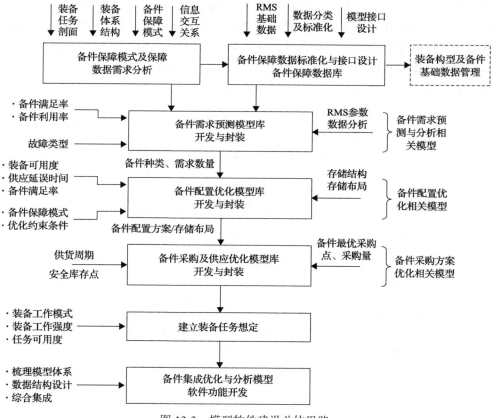

图 13-3　模型软件建设总体思路

（1）备件保障模式及保障数据需求分析。针对装备组成结构特点、保障体系、备件储供模式等，赴装备设计部门、使用部门、维修部门以及科研院所进行调研，开展备件保障数据结构设计；分析典型任务模式下的装备保障需求，确定装备保障各类要素组成；开展备件保障数据标准化及模型接口设计，建立装备构型管理及备件保障基础数据管理功能模块。

（2）备件优化模型库的开发与封装。根据构建的备件需求预测模型、配置优化模型、采购优化模型、保障方案评估模型等，进行底层基本函数的开发、封装，编写模型及相关算法的程序代码。

　　(3)根据装备任务模式、工作强度及任务指标,建立装备任务想定模块,开展数据结构设计及功能集成,完成模型软件功能开发。

13.2.3　模型软件体系架构及功能

　　模型软件总体架构体系如图 13-4 所示,包含用户操作界面层、决策支持层、模型层、数据层四个层次。通过用户操作界面访问备件需求分析、备件配置优化、备件采购方案优化和备件保障方案费效分析决策支持功能。三个关键模型的构建、开发与封装既能联合运行生成备件优化方案,也能独立为相关决策问题提供支持。备件保障数据管理能够将收集的数据以及模型计算结果存储到数据库,其中,数据的收集和处理可以通过建立用户界面实现。

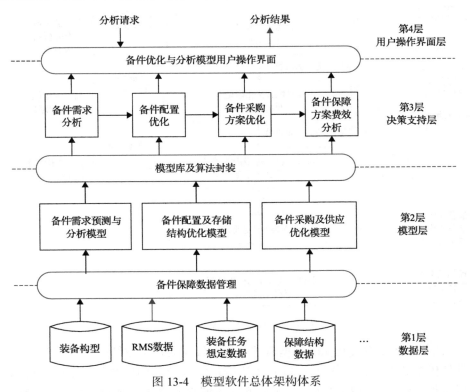

图 13-4　模型软件总体架构体系

　　模型软件主要功能模块及功能结构如图 13-5 所示,主要包括备件基础数据管理、装备配置及构型管理、保障点及保障模式管理、任务想定管理、优化运行管理、运行结果展示 6 个功能模块 15 个子功能模块。

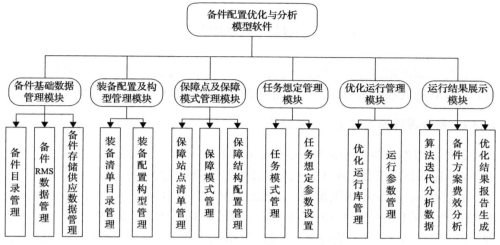

图 13-5　模型软件主要功能模块及功能结构图

（1）备件基础数据管理：用于管理备件基础数据，可根据标准的备件数据表导入生成备件清单，设置 RMS 相关保障参数。

（2）装备配置及构型管理：用于新建装备生成装备目录，根据装备组成结构，从备件基础数据中关联形成装备构型树。

（3）保障点及保障模式管理：用于新建保障站点生成保障站点目录，根据保障站点之间的供应关系，建立保障结构。

（4）任务想定管理：用于管理任务想定模式，设置装备配置及部署情况、保障组织结构、装备工作强度等任务想定参数。

（5）优化运行管理：用于设置优化运行条件，如装备可用度指标、备件满足率指标、保障延误时间指标等，同时也可根据用户需求，按保障系统指标、保障站点指标、装备指标等进行优化计算。

（6）运行结果展示：对优化结果进行展示，生成备件最优费效曲线、备件需求报表、备件配置方案报表等。

13.2.4　运行环境

（1）客户端环境：Windows 7 以上操作系统，Microsoft.NET Framework 3.0 以上。

（2）硬件配置：处理器 2.0GHz 以上，内存 4G 以上，硬盘 200G 以上。

（3）数据库平台：SQL Server 2008 R2。

（4）服务器操作系统：Windows Server 2003 以上。

（5）开发语言：C#。

13.3　模型软件数据结构设计

备件方案优化需要大量的输入数据作为支撑，因此需要开展模型软件数据分析，设计合理的数据结构，才能保证模型结果的有效性和算法的运行效率。

13.3.1　备件保障模式数据关系及结构

备件保障模式涉及的参数符号及定义如下。

m：保障站点编号，$m=1,2,\cdots,M$，M 表示保障系统中的站点总数。

n：保障站点等级/级别编号，$n=1,2,\cdots,N$，N 表示保障系统中的等级数，在图 13-6 所示的保障组织结构中，保障等级数 $N=3$；$n=1$ 表示最高等级保障点（基地级站点 D_0），$n=N$ 表示装备现场（基层级站点）；$n=2,3,\cdots,N-1$ 表示中间站点（如中继级站点 H_1、H_2）。

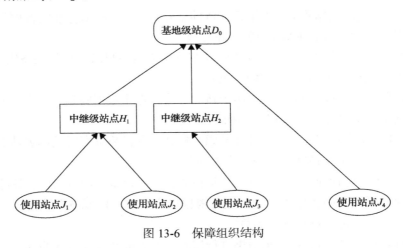

图 13-6　保障组织结构

Echelon(n)：处于第 n 个级别的站点集合。例如，在图 13-6 所示的保障组织结构中，Echelon$(2)=\{H_1, H_2\}$，Echelon$(3)=\{J_1, J_2, J_3, J_4\}$。

Child_site(m)：站点 m 所属子节点集合，在图 13-6 所示的保障组织结构中，Child_site$(D_0)=\{H_1, H_2, J_4\}$，Child_site$(H_1)=\{J_1, J_2\}$，Child_site$(H_2)=\{J_3\}$。

Parent_site(m)：保障站点 m 的父节点集合。例如，Parent_site$(J_1)=\{H_1\}$，Parent_site$(H_2)=\{D_0\}$。

λ_Seqsite：计算备件需求率时各保障点的计算顺序，由备件优化模型可知，应该从基层级站点开始，逐级向上级递推计算，λ_Seqsite$=\{J_1, J_2, H_1, J_3, H_2, J_4, D_0\}$。

X_Seqsite：计算备件维修供应周转量时各保障点的顺序，由备件模型可知，应该从基地级站点(D_0)开始，逐级向下递推计算，$X\_Seqsite=\{D_0, H_1, H_2, J_4, J_1, J_2, J_3\}$。

Dep_site：装备部署站点(表示该站点部署了装备、装备现场或基层及站点)。以图 13-6 所示的保障组织结构为例：Dep_site $=\{J_1, J_2, J_3, J_4\}$。

13.3.2　装备构型数据关系及结构

装备构型涉及的参数符号及定义如下。

j：备件项目编号，$j=1,2,\cdots,J$，J 表示备件项目或类型的总数。

i：装备层级编号，$i=1,2,\cdots,I$，$i=1$ 表示装备系统或设备，$i=2$ 表示第一层级组件 LRU，$i=I$ 表示最底层的零部件(不可再分解)；$i=3,4,\cdots,I-1$ 表示中间层级部件。

Inden(i)：在装备结构中处于第 i 层级的备件项目集合。在图 13-7 所示的装备组成结构中，Inden$(1)=\{System\}$，Inden$(2)=\{LRU_1, LRU_2, LRU_3, LRU_4, LRU_5, LRU_6\}$，Inden$(3)=\{SRU_{31}, SRU_{32}, SRU_{33}\}$，Inden$(4)=\{SRU_{331}, SRU_{332}, SRU_{333}\}$。

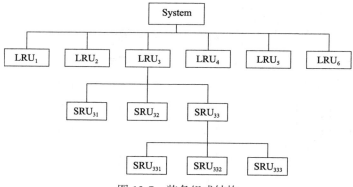

图 13-7　装备组成结构

Child_item(j)：部件 j 所属的子节点集合。在图 13-7 所示的装备组成结构中，Child_item$(LRU_3)=\{SRU_{31}, SRU_{32}, SRU_{33}\}$，Child_item$(SRU_{33})=\{SRU_{331}, SRU_{332}, SRU_{333}\}$。

Parent_item(j)：部件 j 的父节点集合。在图 13-7 所示的装备组成结构中，Parent_item $(SRU_{32})=\{LRU_3\}$，Parent_item $(SRU_{331})=\{SRU_{33}\}$。

$\lambda\_Seqitem$：计算需求率时装备构型中所属部件的顺序。由备件模型可知，应该从装备所属 LRU 开始，逐级向底层部件递推计算，$\lambda\_Seqitem=\{LRU_1, LRU_2, LRU_3, LRU_4, LRU_5, LRU_6, SRU_{31}, SRU_{32}, SRU_{33}, SRU_{331}, SRU_{332}, SRU_{333}\}$。

$X\_Seqitem$：计算维修供应周转量时装备所属部件的顺序。由备件模型可知，应该从装备最底层零部件开始，逐级向上层递推计算，$X\_Seqitem=\{SRU_{331}, SRU_{332}, SRU_{333}, SRU_{31}, SRU_{32}, SRU_{33}, LRU_1, LRU_2, LRU_3, LRU_4, LRU_5, LRU_6\}$。

13.3.3　装备构型与零部件清单之间的数据关系

开展装备结构建模时，首先需要确定装备所属产品/零部件清单(含子设备、组件、模块、零部件)，然后构建装备结构目录树，找出成品清单中与装备结构目录树中各部件(备件)的对应关系，如图13-8所示。

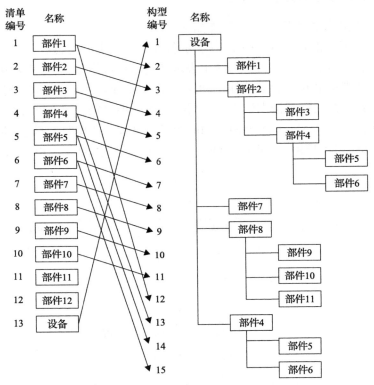

图 13-8　备件清单与装备构型关系图

产品零部件清单与装备构型目录树中各部件(备件)的对应关系如表 13-1 所示。零部件清单编号与构型编号中的对应关系分为一对一、一对多和一对空。

表 13-1　产品零部件清单与装备构型目录树中各部件的对应关系

清单编号	产品名称	对应的构型编号	对应的构型码
1	部件 1	2,12	1.1；1.4.3
2	部件 2	3	1.2
3	部件 3	4	1.2.1
4	部件 4	5,13	1.2.2；1.5

续表

清单编号	产品名称	对应的构型编号	对应的构型码
5	部件 5	6,14	1.2.2.1；1.5.1
6	部件 6	7,15	1.2.2.2；1.5.2
7	部件 7	8	1.3
8	部件 8	9	1.4
9	部件 9	10	1.4.1
10	部件 10	11	1.4.2
11	部件 11	—	—
12	部件 12	—	—
13	设备	1	1

在优化运算前，需要将装备结构进行确认和转换，将含有分系统/分设备(整机设备)、逻辑组件(逻辑上存在，但在实体中不存在)等节点剔除，从而形成物理/实体结构树。装备构型关系变换示意图如图 13-9 所示。

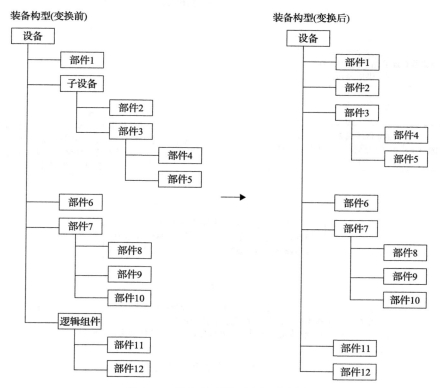

图 13-9　装备构型关系变换示意图

13.3.4 数据关系及流程设计

模型软件输入数据主要包括产品/零部件清单数据、装备清单数据、装备组成结构关系数据、保障站点清单数据、保障结构关系数据、任务想定数据。其中，任务想定数据可进一步分解为任务想定中的装备部署/配置数据、装备结构数据、备件优化清单数据等。优化计算之前，需要建立模型输入参数体系，数据关系及流程图如图 13-10 所示。

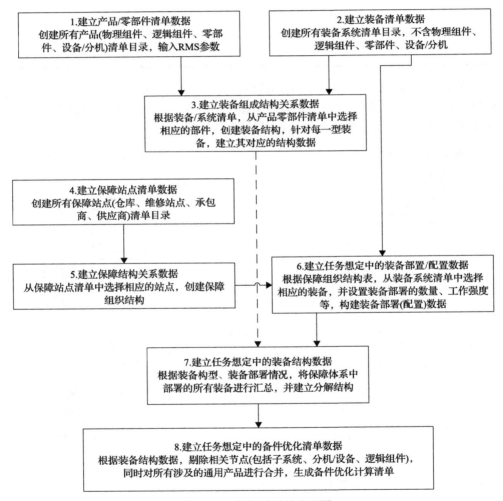

图 13-10　数据关系及流程图

13.4 备件优化模型软件功能设计与实现

13.4.1 备件基础数据管理

该功能模块主要用于对备件目录和备件保障参数进行管理，可通过导入标准报表或用户自定义的模式创建，备件标准报表格式分为 4 类，即备件基本参数表（表 13-2）、备件费用参数表（表 13-3）、RMS 参数表（表 13-4）、备件包装存储运输参数表（表 13-5），以上 4 类数据参数表组合构成备件基础数据总表。

表 13-2 备件基本参数表

产品名称	产品编码	规格型号	技术参数	供货单位	结构属性	产品类型	描述
射频头	××461002	50×3.55	139-2-4-0	系统部	物理组件	电子类	—
接收机	××461003	280×7.0	139-2-4-0	系统部	物理组件	机电类	—
混频组件	××461004	17×2.65	139-2-4-0	系统部	物理组件	电子类	—
滤波器	××461005	9.5×1.8	139-2-17-0	系统部	物理组件	电子类	—
波段接收整件	××461006	21.2×3.55	139-2-17-0	系统部	设备/分机	电子类	—
检测组件	××461007	13.2×2.65	139-2-17-0	系统部	物理组件	电子类	—
线路板组合	××461013	32×3.0	139-2-13-0	系统部	逻辑组件	电子类	—
电路板	××461014	115×3.1	139-2-13-0	系统部	物理组件	电子类	—
陀螺仪	××461015	120×3.1	139-2-13-0	系统部	物理组件	电子类	—

表 13-3 备件费用参数表

产品名称	产品编码	采购单价/元	售出单价/元	维修费用/元	准备成本/元	年份	货币种类
射频头	××461002	1834400	1100640	183440	2000	2019	人民币
接收机	××461003	670000	402000	67000	2000	2019	人民币
混频组件	××461004	42200	25320	4220	2000	2019	人民币
滤波器	××461005	13500	8100	1350	2000	2019	人民币
波段接收整件	××461006	80100	48060	8010	2000	2019	人民币
检测组件	××461007	151200	90720	15120	2000	2019	人民币
线路板组合	××461013	73800	44280	7380	2000	2019	人民币
电路板	××461014	19800	11880	1980	2000	2019	人民币
陀螺仪	××461015	63000	37800	6300	2000	2019	人民币

表 13-4　RMS 参数表

产品名称	产品编码	MTTR/h	VMR	MTBF/h	原位维修率	重测完好率	供货周期/天	串件
射频头	××461002	3	1	8000	0.5	0	300	否
接收机	××461003	3	1	10000	0	0	300	否
混频组件	××461004	3	1	2300	0	0	300	否
滤波器	××461005	3	1	2400	0	0	300	否
波段接收整件	××461006	3	1	2400	0	0	300	否
检测组件	××461007	3	1	1500	0	0	300	否
线路板组合	××461013	3	1	7200	0.5	0	300	否
电路板	××461014	3	1	7500	0	0	300	否
陀螺仪	××461015	3	1	1500	0	0	300	否

表 13-5　备件包装存储运输参数表

产品名称	产品编码	重要度	质量/kg	包装尺寸			存储周期/天	运输要求
				长/cm	宽/cm	高/cm		
射频头	××461002	1	10	100	40	30	300	无
接收机	××461003	1	10	100	40	30	300	无
混频组件	××461004	1	10	100	40	30	300	无
滤波器	××461005	1	10	100	40	30	300	无
波段接收整件	××461006	1	10	100	40	30	300	无
检测组件	××461007	1	10	100	40	30	300	无
线路板组合	××461013	1	10	100	40	30	300	无
电路板	××461014	1	10	100	40	30	300	无
陀螺仪	××461015	1	10	100	40	30	300	无

　　备件身份唯一性的判别准则为：一般是通过备件编码进行唯一性识别，但考虑到备件保障现状，并不是所有备件都赋予了编码，因此若备件编码为"空"，则通过备件名称、规格型号、技术参数、供货单位等字段对其进行唯一性识别，即只有当备件名称、规格型号、技术参数、供货单位四个字段都相同时，才认为是同一种部件，其中任何一项不同时，就定义为不同类型的备件。在备件基础数据清单中，同一类型备件不能定义两次，因此程序在运行时需要进行预判。

　　备件相关参数定义及说明如表 13-6 所示。

表 13-6　备件相关参数定义及说明

序号	参数名称	定义及说明	数据类型	必填项
1	产品名称	产品/备件的规范名称	字符	是
2	产品编码	备件的唯一识别代码	字符	否(默认为空)
3	规格型号	设计单位提供	字符	否(默认为空)
4	技术参数	设计单位提供	字符	否(默认为空)
5	供货单位	备件生产和供应商	字符	否(默认为空)
6	结构属性	分为整机设备/装备、逻辑组件、物理组件、零部件	字符	否(默认为空)
7	产品类型	按照部件属性,分为电子类、机电类、机械类、橡胶件、五金件等	字符	否(默认为空)
8	采购单价/元	备件购买价格	数值型(大于 0)	是
9	售出单价/元	备件转售价格	数值型(大于 0)	否(默认为 0)
10	维修费用/元	对于故障后可修复的备件,维修一次产生的维修成本	数值型(大于 0)	否(默认为 0)
11	准备成本/元	形成备件存储、供应、维修等保障能力所需的准备成本	数值型(大于 0)	否(默认为 0)
12	年份	价格参考的年份	字符	否
13	货币	货币种类为人民币、美元、欧元等	字符	否
14	MTTR/h	平均修复时间,即维修一次故障件所需的平均时间	数值型(大于 0)	否
15	VMR	需求方差均值比	数值型(大于 0)	否(默认为 1)
16	MTBF/h	平均故障间隔时间,平均工作××小时发生一次故障	数值型(大于 0)	是
17	原位维修率 RI	故障后不需要更换备件,直接在装备原位上进行修复的概率,如监测、擦拭、维护保养等	数值型($0 \leqslant RI \leqslant 1$)	否(默认为 0)
18	重测完好率 Rt	初步判断部件发生故障,拆卸后检测为合格(无故障)的概率	数值型($0 \leqslant Rt < 1$)	否(默认为 0)
19	供货周期/天	向供货方发出订单申请至收货的周期	数值型(大于 0)	是
20	是否串件	在现场保障中是否采用串件拼修对策	是/否	否(默认为否)
21	重要度	按照备件在装备功能及性能中的重要程度,分为关键部件、重要部件、一般部件,对装备任务越重要的部件,重要度值越高,该值可根据用户经验进行设置	数值型(大于 0)	否(默认为 1)
22	质量/kg	单个备件的质量	数值型(大于 0)	否(默认为 0)
23	包装:长/cm	包装长度	数值型(大于 0)	否(默认为 0)
24	包装:宽/cm	包装宽度	数值型(大于 0)	否(默认为 0)
25	包装:高/cm	包装高度	数值型(大于 0)	否(默认为 0)
26	存储周期/年	存放过程中保证产品质量的有效期	数值型(大于 0)	否(默认为 5)
27	运输要求	在运输过程中的特殊要求	字符	否(默认为空)

备件基础数据管理主界面如图 13-11 所示，由于备件基础数据体系中涉及的参数较多，所以将其划分为标识信息，费用信息，可靠性、维修性、可用性信息，包装、装卸、存储、运输信息共 4 大类，软件前台界面采用分页的形式进行数据展示。

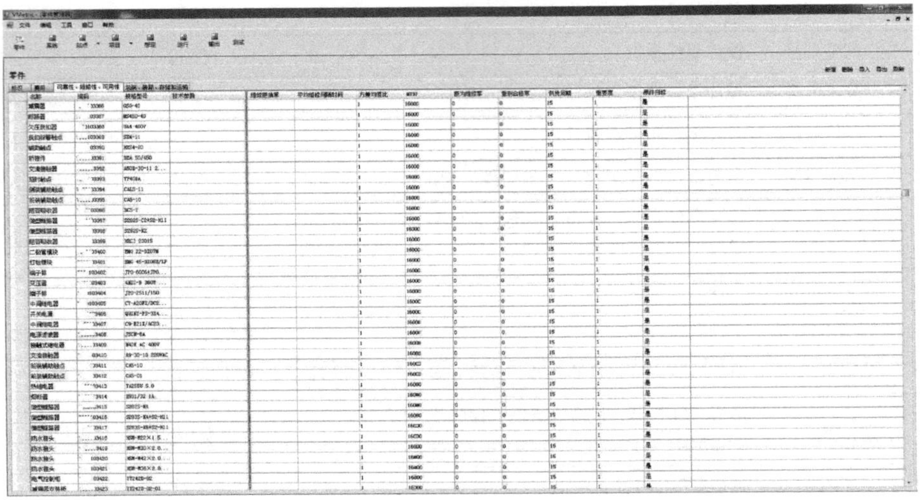

图 13-11　备件基础数据管理主界面

单击主界面右上方的"新增"按钮，弹出新增零部件信息界面，如图 13-12 所示。用户可以根据实际情况设置零部件的参数，进而进行保存。同时，也可以在设定好的 Excel 模板中梳理零部件产品清单及相关参数，通过电子表格导入的形式批量录入。

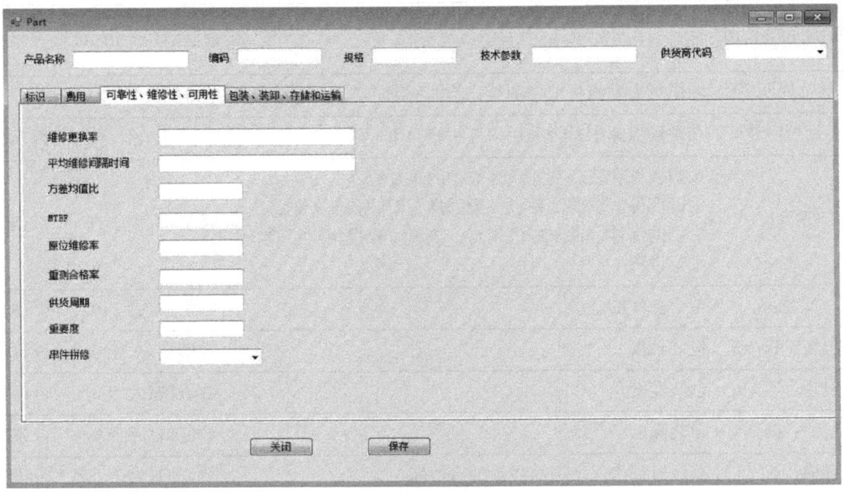

图 13-12　新增零部件信息界面

在图 13-11 所示的数据管理主界面中，选择列表中的产品，双击进入产品结构管理器界面（图 13-13），显示该产品的构型及组成结构清单，用户可以设置产品参数并配置产品结构。

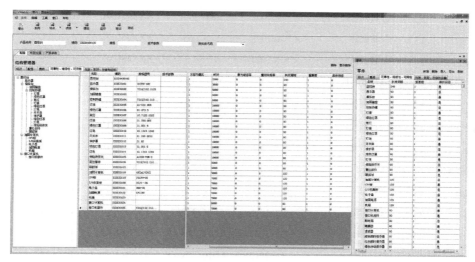

图 13-13　产品结构管理器界面

13.4.2　装备配置及构型管理

该功能模块主要用于建立装备目录，设置装备组成结构。首先，用户需要新建装备名称并生成装备清单，格式如表 13-7 所示。

表 13-7　装备清单格式

装备名称	装备代码	装备型号	技术参数	单价/万元	生产单位	供货周期/天	描述
火控雷达	××06460000	—	—	—	系统工程部	500	—
光电跟踪设备	××68090000	—	—	—	系统工程部	500	—
火控设备	××37040000	—	—	—	系统工程部	500	—
警戒雷达	××26010000	—	—	—	中电 14 所	500	—
搜索雷达	××02190000	—	—	—	中船 701 所	500	—

注：中国电子科技集团第 14 研究所简称中电 14 所；中国船舶集团第 701 研究所简称中船 701 所。

在装备目录中选择一型设备，通过结构管理器对装备构型进行自定义建模，在备件基础数据管理模块——备件清单中选择相关备件（产品项目），形成装备树状结构表，格式如表 13-8 所示。

表 13-8　装备树状结构

结构码	层级	产品名称	产品编码	规格型号	父节点编码	QPA	DC	QRA
1	1	××雷达设备	×××461001	50×3.55	—			
1.1	2	射频头	×××461002	280×7.0	XXX461001	1	1	1
1.1.1	3	滤波器	×××461005	17×2.65	XXX461002	3	1	1
1.2	2	接收机	×××461003	9.5×1.8	XXX461001	1	1	1
1.2.1	3	混频组件	×××461004	21.2×3.55	XXX461003	3	1	3
1.2.2	3	比较器	×××461016	13.2×2.65	XXX461003	2	1	2
1.2.2.1	4	直波导	×××461017	32×3.0	XXX461016	2	1	2
1.2.2.2	4	耦合器	×××461018	115×3.1	XXX461016	2	1	2
1.2.2.3	4	魔T	×××461019	120×3.1	XXX461016	3	1	3
1.2.2.4	4	吸收负载	×××461020	50×3.55	XXX461016	1	1	1
1.3	2	接收整件	×××461006	AD16-22B/r	XXX461001	1	1	1
1.3.1	3	检测组件	×××461007	AD16-22B/g	XXX461006	1	1	1
1.3.2	3	线路板组合	×××461013	AD16-22B/w	XXX461006	1	1	1
1.3.2.1	4	电路板	×××461014	B1-11/g	XXX461013	2	1	2
1.3.3	3	直波导	×××461017	B1-11T/g	XXX461006	2	1	2
…	…	…	…	…	…			

装备树状结构表中相关参数定义及说明如表 13-9 所示。

表 13-9　备件参数定义及说明

序号	参数名称	定义及说明	数据类型	关键字段
1	结构码	树状结构编码	字符	否
2	层级	装备层级为1，装备所属第一层级 LRU 为2，LRU 所属子单元 SRU 为3，…，依此类推	数值整型(大于0)	是(自动生成)
3	父节点编码	父节点对应的产品编码	字符	是(自动生成)
4	QPA	单机安装数量，在单个父节点产品中的数量	数值整型(大于0)	否(默认为1)
5	DC	占空比，部件的工作时间与父节点产品工作时间的比例	数值型(0<DC≤1)	否(默认为1)
6	QRA	最小工作数，为保证系统正常运行所需最少工作(完好)数量	数值型(大于0)	否(默认=QPA)

　　装备配置及构型管理主界面如图 13-14 所示。单击主界面右上方的"新增"按钮，输入装备名称、规格型号，将装备信息保存至数据库。

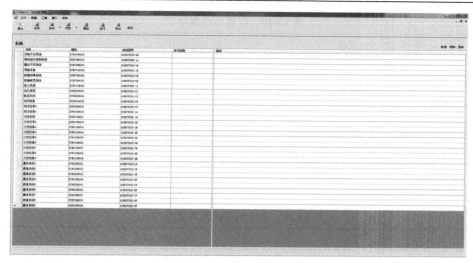

图 13-14　装备配置及构型管理主界面

双击主界面中的装备列表，进入装备构型管理界面，如图 13-15 所示。用户可以在右侧显示的零部件清单中选择相关产品，对装备结构进行自定义建模。

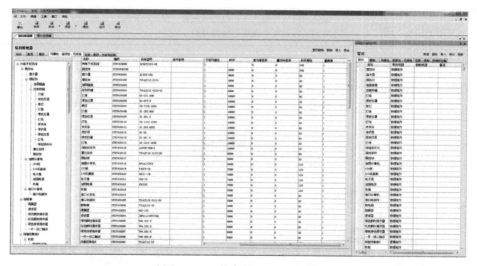

图 13-15　装备构型管理界面

13.4.3　保障点及保障模式管理

该功能模块主要用于构建保障站点目录，设置保障组织结构。

（1）需要新建保障站点名称并生成保障站点清单，格式如表 13-10 所示。

表 13-10　保障站点清单

保障站点/仓库名称	站点/仓库编号	站点描述
后方综合仓库	001	储供器材
古镇口器材仓库	002	前出供应
舟山器材仓库	003	前出供应
榆林器材仓库	004	周转器材

(2)建立保障模式想定清单，用户可以根据不同的保障模式，建立想定清单，格式如表 13-11 所示。

表 13-11　备件保障模式想定清单

保障模式名称	保障模式描述
舰员级自主保障(单舰)	单艘舰艇自主保障，依靠舰员级库存储备来保障装备维修所需修理件
舰员级自主保障(多舰)	多艘舰艇自主保障，依靠舰员级存储备来保障本级装备维修所需修理件
岸海支援两级保障	岸基周转仓库-舰艇两级供应体系
区域化三级储供体系	综合仓库-部队岸基仓库-舰员级三级储供体系
海上编队伴随保障	编队出航任务模式下，随编队配置一艘综合保障船，成立海上中继级，对编队内各成员舰进行备件补给

(3)建立保障组织结构，用户在保障模式想定清单中选择一种想定，从保障站点清单中选择具体的保障站点(仓库)，通过供应关系建立保障结构，采用图形化和列表相结合的方式进行数据交互，保障组织结构的图形化模式如图 13-16 所示。

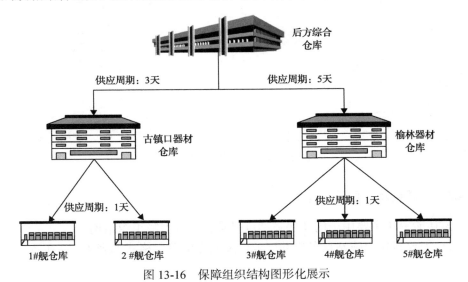

图 13-16　保障组织结构图形化展示

保障组织结构的报表格式如表 13-12 所示。

表 13-12　保障组织结构

结构码	站点名称	站点编号	父节点编号	站点描述
1	后方综合仓库	004	—	—
1.1	古镇口器材仓库	006	004	—
1.1.1	1#舰仓库	011	006	—
1.1.2	2#舰仓库	012	006	—
1.2	榆林器材仓库	009	004	—
1.2.1	3#舰仓库	013	009	—
1.2.2	4#舰仓库	014	009	—
1.2.3	5#舰仓库	015	009	—

保障站点管理界面如图 13-17 所示。单击界面右上方的"新增"按钮，输入保障站点名称、简称，可以将保障站点信息保存至数据库。

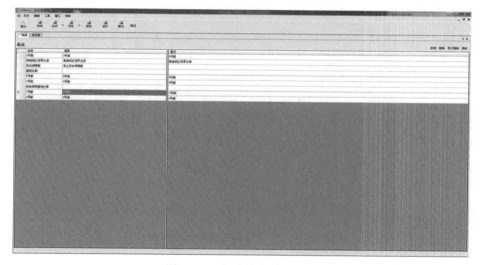

图 13-17　保障站点管理界面

保障结构清单管理界面如图 13-18 所示。单击界面右上方的"新增"按钮，输入保障结构名称，可以将该信息保存至数据库。

双击保障结构清单列表，进入保障结构管理器编辑界面(图 13-19)，用户可以在右侧显示的清单列表中选择相关保障站点，对保障组织结构进行自定义建模，采用树形结构图形化和列表两种形式进行展示。

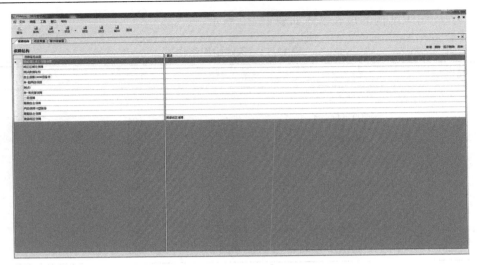

图 13-18　保障结构清单管理界面

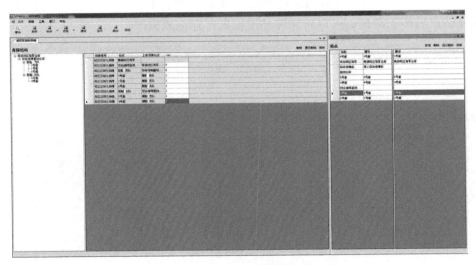

图 13-19　保障结构管理器编辑界面

13.4.4　任务想定管理

该功能模块用于管理任务想定清单、想定参数设置。首先，用户需要新建任务想定名称并生成想定清单，格式如表 13-13 所示。

然后，设定任务想定参数，用户在清单列表中选择具体的任务想定名称，进行参数设置，任务想定参数类型主要包括以下 9 种。

（1）任务想定中的保障站点：其参数如表 13-14 所示。

表 13-13　任务想定清单

任务想定名称	保障模式选择	任务想定描述
舰员级备件配置优化(单舰)	舰员级自主保障(单舰)	优化舰员级备件种类及数量，在保证装备可用度指标前提下，使备件保障费用最低
岸海周转库存、舰员级库存两级配置优化	岸海支援两级保障	对岸基周转库存、舰员级库存的备件种类及数量进行优化，在保证装备可用度指标前提下，使岸基周转库存和舰员级备件库存的保障费用总和最低
区域化储供体系下备件配置优化	区域化三级储供体系	对综合仓库库存、部队岸基周转库存、舰员级库存的备件种类及数量进行集成优化，在保证装备可用度指标前提下，使备件保障总费用最低
海上编队携行备件配置优化	海上编队伴随保障	对编队内综合保障船、成员舰配置的备件种类及数量进行优化，在保证装备可用度指标前提下，使携带的备件规模最小(体积、质量、数量等)

表 13-14　任务想定中的保障站点参数表

站点名称	编号	数量	站点重要性
后方综合仓库	004	1	0.7
古镇口器材仓库	006	1	0.8
榆林器材仓库	009	1	0.9
1#舰仓库	011	1	1
2#舰仓库	012	1	1
3#舰仓库	013	1	1
4#舰仓库	014	1	1
5#舰仓库	015	1	1

(2)装备部署及工作强度：其参数如表 13-15 所示。

表 13-15　装备部署及工作强度参数表

站点名称	编号	装备名称	装备编码	装备型号	部署数量	周工作时间/h	维修可用度
1#舰仓库	011	火控雷达	××6460000	—	3	20	0.94
1#舰仓库	011	光电跟踪仪	××8090000	—	2	35	0.94
2#舰仓库	012	火控设备	××7040000	—	2	20	0.94
2#舰仓库	012	警戒雷达	××6010000	—	1	56	0.94
3#舰仓库	013	火控雷达	××6460000	—	3	20	0.94
4#舰仓库	014	光电跟踪仪	××8090000	—	2	20	0.94
4#舰仓库	014	火控设备	××7040000	—	2	35	0.94
5#舰仓库	015	警戒雷达	××6010000	—	1	35	0.94

（3）部组件更换情况：设置故障单元在装备现场是否可以进行独立更换，参数如表 13-16 所示。

表 13-16　产品更换情况表

产品名称	产品编码	规格型号	1#舰	2#舰	3#舰	4#舰	5#舰
××雷达设备	×××461001	50×3.55	—	—	—	—	—
射频头	×××461002	280×7.0	是	是	是	是	是
滤波器	×××461005	17×2.65	是	是	是	是	是
接收机	×××461003	9.5×1.8	是	是	是	是	是
混频组件	×××461004	21.2×3.55	是	是	是	是	是
比较器	×××461016	13.2×2.65	是	是	是	是	是
直波导	×××461017	32×3.0	是	是	是	是	是
耦合器	×××461018	115×3.1	是	是	是	是	是
魔 T	×××461019	120×3.1	是	是	是	是	是
吸收负载	×××461020	50×3.55	是	是	是	是	是

（4）故障件不能修复概率：设置故障单元在各个保障站点不能修复的概率 $NRTS$（$0 \leqslant NRTS \leqslant 1$），对于故障后不可修件，$NRTS=1$，对于故障后可修件，需要综合考虑各保障站点的维修能力（工装具、技术资料、维修设备、维修人员技能水平等），对 $NRTS$ 进行设置，参数如表 13-17 所示。

表 13-17　故障件不能修复概率表

产品名称	产品编码	规格型号	后方综合仓库	古镇口器材仓库	榆林器材仓库	1#舰仓库	2#舰仓库	3#舰仓库	4#舰仓库	5#舰仓库
射频头	×××461002	280×7.0	0.2	0.5	0.5	0.7	0.8	0.7	0.8	0.8
滤波器	×××461005	17×2.65	0.2	0.5	0.5	0.7	0.8	0.7	0.8	0.8
接收机	×××461003	9.5×1.8	0.2	0.5	0.5	0.7	0.8	0.7	0.8	0.8
混频组件	×××461004	21.2×3.55	0.2	0.5	0.5	0.7	0.8	0.7	0.8	0.8
比较器	×××461016	13.2×2.65	0.2	0.5	0.5	0.7	0.8	0.7	0.8	0.8
直波导	×××461017	32×3.0	0.2	0.5	0.5	0.7	0.8	0.7	0.8	0.8
耦合器	×××461018	115×3.1	0.2	0.5	0.5	0.7	0.8	0.7	0.8	0.8
魔 T	×××461019	120×3.1	0.2	0.5	0.5	0.7	0.8	0.7	0.8	0.8
吸收负载	×××461020	50×3.55	0.2	0.5	0.5	0.7	0.8	0.7	0.8	0.8

（5）故障件维修周转时间：设置故障单元在各个保障站点的维修周期时间（单位：天），参数如表 13-18 所示。

表 13-18　故障件维修周转时间　　　　　　　（单位：天）

产品名称	产品编码	规格型号	后方综合仓库	古镇口器材仓库	榆林器材仓库	1#舰仓库	2#舰仓库	3#舰仓库	4#舰仓库	5#舰仓库
射频头	×××461002	280×7.0	15	7	9	3	3	2	3	3
滤波器	×××461005	17×2.65	15	7	9	3	3	2	3	3
接收机	×××461003	9.5×1.8	15	7	9	3	3	2	3	3
混频组件	×××461004	21.2×3.55	15	7	9	3	3	2	3	3
比较器	×××461016	13.2×2.65	15	7	9	3	3	2	3	3
直波导	×××461017	32×3.0	15	7	9	3	3	2	3	3
耦合器	×××461018	115×3.1	15	7	9	3	3	2	3	3
魔 T	×××461019	120×3.1	15	7	9	3	3	2	3	3
吸收负载	×××461020	50×3.55	15	7	9	3	3	2	3	3

（6）备件供应延误时间：设置各级保障站点从上级申领备件的供应延误时间（单位：天），该参数表示本级向上级发出备件申请到收货所经历的日历时间（包括备件订单时间、审批管理延误时间、运输时间等），参数如表 13-19 所示。

表 13-19　备件供应延误时间　　　　　　　（单位：天）

产品名称	产品编码	规格型号	后方综合仓库	古镇口器材仓库	榆林器材仓库	1#舰仓库	2#舰仓库	3#舰仓库	4#舰仓库	5#舰仓库
射频头	×××461002	280×7.0	90	2	4	1	1	1	1	1
滤波器	×××461005	17×2.65	90	2	4	1	1	1	1	1
接收机	×××461003	9.5×1.8	90	2	4	1	1	1	1	1
混频组件	×××461004	21.2×3.55	90	2	4	1	1	1	1	1
比较器	×××461016	13.2×2.65	90	2	4	1	1	1	1	1
直波导	×××461017	32×3.0	90	2	4	1	1	1	1	1
耦合器	×××461018	115×3.1	90	2	4	1	1	1	1	1
魔 T	×××461019	120×3.1	90	2	4	1	1	1	1	1
吸收负载	×××461020	50×3.55	90	2	4	1	1	1	1	1

（7）备件初始库存：设置备件在各级保障站点的初始配置数量，优化模型是在备件初始库存的基础上进行优化和再分配，参数如表 13-20 所示。

表 13-20　备件初始库存相关参数

产品名称	产品编码	规格型号	后方综合仓库	古镇口器材仓库	榆林器材仓库	1#舰仓库	2#舰仓库	3#舰仓库	4#舰仓库	5#舰仓库
射频头	×××461002	280×7.0	1	1	1	0	0	0	0	0
滤波器	×××461005	17×2.65	2	0	0	1	1	1	1	1
接收机	×××461003	9.5×1.8	1	0	1	0	0	0	0	0
混频组件	×××461004	21.2×3.55	3	1	1	0	0	0	0	0
比较器	×××461016	13.2×2.65	4	1	0	1	1	1	1	1
直波导	×××461017	32×3.0	2	0	0	0	0	0	0	0
耦合器	×××461018	115×3.1	1	0	0	0	0	0	0	0
魔 T	×××461019	120×3.1	2	0	0	1	1	1	1	1
吸收负载	×××461020	50×3.55	1	1	1	0	0	0	0	0

(8)最小库存：设置备件在各保障站点的最小库存量约束。对于绝大多数产品，最小库存可设置为默认值(0)，但对于一些关键重要器件，用户可根据实际情况进行设定，相关参数如表 13-21 所示。

表 13-21　备件最小库存相关参数

产品名称	产品编码	规格型号	后方综合仓库	古镇口器材仓库	榆林器材仓库	1#舰仓库	2#舰仓库	3#舰仓库	4#舰仓库	5#舰仓库
射频头	×××461002	280×7.0	0	0	0	0	0	0	0	0
滤波器	×××461005	17×2.65	0	0	0	1	1	1	1	1
接收机	×××461003	9.5×1.8	1	2	3	0	0	0	0	0
混频组件	×××461004	21.2×3.55	0	0	0	0	0	0	0	0
比较器	×××461016	13.2×2.65	0	0	0	0	0	0	1	1
直波导	×××461017	32×3.0	0	0	0	0	0	0	0	0
耦合器	×××461018	115×3.1	0	0	0	0	0	0	0	0
魔 T	×××461019	120×3.1	0	0	0	0	0	0	1	1
吸收负载	×××461020	50×3.55	0	0	0	0	0	0	0	0

(9)最大库存：设置备件在各保障站点的最大库存量约束。对于绝大多数产品，最大库存可设置为默认值(−1)，表示没有最大库存的上限要求，但对于一些贵重备件，或具有特殊存储环境要求的备件，在经费限额、仓库存放条件等约束下，需要对备件库存上限进行设置，相关参数如表 13-22 所示。

表 13-22　备件最大库存相关参数

产品名称	产品编码	规格型号	后方综合仓库	古镇口器材仓库	榆林器材仓库	1#舰仓库	2#舰仓库	3#舰仓库	4#舰仓库	5#舰仓库
射频头	×××461002	280×7.0	−1	−1	−1	−1	−1	−1	−1	−1
滤波器	×××461005	17×2.65	3	−1	−1	1	1	−1	−1	−1
接收机	×××461003	9.5×1.8	−1	−1	−1	−1	−1	−1	−1	−1
混频组件	×××461004	21.2×3.55	−1	−1	−1	−1	−1	−1	−1	−1
比较器	×××461016	13.2×2.65	−1	−1	−1	−1	−1	−1	−1	−1
直波导	×××461017	32×3.0	−1	−1	−1	2	2	2	2	2
耦合器	×××461018	115×3.1	−1	−1	−1	2	2	2	2	2
魔 T	×××461019	120×3.1	−1	−1	−1	−1	−1	−1	−1	−1
吸收负载	×××461020	50×3.55	−1	−1	−1	−1	−1	−1	−1	−1

任务想定主界面如图 13-20 所示。单击界面右上方的"新增"按钮，输入任务想定名称，选择关联的项目常量、零部件默认值、保障结构，可以建立新的任务想定。

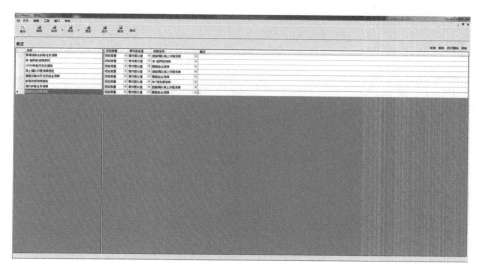

图 13-20　任务想定主界面

双击主界面中的任务想定列表，进入任务想定管理界面，可以对任务参数进行配置。初始备件/库存策略配置界面如图 13-21 所示。用户可以从界面右侧的零部件清单中选择相关产品，设置备件最大库存上限值。

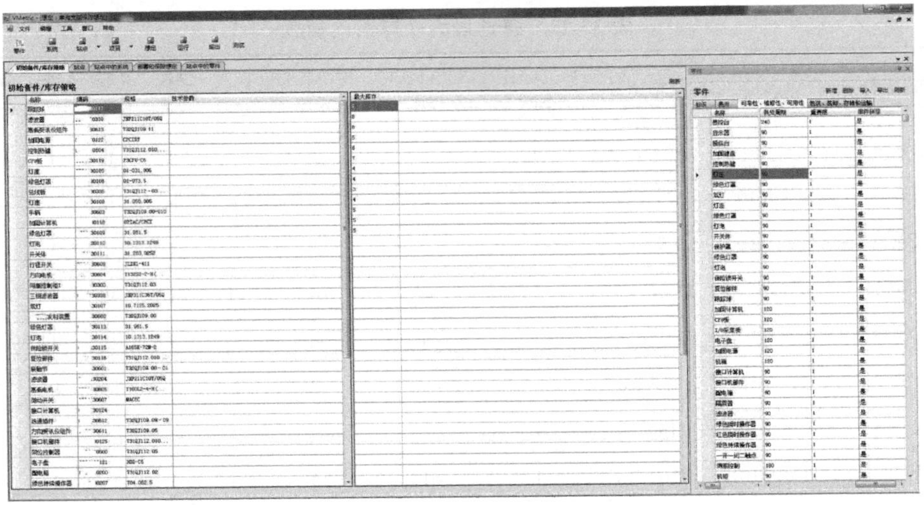

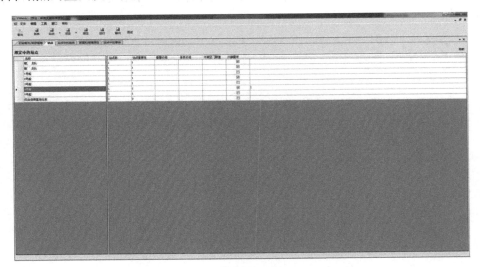

图 13-21　初始备件/库存策略配置界面

任务想定中的保障站点参数配置界面如图 13-22 所示。可以通过该界面设置保障站点的重要度、重量价格、体积价格、门限值、外部需求等参数。

图 13-22　保障站点参数配置界面

保障站点中的装备配置界面如图 13-23 所示。可以通过该界面设置装备配置数量、工作强度等。

零部件配置信息主要包括各保障站点对应的产品可更换情况、产品修复率、维修周期时间、供应延误时间、初始库存、最小库存、最大库存等。以产品修复率为例，对应的数据配置界面如图 13-24 所示。

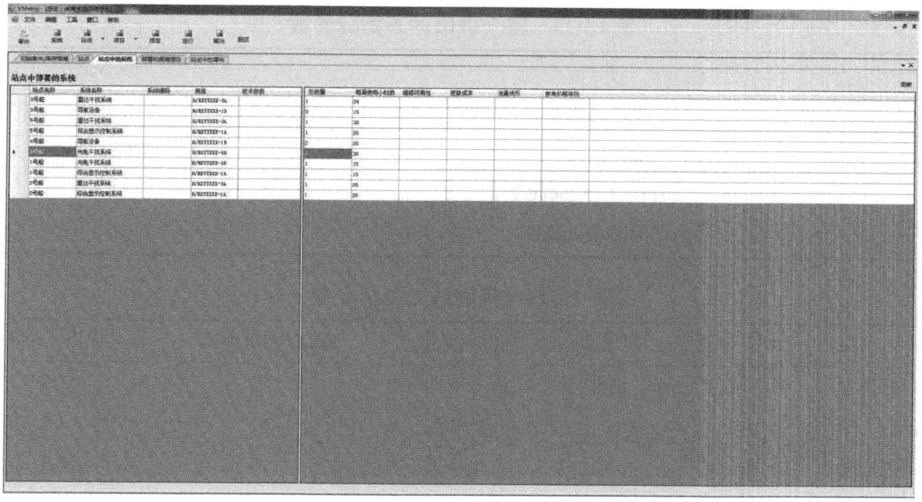

图 13-23　保障站点中的装备配置界面

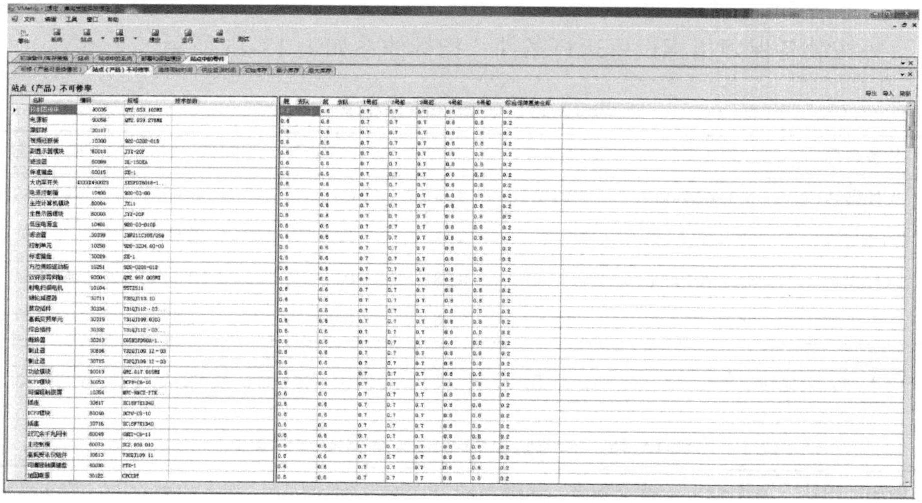

图 13-24　保障站点中的产品修复率配置界面

13.4.5　优化运行管理

该模块用于设置优化运行条件，优化运行条件参数分为以下 4 种情况：按整个保障体系指标设置运行条件、按保障站点指标设置运行条件、按装备保障指标设置运行条件、按保障站点部署的装备指标设置运行条件。

（1）按整个保障体系指标设置运行条件：指标体系如表 13-23 所示。

（2）按保障站点指标设置运行条件：指标体系如表 13-24 所示。

表 13-23　整个保障体系指标参数

指标	设置值
装备可用度	0.9500
备件满足率	0.9500
备件供应延误时间/天	2.5
备件期望短缺数	0.7

表 13-24　保障站点指标参数

站点名称	站点编号	可用度	备件满足率	保障延误时间/天	期望短缺数
1#舰仓库	011	0.98	0.90	1.5	1.5
2#舰仓库	012	0.98	0.95	2.5	1.5
3#舰仓库	013	0.98	0.98	3.0	1.5
4#舰仓库	014	0.98	0.90	1.5	1.5
5#舰仓库	015	0.98	0.95	2.5	1.5

(3)按装备保障指标设置运行条件：指标体系如表 13-25 所示。

表 13-25　装备保障指标参数

装备名称	装备编码	装备型号	可用度	备件满足率	保障延误时间/天	期望短缺数
火控雷达	××6460000	—	0.98	0.90	1.5	1.5
光电跟踪仪	××8090000	—	0.98	0.95	2.5	1.5
火控设备	××7040000	—	0.98	0.98	3.0	1.5
警戒雷达	××6010000	—	0.98	0.90	1.5	1.5

(4)按保障站点部署的装备指标设置运行条件：指标体系如表 13-26 所示。

表 13-26　保障站点部署的装备保障指标参数

站点名称	编号	装备名称	装备编码	装备型号	可用度	备件满足率	保障延误时间/天	期望短缺数
1#舰仓库	011	火控雷达	××6460000	—	0.98	0.90	1.5	1.5
1#舰仓库	011	光电跟踪仪	××8090000	—	0.98	0.95	2.5	1.5
2#舰仓库	012	火控设备	××7040000	—	0.98	0.98	3.0	1.5
2#舰仓库	012	警戒雷达	××6010000	—	0.98	0.90	1.5	1.5
3#舰仓库	013	火控雷达	××6460000	—	0.98	0.95	2.5	1.5
4#舰仓库	014	光电跟踪仪	××8090000	—	0.98	0.90	1.5	1.5
4#舰仓库	014	火控设备	××7040000	—	0.98	0.95	2.5	1.5
5#舰仓库	015	警戒雷达	××6010000	—	0.98	0.98	3.0	1.5

　　优化运行库主界面如图 13-25 所示。单击"新增"按钮，输入运行名称，选择关联的任务想定，可以建立新的优化运行数据库。

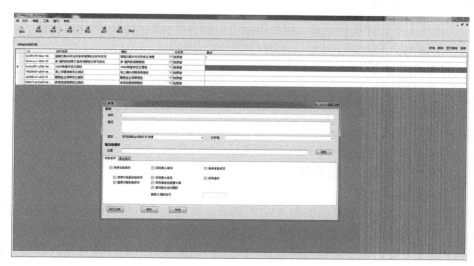

图 13-25　优化运行库主界面

　　根据不同的场景可以设置运行停止条件，以使用站点中的系统可用度指标为例，可以对各系统的可用度指标进行设置，如图 13-26 所示。

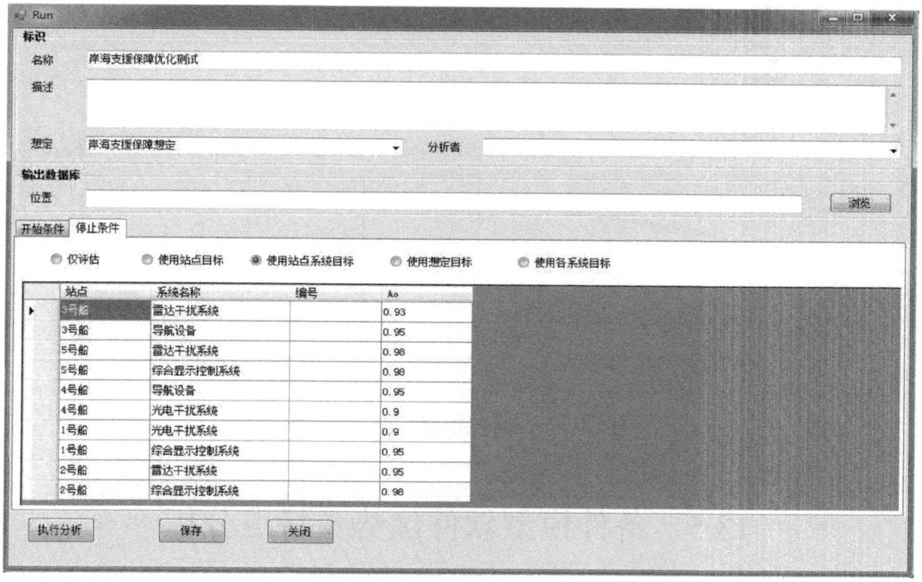

图 13-26　系统可用度指标设置界面

停止条件设置完成后，就可以对备件方案进行优化计算。

13.4.6　运行结果展示

该模块用于管理优化结果，用户根据设定的备件保障指标和优化目标值，通过模型算法运行，生成优化结果，主要包括以下方面。

（1）备件需求量；

（2）备件配置方案；

（3）备件订购点；

（4）备件最优采购量；

（5）备件短缺数；

（6）备件方案最优费效曲线；

（7）备件保障方案。

备件优化结果输出界面如图 13-27 所示。界面上方以报表的形式展示运行结果，下方显示备件方案迭代过程中的费效变化曲线，曲线上的每个点都对应一个具体的备件方案，表示满足当前指标约束下的最优备件方案，通过费效曲线，便于对备件方案进行分析。

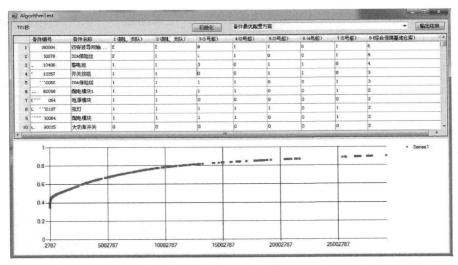

图 13-27　备件优化结果输出界面

13.5　备件模型软件优势及特点分析

在备件模型软件设计思路上，本书充分借鉴了美国 VMETRIC、瑞典 OPUS10 等保障性分析工具，能够针对复杂保障模式开展多系统建模与优化，可以在保障效果与保障费用之间进行综合权衡，优选生成备件保障方案。通过大量的数据测试与案例分析，将备件模型软件的优势与特点总结如下。

（1）清晰化、流程化的界面设计。通过规范的数据管理流程、优化的图形化界面和快捷工具，大大提高了软件的易用性，使用户能够快速上手和独立使用。

（2）便捷化的数据重用和容错设计。对输入数据设置了严格的校验机制，确保数据规范合理；通过结构管理器对系统、组件、分组件等产品的构型进行统一管理，最大限度提高数据的可重用性，减少数据的反复输入。

（3）多样化的数据输入输出设计。在数据输入方面，用户能够通过软件界面开展数据输入，可以通过设定好的数据格式模板进行批量导入，也可以直接读取备品备件数据管理系统中的数据；在数据输出方面，能够输出备件需求率、配置优化方案、备件采购方案、备件期望短缺数、备件库存状态信息、备件保障效果等，形成丰富多样化的结果输出报表。

（4）具有更加灵活、通用和强大的建模能力。构建的备件保障决策模型具有更加通用、强大的建模能力，并具有一定的可扩展能力，不受保障等级、供应模式、备件种类数量、装备结构层次深度等条件的约束，能够对备件品种、数量、存储结构及布局同步开展集成优化；能够优化备件补充时机和补充量，生成经济合理的备件采购方案；具有分析通用件、专用件和多系统通用子系统的能力，支持对备件全寿命保障费用预测和不同保障策略（原位修理、换件修理、串件拼修）下的一体化建模；支持备件多供应点、多资源、多系统集成优化以及备品备件延期交货（短缺）优先性建模问题，能够处理复杂系统（串联结构、并联结构、表决关系结构）产品单元的备件消耗规律分析与需求预测；通过改进的边际分析方法实现对算法迭代的全过程控制，极大地提高了算法运行效率，同时能够生成最优费效曲线，确保不丢失最优解，即保证每次迭代结果都是最优方案；优化生成的备件保障方案与传统方法（单项法）相比，备件利用率、备件满足率和装备可用度能够大幅度提高，保障费用进一步缩减，备件保障效益显著提高。

参 考 文 献

[1] 李忠猛. 舰船装备维修保障资源规划技术发展研究综述[J]. 兵器装备工程学报，2019，40（12）：131-135.

[2] 夏旻，阎晋屯，刘磊. 装备保障仿真模型框架及仿真平台研究[J]. 系统仿真学报，2006，18（S2）：210-213.

[3] 于胜学. OPUS10 在制定随船备件初始清单中的应用[J]. 装备制造技术，2014，（12）：141-143.

[4] 汪中贤，许爱华，张正武，等. Systecon ILS 软件在军用无人机装备维修保障中的应用[J]. 航空维修与工程，2012，（4）：45-47.

[5] 张蕊，袁立峰，汪凯蔚. 备件优化理论分析与应用研究[J]. 装备环境工程，2012，9（5）：52-55，78.